自動化處理・效率提昇便利技

感謝您購買旗標書,
記得到旗標網站
www.flag.com.tw
更多的加值內容等著您…

<請下載 QR Code App 來掃描>

- FB 官方粉絲專頁:旗標知識講堂
- 旗標「線上購買」專區:您不用出門就可選購旗標書!
- 如您對本書內容有不明瞭或建議改進之處,請連上旗標網站,點選首頁的 聯絡我們 專區。

若需線上即時詢問問題,可點選旗標官方粉絲專頁留言詢問,小編客服隨時待命,盡速回覆。

若是寄信聯絡旗標客服 email, 我們收到您的訊息後,將由專業客服人員為您解答。

我們所提供的售後服務範圍僅限於書籍本身或內容表達不清楚的地方,至於軟硬體的問題,請直接連絡廠商。

學生團體　訂購專線:(02)2396-3257 轉 362
　　　　　傳真專線:(02)2321-2545

經銷商　服務專線:(02)2396-3257 轉 331
　　　　將派專人拜訪
　　　　傳真專線:(02)2321-2545

國家圖書館出版品預行編目資料

Excel × ChatGPT × Power Automate 自動化處理．效率提昇便利技 / 施威銘研究室 著. -- 初版. -- 臺北市：旗標科技股份有限公司, 2023. 03　面；　公分

ISBN 978-986-312-745-1(平裝)

1.CST: 辦公室自動化

494.8　　112002692

作　　者／施威銘研究室

發 行 所／旗標科技股份有限公司

台北市杭州南路一段15-1號19樓

電　　話／(02)2396-3257(代表號)

傳　　真／(02)2321-2545

劃撥帳號／1332727-9

帳　　戶／旗標科技股份有限公司

監　　督／陳彥發

執行企劃／陳彥發

執行編輯／張根誠、劉冠岑

美術編輯／林美麗

封面設計／林美麗

校　　對／張根誠、劉冠岑

新台幣售價: 499 元

西元 2024 年 3 月 初版 5 刷

行政院新聞局核准登記-局版台業字第 4512 號

ISBN 978-986-312-745-1

ABOUT RESOURCES

範例與完成檔案

本書的範例檔案，請透過網頁瀏覽器 (如：Firefox、Chrome、…等) 連到以下網址，將檔案下載到你的電腦中，以便跟著書上的說明進行操作。

範例檔案下載連結：

https://www.flag.com.tw/bk/st/F3036

(輸入下載連結時，請注意大小寫必需相同)

將檔案下載至你的電腦後，只要解開壓縮檔案，就會看到如圖的檔案內容。另外 Ch09 到 Ch10 的範例檔案，請打開資料夾開啟 .txt 檔的說明來操作。

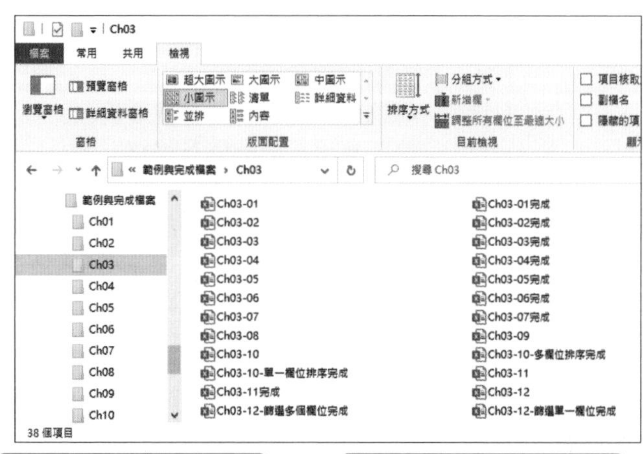

檔案分為範例檔案、完成檔案。

1 範例檔案是尚未經過處理的資料，名稱為「章 + 編號」。

2 完成檔案是範例執行後的結果，名稱為「章 + 編號 + 完成」。

開啟範例檔案時，若畫面最上方出現如圖的安全性警告，這是 Excel 為了防堵巨集病毒，而設計的安全機制，按下**啟用編輯**鈕，即可編輯活頁簿檔案。

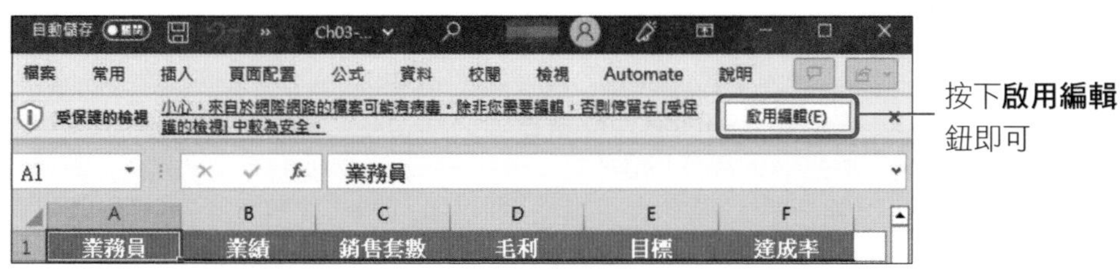

CONTENTS

目錄

CHAPTER 3

萬用的自動篩選、排序、小計技法

快速輸入公式與函數的必備技巧

CHAPTER 5

提升工作效率的函數應用

CHAPTER 6 樞紐分析：最強大的資料彙整和計算工具

CHAPTER 7 ChatGPT X Excel 應用

CHAPTER 1

學會資料的格式設定，快速讓報表變專業

格式調整看似是微小的功能，其實在資料呈現的易讀性上扮演舉足輕重的角色。掌握好基本的格式設定和儲存格操作，就能大大提升工作效率!

1-1 將負數的數值以紅色標示

財務報表、零用金、…等表單，通常會以紅字來標示負數數值，這樣才能在密密麻麻的數值資料中突顯出來。手動一一調色當然可以，但既辛苦也容易漏掉。如果想要利用 Excel 自動將負數數值標示為紅字，你可以如下操作：

step 01 請開啟範例檔案 Ch01-01，選取 F5:F24 儲存格範圍，在此要將餘額為負數的資料標示紅字。

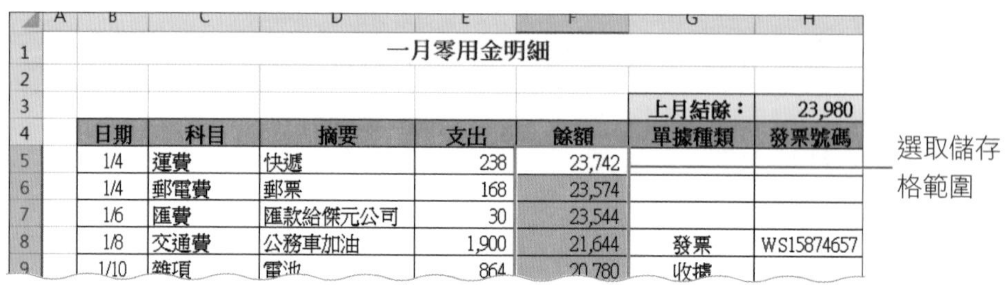

	A	B	C	D	E	F	G	H
1		一月零用金明細						
2								
3							上月結餘：	23,980
4		日期	科目	摘要	支出	餘額	單據種類	發票號碼
5		1/4	運費	快遞	238	23,742		
6		1/4	郵電費	郵票	168	23,574		
7		1/6	匯費	匯款給傑元公司	30	23,544		
8		1/8	交通費	公務車加油	1,900	21,644	發票	WS15874657
9		1/10	雜項	電池	864	20,780	收據	

step 02 按下 Ctrl + 1 鍵，開啟**設定儲存格格式**交談窗，切換到**數值**頁次做設定：

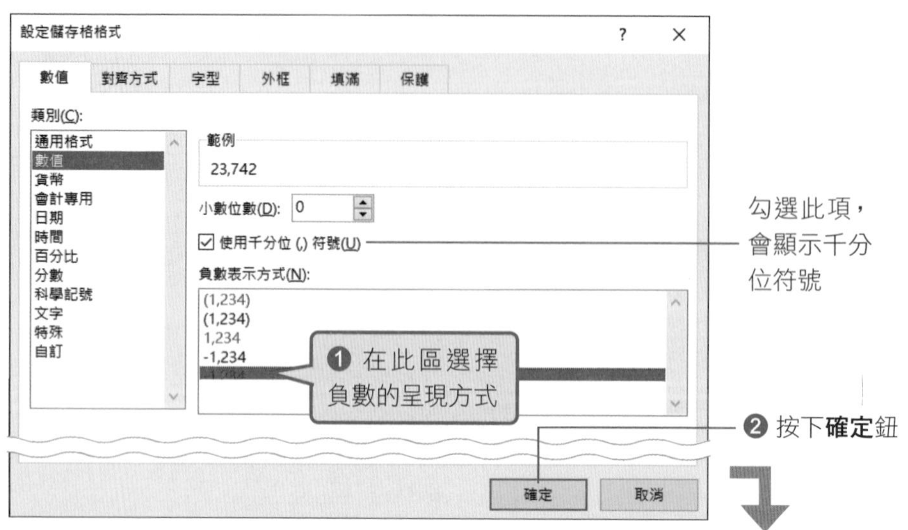

	B	C	D	E	F	G
4	日期	科目	摘要	支出	餘額	單據種類
5	1/4	運費	快遞	238	23,742	
6	1/4	郵電費	郵票	168	23,574	
7	1/6	匯費	匯款給傑元公司	30	23,544	
8	1/8	交通費	公務車加油	1,900	21,644	發票
9	1/10	雜項	電池	864	20,780	收據
10	1/12	郵電費	郵寄包裹	250	20,530	發票
11	1/16	文具用品	文具一批	846	19,684	發票
21	1/27	修繕費	冷氣維修費	3,200	-4,328	收據
22	1/28	文具用品	文件夾	843	-5,171	發票
23	1/29	雜項	清潔用品	587	-5,758	
24	1/29	郵電費	快遞	253	-6,011	收據

以紅字顯示負數資料

1-2 更改日期的顯示方式

Excel 的日期與時間顯示方式很多元。如果你今天整理的資料來源不同，很可能導致日期時間等細節格式不統一。我們可依照需求，後續統一做修改。例如要將 2023/11/6 改成 2023 年 11 月 6 日；將 09:30 AM 改成上午 9 時 30 分。

step 01 請開啟範例檔案 Ch01-02，選取 B3:C3 儲存格，在選取的儲存格上按滑鼠右鍵執行『**儲存格格式**』命令，開啟**設定儲存格格式**交談窗來做設定：

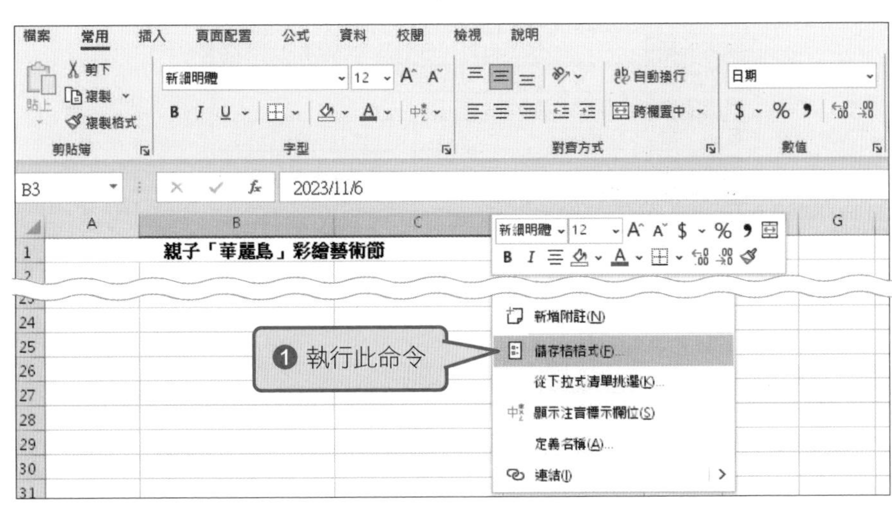

step 02 再來試試時間格式的設定方法。請選取 B4:C4 儲存格，在儲存格上按滑鼠右鍵執行『**儲存格格式**』命令。

另外請注意：若是欄寬不足以顯示全部內容時，會顯示成 "###"，只要拖曳欄標題旁的框線，就會完整顯示內容了。

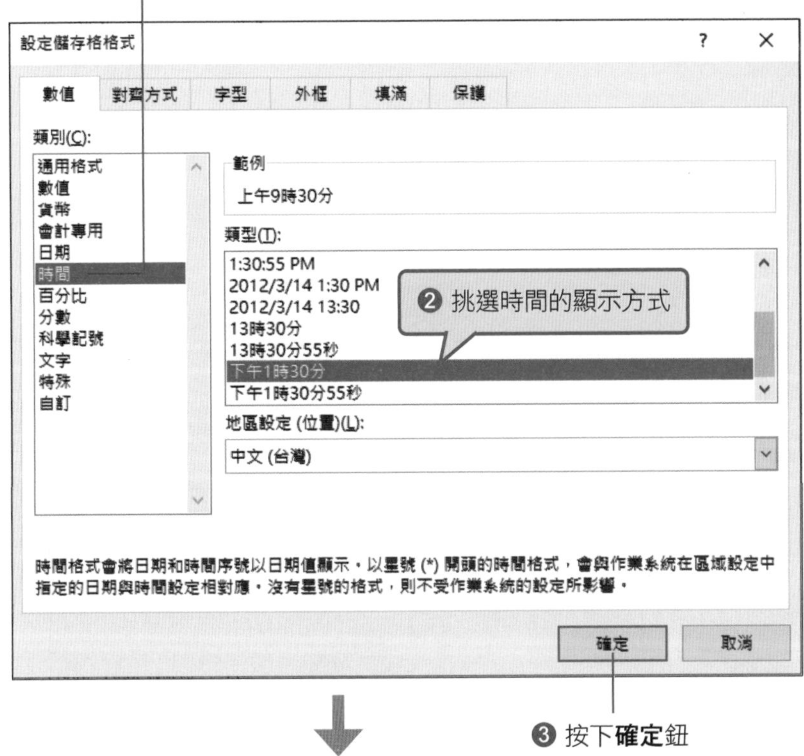

B4 | 09:30:00 AM

	A	B	C	D
1	親子「華麗島」彩繪藝術節			
2				
3	展出日期	2023年11月6日	2023年11月25日	
4	展出時間	上午9時30分	下午6時00分	
5	展出地點	華山藝文中心		
6	票　　價	300 元		
7	單場限額	12 人		
8	適合年齡	5 歲以上，12 歲以下		

時間的顯示方式改變了

1-3 在日期旁邊顯示星期

日期旁邊如果有顯示出星期，可以更方便做參照。這樣就不用另外對照日曆了。接續上例，我們來練習變更日期格式並在旁邊加上星期。

請選取 B3:C3 儲存格，在選取的儲存格上按滑鼠右鍵執行『**儲存格格式**』命令，開啟**設定儲存格格式**交談窗：

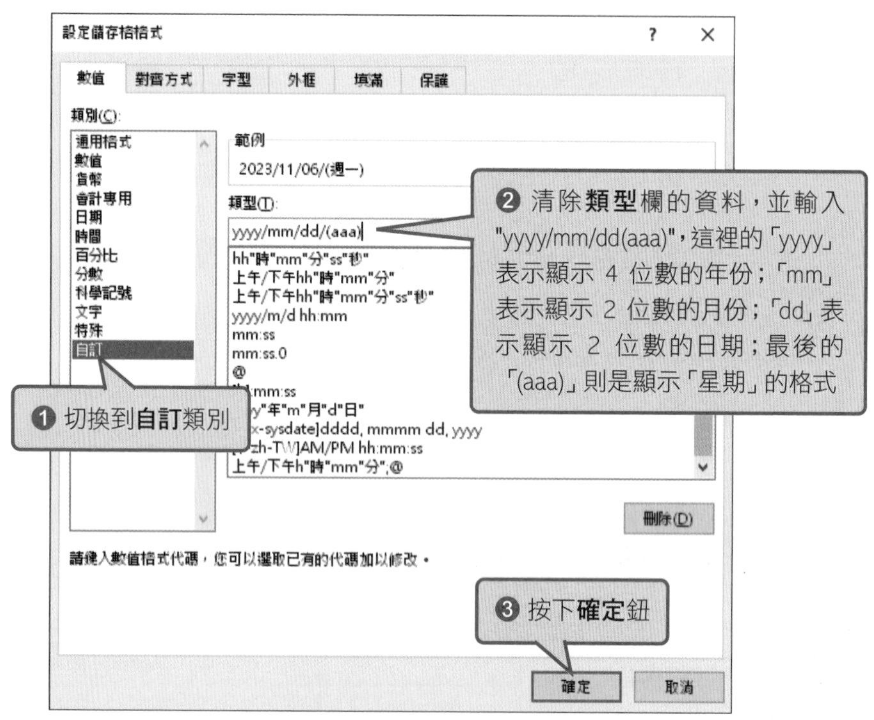

	A	B	C
1	親子「華麗島」彩繪藝術節		
2			
3	展出日期	2023/11/06/(週一)	2023/11/25/(週六)
4	展出時間	上午9時30分	下午6時00分
5	展出地點	華山藝文中心	
6	票　　價	300 元	
7	單場限額	12 人	
8	適合年齡	5 歲以上，12 歲以下	
9			

1-4 計算兩個日期相差幾天

辦公室流程或專案常需要跟催進度或檢查到期日，這時就要確認兩個特定日期之間有多久，Excel 可以自動計算兩個日期間的間隔天數，或是兩個時間所間隔的時數，可以用簡單的公式來計算。公式中若要使用日期或時間資料，必須將其視為文字以雙引號括住。接續上例，我們想知道展出日期共有幾天，其公式如下：

```
="2023/11/25" - "2023/11/6"
```

請在 D3 儲存格中輸入上述公式，或是直接輸入 "=C3-B3"，再按下 Enter 鍵，即可計算 "2023/11/6" 到 "2023/11/25" 之間的天數，其結果如下：

D3　=C3-B3

	A	B	C	D
1	親子「華麗島」彩繪藝術節			
2				
3	展出日期	2023/11/06(週一)	2023/11/25(週六)	19
4	展出時間	上午9時30分	下午6時00分	
5	展出地點	華山藝文中心		
6	票　價	300 元		
7	單場限額	12 人		
8	適合年齡	5 歲以上，12 歲以下		
9				

展出期間共 19 天

如果還想得知「從今天起計算還有幾天」的話，後面第 5 章會教你如何用 DATEDIF 函數做自動計算。

1-5 讓文字配合欄位寬度自動換列

在表格裡輸入太多字的時候，部分文字就會被遮蓋掉，無法完整顯示。當某幾筆資料字數太多又不想一欄一欄手動調整欄寬，就可利用**自動換行**功能來解決。

step 01 打開範例檔案 Ch01-03，目前 C7 及 C15 儲存格因為字數太多而沒有完整顯示出來，請選取這兩個儲存格：

4	日期	科目	摘要	支出	餘額	單據種類	發票號碼
5	1/4	運費	快遞	238	23,742		
6	1/4	郵電費	郵票	168	23,574		
7	1/6	匯費	匯款給傑元公	30	23,544		
8	1/8	交通費	公務車加油	1,900	21,644	發票	WS15874657
9	1/10	雜項	電池	864	20,780	收據	
10	1/12	郵電費	郵寄包裹	250	20,530	發票	WS15795135
11	1/16	文具用品	文具一批	846	19,684	發票	WS15687345
12	1/16	運費	搬運費	2,500	17,184		
13	1/17	交通費	ETC加值	1,500	15,684	發票	WS12687513
14	1/17	雜項	五金零件	3,560	12,124	收據	
15	1/22	匯費	匯款給上立公	60	12,064		
16	1/22	雜項	桶裝水	2,356	9,708	收據	

step 02 切換到**常用**頁次，在**對齊方式**區按下 自動換行 鈕：

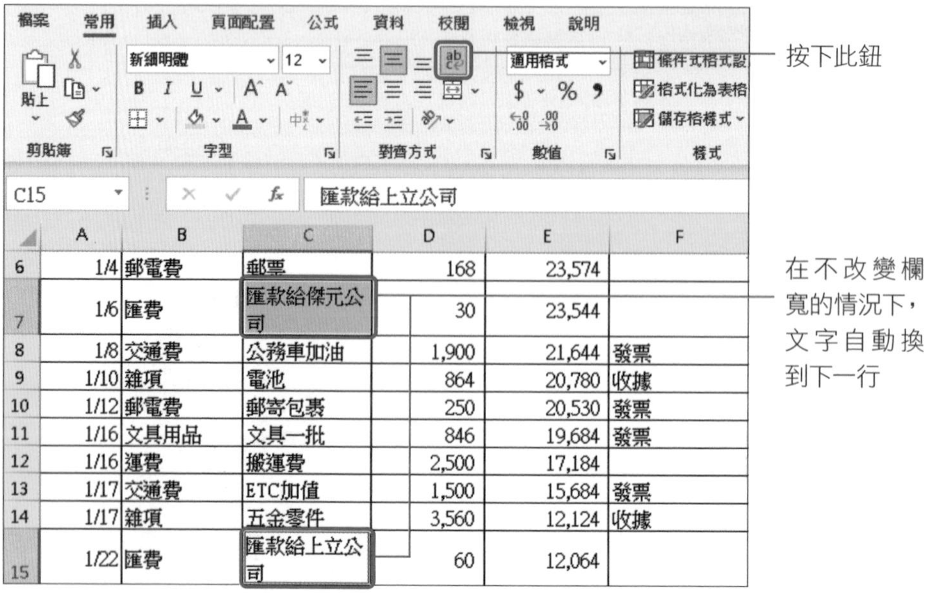

檔案 常用 插入 頁面配置 公式 資料 校閱 檢視 說明

按下此鈕

C15 匯款給上立公司

	A	B	C	D	E	F
6	1/4	郵電費	郵票	168	23,574	
7	1/6	匯費	匯款給傑元公 司	30	23,544	
8	1/8	交通費	公務車加油	1,900	21,644	發票
9	1/10	雜項	電池	864	20,780	收據
10	1/12	郵電費	郵寄包裹	250	20,530	發票
11	1/16	文具用品	文具一批	846	19,684	發票
12	1/16	運費	搬運費	2,500	17,184	
13	1/17	交通費	ETC加值	1,500	15,684	發票
14	1/17	雜項	五金零件	3,560	12,124	收據
15	1/22	匯費	匯款給上立公 司	60	12,064	

在不改變欄寬的情況下，文字自動換到下一行

1-6 在不改變欄寬的情況下，自動縮小儲存格文字

除了**自動換行**功能，也可以利用**縮小字型以適合欄寬**，接續上例，同樣選取 C7 及 C15 儲存格，按下 Ctrl + 1 快速鍵，開啟**設定儲存格格式**交談窗如下設定：

> **Tip**
> 另外因為受限於欄寬，設定完成後的文字可能會變得很小，再請您回頭檢查文字大小是否適當。

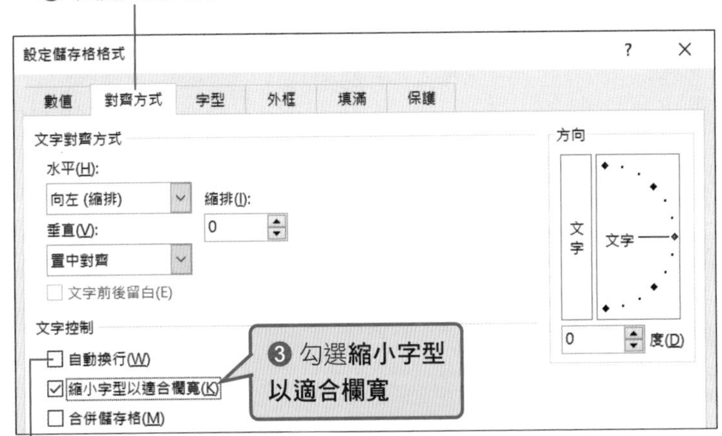

❷ 先取消勾選**自動換行**項目

❹ 按下**確定**鈕

	A	B	C	D
4	日期	科目	摘要	支出
5	1/4	運費	快遞	238
6	1/4	郵電費	郵票	168
7	1/6	匯費	匯款給傑元公司	30
8	1/8	交通費	公務車加油	1,900
9	1/10	雜項	電池	864
10	1/12	郵電費	郵寄包裹	250
11	1/16	文具用品	文具一批	846
12	1/16	運費	搬運費	2,500
13	1/17	交通費	ETC加值	1,500
14	1/17	雜項	五金零件	3,560
15	1/22	匯費	匯款給上立公司	60
16	1/22	雜項	桶裝水	2,356

欄寬不變，但文字變小了

1-7 跨欄置中

資料表的標題，通常會將字型調大並且加粗，有時也會將標題置中放在所有欄位的中間，讓標題更醒目。自己手動調整當然可以，然而一旦表格欄位有所增減、或是不斷改變欄寬，標題位置就容易跑掉、需要反覆手動調整。在此還是推薦使用跨欄自動置中功能。接續剛才的範例，我們練習將 A1 儲存格的標題文字**跨欄置中**。

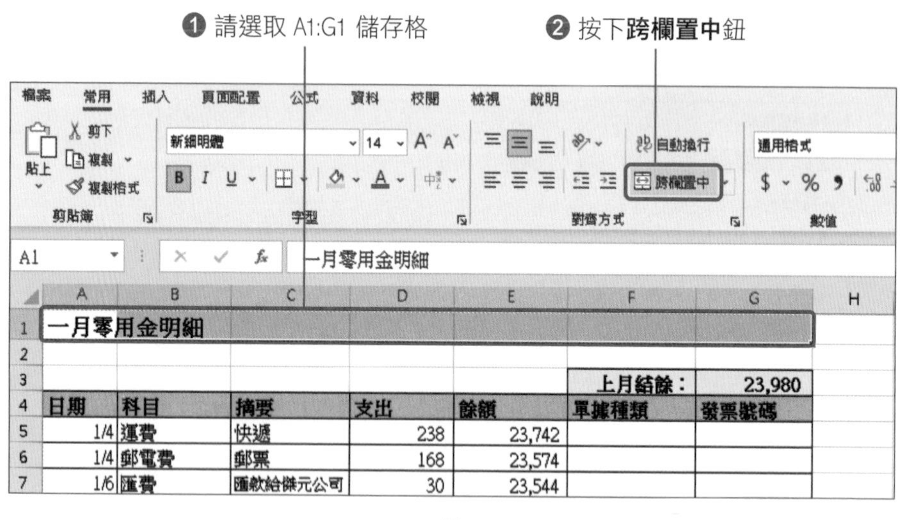

A1 儲存格文字橫跨 A 欄到 G 欄，並且自動置中排列

	A	B	C	D	E	F	G
1	一月零用金明細						
2							
3						上月結餘：	23,980
4	日期	科目	摘要	支出	餘額	單據種類	發票號碼
5	1/4	運費	快遞	238	23,742		
6	1/4	郵電費	郵票	168	23,574		
7	1/6	匯費	匯款給傑元公司	30	23,544		
8	1/8	交通費	公務車加油	1,900	21,644	發票	WS15874657

1-8 將文字自動轉正

Excel 預設都是橫式走向，但有時字數較多的時候，調整成直式文字可以節省表格空間，甚至有更好的視覺效果。要變更文字的方向，請先選取儲存格，切換到**常用**頁次，在**對齊方式**區按下**方向**鈕 ，從中選擇要套用的文字方向，你可以開啟範例檔案 Ch01-04 來練習：

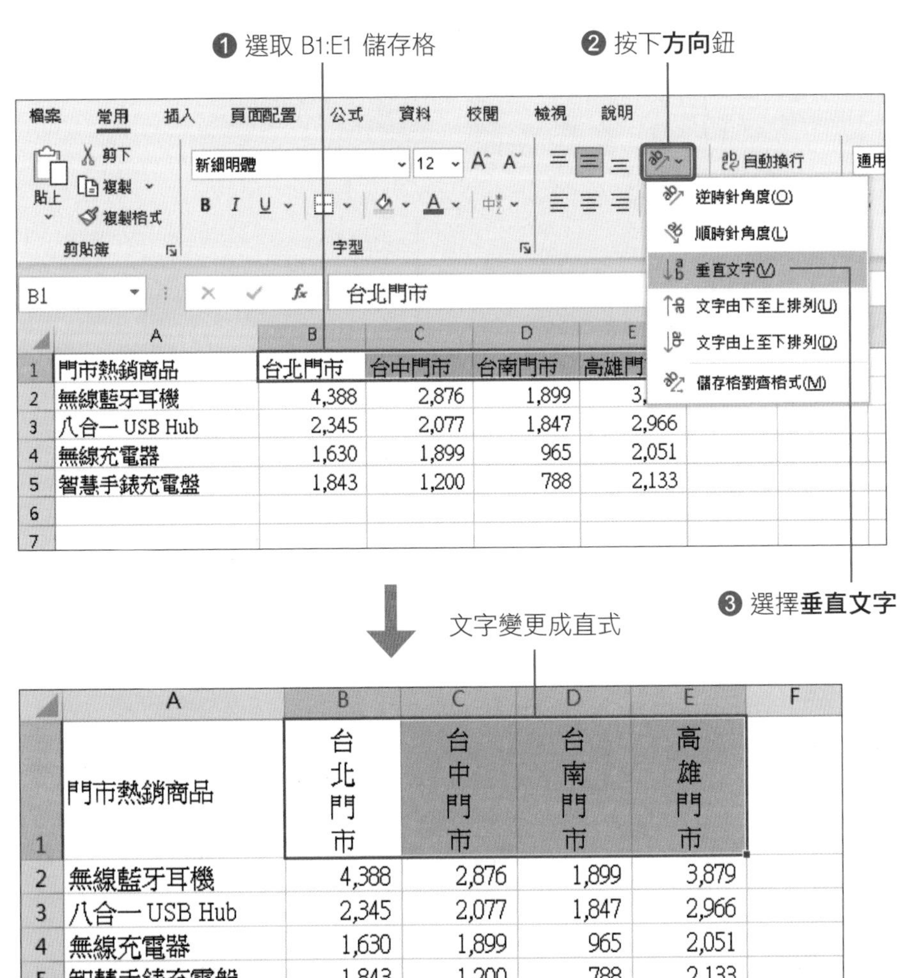

1-9 旋轉文字角度

儲存格內的文字除了可以變更為直式，還可以旋轉成不同角度。接續上例，我們來練習旋轉文字角度：

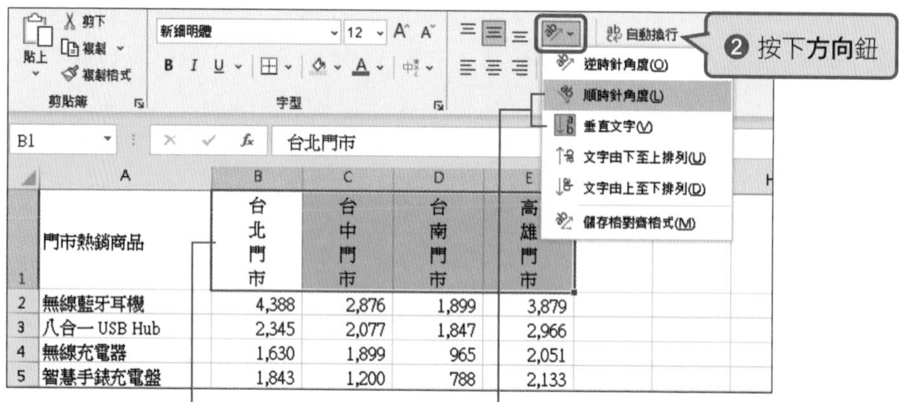

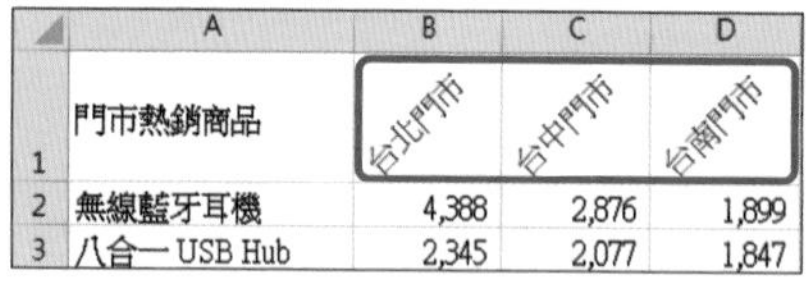

▲ 逆時針角度

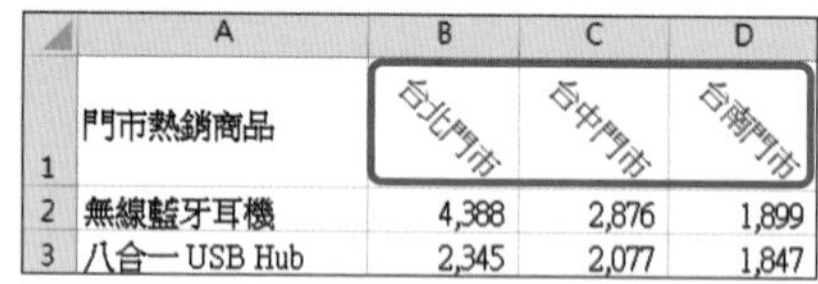

▲ 順時針角度

除了按下**方向** 鈕來變更文字角度外，也可以在選取儲存格後，按下 Ctrl + 1 鍵，開啟**設定儲存格格式**交談窗，在**對齊方式**頁次中做設定。

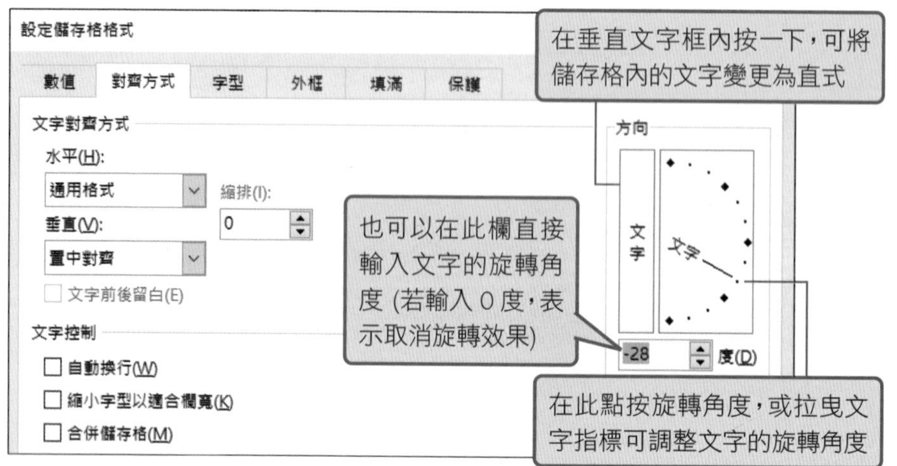

1-10 幫儲存格上色，凸顯重要資料

我們可以在輸入資料後，為想強調的內容填入底色，或是加上圖樣效果。請開啟範例檔案 Ch01-05，選取 A2:A5 儲存格範圍，切換到**常用**頁次，按下**填滿色彩**鈕 旁的下拉箭頭，並在色盤中挑選喜愛的顏色：

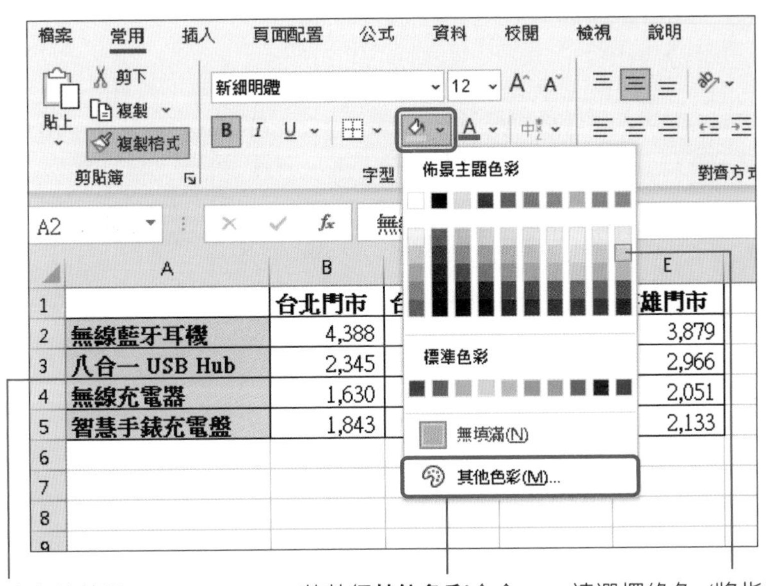

若要在儲存格中填入圖樣，可按下 Ctrl + 1 鍵，開啟**設定儲存格格式**交談窗，切換到**填滿**頁次，從**圖樣樣式**列示窗選擇要填滿的圖樣。

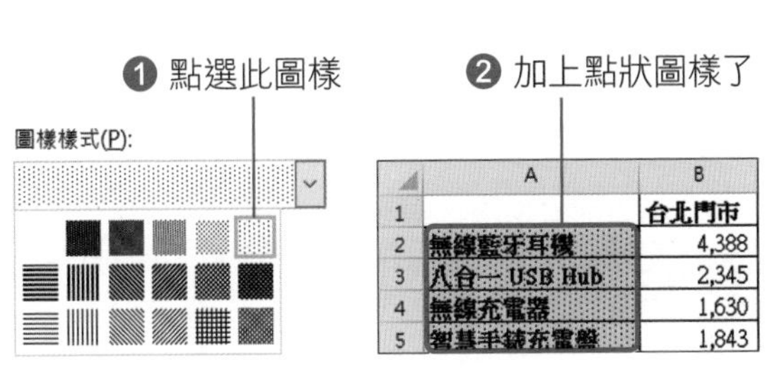

Tip

此處先說明手動設定格式，之後筆者會再介紹自動依照資料內容變更格式的技巧。

1-11 快速套用相同的儲存格格式

當你為儲存格加上字型、框線、圖樣等格式設定後，若想為其他儲存格 (或範圍) 套用相同的格式設定，可切換到**常用**頁次，按下**剪貼簿**區的**複製格式**鈕 複製格式 快速完成。

接續剛才的範例檔案 Ch01-05，我們要將設定好格式的 A2:A5 儲存格複製到 B1:E1 儲存格中：

❶ 選取要複製格式的來源儲存格，按下**複製格式**鈕 複製格式，此時指標會呈 ✚🖌 狀

	A	B	C	D	E
1		台北門市	台中門市	台南門市	高雄門市
2	無線藍牙耳機	4,388	2,876	1,899	3,879
3	八合一 USB Hub	2,345	2,077	1,847	2,966
4	無線充電器	1,630	1,899	965	2,051
5	智慧手錶充電盤	1,843	1,200	788	2,133

❷ 選取目的儲存格 B1:E1，即可將格式複製過來

	A	B	C	D	E
1		台北門市	台中門市	台南門市	高雄門市
2	無線藍牙耳機	4,388	2,876	1,899	3,879
3	八合一 USB Hub	2,345	2,077	1,847	2,966
4	無線充電器	1,630	1,899	965	2,051
5	智慧手錶充電盤	1,843	1,200	788	2,133

技巧補充

連續複製相同的儲存格格式

如果想要將同一個儲存格 (或儲存格範圍) 的格式，**連續複製**到其他儲存格，最快的做法就是在**複製格式**鈕 複製格式 上按兩下，就可以持續點選其他儲存格複製相同的格式了。例如，此範例新增了兩個門市資料，就可以從其他儲存格將格式複製過來，節省設定格式的時間。

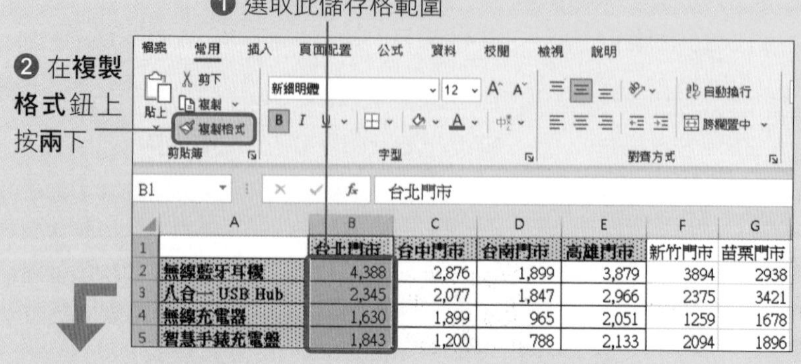

將 B1:B5 的格式複製到 F1:F5 儲存格了

	A	B	C	D	E	F	G
1		台北門市	台中門市	台南門市	高雄門市	新竹門市	苗栗門市
2	無線藍牙耳機	4,388	2,876	1,899	3,879	3,894	2,938
3	八合一 USB Hub	2,345	2,077	1,847	2,966	2,375	3,421
4	無線充電器	1,630	1,899	965	2,051	1,259	1,678
5	智慧手錶充電盤	1,843	1,200	788	2,133	2,094	1,896

❸ 當滑鼠指標呈 ✚🖌 狀，由上而下拖曳 F1:F5 儲存格

	A	B	C	D	E	F	G
1		台北門市	台中門市	台南門市	高雄門市	新竹門市	苗栗門市
2	無線藍牙耳機	4,388	2,876	1,899	3,879	3,894	2,938
3	八合一 USB Hub	2,345	2,077	1,847	2,966	2,375	3,421
4	無線充電器	1,630	1,899	965	2,051	1,259	1,678
5	智慧手錶充電盤	1,843	1,200	788	2,133	2,094	1,896

❹ 當滑鼠指標呈 ✚🖌 狀，繼續由上而下拖曳 G1:G5 儲存格，放開滑鼠即可將 B1:B5 的格式複製過來

1-12 快速統一置換多個儲存格格式

如果想讓多個儲存格切換成其他的格式，不需要一欄一欄慢慢調整！我們可以利用**取代格式**的功能一次調整到位。請開啟範例檔案 Ch01-06，假設我們想將所有的日期設成藍底、置中對齊，就可以如右操作：

	A	B	C	D	E	F	G
1	各月應付帳款						
2	進貨日期	客戶名稱	未 稅	稅 金	含 稅	付款方式	付款日期
3	04/01	銓東有限公司	125,500	6,275	131,775	現金	05/05
4	04/03	榮鼎有限公司	95,487	4,774	100,261	現金	05/05
5	04/12	聯鎂公司	36,800	1,840	38,640	現金	05/05
6	04/15	偉鋒有限公司	34,400	1,720	36,120	現金	05/05
7	05/02	宏升股份有限公司	12,548	627	13,175	現金	06/05
8	05/10	立享股份有限公司	22,680	1,134	23,814	支票	06/05
9	05/15	平洋實業	118,420	5,921	124,341	現金	06/05
10	05/16	騰華科技	671,670	33,584	705,254	現金	06/05
11	05/20	嘉迎股份有限公司	12,000	600	12,600	支票	06/05
12	06/10	德羽實業有限公司	62,760	3,138	65,898	電匯	07/05
13	06/13	竹誠國際股份有限公司	25,478	1,274	26,752	現金	07/05
14	06/15	易杰國際	40,860	2,043	42,903	現金	07/05
15	06/20	偉鋒有限公司	54,878	2,744	57,622	現金	07/05
16	07/04	宏升股份有限公司	65,448	3,272	68,720	支票	08/05
17	07/08	聯鎂公司	28,000	1,400	29,400	現金	08/05
18	07/12	榮鼎有限公司	68,963	3,448	72,411	現金	08/05
19	07/15	騰華科技	21,657	1,083	22,740	現金	08/05
20	07/22	德羽實業有限公司	33,000	1,650	34,650	支票	08/05
21	07/30	易杰國際	54,878	2,744	57,622	現金	08/05
22	08/01	平洋實業	35,487	1,774	37,261	現金	09/05
23	08/06	銓東有限公司	2,500	125	2,625	現金	09/05
24	08/10	竹誠國際股份有限公司	325,478	16,274	341,752	電匯	09/05
25	08/16	騰華科技	11,440	572	12,012	現金	09/05
26	08/24	嘉迎股份有限公司	19,605	981	20,586	現金	09/05
27	08/28	聯鎂公司	28,953	1,448	30,401	現金	09/05
28	08/30	立享股份有限公司	25,487	1,274	26,761	現金	09/05

▲ 原本的日期資料，沒有全部填滿底色且靠右對齊

step 01 請切換到**常用**頁次，在**編輯**區中按下**尋找與選取**鈕，執行『**取代**』命令，開啟**尋找及取代**交談窗：

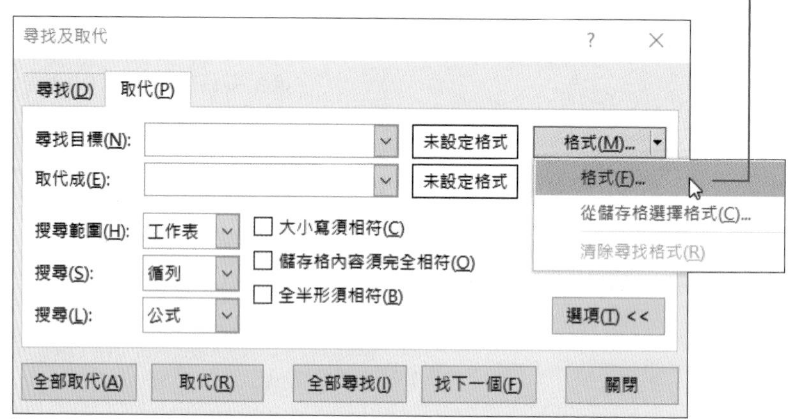

step 02 設定要尋找的目標。在此將日期格式設為尋找目標：

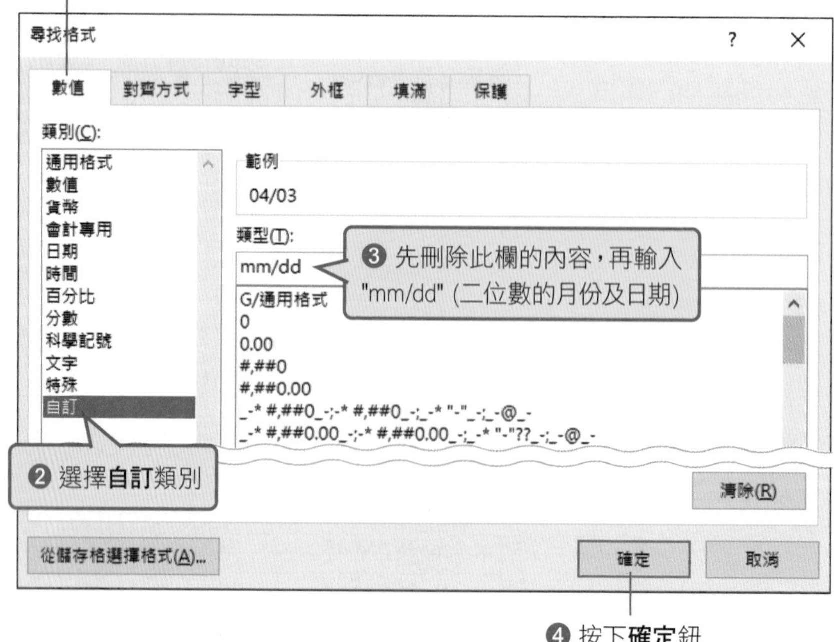

step 03 設定取代後的格式，在此要將日期儲存格填滿藍色並置中對齊。

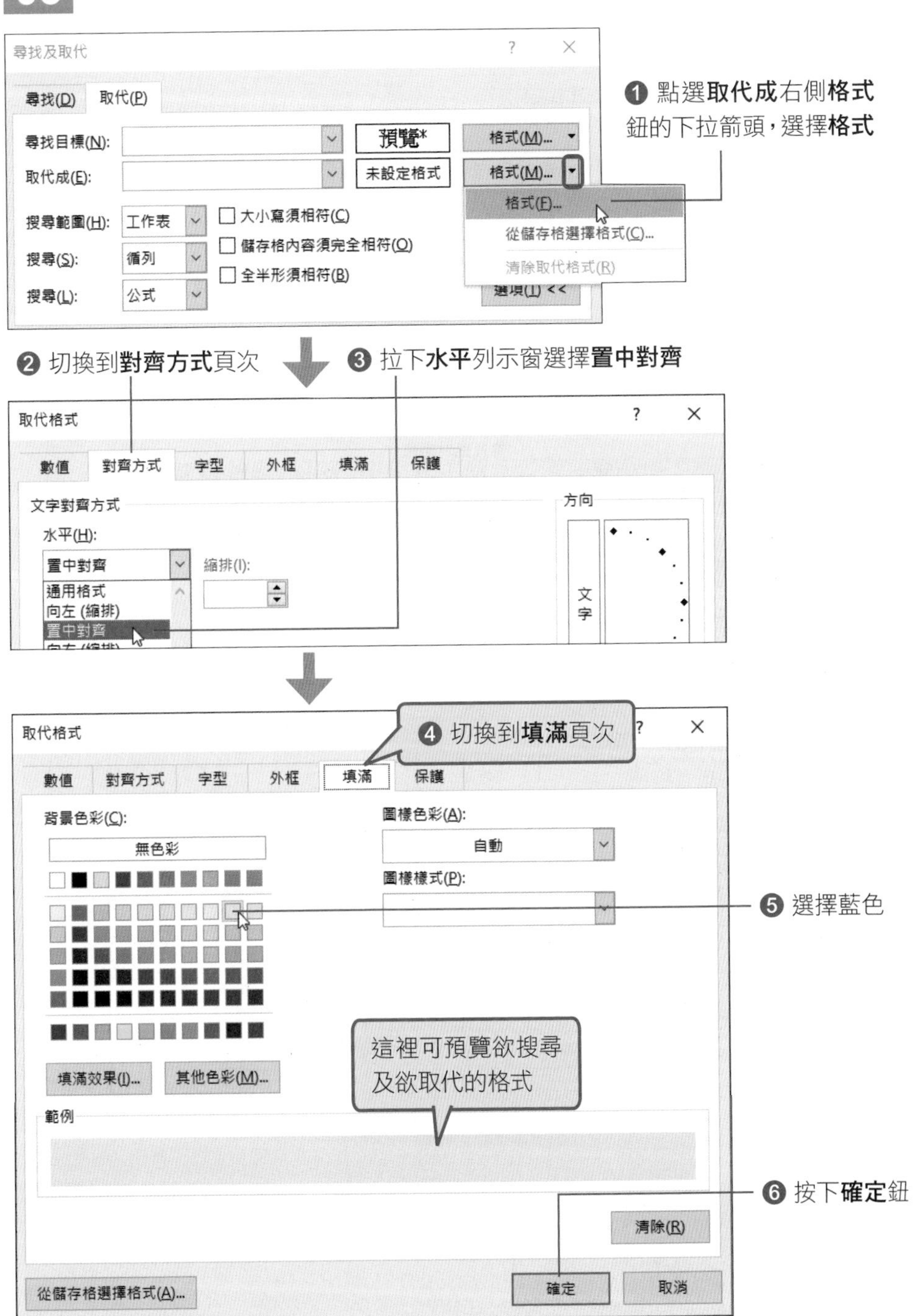

回到**尋找及取代**交談窗後，按下**全部取代**鈕，即會顯示已取代幾個項目，最後關閉**尋找及取代**交談窗就完成了。

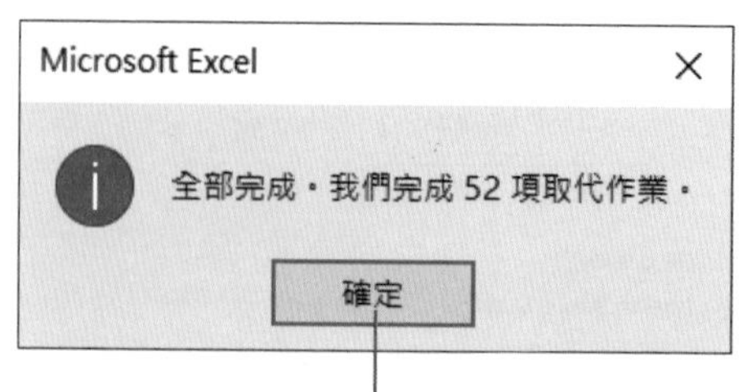

會顯示已取代幾個項目，按下**確定**鈕

	A	B	C	D	E	F	G	H
1	各月應付帳款							
2	進貨日期	客戶名稱	未 稅	稅 金	含 稅	付款方式	付款日期	
3	04/01	銓東有限公司	125,500	6,275	131,775	現金	05/05	
4	04/03	榮鼎有限公司	95,487	4,774	100,261	現金	05/05	
5	04/12	聯鎂公司	36,800	1,840	38,640	現金	05/05	
6	04/15	偉鋒有限公司	34,400	1,720	36,120	現金	05/05	
7	05/02	宏升股份有限公司	12,548	627	13,175	現金	06/05	
8	05/10	立享股份有限公司	22,680	1,134	23,814	支票	06/05	
9	05/15	平洋實業	118,420	5,921	124,341	現金	06/05	
10	05/16	騰華科技	671,670	33,584	705,254	現金	06/05	
11	05/20	嘉迎股份有限公司	12,000	600	12,600	支票	06/05	
12	06/10	德羽實業有限公司	62,760	3,138	65,898	電匯	07/05	
13	06/13	竹誠國際股份有限公司	25,478	1,274	26,752	現金	07/05	
14	06/15	易杰國際	40,860	2,043	42,903	現金	07/05	
15	06/20	偉鋒有限公司	54,878	2,744	57,622	現金	07/05	
16	07/04	宏升股份有限公司	65,448	3,272	68,720	支票	08/05	
17	07/08	聯鎂公司	28,000	1,400	29,400	現金	08/05	
18	07/12	榮鼎有限公司	68,963	3,448	72,411	現金	08/05	
19	07/15	騰華科技	21,657	1,083	22,740	現金	08/05	
20	07/22	德羽實業有限公司	33,000	1,650	34,650	支票	08/05	
21	07/30	易杰國際	54,878	2,744	57,622	現金	08/05	
22	08/01	平洋實業	35,487	1,774	37,261	現金	09/05	
23	08/06	銓東有限公司	2,500	125	2,625	現金	09/05	
24	08/10	竹誠國際股份有限公司	325,478	16,274	341,752	電匯	09/05	
25	08/16	騰華科技	11,440	572	12,012	現金	09/05	
26	08/24	嘉迎股份有限公司	19,605	981	20,586	現金	09/05	
27	08/28	聯鎂公司	28,953	1,448	30,401	現金	09/05	
28	08/30	立享股份有限公司	25,487	1,274	26,761	現金	09/05	

▲格式替換成功

1-13 一次刪除空白儲存格所在的資料列

有時候匯入到 Excel 的資料裡含有空白儲存格，要一個一個找出來再刪除，實在很傷眼力。在此筆者要教你一個小技巧，可以一次選取所有的空白儲存格，並且一次刪除空白儲存格所在的整列資料。

請開啟範例檔案 Ch01-07，以此範例而言，庫存表裡沒有填入資料的儲存格，表示此材料已經沒有庫存了或是該材料已經更換成新的編號，在此我們要刪除這些不完整的資料。

step 01 選取 A4:D16 儲存格範圍，再按下**常用**頁次**編輯**區中的**尋找與選取**鈕，選擇**特殊目標**。

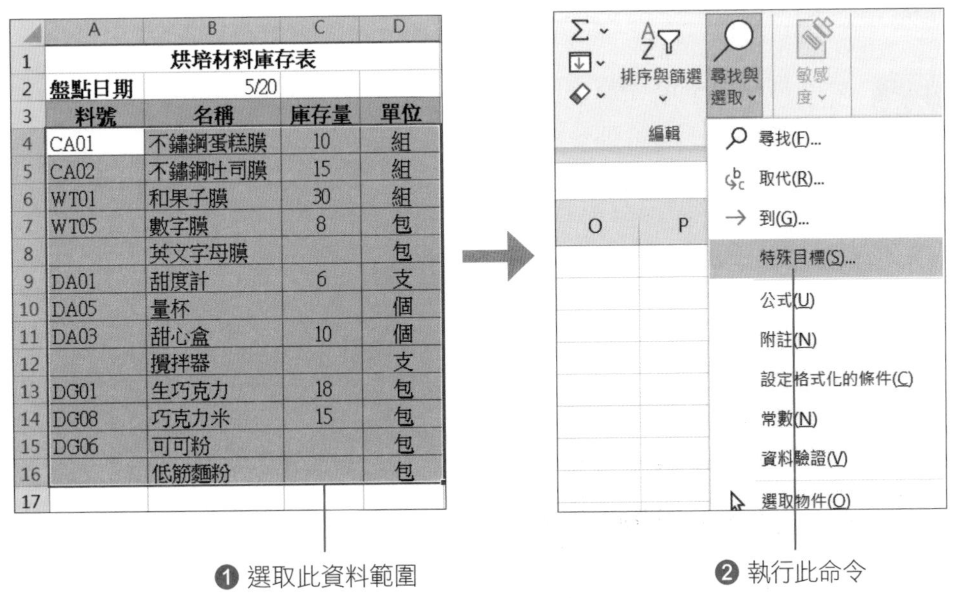

	A	B	C	D
1	烘培材料庫存表			
2	盤點日期	5/20		
3	料號	名稱	庫存量	單位
4	CA01	不鏽鋼蛋糕膜	10	組
5	CA02	不鏽鋼吐司膜	15	組
6	WT01	和果子膜	30	組
7	WT05	數字膜	8	包
8		英文字母膜		包
9	DA01	甜度計	6	支
10	DA05	量杯		個
11	DA03	甜心盒	10	個
12		攪拌器		支
13	DG01	生巧克力	18	包
14	DG08	巧克力米	15	包
15	DG06	可可粉		包
16		低筋麵粉		包
17				

❶ 選取此資料範圍

❷ 執行此命令

step 02 開啟**特殊目標**交談窗後，點選**空格**項目，再按下**確定**鈕。

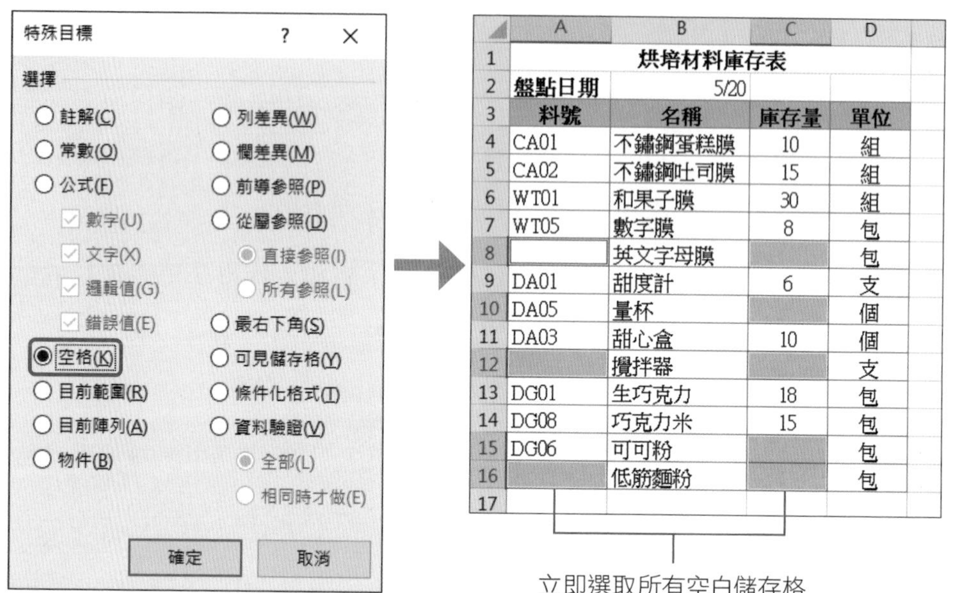

立即選取所有空白儲存格

step 03 按下**常用**頁次**儲存格**區中的**刪除**鈕，選擇**刪除工作表列**，這樣所有空白儲存格所在的列資料就會一併刪除。

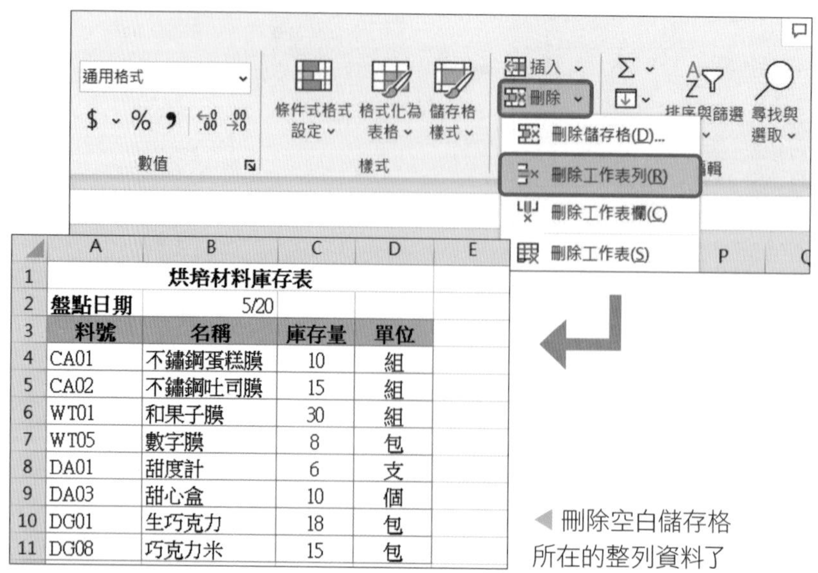

◀ 刪除空白儲存格所在的整列資料了

1-14 自動繪製表格的斜線標頭 (雙標題)

有些新手在製作含有雙標題的表格時，往往會使用畫線功能，這樣既耗時又難以畫得精準。要在同一個儲存格中放置兩個標題，可善用上標及下標功能，接著再利用框線繪製斜線做區隔。請開啟範例檔案 Ch01-08 如下操作：

step 01 請先在 A1 儲存格中輸入 "產品名稱門市"，輸入完畢，請在 A1 儲存格按下 F2 快速鍵，進入**編輯**模式，選取「產品名稱」這 4 個字：

選取「產品名稱」這 4 兩個字

	A	B	C	D	E
1	產品名稱門市	台北門市	台中門市	台南門市	高雄門市
2	無線藍牙耳機	4,388	2,876	1,899	3,879
3	八合一 USB Hub	2,345	2,077	1,847	2,966

step 02 按下 Ctrl + 1 鍵開啟**設定儲存格格式**交談窗在**字型**頁次，勾選**下標**選項：

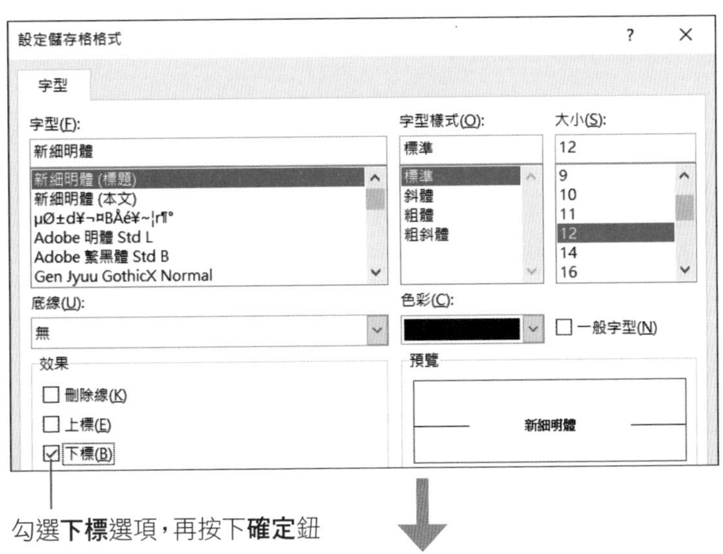

勾選**下標**選項，再按下**確定**鈕

「產品名稱」4 個字變成下標字

	A	B	C	D	E
1	產品名稱門市	台北門市	台中門市	台南門市	高雄門市
2		4,388	2,876	1,899	3,879
3	八合一 USB Hub	2,345	2,077	1,847	2,966
4	無線充電器	1,630	1,899	965	2,051
5	智慧手錶充電盤	1,843	1,200	788	2,133

step 03 接著，選取「門市」 2 個字，參照 **step 02** 的方法，勾選**上標**選項，將「門市」變成上標字：

	A	B	C	D	E
1	產品名稱門市	台北門市	台中門市	台南門市	高雄門市
2		4,388	2,876	1,899	3,879
3	八合一 USB Hub	2,345	2,077	1,847	2,966
4	無線充電器	1,630	1,899	965	2,051
5	智慧手錶充電盤	1,843	1,200	788	2,133

step 04 設定了上標及下標字後，文字會變小，請選取 A1 儲存格，按下**字型大小**鈕，將字型調到 18，並設為**粗體**：

	A	B	C	D	E
1	門市 產品名稱	台北門市	台中門市	台南門市	高雄門市
2	無線藍牙耳機	4,388	2,876	1,899	3,879
3	八合一 USB Hub	2,345	2,077	1,847	2,966
4	無線充電器	1,630	1,899	965	2,051
5	智慧手錶充電盤	1,843	1,200	788	2,133

step 05 設定好文字後，接著要在儲存格中繪製斜線，請選取 A1 儲存格後，按下**框線**鈕，選擇『**其他框線**』命令，開啟**設定儲存格格式**交談窗如下設定：

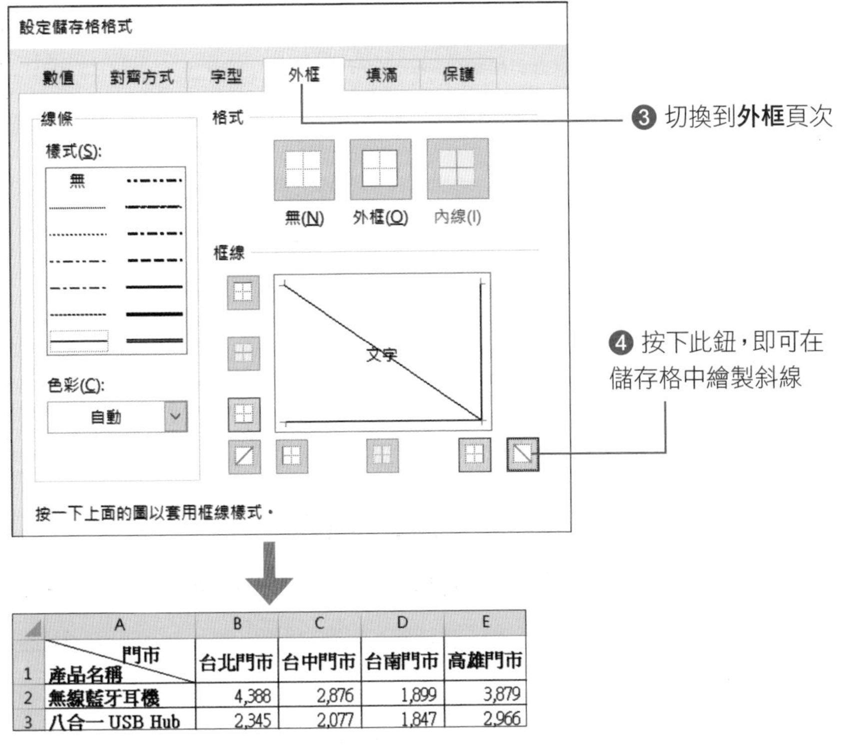

	A	B	C	D	E
1	門市 產品名稱	台北門市	台中門市	台南門市	高雄門市
2	無線藍牙耳機	4,388	2,876	1,899	3,879
3	八合一 USB Hub	2,345	2,077	1,847	2,966

step 06 在儲存格中加上斜線後，已經完成斜表頭的設定了，不過我們還希望將「門市」這 2 個字往右移一點。請選取 A1 儲存格，按下 F2 鍵，進入**編輯**模式，將插入點移到「門市」之前，切換成「全形」，並輸入一個空白。

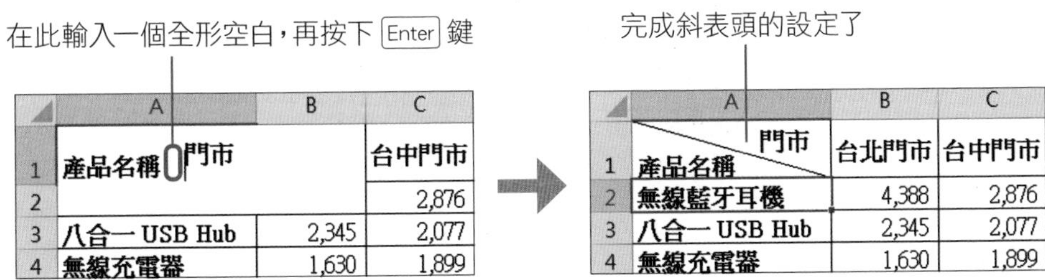

	A	B	C
1	產品名稱 門市		台中門市
2			2,876
3	八合一 USB Hub	2,345	2,077
4	無線充電器	1,630	1,899

	A	B	C
1	門市 產品名稱	台北門市	台中門市
2	無線藍牙耳機	4,388	2,876
3	八合一 USB Hub	2,345	2,077
4	無線充電器	1,630	1,899

1-15 善用「縮排」功能，讓資料快速呈現層級關係

11	工程部
12	汪炳哲
13	陳曲佩
14	陳淑美
15	權弘泰

彼此具有關聯性或層級關係的資料，例如「部門、員工」、「地區、門市」、「產品大類別、產品小類別」、…等等。如果將這些有層級關係的資料放在同一欄會不容易區分，這時候不妨善用**縮排**功能，讓次一層級的資料內縮，可讀性會比較好！請開啟範例檔案 Ch01-09 來練習：

❶ 先選取 A5:A10 儲存格

❷ 按住 Ctrl 鍵不放，陸續選取 A12:A15、A17:A22、A24:A29、A31:A34 以及 A36:A41 儲存格範圍

	A	B	C	D	E	F	G
1	員工旅遊補助金額						
2							
3	部門	到職日	年資	補助金額		年資	金額
4	人事部					三年以上	10,000
5	白美惠	2011/08/09	9年	10,000		未滿三年	5,000
6	朱麗雅	2016/05/20	5年	10,000		未滿一年	3,000
7	宋秀惠	2016/03/08	5年	10,000			
8	張文雅	2016/03/02	5年	10,000			
9	許東賢	2019/06/03	2年	5,000			
10	盧仲偉	2008/10/20	12年	10,000			
11	工程部						
12	汪炳哲	2018/09/03	2年	5,000			
13	陳曲佩	2005/03/22	16年	10,000			
14	陳淑美	2019/05/01	2年	5,000			
15	權弘泰	2018/09/04	2年	5,000			
16	研發部						
17	李沛偉	2007/11/15	13年	10,000			
18	谷瑄若	2016/11/10	4年	10,000			
19	金志偉	2017/08/14	3年	10,000			
20	許淑卿	2019/04/15	2年	5,000			
21	黃士傑	2009/04/30	12年	10,000			
22	潘芊美	2014/06/03	7年	10,000			
23	倉儲部						
24	林琪琪	2008/01/15	13年	10,000			
25	[illegible]	2013/04/15	8年	10,000			

Tip

上圖是逐一選取各部門底下的人員，因為選取的人數多，讓操作變得稍微麻煩。你也可以反向操作，先一次選取 A4:A41 範圍，接著再按住 Ctrl 鍵不放，逐一點選各部門名稱 (取消選取部門名稱)！

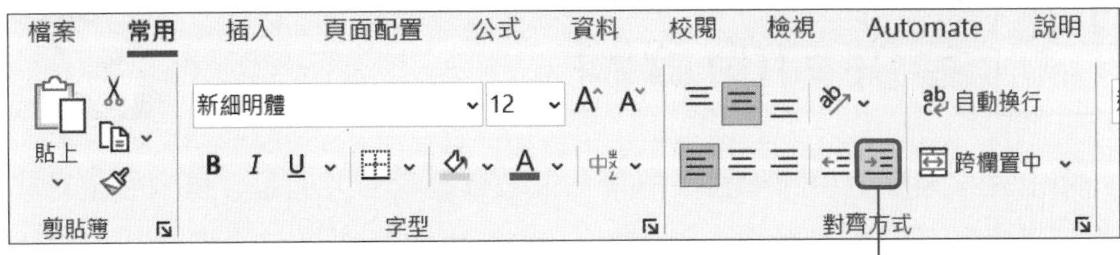

❸ 按下**常用**頁次**對齊方式**區的**增加縮排**鈕

部門名稱底下的姓名往內縮一個字，這樣就很容易辨識了

	A	B	C	D	E	F	G	H
1	**員工旅遊補助金額**							
2								
3	**部門**	**到職日**	**年資**	**補助金額**		**年資**	**金額**	
4	**人事部**					三年以上	10,000	
5	白美惠	2011/08/09	9年	10,000		未滿三年	5,000	
6	朱麗雅	2016/05/20	5年	10,000		未滿一年	3,000	
7	宋秀惠	2016/03/08	5年	10,000				
8	張文雅	2016/03/02	5年	10,000				
9	許東賢	2019/06/03	2年	5,000				
10	盧仲偉	2008/10/20	12年	10,000				
11	**工程部**							
12	汪炳哲	2018/09/03	2年	5,000				
13	陳曲佩	2005/03/22	16年	10,000				
14	陳淑美	2019/05/01	2年	5,000				
15	權弘泰	2018/09/04	2年	5,000				
16	**研發部**							
17	李沛偉	2007/11/15	13年	10,000				
18	谷瑄若	2016/11/10	4年	10,000				
19	金志偉	2017/08/14	3年	10,000				
20	許淑卿	2019/04/15	2年	5,000				
21	黃士傑	2009/04/30	12年	10,000				
22	潘芊美	2014/06/03	7年	10,000				
23	**倉儲部**							
24	林琪琪	2008/01/15	13年	10,000				
25	[illegible]	2013/04/15	8年	10,000				

1-16 免重 key！自動還原合併前的資料

相信大家經常使用**跨欄置中**鈕來合併多個儲存格，但是合併多個儲存格後，只會顯示左上角的第一格資料，若是想復原合併前的資料該怎麼辦呢？

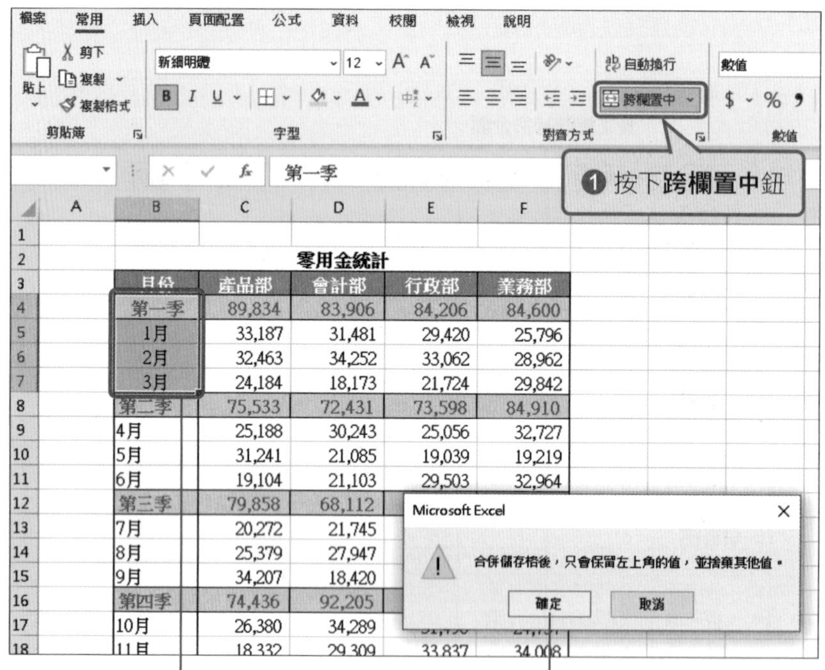

❶ 按下**跨欄置中**鈕

❷ 選取 B4:B7 儲存格

❸ 出現此訊息，告訴你合併後只會保留左上角的資料，請按下**確定**鈕

	A	B	C	D	E	F	G
1							
2		零用金統計					
3		月份	產品部	會計部	行政部	業務部	
4		第一季	89,834	83,906	84,206	84,600	
5			33,187	31,481	29,420	25,796	
6			32,463	34,252	33,062	28,962	
7			24,184	18,173	21,724	29,842	
8		第二季	75,533	72,431	73,598	84,910	
9		4月	25,188	30,243	25,056	32,727	
10		5月	31,241	21,085	19,039	19,219	
11		6月	19,104	21,103	29,503	32,964	

合併 B4:B7 儲存格後，只會顯示第一格資料

上述的作法，在還沒有儲存檔案前都可以按 Ctrl + Z 鍵，復原未合併儲存格前的資料；但若是儲存檔案就沒辦法回復了。若希望保有合併前所有儲存格的資料，可以改用以下這個方法來合併儲存格，就算存檔後都還有辦法復原資料。

請開啟範例檔案 Ch01-10：

❶ 隨意在工作表中選取 4 個儲存格，並按下**跨欄置中**鈕

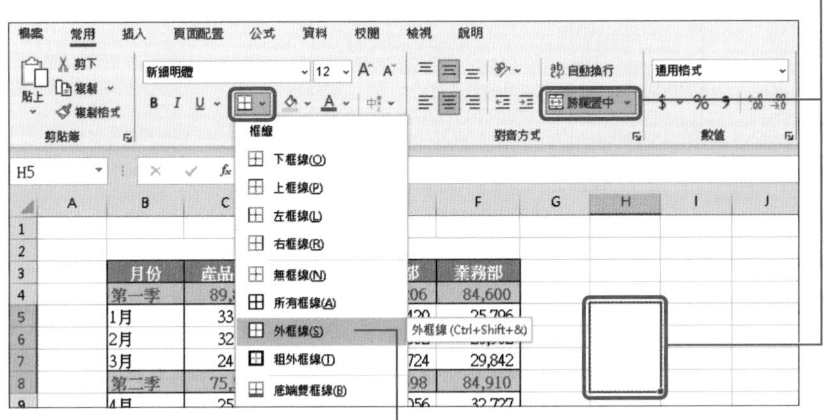

❷ 按下**框線**鈕，選擇**外框線**，我們希望在合併的儲存格加上框線

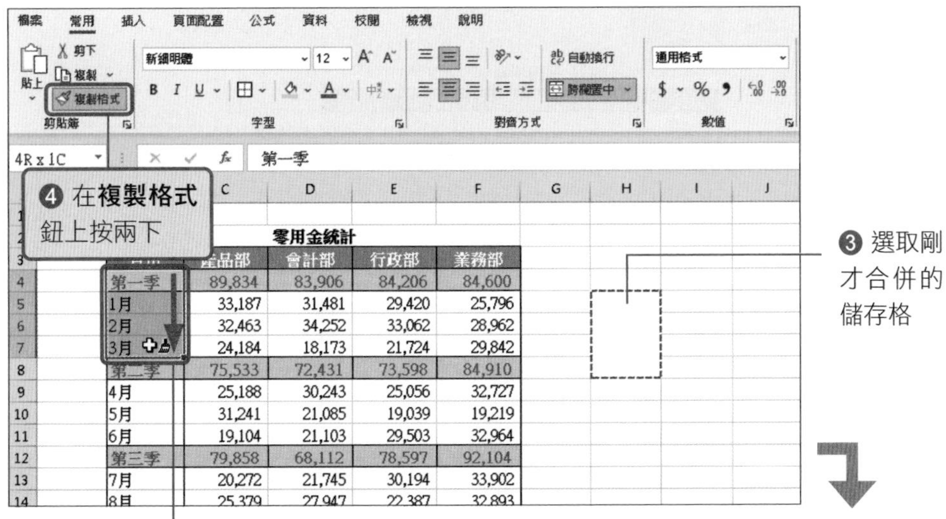

❹ 在**複製格式**鈕上按兩下

❸ 選取剛才合併的儲存格

❺ 當滑鼠指標呈 ✚🖌 狀態時，由上往下拖曳 B4:B7 儲存格

零用金統計

月份	產品部	會計部	行政部	業務部
第一季	89,834	83,906	84,206	84,600
	33,187	31,481	29,420	25,796
	32,463	34,252	33,062	28,962
	24,184	18,173	21,724	29,842
第二季	75,533	72,431	73,598	84,910
	25,188	30,243	25,056	32,727
	31,241	21,085	19,039	19,219
	19,104	21,103	29,503	32,964
第三季	79,858	68,112	78,597	92,104
	20,272	21,745	30,194	33,902
	25,379	27,947	22,387	32,893
	34,207	18,420	26,016	25,309
第四季	74,436	92,205	96,059	87,225
	26,380	34,289	31,496	24,757
	18,332	29,309	33,837	34,008
	29,724	28,607	30,726	28,460

❻ 當滑鼠指標呈 ✚🖌 狀態時，繼續拖曳 B8:B11、B12:B15、B16:B19 儲存格，即可將各月份合併成第一季、第二季、……

利用**複製格式**鈕來合併儲存格，即使儲存檔案後，還是能復原未合併前的資料，因為**複製格式**只是改變儲存格的外觀設定，不會影響儲存格的內容。請開啟 Ch01-10 的完成檔案，選取 B4:B19 儲存格，按下**跨欄置中**鈕，即可還原未合併前的資料。

零用金統計

月份	產品部	會計部	行政部	業務部
第一季	89,834	83,906	84,206	84,600
1月	33,187	31,481	29,420	25,796
2月	32,463	34,252	33,062	28,962
3月	24,184	18,173	21,724	29,842
第二季	75,533	72,431	73,598	84,910
4月	25,188	30,243	25,056	32,727
5月	31,241	21,085	19,039	19,219
6月	19,104	21,103	29,503	32,964
第三季	79,858	68,112	78,597	92,104
7月	20,272	21,745	30,194	33,902
8月	25,379	27,947	22,387	32,893
9月	34,207	18,420	26,016	25,309
第四季	74,436	92,205	96,059	87,225
10月	26,380	34,289	31,496	24,757
11月	18,332	29,309	33,837	34,008
12月	29,724	28,607	30,726	28,460

雖然顯示未合併前的資料，不過儲存格格式得要重新設定

CHAPTER 2

用聰明的方法 加速輸入資料

在需要輸入大量資料的時候，最擔心的就是耗費過多時間在打字上。而 Excel 有提供許多快速輸入資料的方法，像是自動完成、自動填滿。也能協助進行資料偵錯，跳出通知提醒使用者輸入的資料有誤，省時又減少出錯的機率。

什麼是具有規則性的資料

我們在打中文輸入的時候，使用注音符號加上選字往往就耗了不少時間，在要輸入大量資料的時候更是痛苦。但其實只要這些資料有一定的規則性，就能使用快速輸入功能!首先，我們要了解哪些資料可以「加速輸入」，以下表為例，這樣的資料有 3 種：

- 具有規律的資料，如：1、2、3、4、5 這類連續編號。

員工編號	員工姓名	考績	部門
1	李宥晴	甲等	管理部
2	周育昇	乙等	管理部
3	謝常斌	乙等	管理部
4	宋茹芸	甲等	管理部
5	郝隆佳	甲等	管理部

連續編號　特定的資料　相同的資料

- 同一欄中只有特定的幾種資料，如：甲等、乙等。
- 相同的資料，如：部門名稱。

加快資料輸入的方法

遇到上述 3 種規則的資料時，可以使用下列方法來加快輸入資料的速度。

- **自動完成**。
- **從下拉式清單挑選**。
- **自動填滿**。
- **自動填入數列**。

接下來的各節將分別介紹如何使用這些方法來提升輸入的效率。

2-1 快速輸入同欄中出現過的資料

對規則性資料有大致理解之後，現在我們來實際應用。如果同一欄中只有幾種資料 (如甲等、乙等)，或是連續幾個儲存格資料都相同，那麼使用「**自動完成**」功能，就能幫助我們少打很多字。

step 01 首先，建立一份新活頁簿，在 A1:A3 儲存格中輸入 "考績"、"甲等"、"乙等"。

	A
1	考績
2	甲等
3	乙等
4	
5	

step 02 請在 A4 儲存格中輸入 "甲"，結果發現在 "甲" 之後會自動填入 "等" 這個字，並以反白的方式顯示。

當你輸入資料時，Excel 會比對輸入的資料和同欄中其他儲存格資料，若發現有相同的內容 (例如 A4 儲存格中的 "甲" 和 A2 儲存格中 "甲等" 的 "甲" 相同)，就會為該儲存格填入剩餘的內容。這就是**自動完成**功能。

自動填入資料

step 03 若自動填入的資料正好是你接著想輸入的文字，只要按下 Enter 鍵，即可將資料存入儲存格中；反之，若不是你想要的文字，則可以輸入 Delete 鍵，或是不理會自動填入的文字，繼續輸入你要的文字。

「自動完成」的特殊狀況

當同一欄中出現兩個以上儲存格資料雷同的情況，例如：「業一部」、「業二部」，若在緊鄰的儲存格中輸入 "業" 這個字時，因為 Excel 無從判定是「業一部」或是「業二部」，所以暫時無法幫你填字。待你繼續輸入 "一" 這個字以後，Excel 才會運用**自動完成**功能自動填入 "部" 這個字。

	A	B
1		部門
2		業一部
3		業二部
4		業一部

輸入 "業一" 以後，才會出現剩餘的 "部" 字

2-2 從下拉式清單挑選輸入過的資料

延續上一節，同樣的情境還有另一種快速方法。如果同一欄中只有特定幾種資料，例如：台北市、新北市、台中市等，可以利用**從下拉式清單挑選**功能來挑選資料，完全不用打字就可以完成資料的輸入。

step 01 請如下圖在 B 欄中輸入資料。

	A	B	C	D
1		地區		
2		台北市		
3		新北市		
4		桃園市		
5		台中市		
6				
7				

step 02 接著，要在 B6 儲存格中輸入 "桃園市"，請將滑鼠指標移到 B6 儲存格，再如下操作：

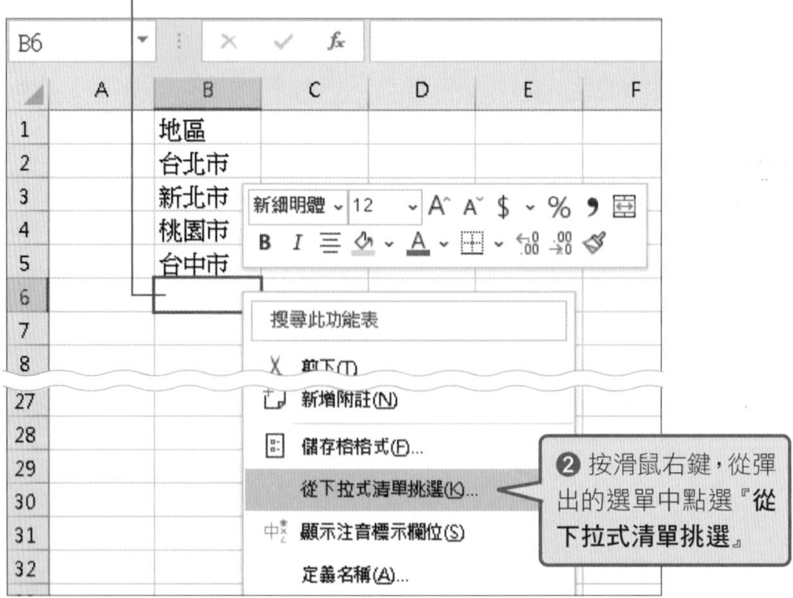

step 03 B6 儲存格下方會列出該欄 (即 B 欄) 中已輸入過的資料讓你挑選，你只要用滑鼠點選就可以填入資料了！

用滑鼠點選要填入的資料

填入資料了

但假如你要輸入的數量很多，每輸入一個就要執行一次程序很麻煩。面對這種狀況，本章最後一節介紹更快的處理方法，利用資料驗證功能自動建立下拉式清單。

> **Tip**
> **從下拉式清單挑選**功能，只適用於文字資料，數值資料不適用。

下拉式清單中的資料是怎麼來的?

Excel 會從選取的儲存格往上、往下尋找，只要找到的儲存格內有資料，就把它放到下拉式清單中，直到遇到空白儲存格為止。

以下圖而言，選取的儲存格其下拉式清單中會列出「財務部」、「人資部」、「行銷部」與「業務部」這 4 個項目，而不會出現「生產部」與「資訊部」。

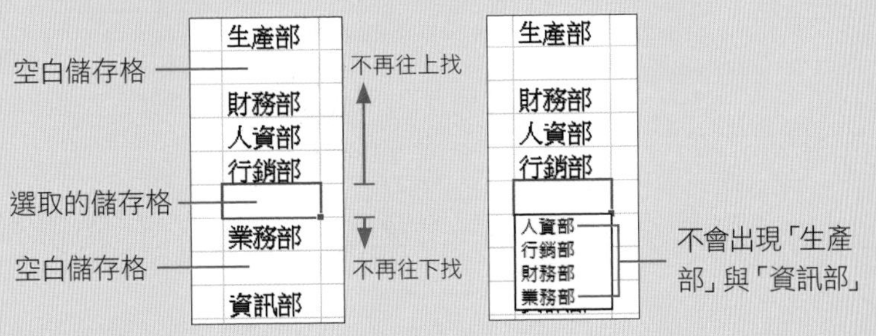

2-3 自動填滿相同的內容

Excel 的自動填滿功能，可以將相同的資料連續填滿多個儲存格，這樣我們就不用一直重複打字了。

將相同的資料填滿指定範圍

我們常需要在多個儲存格中填入相同的資料，如果一格一格慢慢打實在很費時，框選起來後再按複製貼上也有點麻煩。**自動填滿**功能可以一次在多個儲存格中填入相同的資料。

step 01 例如我們要在 A2:A6 的範圍內填滿「業務部」，請在 A2 儲存格輸入 "業務部"，並使其呈選取狀態 (儲存格會以粗框線顯示)，將滑鼠指標移到粗框線右下角的**填滿控點**上 (此時指標會變成 **+**)：

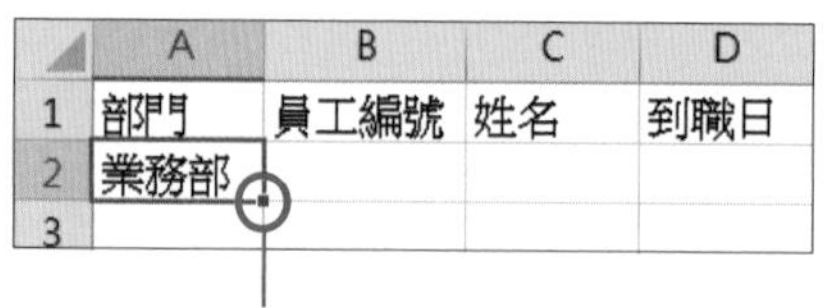

這就是**填滿控點**

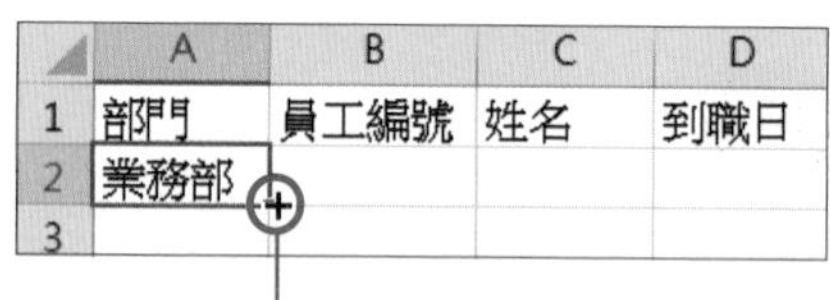

指標移到**填滿控點**上會變成 +

step 02 將滑鼠指標指在**填滿控點**上，按住滑鼠左鍵不放，往下拖曳至儲存格 A6，「業務部」就會填滿 A2:A6 範圍了：

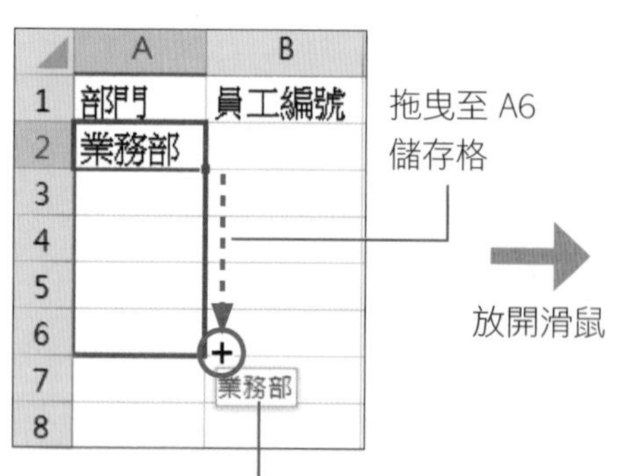

拖曳至 A6 儲存格

指標旁會出現**工具提示**，顯示即將填入儲存格的資料

放開滑鼠

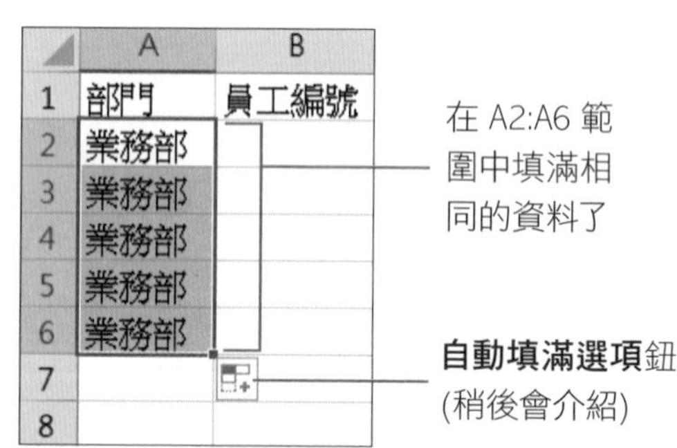

在 A2:A6 範圍中填滿相同的資料了

自動填滿選項鈕 (稍後會介紹)

「填滿控點」沒有作用？

如果將指標移到**填滿控點**上沒有出現 + 符號，往下拖曳也沒有複製資料，請切換到**檔案**頁次，按下左下角的**選項**，開啟 **Excel 選項**交談窗如圖設定：

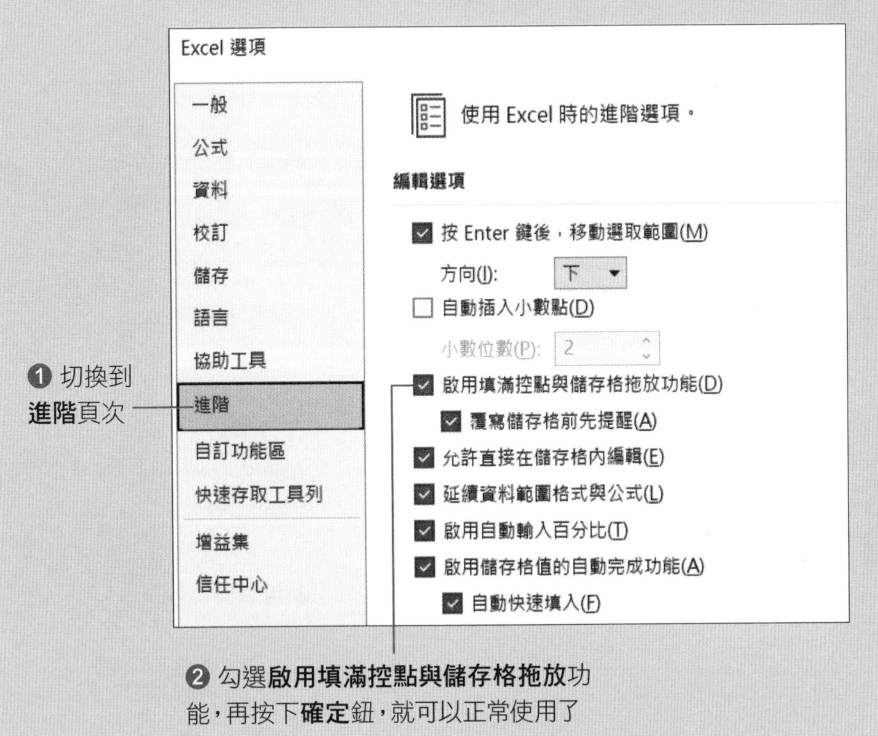

Tip

如果在**檔案**頁次中，沒有看到**選項**功能，有可能是因為畫面較小，**選項**功能被收合在**其他**功能裡了，展開**其他**就可以看到**選項**了！

自動填滿選項鈕

剛才雖然快速在 A2:A6 儲存格填滿了「業務部」，可是 A6 儲存格旁邊怎麼出現了一個按鈕 ，這個按鈕稱為**自動填滿選項**鈕，它提供 4 種自動填滿的方式，按下此鈕會列出下拉選單，可以從中改變自動填滿的方式：

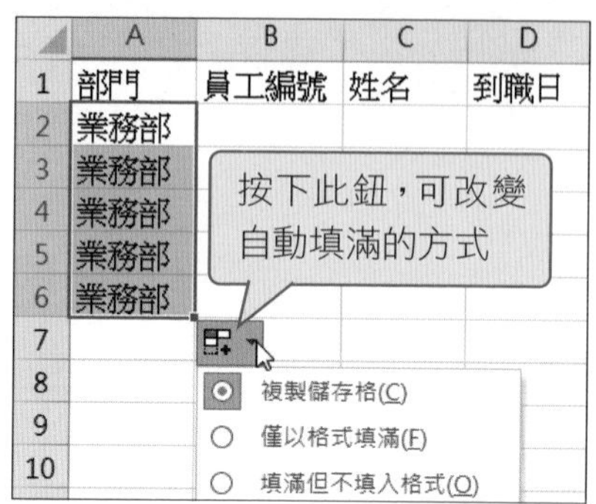

- **複製儲存格**：此項目為預設的填滿方式，會填入儲存格的內容、格式，或是公式 (所謂**格式**就是資料的外觀設定，例如：字型、顏色、框線、…等)。
- **僅以格式填滿**：選此項，只會填入儲存格格式，不會填入內容與公式。
- **填滿但不填入格式**：選此項，只會填入儲存格內容與公式，不會填入格式。
- **快速填入**：會根據周圍儲存格的文字自動判斷要填入的值 (參見下一頁的說明)。

Tip

關於公式的自動填滿，讀者在這裡先有個概念就好，到第 4、第5章我們會實際練習到**利用填滿控點自動填入公式**。

下圖使用**自動填滿**功能，將 A2、B2、C2 的資料分別填入到 A3:A6、B3:B6、C3:C6 範圍，並說明前 3 種自動填滿方式的差異：

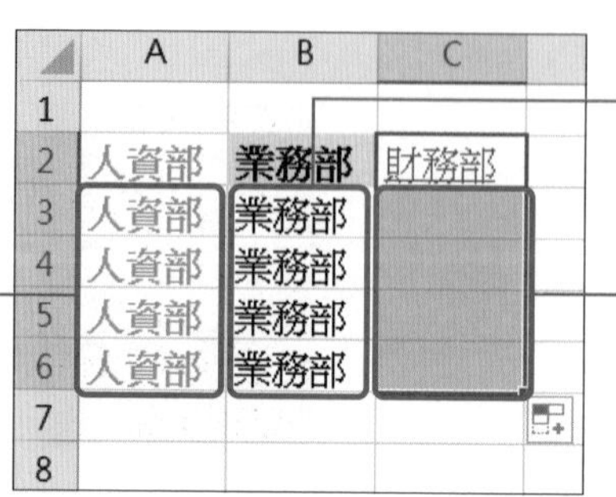

快速填入

快速填入功能可以根據周圍儲存格的文字自動判斷要填入的內容。舉例來說，在輸入顧客資料時，如果想將原本的名字分拆成「姓跟名」兩個欄位，以往需要手動輸入或使用公式來拆開，但現在可以使用**快速填入**功能來完成。

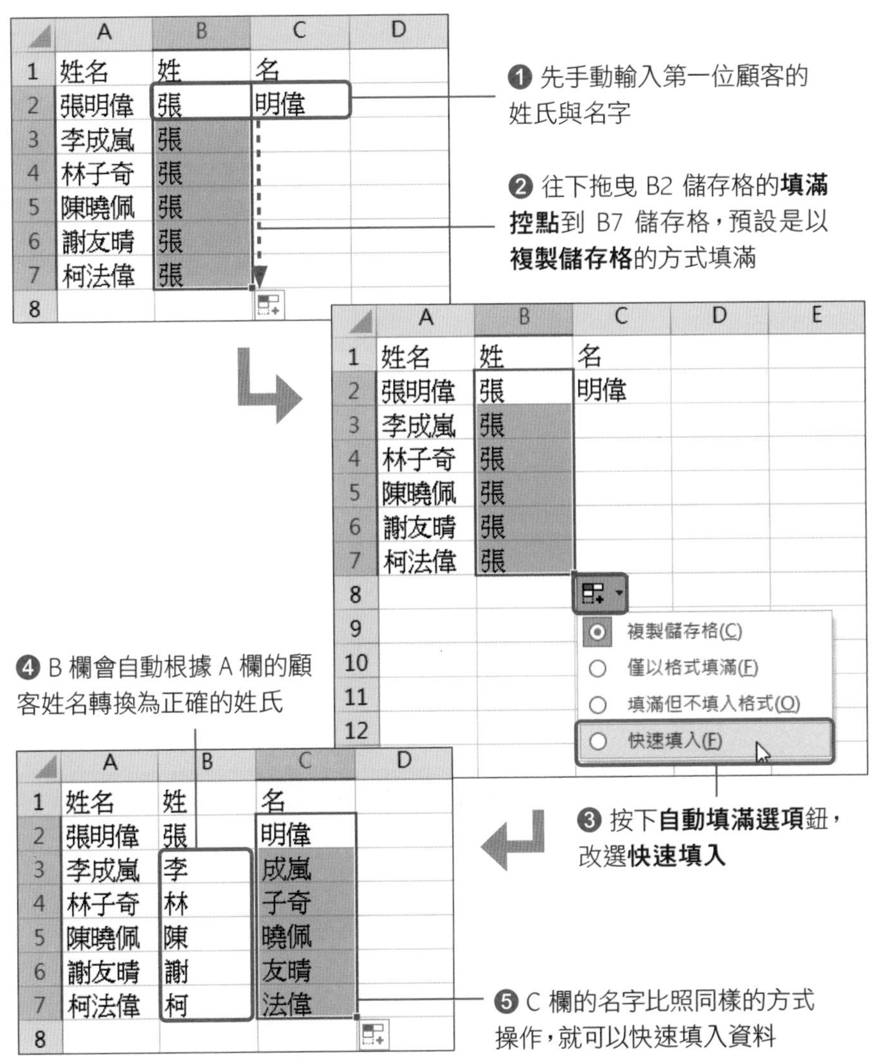

2-4 自動填滿連續的數列資料

如果資料具有一定的規則，例如：1 到 1000 的流水號、需要建立整個月的日期，或是需要輸入「1、3、5」、「2、4、6」這樣的等差數列，你不需逐筆打字，只要用**自動填滿**功能就能立即填好填滿。

數列的類型

Excel 的**自動填滿**功能除了可填入相同的文字外，也可以幫忙填入規律性的數列資料，像是連續的日期或是連續的產品編號等，就連 1、3、5、7 這種等差數列，或是 10、100、1000 這種等比數列，都能自動完成。以下是 Excel 可以建立的數列類型：

- **等差數列**：例如：1、3、5、7、…。
- **等比數列**：例如：2、4、8、16、…。
- **日期數列**：例如：2022/12/31、2023/1/1、2023/1/2、…。
- **自動填滿**：與上述 3 種數列的差別在於，**自動填滿數列**是屬於不可計算的文字資料，例如：一月、二月、三月、…，星期一、星期二、星期三、…等。Excel 將這類型文字資料建立成資料庫，讓我們使用自動填入數列時，就像使用一般數列一樣。

自動填滿連續編號

以右頁的例子而言，我們想在 A4:A9 儲存格建立間隔為 1 的連續編號 (如：N.01、N.02、N.03、…)，但是逐格輸入太費時，這時不妨試試**以數列填滿**功能。

請在 A4 儲存格輸入 "N.01"，接著將 A4 儲存格的**填滿控點**往下拖曳，即可自動建立間距值為 1 的連續編號。請開啟範例檔案 Ch02-06 來練習。

❶ 輸入 "N.01"

	A	B	C	D
1	出差費			
2				
3	編號	申請日期	申請人	金額
4	N.01	5月6日	張明偉	3,265
5		5月8日	李成嵐	6,321
6		5月11日	林子奇	4,567
7		5月18日	陳曉佩	2,678
8		5月19日	謝友晴	5,214
9		5月19日	柯法偉	3,598
10		N.06		
11				

❷ 往下拖曳**填滿控點**

指標旁的數字表示目前到達的儲存格將填入的值

	A	B	C	D
1	出差費			
2				
3	編號	申請日期	申請人	金額
4	N.01	5月6日	張明偉	3,265
5	N.02	5月8日	李成嵐	6,321
6	N.03	5月11日	林子奇	4,567
7	N.04	5月18日	陳曉佩	2,678
8	N.05	5月19日	謝友晴	5,214
9	N.06	5月19日	柯法偉	3,598
10				
11				

自動填入連續編號

你應該會發現**自動填滿選項**鈕再度出現了！而且，下拉選單中的項目略有不同，我們來看看有什麼不同之處：

	A	B	C	D
1	出差費			
2				
3	編號	申請日期	申請人	金額
4	N.01	5月6日	張明偉	3,265
5	N.02	5月8日	李成嵐	6,321
6	N.03	5月11日	林子奇	4,567
7	N.04	5月18日	陳曉佩	2,678
8	N.05	5月19日	謝友晴	5,214
9	N.06	5月19日	柯法偉	3,598
10				

Ⓐ 複製儲存格(C)
Ⓑ 以數列填滿(S)
Ⓒ 僅以格式填滿(F)
Ⓓ 填滿但不填入格式(O)
Ⓔ 快速填入(F)

Ⓐ 以複製資料的方式來填滿。以此例而言，A4:A9 範圍全都會變成「N.01」

Ⓑ 會以數列方式填滿

Ⓒ 僅填入儲存格格式，不會填入資料

Ⓓ 填入數列，但不套用來源儲存格的格式

Ⓔ 會根據周圍儲存格的資料，自動判斷要填入的值

Tip

若是經常需要建立連續編號，例如：1、2、…、100，在此提供一個小技巧，只要在輸入第 1 個編號後，按住 Ctrl 鍵往下拖曳第 1 個編號的**填滿控點**，便可快速建立。

自動填滿等差數列

利用**填滿控點**也可以建立「專案 1、專案 3、專案 5、專案 7…」這種間隔不是 1 的文數字組合數列，只要先輸入 "專案 1"、"專案 3"，並選取這兩個儲存格當作來源儲存格 (也就是要有兩個初始值)，這樣 Excel 才能判斷等差數列的間距值是多少：

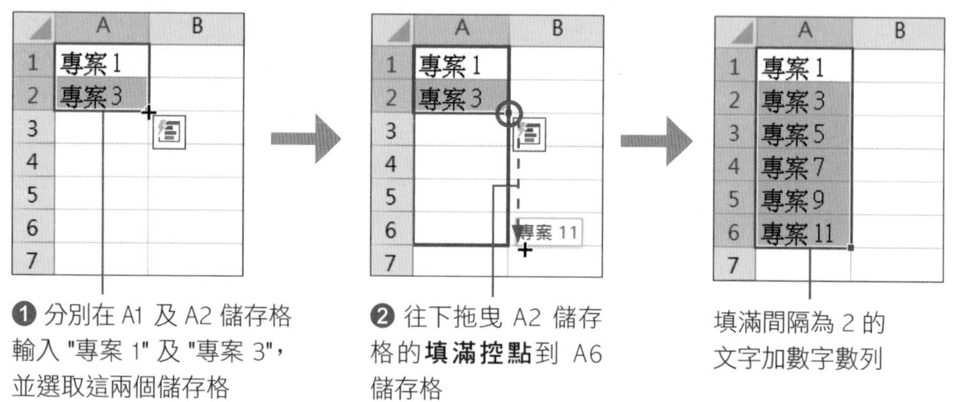

利用拖曳「填滿控點」建立日期數列

請開啟範例檔案 Ch02-08，辦公室表單 (如出勤統計表、零用金、訂購單、…等)，經常需要輸入連續日期，手動輸入不但耗時且容易出錯，最快的方法就是利用「填滿控點」來建立日期數列。

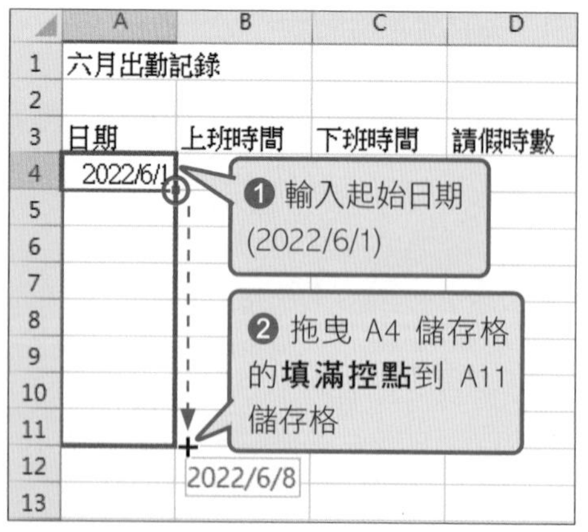

	A	B	C	D
1	六月出勤記錄			
2				
3	日期	上班時間	下班時間	請假時數
4	2022/6/1			
5	2022/6/2			
6	2022/6/3			
7	2022/6/4			
8	2022/6/5			
9	2022/6/6			
10	2022/6/7			
11	2022/6/8			
12				
13				

會填入「2022/6/1～2022/6/8」

由於在此建立的是日期數列，當你按下**自動填滿選項**鈕，會發現選單中多出幾個跟日期有關的選項：

	A	B	C	D
1	六月出勤記錄			
2				
3	日期	上班時間	下班時間	請假時數
4	2022/6/1			
5	2022/6/2			
6	2022/6/3			
7	2022/6/4			
8	2022/6/5			
9	2022/6/6			
10	2022/6/7			
11	2022/6/8			

- 複製儲存格(C)
- Ⓐ 以數列填滿(S)
- 僅以格式填滿(F)
- 填滿但不填入格式(O)
- 以天數填滿(D)
- Ⓑ 以工作日填滿(W)
- Ⓒ 以月填滿(M)
- Ⓓ 以年填滿(Y)
- 快速填入(F)

Ⓐ **以數列填滿**：此為預設選項，會以間隔為 1 的日期數列填滿

Ⓑ **以工作日填滿**：建立的日期數列會跳過假日，只填入工作日

Ⓒ **以月填滿**：A4:A11 儲存格會變成填入 2022/6/1、2022/7/1、…2023/1/1

Ⓓ **以年填滿**：A4:A11 儲存格會變成填入 2022/6/1、2023/6/1、…2029/6/1

建立等比數列

假如你需要輸入看似更複雜的等比數列呢？由於等比數列無法以拖曳**填滿控點**的方式來建立，因此接下來要說明等比數列的建立方法。假設要在 A1: A5 建立 5、25、125、…的等比數列：

step 01 在 A1 儲存格輸入 5，接著選取 A1:A5 儲存格範圍：

	A	B
1	5	
2		
3		
4		
5		
6		

step 02 按下**常用**頁次**編輯**區的**填滿**鈕 ，會展開下拉式選單，請選擇**數列**，開啟**數列**交談窗：

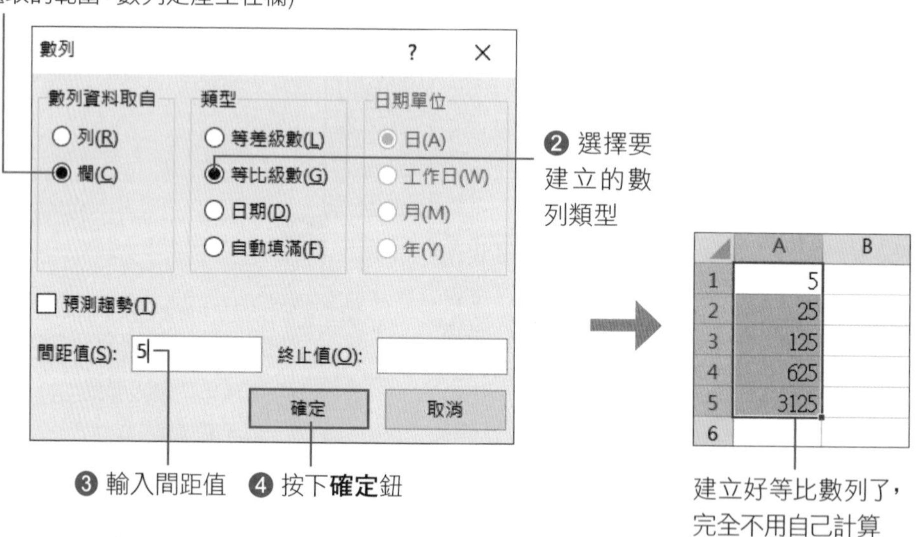

已知等比數列的起始值、間距值與終止值

剛才建立等比數列的方法，是由於我們不知道等比數列的終止值為多少，所以事先選取了 5 個儲存格，讓 Excel 自動建立延伸到選取範圍為止的等比數列。

若是已知等比數列的起始值、間距值與終止值，只要先輸入起始值，接著在**數列**交談窗中做設定就可以了，不用事先選取儲存格範圍。

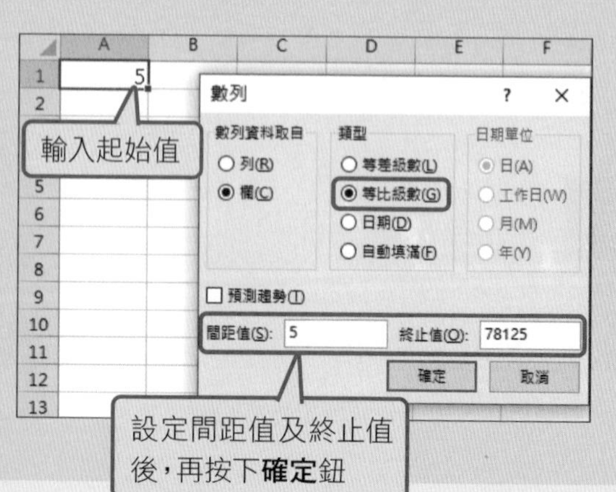

技巧補充

自動填入每月月底的日期

有些例行性的費用其結帳日都在月底，想快速輸入每個月月底的日期，可善用**數列**交談窗來完成。請開啟範例檔案 Ch02-10 練習。

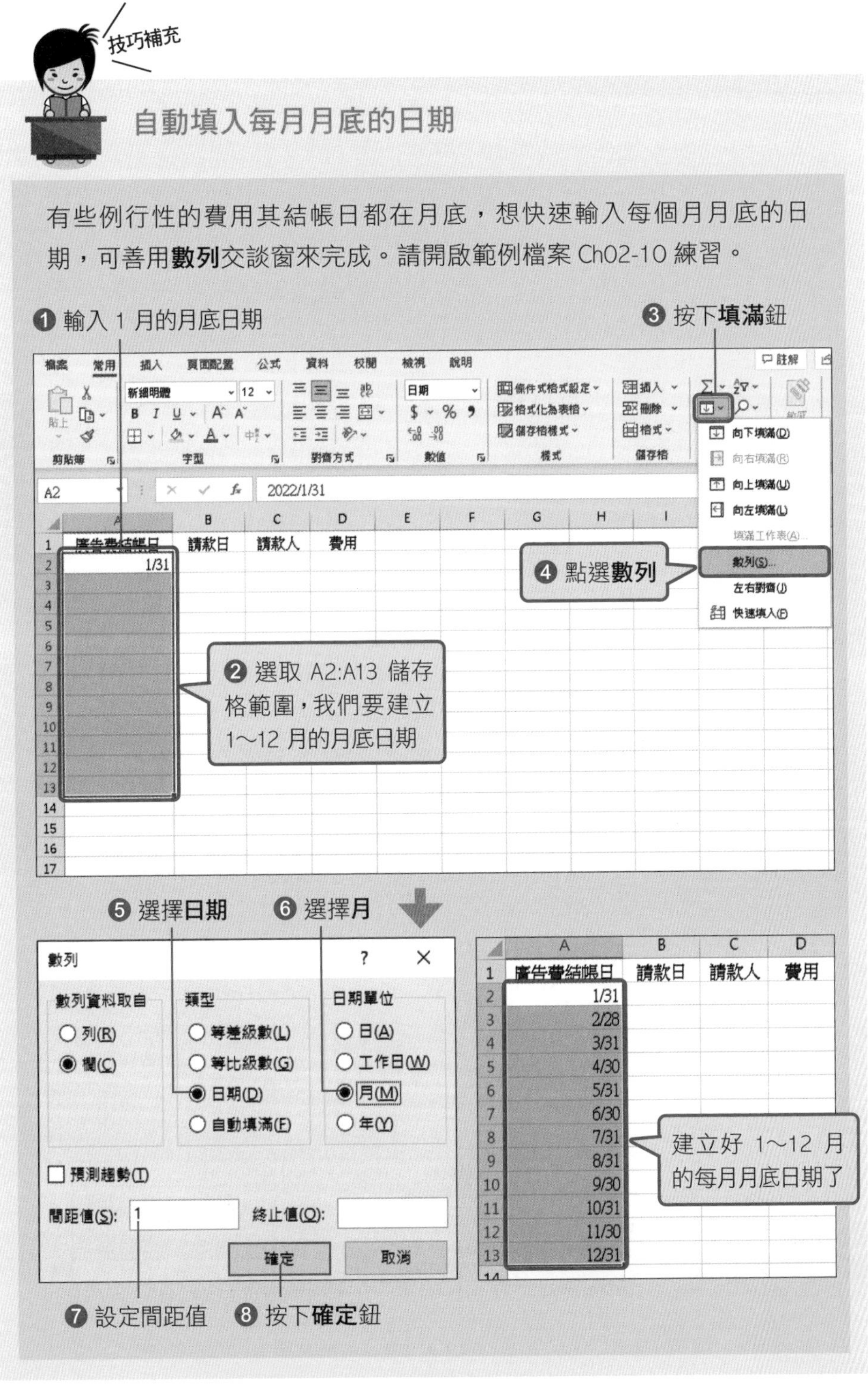

2-5 在每隔一列的儲存格填色

面對資料量較多且橫向較長的表格，在瀏覽的時候往往容易眼花，此時在隔列的儲存格填上底色，就可以更容易閱讀。但是重複選擇隔列的儲存格再填色會很麻煩，這時可以利用自動填滿功能來一鍵完成。

請開啟範例檔案 Ch02-11 練習先選取兩列資料，一列不要填色、另一列填上顏色。接著選取這兩列，往下拖曳**填滿控點**到整個表格，再按下**自動填滿選項**紐，點選**僅以格式填滿**。即可完成在隔列儲存格填滿底色的表格了。

❶ 先選取第二列要填色的範圍，點選**填滿色彩**選單中選擇喜歡的顏色

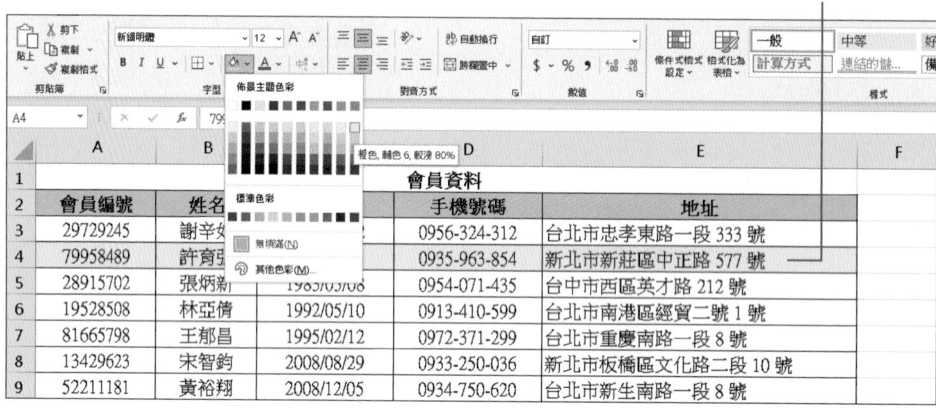

	A	B	C	D	E	F
1				會員資料		
2	會員編號	姓名		手機號碼	地址	
3	29729245			0956-324-312	台北市忠孝東路一段 333 號	
4	79958489			0935-963-854	新北市新莊區中正路 577 號	
5	28915702			0954-071-435	台中市西區英才路 212 號	
6	19528508	林亞倩	1992/05/10	0913-410-599	台北市南港區經貿二號 1 號	
7	81665798	王郁昌	1995/02/12	0972-371-299	台北市重慶南路一段 8 號	
8	13429623	宋智鈞	2008/08/29	0933-250-036	新北市板橋區文化路二段 10 號	
9	52211181	黃裕翔	2008/12/05	0934-750-620	台北市新生南路一段 8 號	

❷ 選取未塗色的第一列及已經塗上底色的第二列，使其範圍成為一組

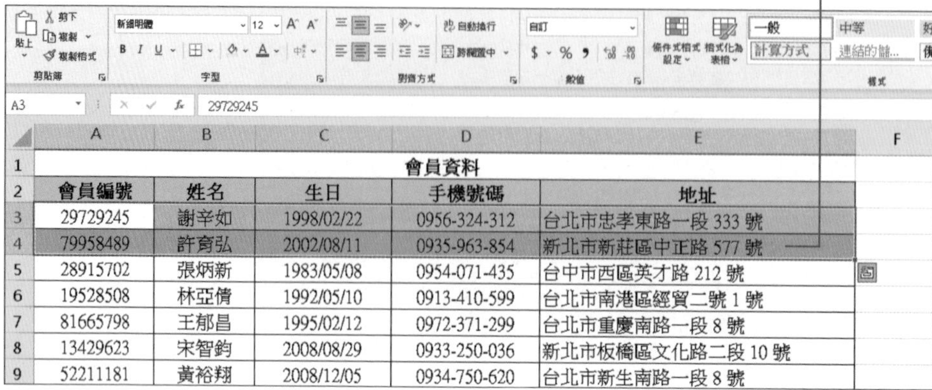

	A	B	C	D	E	F
1				會員資料		
2	會員編號	姓名	生日	手機號碼	地址	
3	29729245	謝辛如	1998/02/22	0956-324-312	台北市忠孝東路一段 333 號	
4	79958489	許育弘	2002/08/11	0935-963-854	新北市新莊區中正路 577 號	
5	28915702	張炳新	1983/05/08	0954-071-435	台中市西區英才路 212 號	
6	19528508	林亞倩	1992/05/10	0913-410-599	台北市南港區經貿二號 1 號	
7	81665798	王郁昌	1995/02/12	0972-371-299	台北市重慶南路一段 8 號	
8	13429623	宋智鈞	2008/08/29	0933-250-036	新北市板橋區文化路二段 10 號	
9	52211181	黃裕翔	2008/12/05	0934-750-620	台北市新生南路一段 8 號	

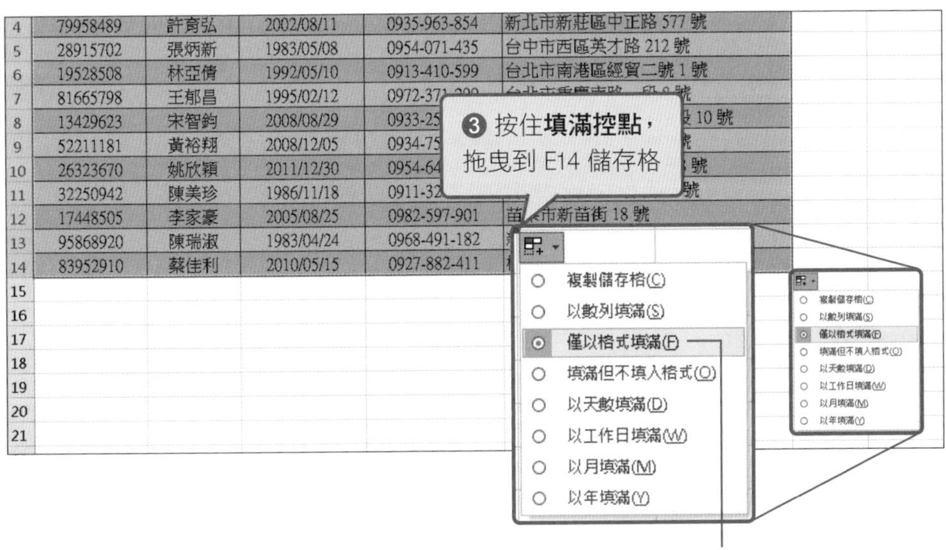

2-6 建立個人專屬的數列

數字可以在 Excel 自動建立數列，讓我們快速輸入。那其他符號或是文字呢？雖然有些個人專用的數列沒有收錄在 Excel 預設功能裡，但你可以自行建立個人常用的數列，如：小組 1、小組 2…等，方便隨時重複使用。

自訂清單

先前我們示範的是自動填滿連續數列或等差數列的功能，但假設你經常需要在工作表中輸入「專案一、專案二、專案三、…」的數列，就可以將它們自訂為自動填入數列：

請開啟範例檔案 Ch02-12，並選取 A1:A5 儲存格範圍：

	A
1	專案一
2	專案二
3	專案三
4	專案四
5	專案五
6	

step 02 切換到**檔案**頁次，按下左下角的**選項**，開啟 **Excel 選項**交談窗後，如下做設定：

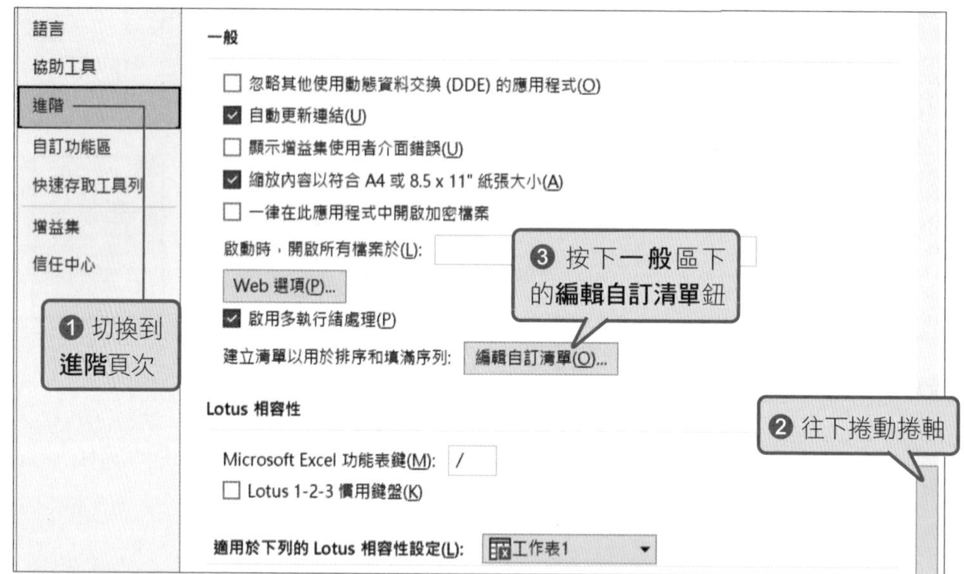

step 03 開啟**自訂清單**交談窗後，在下方欄位中即可看到我們剛剛選取的範圍 ($A$1:$A$5)，若要修改儲存格範圍，可在欄位中直接修改，或是按下欄位旁的折疊鈕 ，重新選取儲存格的範圍：

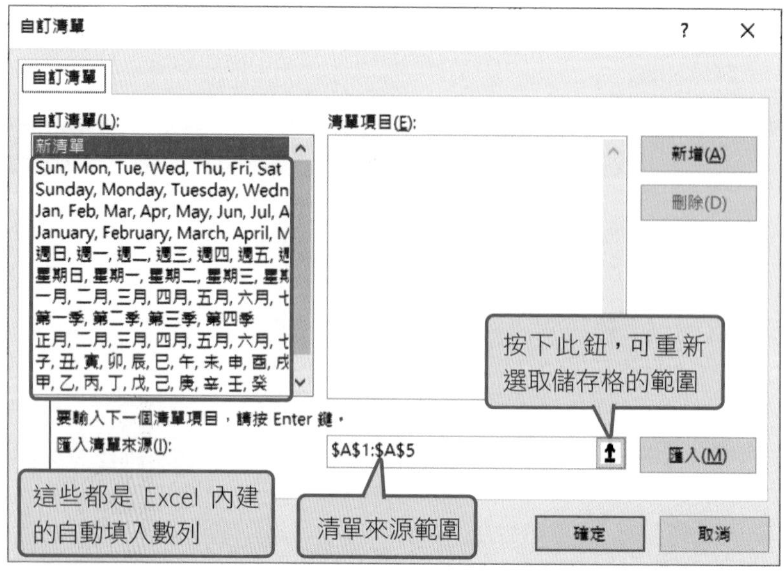

按下交談窗右側的**匯入**鈕，將選取的數列匯入到**自訂清單**與**清單項目**列示窗中：

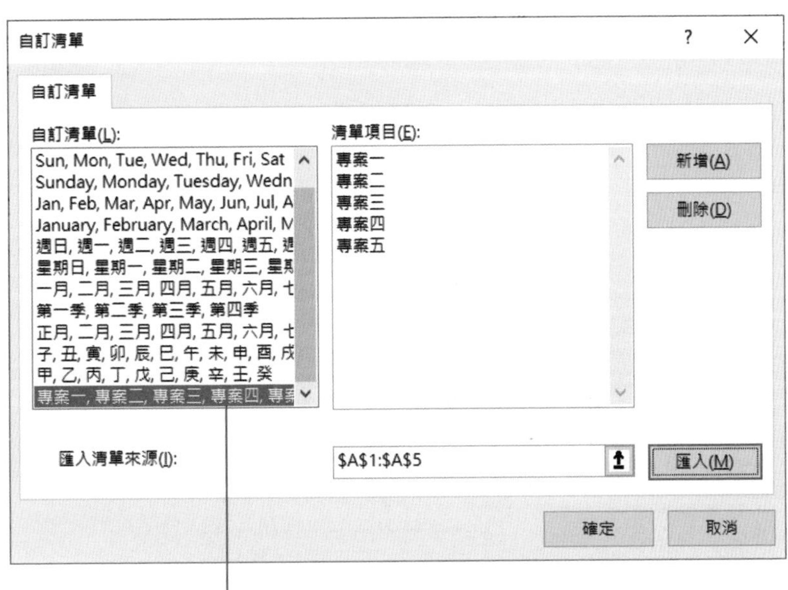

新增的自動填入數列

step 05

按下**確定**鈕，即可完成自訂的自動填入數列。日後只要輸入「專案一」，再拖曳**填滿控點**即可自動填入「專案二」到「專案五」，這樣是不是方便多了呢？

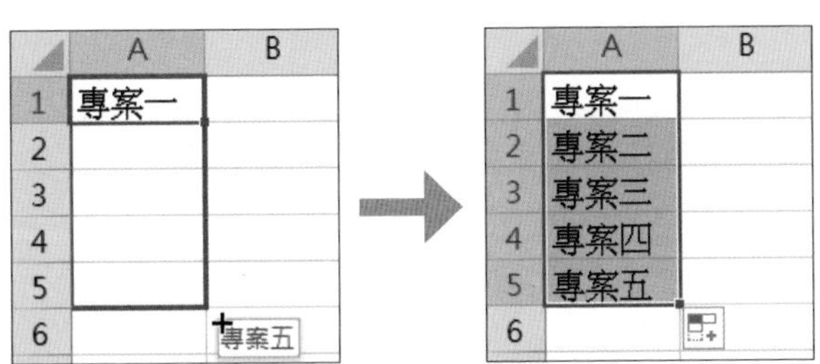

▲ 拖曳**填滿控點**填入自訂的數列

刪除自訂數列

若要刪除自訂的數列，只要在開啟**自訂清單**交談窗後，在**自訂清單**列示窗中選取要刪除的數列，再按下**刪除**鈕即可。不過，Excel 原始內建的數列是無法刪除的喔！

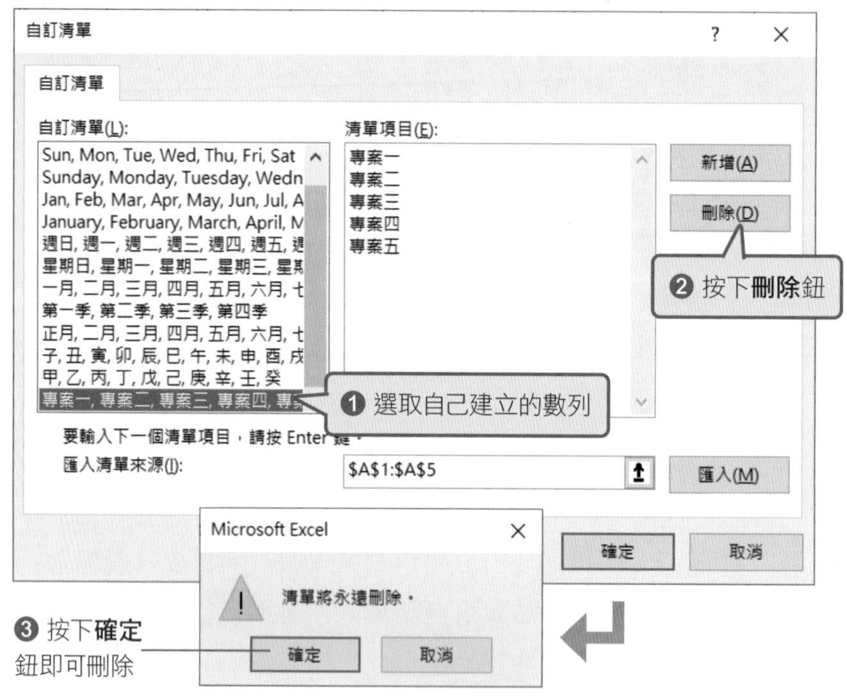

2-7 自動判斷輸入內容的正確性

在輸入大量數字時容易不小心出錯，該怎麼辦？有些公司表單的欄位是有限制的，例如只能輸入日期或是費用有金額上限的規定等。為避免在輸入大量資料時打錯，最好在輸入資料時讓 Excel 可以自動協助判斷資料內容的正確性，先以提示訊息來提醒輸入的人，就可節省後續驗證資料的時間。

設定輸入提示訊息

提示訊息的作用在告訴我們該輸入什麼樣的資料？例如設定當選取 B2:B7 的任一個儲存格時，就會出現如下圖的提示訊息：

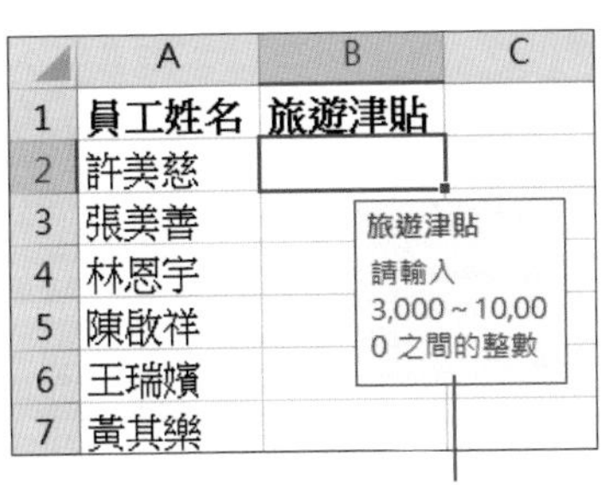

	A	B	C
1	**員工姓名**	**旅遊津貼**	
2	許美慈		
3	張美善		
4	林恩宇		
5	陳啟祥		
6	王瑞嬪		
7	黃其樂		

請開啟範例檔案 Ch02-13，選取 B2:B7 儲存格，如下設定提示訊息。

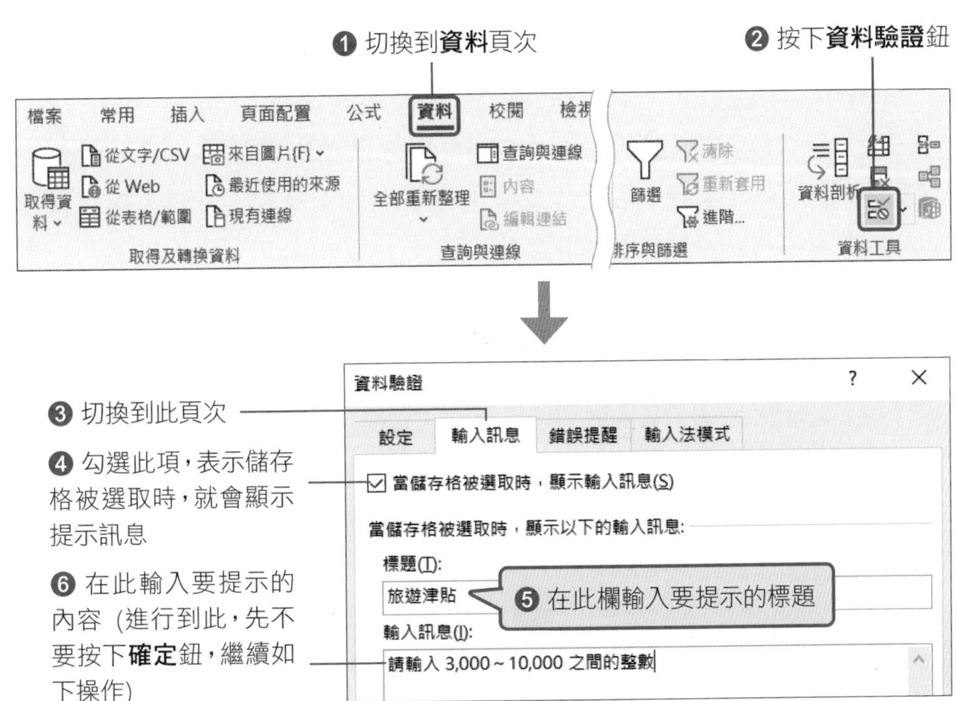

設定資料驗證準則

接著，你可以為儲存格設定資料驗證的準則，來驗證輸入的資料是否為正確的形式或範圍。請切換到**設定**頁次：

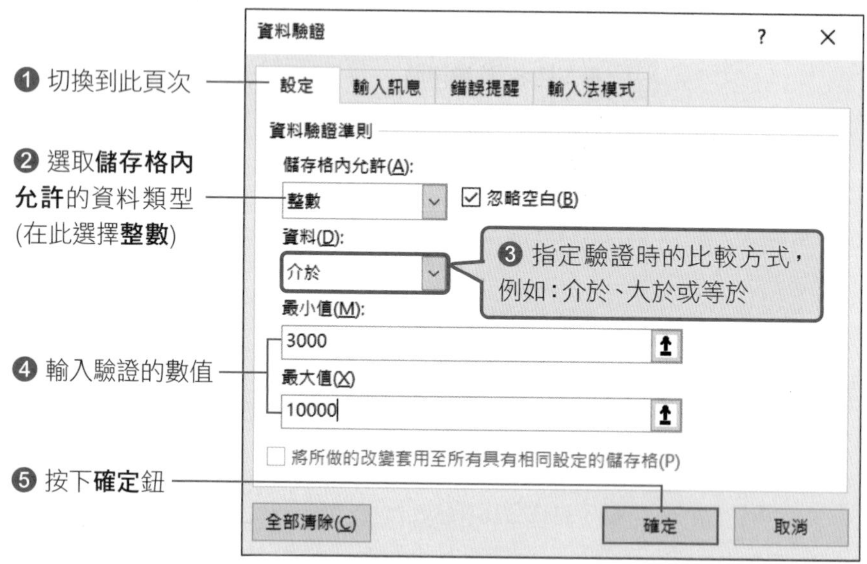

設定完成後，只要任選 B2:B7 的儲存格，就會出現提示訊息，若是在 B2:B7 中輸入非 3,000～10,000 之間的整數，就出現錯誤警告，提示我們輸入的資料不符合資料驗證準則：

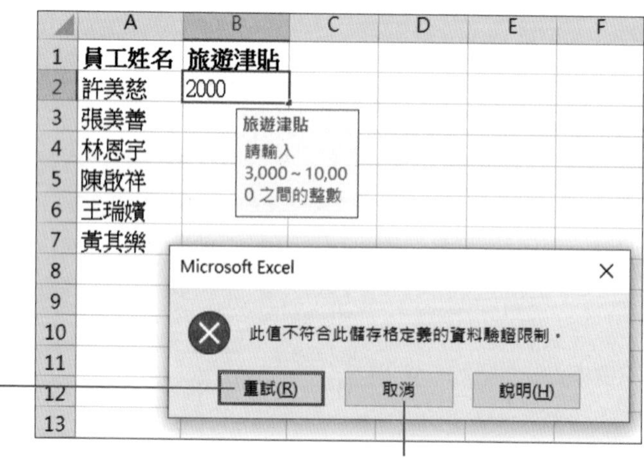

設定錯誤提醒訊息

錯誤提醒的標誌與內容都是可以修改的。請選取 B2:B7 儲存格，接著按下**資料**頁次**資料工具**區的**資料驗證**鈕，並切換到**錯誤提醒**頁次：

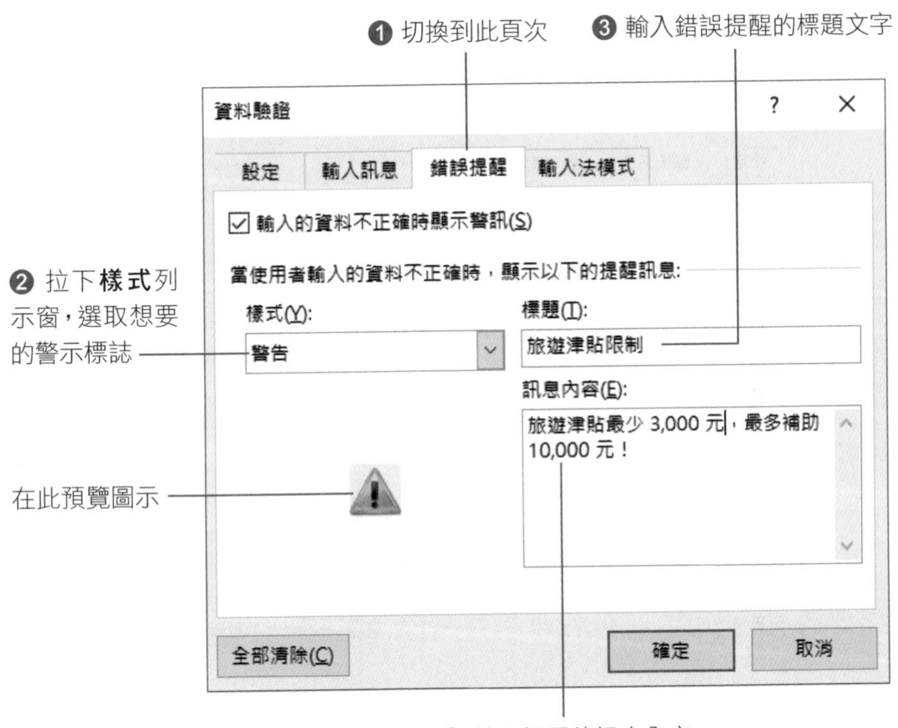

按下**確定**鈕即可變更錯誤提醒的內容，下次出現錯誤提醒就會變成下圖：

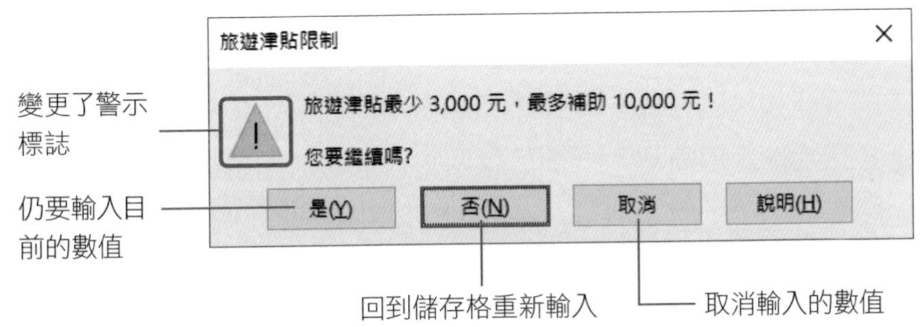

清除資料驗證

清除資料驗證設定的方法很簡單，你只需選取設有資料驗證的儲存格，然後按下**資料**頁次**資料工具**區的**資料驗證**鈕，在**資料驗證**交談窗中按下**全部清除**鈕，再按下**確定**鈕即可清除該儲存格的資料驗證設定。

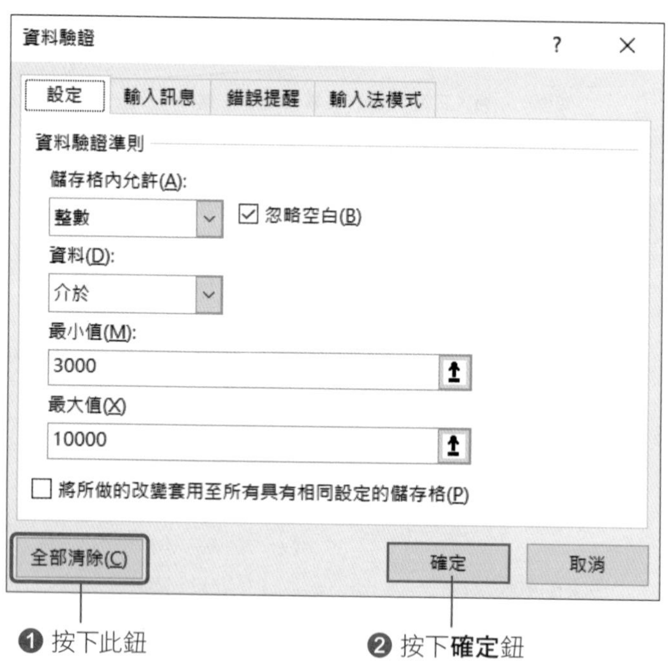

❶ 按下此鈕

❷ 按下**確定**鈕

2-8 自動建立輸入資料的下拉清單

如果今天你需要幫忙統整公司的活動報名表單結果，有一些單純且需要重複輸入的資訊如性別、部門，雖然可以使用前面 2-2 章節介紹的開啟下拉式清單挑選功能，但每輸入一欄位就要執行一次流程也很耗時。

這裡有更快的方法，只要用 Excel 的資料驗證功能建立下拉式清單後，每次只要直接點選就完成了。

請開啟 Ch02-14，我們先來選取「性別」欄位的儲存格，注意不要選取到標題列。

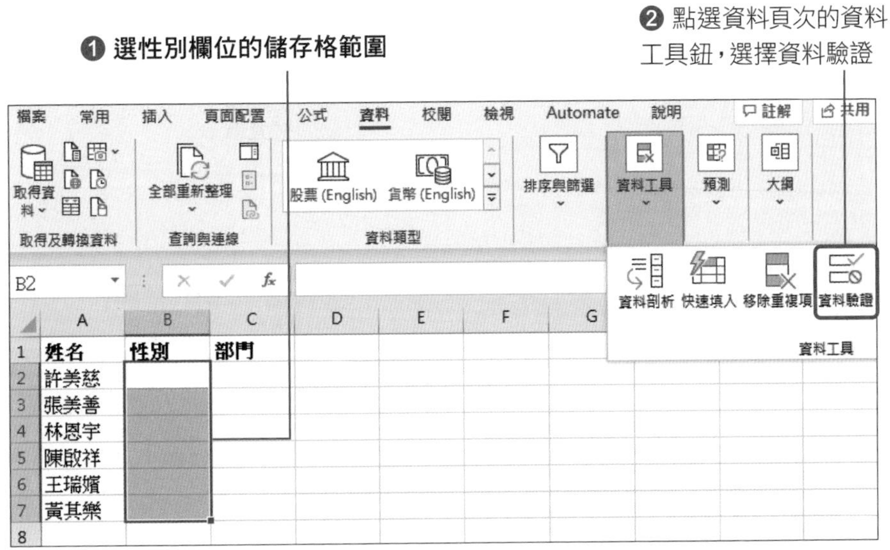

接著要來設定資料驗證準則，因為我們現在選擇的欄位是性別，所以只會有「男」、「女」兩個選項。這樣的話，就可以選擇**清單**的資料類型，將「男」、「女」填入**來源**欄位，以逗號分隔。

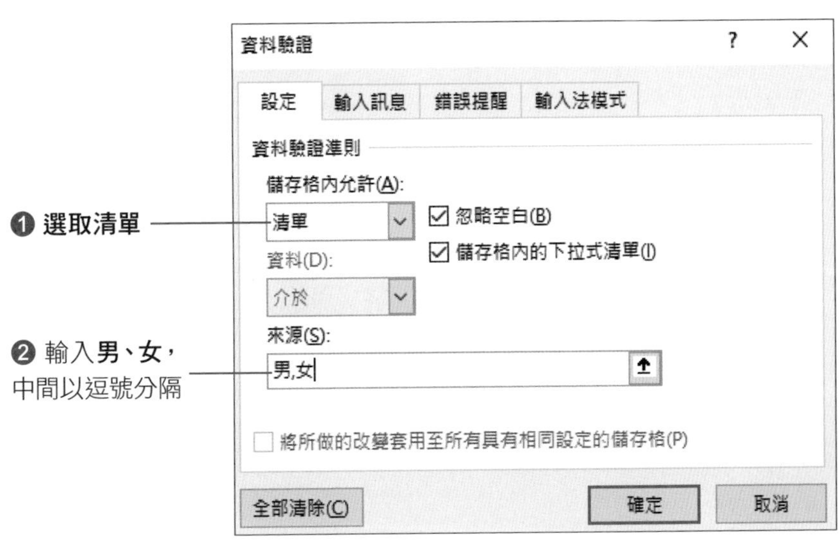

這樣就設定好資料驗證準則了，回到表格點選性別欄的任一欄位，就可以看到下拉式箭頭，點選後的下拉式選單顯示的就是我們剛剛設定的值。

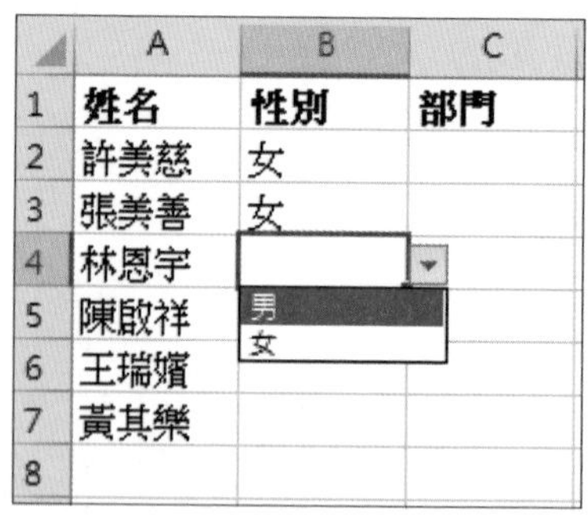

部門欄位也以同樣的方法做設定，就一樣可以快速做點選了。

CHAPTER 3

萬用的自動篩選、排序、小計技法

很多報表或是分析作業，都需要不斷篩選、排序資料，如果只靠手動點選慢慢來，光想就覺得累。只要善用 Excel 提供的各種自動篩選、自動標示的機制，就可以省去很多麻煩，用少少的步驟就能自動跑出需要的資料，從此面對再多資料也不怕。

3-1 自動標示大於、小於指定條件的資料

哪些產品銷售量有達標?哪些開銷超出預算?辛苦整理好的資料密密麻麻，很難第一眼就看出重點。可以善用條件式格式設定功能，用醒目的顏色來強調。

用「大於」規則標示銷量大於 5,000 的資料

當報表裡的資料很多，想將具有指標意義的值特別標示出來，你不需手動一個一個查找、設定格式，只要用**條件式格式設定**功能，就能自動替符合條件的資料，標示醒目顏色做辨識。

請開啟範例檔案 Ch03-01，這是一份文具用品展的銷售資料，我們想找出銷量大於 5,000 的資料，並用醒目的顏色做標示。

step 01 請選取 D3:D43 儲存格，切換到**常用**頁次，在**樣式**區按下**條件式格式設定**鈕，執行『**醒目提示儲存格規則/大於**』命令：

❷ 執行此命令

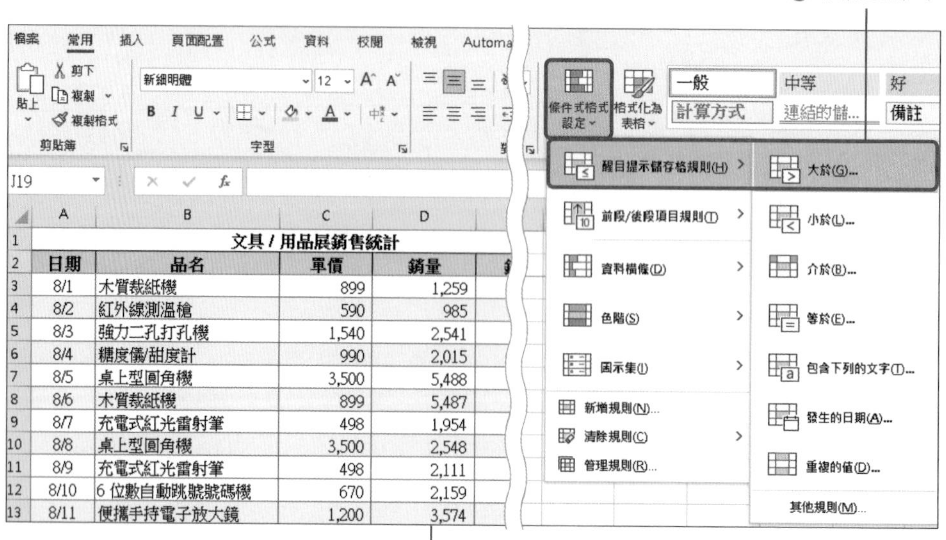

	A	B	C	D
1	文具 / 用品展銷售統計			
2	日期	品名	單價	銷量
3	8/1	木質裁紙機	899	1,259
4	8/2	紅外線測溫槍	590	985
5	8/3	強力二孔打孔機	1,540	2,541
6	8/4	糖度儀/甜度計	990	2,015
7	8/5	桌上型圓角機	3,500	5,488
8	8/6	木質裁紙機	899	5,487
9	8/7	充電式紅光雷射筆	498	1,954
10	8/8	桌上型圓角機	3,500	2,548
11	8/9	充電式紅光雷射筆	498	2,111
12	8/10	6 位數自動跳號號碼機	670	2,159
13	8/11	便攜手持電子放大鏡	1,200	3,574

❶ 選取 D3:D43 儲存格

step 02 設定銷量超過 5,000 的資料，要標示什麼樣的格式。

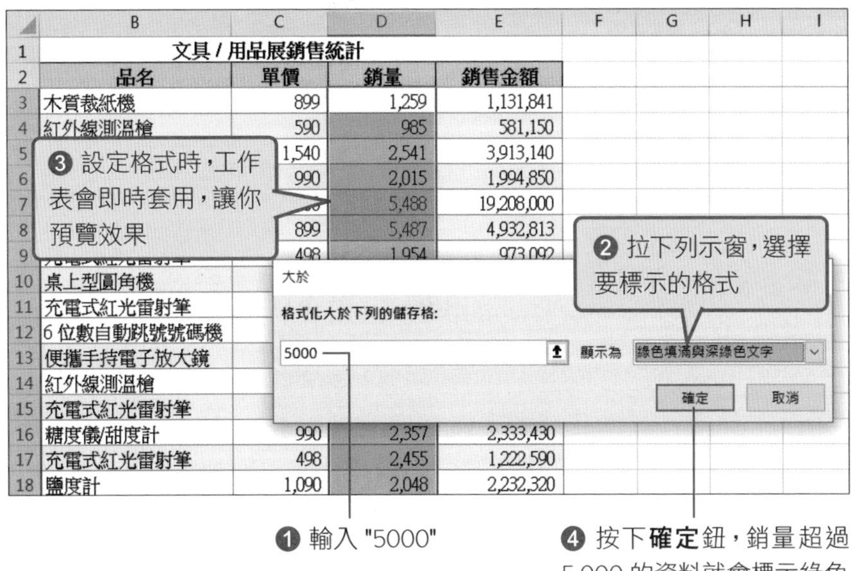

用「小於」規則標示銷量小於 1,500 的資料

接著，利用相同的方法，選取 D3:D43 儲存格範圍，按下**條件式格式設定**鈕，執行『**醒目提示儲存格規則/小於**』命令，將銷量小於 1,500 的資料標示為紅色，就可以在工作表中立即看出銷量高與銷量低的資料了。

小於
格式化小於下列的儲存格:
1500
顯示為
淺紅色填滿與深紅色文字
確定
取消
❷ 設定格式

	B	C	D	E	F
1	文具 / 用品展銷售統計				
2	品名	單價	銷量	銷	
3	木質裁紙機	899	1,259		
4	紅外線測溫槍	590	985		
5	強力二孔打孔機	1,540	2,541	3,913,140	
6	糖度儀/甜度計	990	2,015	1,994,850	
7	桌上型圓角機	3,500	5,488	19,208,000	
8	木質裁紙機	899	5,487	4,932,813	
9	充電式紅光雷射筆	498	1,954	973,092	
17	充電式紅光雷射筆	498	2,455	1,222,590	
18	鹽度計	1,090	2,048	2,232,320	
19	桌上型圓角機	3,500	5,030	17,605,000	
20	鹽度計	1,090	3,558	3,878,220	

標示為紅色，表示銷量低於 1,500

標示為綠色，表示銷量高於 5,000

刪除條件式格式設定

若要取消條件式格式設定，請選取含有格式設定的儲存格範圍 (如上例的 D3:D43)，再按下**條件式格式設定**鈕，執行『**管理規則**』命令，在開啟的交談窗中會列出已設定的所有條件規則：

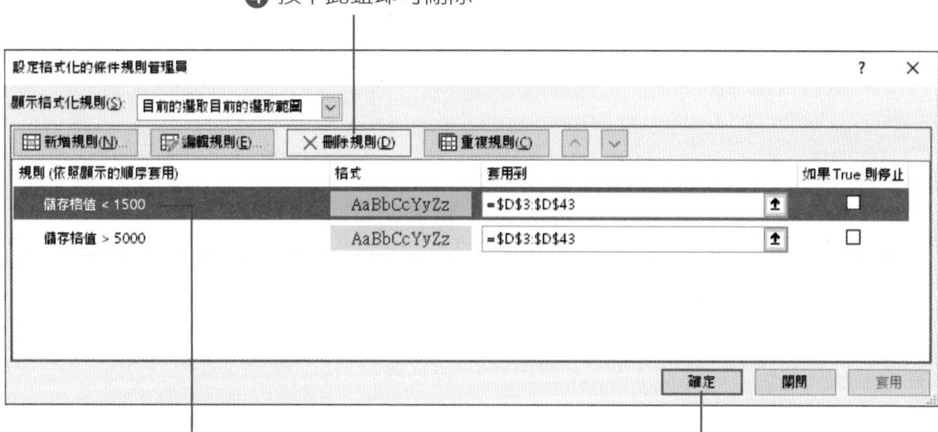

若想一次刪除所有的條件，可在選取已設定條件的儲存格範圍後，按下**條件式格式設定**鈕，執行『**清除規則**』命令：

若是設定多個條件式需注意其執行順序

如果儲存格範圍設定了 2 組以上的條件，當設定的規則相互衝突時，執行順序較低的規則就不會被執行(位於上方的條件式會優先執行)，此時，可按下**條件式格式設定**鈕，執行『**管理規則**』命令，在開啟的交談窗中利用**上移** ^ 及**下移** v 鈕，調整條件式的執行順序 。

請開啟範例檔案 Ch03-02，此工作表在 D2:D52 儲存格範圍設定了兩組規則，「第一組」是將加班時數超過 2 小時的資料填滿紅色背景；「第二組」是將加班時數超過 8 小時的資料填滿綠色背景。

但是問題來了，設定條件後怎麼只有顯示「第一組」(超過 2 小時) 條件的格式，「第二組」(超過 8 小時) 條件不會顯示呢？其實是因為這兩個條件有衝突，大於 8 小時的資料一定大於 2 小時，所以 Excel 不知道怎麼判斷，這時只要更改執行順序，讓「第二組」條件先執行，就可以解決了！

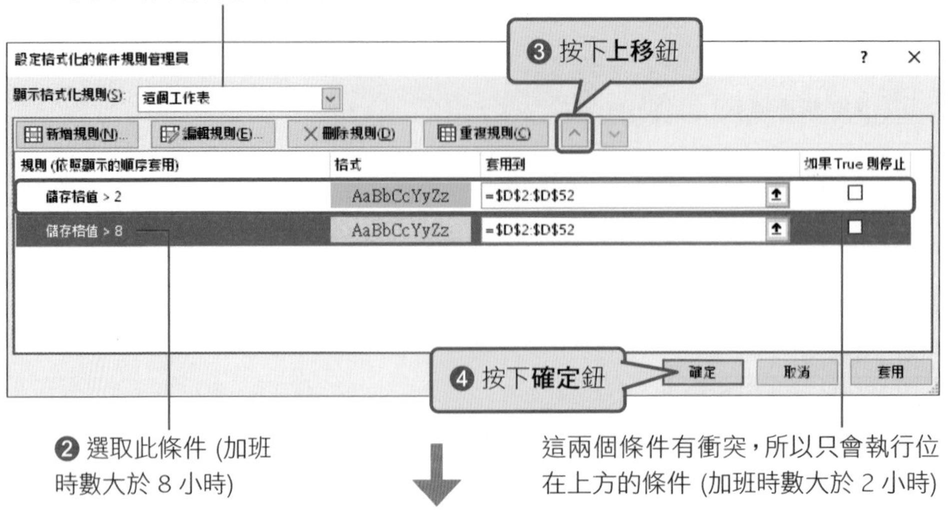

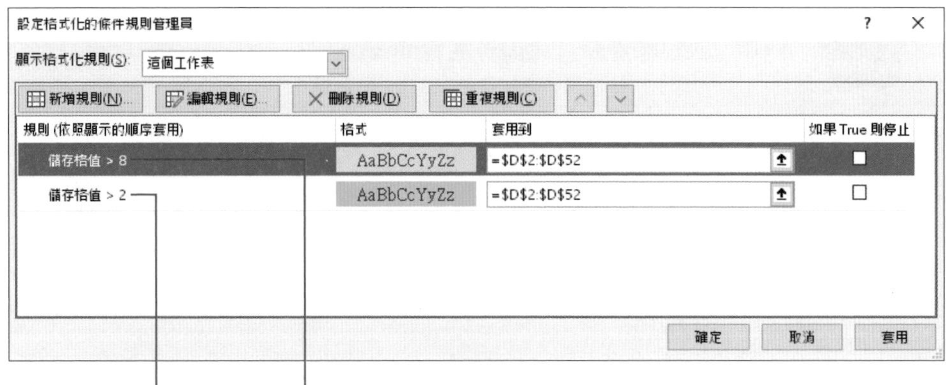

執行順序 2　執行順序 1

	A	B	C	D	E
1	加班日期	員工編號	姓名	時數	
2	01/09(週六)	1211	詹惠雯	2	
3	01/18(週一)	1245	蔡沛文	3	
4	01/20(週三)	1322	黃星賢	2	
5	01/23(週六)	1454	陳宛晴	9	
6	01/30(週六)	1101	許庭瑋	10	
7	02/10(週三)	1105	張志鴻	2	
8	01/12(週四)	1238	陳宛晴	1	
9	02/15(週一)	1101	許庭瑋	3	
10	02/16(週二)	1105	張志鴻	2	
11	02/17(週三)	1101	許庭瑋	1	
12	02/20(週六)	1101	許庭瑋	7	

調整前，超過 8 小時的資料不會填滿綠色背景，而是填滿紅色背景

	A	B	C	D	E
1	加班日期	員工編號	姓名	時數	
2	01/09(週六)	1211	詹惠雯	2	
3	01/18(週一)	1245	蔡沛文	3	
4	01/20(週三)	1322	黃星賢	2	
5	01/23(週六)	1454	陳宛晴	9	
6	01/30(週六)	1101	許庭瑋	10	
7	02/10(週三)	1105	張志鴻	2	
8	01/12(週四)	1238	陳宛晴	1	
9	02/15(週一)	1101	許庭瑋	3	
10	02/16(週二)	1105	張志鴻	2	
11	02/17(週三)	1101	許庭瑋	1	
12	02/20(週六)	1101	許庭瑋	7	

調整後，超過 8 小時的資料會正確填滿綠色背景

利用「快速分析」鈕設定條件式格式

其實有更快的「**條件式格式**」設定路徑，不需要每次都切換到常用頁次的樣式區。只要在選取儲存格範圍後，善用**快速分析**鈕立即套用條件式格式。

❶ 選取 D3:D43 儲存格範圍

D3 | 1259

	A	B	C	D	E
1	文具 / 用品展銷售統計				
2	日期	品名	單價	銷量	銷售金額
23	8/21	便攜手持電子放大鏡	1,200	2,458	2,949,600
24	8/22	充電式紅光雷射筆	498	3,589	1,787,322
25	8/23	木質裁紙機	899	4,587	
26	8/24	鹽度計	1,090	3,225	
27	8/25	數位照度計	790	1,589	
28	8/26	6 位數自動跳號號碼機	670	6,542	4,383,140
29	8/27	木質裁紙機	899	5,423	4,875,277
30	8/28	便攜手持電子放大鏡	1,200	1,254	1,504,800
31	8/29	桌上型圓角機	3,500	2,545	8,907,500
32	8/30	充電式紅光雷射筆	498	3,558	1,771,884
33	8/31	6 位數自動跳號號碼機	670	4,521	3,029,070
34	9/1	數位照度計	790	3,978	3,142,620
35	9/2	桌上型圓角機	3,500	5,484	19,194,000
36	9/3	充電式紅光雷射筆	498	2,545	1,267,410
37	9/4	紅外線測溫槍	590	6,547	3,862,730
38	9/5	6 位數自動跳號號碼機	670	5,542	3,713,140
39	9/6	便攜手持電子放大鏡	1,200	4,212	5,054,400
40	9/7	鹽度計	1,090	3,548	3,867,320
41	9/8	紅外線測溫槍	590	6,548	3,863,320
42	9/9	6 位數自動跳號號碼機	670	5,542	3,713,140
43	9/10	便攜手持電子放大鏡	1,200	3,877	4,652,400

❺ 迅速找出銷量前 10% 的資料

❷ 按下**快速分析**鈕

設定格式(F)　圖表(C)　總計(O)　表格(T)　走勢圖(S)

資料橫條　色階　圖示集　大於　前 10%　清除格式

設定格式化的條件會運用規則來醒目提示令人感興趣的資料。

❸ 切換到**設定格式**頁次

❹ 在此點選想設定的條件，即可套用，此例選擇**前 10%**

點選**清除格式**，可清除條件式格式設定

3-2 用「包含下列的文字」標示出特定項目

條件式格式設定鈕中的**醒目提示儲存格規則**下，有個**包含下列的文字**規則，可找出選取的儲存格範圍中，符合特定字串或數值的資料。

請開啟範例檔案 Ch03-03，我們想將所有事假標示出來，就可以用**包含下列的文字**規則來完成，請選取 D2:D52 儲存格範圍，再如下操作：

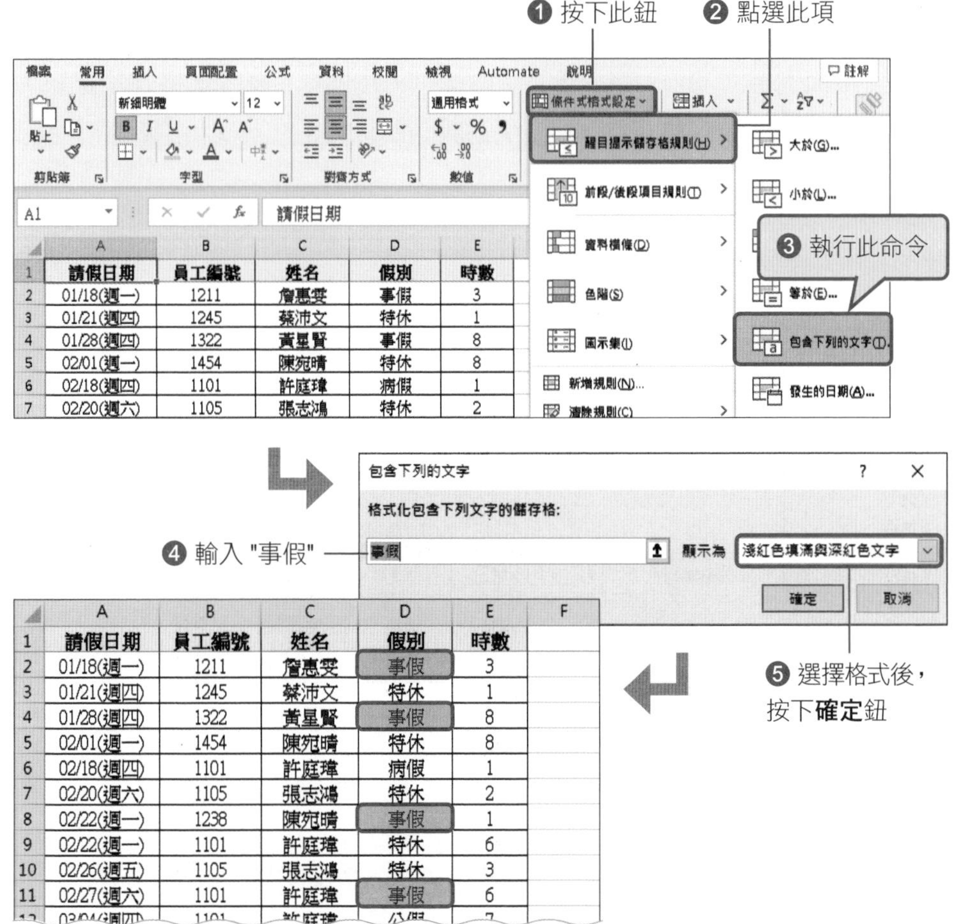

▲ 標示出所有請事假的人

3-3 用「發生的日期」找出某個區間的資料

許多辦公室報表是有時間性的，有時候需要標示出特定日期區間或是期限快到的資料，如果每次都要人工篩選再做標示，實在很麻煩。例如以下是 2023 上半年員工事先請好的假別列表，只要利用發生的日期規則，就能標示出過去或未來符合某時間條件的資料，像是可以找出昨天、上個月、本週、下個月等資料。請注意，這些日期條件會以當前系統日期為依據來尋找，例如今天為 1/1，設定下個月，就會找出 2 月份的資料。

請開啟範例檔案 Ch03-04，選取 A2:A52 範圍，按下**條件式格式設定**鈕，執行『**醒目提示儲存格規則/發生的日期**』命令，查詢上個月請假的人：

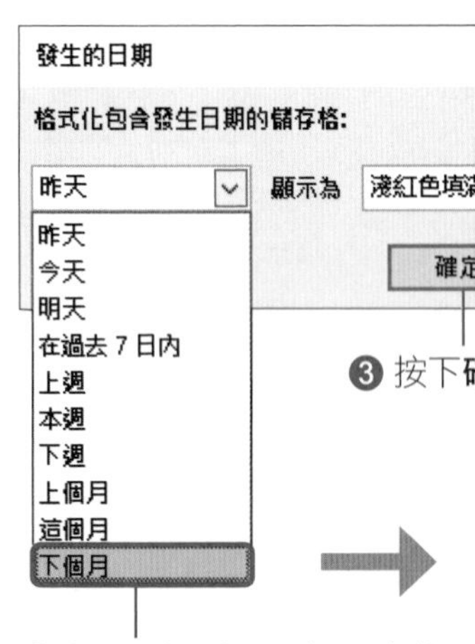

❷ 設定格式

❸ 按下**確定**鈕

❶ 拉下列示窗，選擇要查詢的日期條件，此例選擇**下個月**

	A	B	C	D	E
1	請假日期	員工編號	姓名	假別	時數
2	01/18(週三)	1211	詹惠雯	事假	3
3	01/21(週六)	1245	蔡沛文	特休	1
4	01/28(週六)	1322	黃星賢	事假	8
5	02/01(週三)	1454	陳宛晴	特休	8
6	02/18(週六)	1101	許庭瑋	病假	1
7	02/20(週一)	1105	張志鴻	特休	2
8	02/22(週三)	1238	陳宛晴	事假	1
9	02/22(週三)	1101	許庭瑋	特休	6
10	02/26(週日)	1105	張志鴻	特休	3
11	02/27(週一)	1101	許庭瑋	事假	6
12	03/04(週六)	1101	許庭瑋	公假	7
13	03/05(週日)	1245	蔡沛文	特休	6
14	03/06(週一)	1238	陳宛晴	事假	4

標示出下個月請假的日期 (我們操作此檔案時為 1 月，所以會標示 2 月的資料)

請注意！由於**發生的日期**規則，會以系統日期為依據，所以你開啟本範例檔案進行操作時，會與我們示範的結果不同。

3-4 自動找出重複輸入的資料

不小心重複輸入資料了，該怎麼找出來並修正?**重複的值**規則可標示出儲存格中的重複項目。利用這個規則，我們可以檢查會員編號、訂單編號、客戶名稱、…等資料是否重複輸入。

請開啟範例檔案 Ch03-05，我們想檢查會員編號是否重複輸入，選取 A3:A26 儲存格範圍後，按下**條件式格式設定**鈕，執行『**醒目提示儲存格規則/重複的值**』命令：

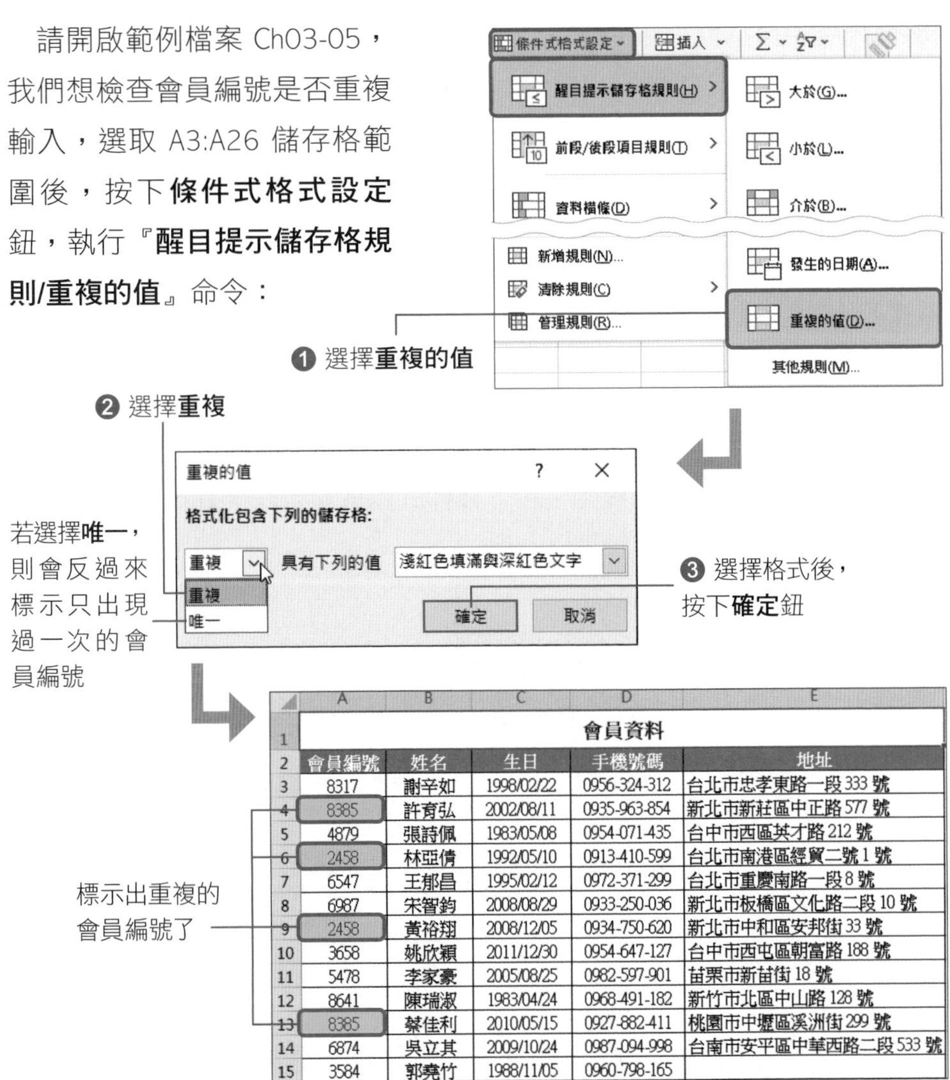

	A	B	C	D	E
1	會員資料				
2	會員編號	姓名	生日	手機號碼	地址
3	8317	謝辛如	1998/02/22	0956-324-312	台北市忠孝東路一段 333 號
4	8385	許育弘	2002/08/11	0935-963-854	新北市新莊區中正路 577 號
5	4879	張詩佩	1983/05/08	0954-071-435	台中市西區英才路 212 號
6	2458	林亞倩	1992/05/10	0913-410-599	台北市南港區經貿二號 1 號
7	6547	王郁昌	1995/02/12	0972-371-299	台北市重慶南路一段 8 號
8	6987	宋智鈞	2008/08/29	0933-250-036	新北市板橋區文化路二段 10 號
9	2458	黃裕翔	2008/12/05	0934-750-620	新北市中和區安邦街 33 號
10	3658	姚欣穎	2011/12/30	0954-647-127	台中市西屯區朝富路 188 號
11	5478	李家豪	2005/08/25	0982-597-901	苗栗市新苗街 18 號
12	8641	陳瑞淑	1983/04/24	0968-491-182	新竹市北區中山路 128 號
13	8385	蔡佳利	2010/05/15	0927-882-411	桃園市中壢區溪洲街 299 號
14	6874	吳立其	2009/10/24	0987-094-998	台南市安平區中華西路二段 533 號
15	3584	郭堯竹	1988/11/05	0960-798-165	

3-5 不更動順序，找出排序前 3 名及倒數 3 名的資料

Excel 資料雖然排序方便，不過有時候不想更動表格順序，又想快速找出排序在前或在後的某幾筆資料，常常讓人很困擾。只要利用本節介紹的**前段/後段項目規則**類別下的條件式，就可幫助你快速找出前幾名、前幾項、最後幾名、最後幾項、……的資料。

利用「前 10 個項目」找出毛利前 3 名的資料

請開啟範例檔案 Ch03-06，這是一份業務員的業績及毛利表，我們想知道毛利前 3 名的數值為多少，就可以用**前 10 個項目**規則快速找出來。此命令的名稱雖然是『**前 10 個項目**』，不過可以讓你自訂要找出幾個排在前面的項目。

請選取 D2:D14 儲存格範圍，按下**條件式格式設定**鈕，執行『**前段/後段項目規則/前 10 個項目**』命令：

	A	B	C	D	E	F
1	業務員	業績	銷售套數	毛利	目標	達成率
2	張美娟	5,903,927	11,386	2,361,571	2,600,000	90.83%
3	許信傑	2,758,926	5,678	1,103,570	1,500,000	73.57%
4	王樂豪	5,903,829	10,974	2,361,532	2,600,000	90.83%
5	林軒宜	4,923,827	7,763	1,969,531	2,200,000	89.52%
6	謝美真	4,984,730	8,142	1,993,892	2,800,000	71.21%
7	黃建銘	3,059,873	5,638	1,223,949	2,200,000	55.63%
8	陳志成	1,135,074	1,729	454,030	2,600,000	17.46%
9	翁新荃	4,590,968	4,393	1,836,387	1,879,167	97.72%
10	周巧慧	3,966,844	6,539	1,586,738	1,804,948	87.91%

▲ 找出毛利前 3 名的資料了

利用「最後 10 個項目」找出毛利倒數 3 名的資料

找出前 3 名的毛利資料後，接著要繼續找出倒數 3 名的毛利資料。請選取 D2:D14 儲存格範圍，按下**條件式格式設定**鈕，執行『**前段/後段項目規則/最後 10 個項目**』命令。此命令的名稱雖然是『**最後 10 個項目**』，不過可以讓你自訂要找出幾個排在最後的項目。

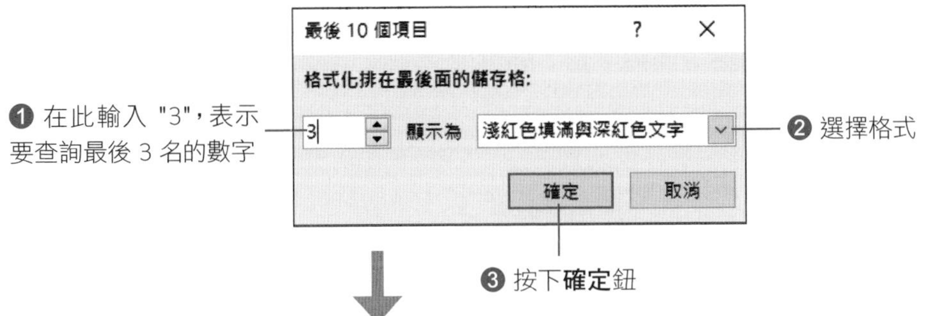

	A	B	C	D	E
1	業務員	業績	銷售套數	毛利	目標
2	張美娟	5,903,927	11,386	2,361,571	2,600,000
3	許信傑	2,758,926	5,678	1,103,570	1,500,000
4	王樂豪	5,903,829	10,974	2,361,532	2,600,000
5	林軒宜	4,923,827	7,763	1,969,531	2,200,000
6	謝美真	4,984,730	8,142	1,993,892	2,800,000
7	黃建銘	3,059,873	5,638	1,223,949	2,200,000
8	陳志成	1,135,074	1,729	454,030	2,600,000
9	翁新荃	4,590,968	4,393	1,836,387	1,879,167
10	周巧慧	3,966,844	6,539	1,586,738	1,804,948
11	許淑靜	3,829,487	5,623	1,531,795	2,017,400
12	陳美珊	2,938,475	4,298	1,175,390	2,094,837
13	李健智	2,392,916	4,067	957,166	2,200,000
14	劉邦德	3,964,546	5,704	1,585,818	1,803,948

▲ 用不同的格式，標示出倒數 3 名的毛利

3-6 自動將當天日期標示出來

為了控管一年期專案的執行情況，公司希望專案下的員工每天記錄自己的工作進度並回報。今天有一份 2023 年的工作進度表需要每日填寫，但是每次開啟檔案，要捲動到當天的日期常常得花點時間，如果 Excel 能在開檔案時自動用螢光效果標出當天的日期那就太好了。

其實只要善用本章所學的**條件式格式設定**功能，再搭配簡單的公式，就能在開啟活頁簿時，標示出當天的日期了。

請開啟範例檔案 Ch03-07，選取 A2:E366 儲存格，按下**條件式格式設定**鈕後，點選**新增規則**，再如下做設定：

❶ 選取**使用公式來決定要格式化哪些儲存格**

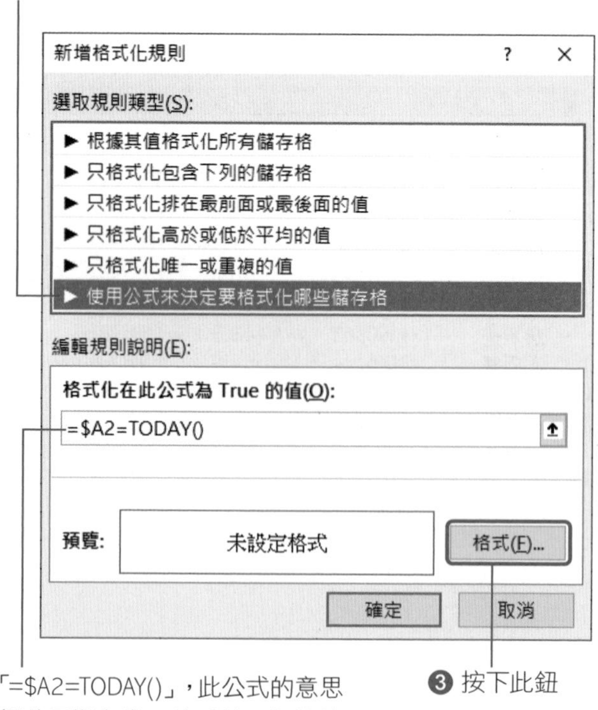

❷ 輸入「=$A2=TODAY()」，此公式的意思是將 A 欄的日期與當天的系統日期做比較，若相等就會套用設定的格式

❸ 按下此鈕

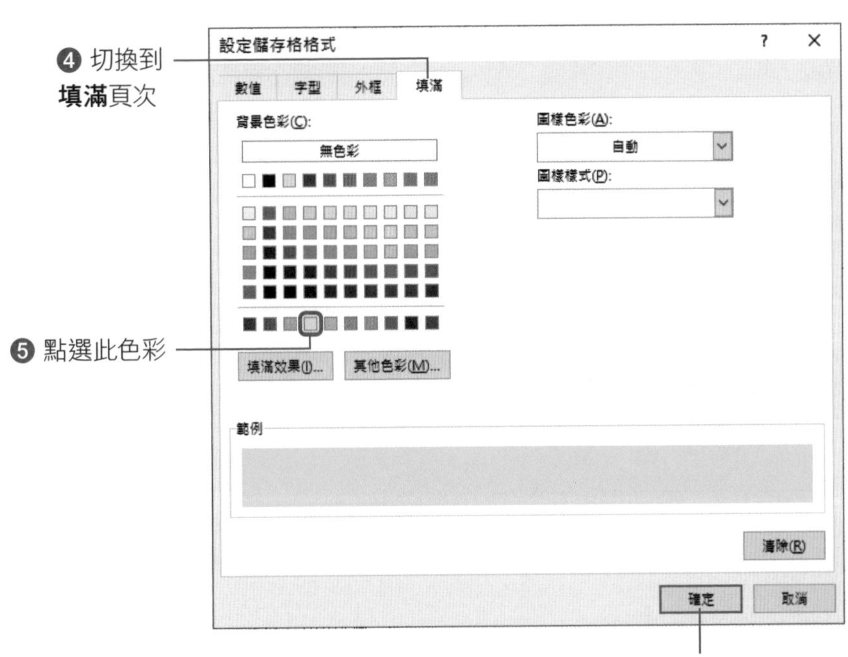

日後開啟此活頁簿，就會自動將當天的日期整列標示黃色了！

	A	B	C	D	E
1	日期	類別	工作事項	開始時間	完成時間
2	01/01(週日)				
3	01/02(週一)				
4	01/03(週二)				
5	01/04(週三)				
6	01/05(週四)				
7	01/06(週五)				
8	01/07(週六)				
9	01/08(週日)				
10	01/09(週一)				
11	01/10(週二)				
12	01/11(週三)				
13	01/12(週四)				

Tip

如果您在操作之後發現該列並沒有變色，可能是因為示範檔案的年份設定為 2023 年，而您並非在 2023 年操作此檔案。那麼請選取整個 A 欄，利用取代功能，把檔案的年份修改至您此時的年份。

3-7 免寫公式！自動計算加總和平均值

善用「自動計算」功能

想知道某個範圍的加總或平均是多少，那麼你可以善用**自動計算**功能，不需撰寫任何公式或函數，就能立即得知計算結果，比按計算機還要快。請開啟範例檔案 Ch03-08，選取 B2:D2 儲存格範圍，就能立即從**狀態列**上得知這三項數值的加總結果：

顯示選取範圍的加總值，這就是**自動計算**功能

可以自動計算的項目有哪些？

自動計算功能除了可計算加總，也可以計算平均值、找出最大值／最小值等。例如想知道成交金額最高是多少，可如下操作：

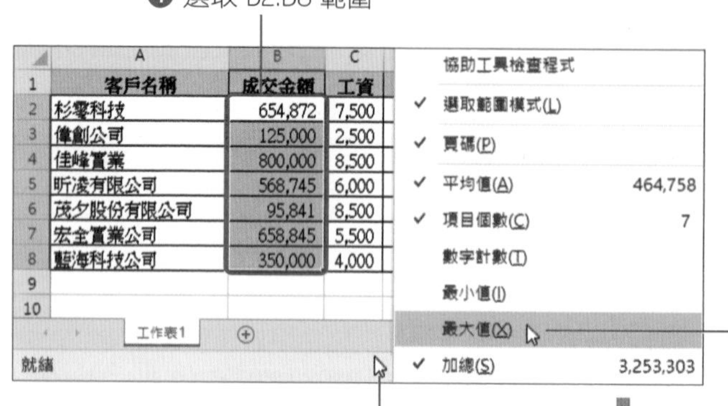

計算功能項目前面有打勾者，都會在**狀態列**中顯示各項計算結果

❸ 在選單中點選**最大值**項目

❷ 在**狀態列**按下滑鼠右鍵

	A	B	C	D	E	F	G
1	客戶名稱	成交金額	工資	運費	總價		
2	杉零科技	654,872	7,500	3,000			
3	偉創公司	125,000	2,500	1,200			
4	佳峰實業	800,000	8,500	3,500			
5	昕淩有限公司	568,745	6,000	2,800			
6	茂夕股份有限公司	95,841	8,500	4,000			
7	宏全實業公司	658,845	5,500	3,200			
8	藍海科技公司	350,000	4,000	1,800			
9							

工作表1

平均值: 464,758　項目個數: 7　最大值: 800,000　加總: 3,253,303

最大值顯示在**狀態列**上

平均值和**項目個數**及**加總**是預設就會顯示的計算項目

技巧補充

「項目個數」與「數字計數」的作用

在自動計算功能中，**項目個數**與**數字計數**比較不容易從字面上明白其用途。**項目個數**可計算選定範圍中，有幾個非空白的儲存格；**數字計數**則是計算選定範圍中，資料為數值的儲存格個數。請開啟範例檔案 Ch03-09 來操作：

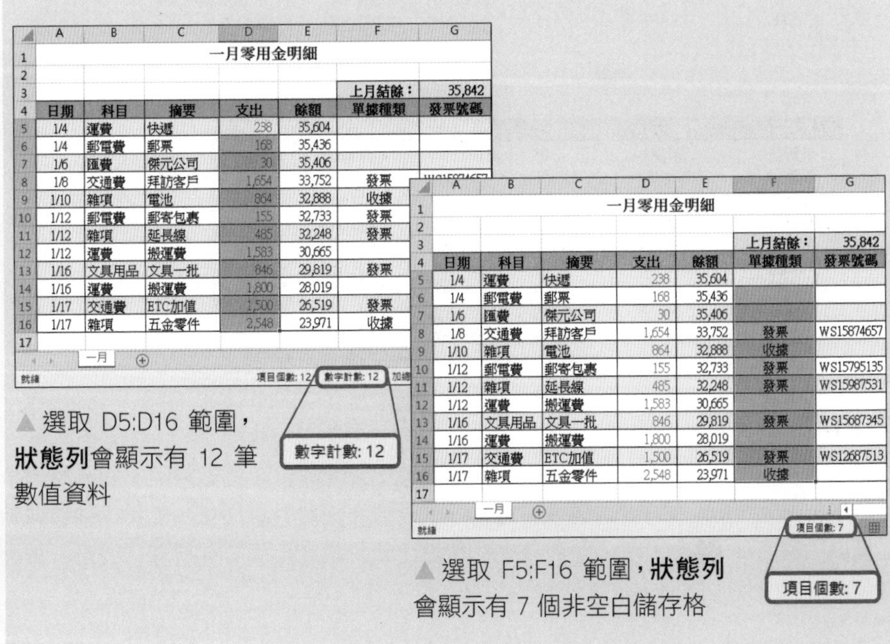

	A	B	C	D	E	F	G
1	一月零用金明細						
2							
3						上月結餘：	35,842
4	日期	科目	摘要	支出	餘額	單據種類	發票號碼
5	1/4	運費	快遞	238	35,604		
6	1/4	郵電費	郵票	168	35,436		
7	1/6	匯費	傑元公司	30	35,406		
8	1/8	交通費	拜訪客戶	1,654	33,752	發票	WS15874657
9	1/10	雜項	電池	864	32,888	收據	
10	1/12	郵電費	郵寄包裹	155	32,733	發票	WS15795135
11	1/12	雜項	延長線	485	32,248	發票	WS15987531
12	1/12	運費	搬運費	1,583	30,665		
13	1/16	文具用品	文具一批	846	29,819	發票	WS15687345
14	1/16	運費	搬運費	1,800	28,019		
15	1/17	交通費	ETC加值	1,500	26,519	發票	WS12687513
16	1/17	雜項	五金零件	2,548	23,971	收據	
17							

一月　就緒　項目個數: 12　數字計數: 12　加總

數字計數: 12

▲ 選取 D5:D16 範圍，**狀態列**會顯示有 12 筆數值資料

就緒　項目個數: 7

項目個數: 7

▲ 選取 F5:F16 範圍，**狀態列**會顯示有 7 個非空白儲存格

3-8 單一欄位的排序

請開啟範例檔案 Ch03-10，這是一份業務員業績及達成率的表格，表格中的資料沒有經過排序，想找出達成率最高的業務，很難一眼就找出來，因此想將**達成率**欄位**從最大到最小**排序。

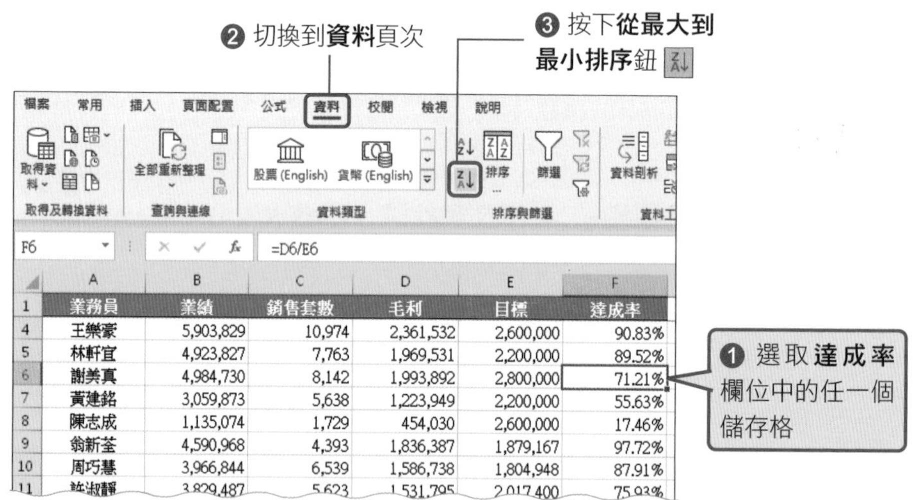

	A	B	C	D	E	F
1	業務員	業績	銷售套數	毛利	目標	達成率
4	王樂豪	5,903,829	10,974	2,361,532	2,600,000	90.83%
5	林軒宜	4,923,827	7,763	1,969,531	2,200,000	89.52%
6	謝美真	4,984,730	8,142	1,993,892	2,800,000	71.21%
7	黃建銘	3,059,873	5,638	1,223,949	2,200,000	55.63%
8	陳志成	1,135,074	1,729	454,030	2,600,000	17.46%
9	翁新荃	4,590,968	4,393	1,836,387	1,879,167	97.72%
10	周巧慧	3,966,844	6,539	1,586,738	1,804,948	87.91%

	A	B	C	D	E	F
1	業務員	業績	銷售套數	毛利	目標	達成率
2	翁新荃	4,590,968	4,393	1,836,387	1,879,167	97.72%
3	張美娟	5,903,927	11,386	2,361,571	2,600,000	90.83%
4	王樂豪	5,903,829	10,974	2,361,532	2,600,000	90.83%
5	林軒宜	4,923,827	7,763	1,969,531	2,200,000	89.52%
6	周巧慧	3,966,844	6,539	1,586,738	1,804,948	87.91%
7	劉邦德	3,964,546	5,704	1,585,818	1,803,948	87.91%
8	許淑靜	3,829,487	5,623	1,531,795	2,017,400	75.93%
9	許信傑	2,758,926	5,678	1,103,570	1,500,000	73.57%
10	謝美真	4,984,730	8,142	1,993,892	2,800,000	71.21%

將達成率由高到低排列

Tip

通常我們只需要在分析資料時使用排序功能，分析資料後希望能夠回復到初始的排列順序，但是 Excel 沒有提供還原初始排序的功能，只能在排序後立即按下**快速存取工具列**的**復原**鈕 。因此，強烈建議你在排序資料前利用「另存新檔」或是「複製工作表」的方法，保留一份原始資料！

3-9 多欄位的排序

排序資料不限只能排序一個欄位，也可以同時指定一個以上的欄位進行排序，例如要排序 3 個欄位，其排序的原則如下：

1. 先依據主要欄位排序。
2. 和主要欄位相同的記錄，再以次要欄位進行排序。
3. 和主要欄位、次要欄位均相同的記錄，最後再以第 3 個欄位排序。

剛才依**達成率**欄位從最大到最小排序的結果發現，有幾位業務員的達成率相同，由於之後要排名次，因此想再比較**毛利**欄位的高低。

step 01 請選取表格中的任一個儲存格，切換到**資料**頁次按下**排序**鈕，開啟**排序**交談窗繼續設定第 2 個排序欄位：

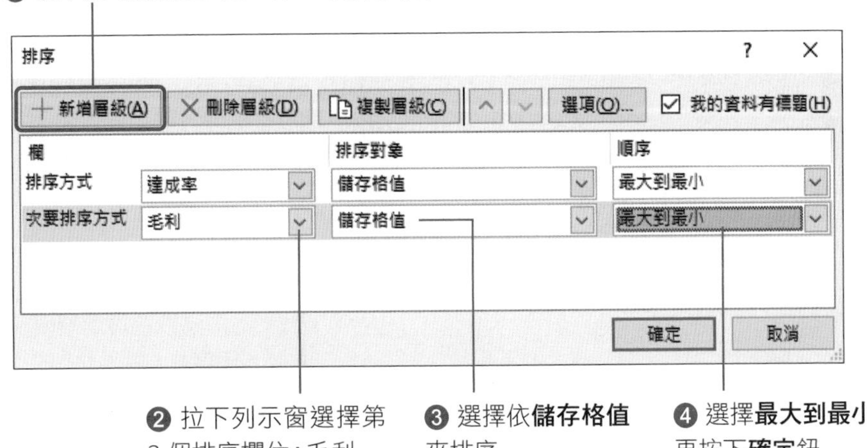

step 02 設定好 2 個排序條件後，會先依「達成率」做遞減排序，當達成率相同時，再以「毛利」做遞減排序。

	A	B	C	D	E	F
1	業務員	業績	銷售套數	毛利	目標	達成率
2	翁新荃	4,590,968	4,393	1,836,387	1,879,167	97.72%
3	張美娟	5,903,927	11,386	2,361,571	2,600,000	90.83%
4	王樂豪	5,903,829	10,974	2,361,532	2,600,000	90.83%
5	林軒宜	4,923,827	7,763	1,969,531	2,200,000	89.52%
6	周巧慧	3,966,844	6,539	1,586,738	1,804,948	87.91%
7	劉邦德	3,964,546	5,704	1,585,818	1,803,948	87.91%
8	許淑靜	3,829,487	5,623	1,531,795	2,017,400	75.93%
9	許信傑	2,758,926	5,678	1,103,570	1,500,000	73.57%
10	謝美真	4,984,730	8,142	1,993,892	2,800,000	71.21%
11	陳美珊	2,938,475	4,298	1,175,390	2,094,837	56.11%
12	黃建銘	3,059,873	5,638	1,223,949	2,200,000	55.63%
13	李健智	2,392,916	4,067	957,166	2,200,000	43.51%
14	陳志成	1,135,074	1,729	454,030	2,600,000	17.46%

若達成率相同，再以毛利高低來排序

3-10 依儲存格色彩排序

如果儲存格有不同填色，我們又需要依照顏色排序怎麼辦?不用擔心，Excel 的排序功能也可以依「儲存格色彩」或是「字型色彩」來排序。我們甚至可以讓有顏色的儲存格優先排在表格最前方，再讓剩下的儲存格的值遞增或遞減排序。

請開啟範例檔案 Ch03-11，這是一份房屋出租表，填滿藍色的資料是急租的物件。我們想將填滿藍色的資料排序在最前面，再依租金價格由小到大排序 (從租金最便宜的開始排)，請選取表格中的任一個儲存格，再按下**資料**頁次的**排序**鈕：

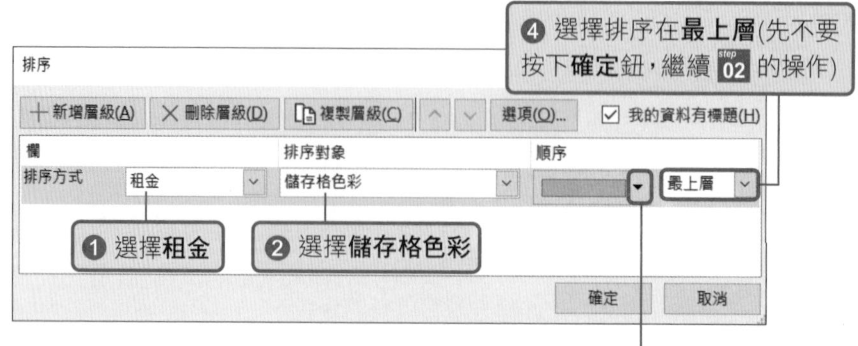

step 02 接著要設定第 2 個排序欄位，請按下**排序**交談窗的**新增層級**鈕：

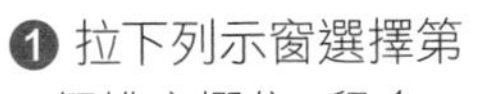

❷ **排序對象**，請選擇**儲存格值**

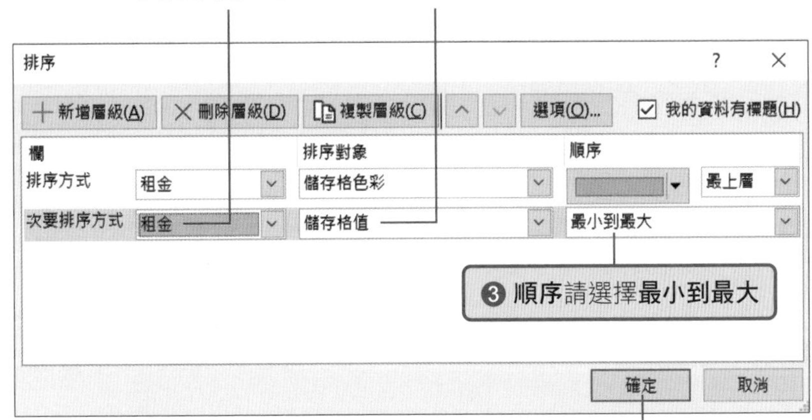

❹ 按下**確定**鈕

❺ 填滿藍色的資料會排序在沒有填色資料的最上面

	A	B	C	D	E	F
1	捷運板南線出租物件					
2						
3	物件編號	最近站點	樓層	租金	電梯	保全
4	GT007	忠孝復興	3F	15,500	有	有
5	TS388	東湖	4F	18,000	有	無
6	MG658	忠孝新生	3F	19,500	無	有
7	PE128	昆陽	4F	19,500	無	無
8	OS001	忠孝敦化	4F	13,000	無	無
9	GT103	忠孝復興	5F	16,000	無	有
10	GT003	忠孝復興	7F	17,000	有	無
11	MG002	忠孝新生	4F	18,000	無	有
12	MG005	忠孝新生	7F	18,000	有	有
13	WA008	南港	3F	18,500	無	無
14	GT432	忠孝復興	5F	18,500	有	有
15	TS384	東湖	3F	18,500	有	無
16	OS069	忠孝敦化	8F	18,900	有	有

❻ 接著再依租金由小到大排序

Tip

若不只一種顏色，可重複 step 01 的操作，在第 2 列之後選擇另一種顏色，Excel 會按照顏色順序排列。

3-11 快速篩選單一欄位中要顯示的資料

如果有些特定資料不想顯示，不用人工自己找，利用「自動篩選」功能就可以只顯示想要的資料，並將其他資料暫時隱藏起來。請開啟範例檔案Ch03-12，練習單一欄位的資料篩選。

step 01 **顯示「自動篩選」鈕**：請選取資料範圍中的任一個儲存格，按下**資料**頁次的**篩選**鈕，即可在表格的標題列顯示**自動篩選**鈕：

❶ 選取任一個儲存格　❸ 顯示**自動篩選**鈕　❷ 按下此鈕

	A	B	C	D	E	F	G	H	I
1	NO	日期	地區	門市	分類	商品	單價	數量	金額
2	1	2022/1/2	台北	站前門市	蛋糕	8 吋抹茶千層	620	56	34,720
3	2	2022/1/2	台北	站前門市	蛋糕	五層草莓夾心戚風	650	84	54,600
4	3	2022/1/2	台中	大墩門市	蛋糕	經典檸檬派	550	53	29,150
5	4	2022/1/2	台北	站前門市	蛋糕	醇厚生巧克力乳酪	580	94	54,520
6	5	2022/1/2	台北	站前門市	蛋糕	抹茶紅豆生乳卷	450	68	30,600
7	6	2022/1/2	台北	站前門市	泡芙	菠蘿巧克力泡芙	75	74	5,550
8	7	2022/1/2	台北	站前門市	泡芙	覆盆子鮮果泡芙	100	60	6,000
9	8	2022/1/2	台北	站前門市	泡芙	卡士達草莓雙餡泡芙	85	62	5,270
10	9	2022/1/2	台北	站前門市	泡芙	頂級香濃卡士達泡芙	80	44	3,520
11	10	2022/1/2	台北	南港門市	蛋糕	8 吋抹茶千層	620	79	48,980
12	11	2022/1/2	台北	南港門市	蛋糕	五層草莓夾心戚風	650	65	42,250
13	12	2022/1/2	台北	南港門市	蛋糕	經典檸檬派	550	56	30,800
14	13	2022/1/2	台北	南港門市	蛋糕	醇厚生巧克力乳酪	580	76	44,080
15	14	2022/1/2	台北	站前門市	蛋糕	紫芋金沙蛋糕	620	74	45,880
16	15	2022/1/2	台北	南港門市	泡芙	菠蘿巧克力泡芙	75	32	2,400
17	16	2022/1/2	台北	南港門市	泡芙	卡士達草莓雙餡泡芙	85	52	4,420
18	17	2022/1/2	台北	南港門市	泡芙	頂級香濃卡士達泡芙	80	26	2,080
19	18	2022/1/2	台中	逢甲門市	蛋糕	8 吋抹茶千層	620	51	31,620
20	19	2022/1/2	台中	逢甲門市	蛋糕	五層草莓夾心戚風	650	100	65,000
21	20	2022/1/2	台中	逢甲門市	蛋糕	經典檸檬派	550	62	34,100
22	21	2022/1/2	台中	逢甲門市	蛋糕	醇厚生巧克力乳酪	580	101	58,580
23	22	2022/1/2	台中	逢甲門市	蛋糕	抹茶紅豆生乳卷	450	63	28,350
24	23	2022/1/2	台中	逢甲門市	蛋糕	紫芋金沙蛋糕	620	85	52,700
25	24	2022/1/2	台中	逢甲門市	泡芙	菠蘿巧克力泡芙	75	38	2,850
26	25	2022/1/2	台中	逢甲門市	泡芙	覆盆子鮮果泡芙	100	65	6,500

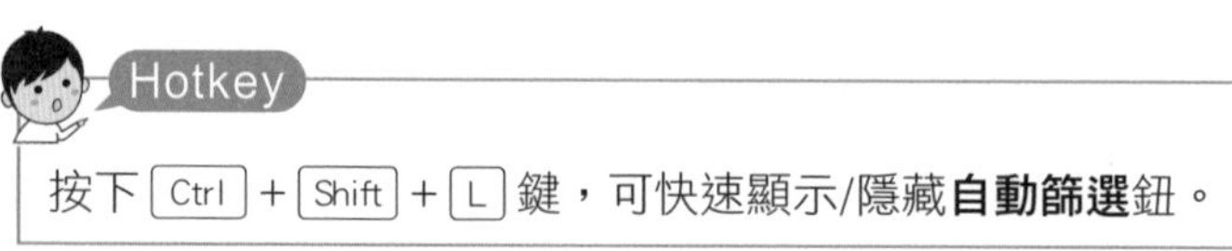

篩選資料：請按下**門市**欄的**自動篩選**鈕，我們只想查看「站前門市」及「南港門市」的銷售資料：

❷ 先取消勾選**全選**　❶ 按下此鈕

NO	日期	地區	門市	分類	商品	單價	數量	金額
1				蛋糕	8 吋抹茶千層	620	56	34,720
2				蛋糕	五層草莓夾心戚風	650	84	54,600
3				蛋糕	經典檸檬派	550	53	29,150
4				蛋糕	醇厚生巧克力乳酪	580	94	54,520
5				蛋糕	抹茶紅豆生乳卷	450	68	30,600
6				泡芙	菠蘿巧克力泡芙	75	74	5,550
7				泡芙	覆盆子鮮果泡芙	100	60	6,000
8				泡芙	卡士達草莓雙餡泡芙	85	62	5,270
9				泡芙	頂級香濃卡士達泡芙	80	44	3,520
10				蛋糕	8 吋抹茶千層	620	79	48,980
11				蛋糕	五層草莓夾心戚風	650	65	42,250
12				蛋糕	經典檸檬派	550	56	30,800
13				蛋糕	醇厚生巧克力乳酪	580	76	44,080
14				蛋糕	紫芋金沙蛋糕	620	74	45,880
15				芙	菠蘿巧克力泡芙	75	32	2,400
16				芙	卡士達草莓雙餡泡芙	85	52	4,420
17				芙	頂級香濃卡士達泡芙	80	26	2,080
18				糕	8 吋抹茶千層	620	51	31,620
19				蛋糕	五層草莓夾心戚風	650	100	65,000
20				蛋糕	經典檸檬派	550	62	34,100

從 A 到 Z 排序(S)
從 Z 到 A 排序(O)
依色彩排序(T)
工作表檢視(V)
清除 "門市" 中的篩選(C)
依色彩篩選(I)
文字篩選(F)
搜尋
(全選)
大墩門市
南港門市
站前門市
逢甲門市
確定　取消

❸ 分別勾選**南港門市**及**站前門市**

❹ 按下**確定**鈕

符合篩選條件的記錄其列標題會改用藍色顯示

列	NO	日期	地區	門市	分類	商品	單價	數量	金額
2	1	2022/1/2	台北	站前門市	蛋糕	8 吋抹茶千層	620	56	34,720
3	2	2022/1/2	台北	站前門市	蛋糕	五層草莓夾心戚風	650	84	54,600
5	4	2022/1/2	台北	站前門市	蛋糕	醇厚生巧克力乳酪	580	94	54,520
6	5	2022/1/2	台北	站前門市	蛋糕	抹茶紅豆生乳卷	450	68	30,600
7	6	2022/1/2	台北	站前門市	泡芙	菠蘿巧克力泡芙	75	74	5,550
8	7	2022/1/2	台北	站前門市	泡芙	覆盆子鮮果泡芙	100	60	6,000
9	8	2022/1/2	台北	站前門市	泡芙	卡士達草莓雙餡泡芙	85	62	5,270
10	9	2022/1/2	台北	站前門市	泡芙	頂級香濃卡士達泡芙	80	44	3,520
11	10	2022/1/2	台北	南港門市	蛋糕	8 吋抹茶千層	620	79	48,980

2022年上半年_銷售

就緒　從 1789中找出 871筆記錄

從**狀態列**可得知從 n 筆資料中篩選出多少筆符合的資料

▲ 只剩下**南港門市**及**站前門市**的銷售資料

用來設定篩選條件的欄位 (本例的**門市**欄)，其**自動篩選**鈕會變成 圖示，且**狀態列**會顯示共找出幾筆符合的記錄。篩選後的資料，仍然可以比照一般工作表的資料進行各種處理，例如加以排序或列印出來，或者是將篩選後的資料繪製成圖表。

3-12 快速篩選多個欄位中要顯示的資料

剛才我們篩選出**站前門市**及**南港門市**的所有銷售資料，但是想進一步查看**蛋糕**類的**抹茶紅豆生乳卷**銷量好不好，該怎麼做呢？

step 01 接續上例，請按下**分類**欄旁邊的**自動篩選**鈕，即可篩選出**蛋糕**類的商品：

❶ 按下此鈕

❷ 請取消勾選**全選**

❸ 勾選**蛋糕**後，按下**確定**鈕

step 02 繼續按下**商品**欄旁邊的**自動篩選**鈕，篩選出**抹茶紅豆生乳卷**品項：

❶ 按下此鈕

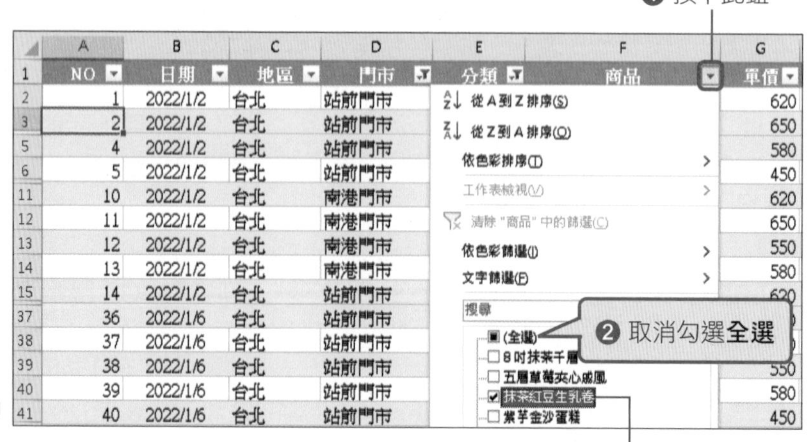

❸ 勾選**抹茶紅豆生乳卷**後，按下**確定**鈕

	NO	日期	地區	門市	分類	商品	單價
6	5	2022/1/2	台北	站前門市	蛋糕	抹茶紅豆生乳卷	450
41	40	2022/1/6	台北	站前門市	蛋糕	抹茶紅豆生乳卷	450
67	66	2022/1/6	台北	南港門市	蛋糕	抹茶紅豆生乳卷	450
76	75	2022/1/9	台北	站前門市	蛋糕	抹茶紅豆生乳卷	450
111	110	2022/1/13	台北	站前門市	蛋糕	抹茶紅豆生乳卷	450
146	145	2022/1/16	台北	站前門市	蛋糕	抹茶紅豆生乳卷	450
181	180	2022/1/20	台北	站前門市	蛋糕	抹茶紅豆生乳卷	450
198	197	2022/1/20	台北	南港門市	蛋糕	抹茶紅豆生乳卷	450
216	215	2022/1/23	台北	站前門市	蛋糕	抹茶紅豆生乳卷	450

2022年上半年_銷售

就緒 從 1789中找出 58筆記錄

你可以從**狀態列**查看，共篩選出多少筆記錄

篩選出**站前門市**及**南港門市**、**蛋糕**類的**抹茶紅豆生乳卷**資料

3-13 清除篩選條件

自動篩選後，有些資料會暫時被隱藏起來，這些資料並沒有被刪除掉，只要清除篩選條件後就會重新顯示。至於清除篩選條件，有以下兩種方法：

- **方法 1：清除單一欄位的篩選**：若要移除某欄位所設定的篩選條件，只要在該欄的**自動篩選**列示窗中執行『**清除 "xx" 的篩選**』命令，就可將被隱藏的記錄重新顯示出來。

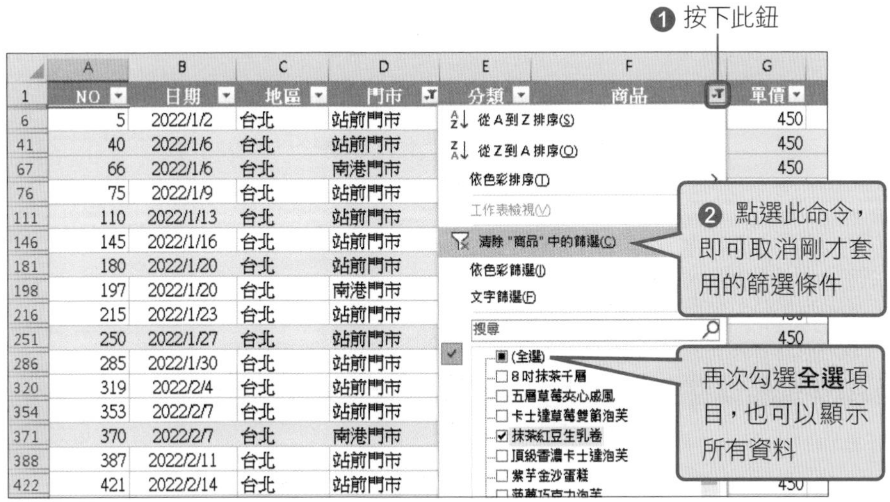

- **方法 2：清除所有欄位的篩選**：如果資料中有多個欄位都設有篩選條件，請切換到**資料**頁次，按下**排序與篩選**區的**清除**鈕來清除所有欄位的篩選。

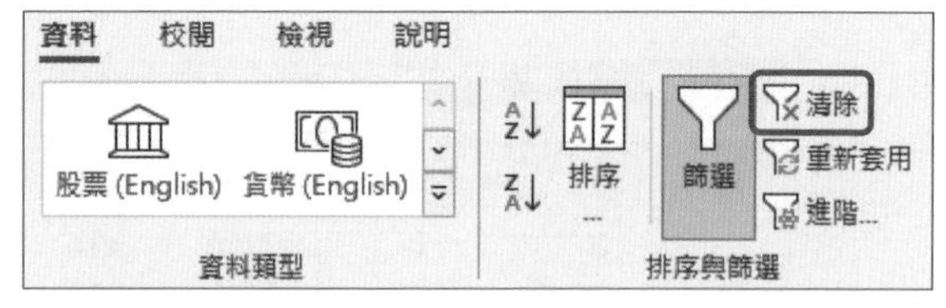

Tip

你必須移除所有欄位的篩選條件，才會顯示所有的資料。

3-14 篩選出特定的文字或數字

在**自動篩選**列示窗中，除了可依欄位資料做篩選外，還可以自訂篩選的條件以找出符合條件的記錄，依照所選的欄位不同，可分為文字篩選與數字篩選。例如想找出「商品」名稱含有「巧克力」或「抹茶」的品項，就可以設定只找出符合條件的記錄。

請開啟範例檔案 Ch03-13，我們已經篩選出「大墩門市」的所有銷售記錄，接著想查詢與巧克力或抹茶相關的商品銷量，該怎麼做呢？

step 01 請按下**商品**欄的**自動篩選**鈕，執行『**文字篩選/包含**』命令：

	A	B	C	D	G
1	NO	日期	地區	門市	單價
4	3	2022/1/2	台中	大墩門市	550
29	28	2022/1/2	台中	大墩門市	620
30	29	2022/1/2	台中	大墩門市	650
31	30	2022/1/2	台中	大墩門市	580
32	31	2022/1/2	台中	大墩門市	450
33	32	2022/1/2	台中	大墩門市	620
34	33	2022/1/2	台中	大墩門市	75
35	34	2022/1/2	台中	大墩門市	
36	35	2022/1/2	台中	大墩門市	
64	63	2022/1/6	台中	大墩門市	
65	64	2022/1/6	台中	大墩門市	
66	65	2022/1/6	台中	大墩門市	
68	67	2022/1/6	台中	大墩門市	
69	68	2022/1/6	台中	大墩門市	
70	69	2022/1/6	台中	大墩門市	
71	70	2022/1/6	台中	大墩門市	

從 A 到 Z 排序(S)
從 Z 到 A 排序(O)
依色彩排序(T)
工作表檢視(V)
清除 "商品" 中的篩選(C)
依色彩篩選(I)
文字篩選(F)
搜尋
(全選)
8 吋抹茶千層
五層草莓夾心戚風
卡士達草莓雙餡泡芙
抹茶紅豆生乳卷
頂級香濃卡士達泡芙
紫芋金沙蛋糕

等於(E)...
不等於(N)...
結束於(T)...
包含(A)...
不包含(D)...

❶ 按下此鈕
❷ 執行此命令

step 02 開啟**自訂自動篩選**交談窗後，在此交談窗中設定篩選條件。

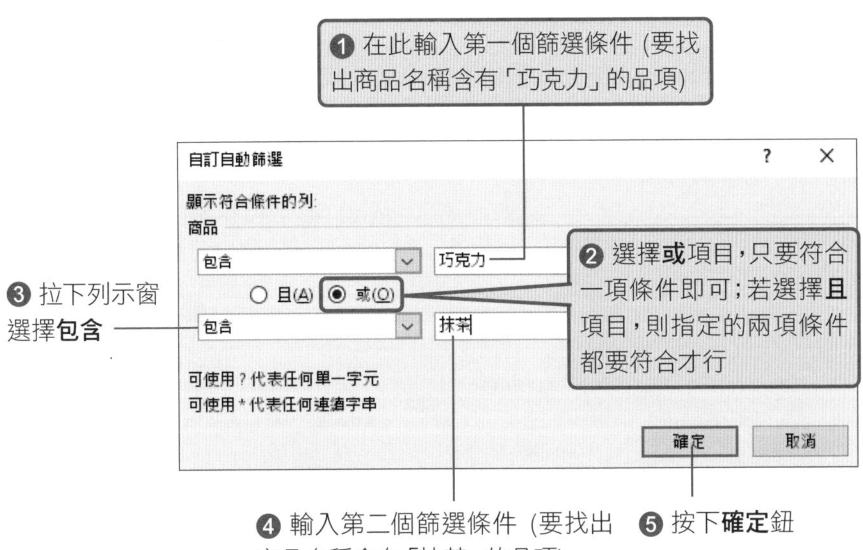

	A	B	C	D	E	F	G	H	I
1	NO	日期	地區	門市	分類	商品	單價	數量	金額
29	28	2022/1/2	台中	大墩門市	蛋糕	8 吋抹茶千層	620	80	49,600
31	30	2022/1/2	台中	大墩門市	蛋糕	醇厚生巧克力乳酪	580	118	68,440
32	31	2022/1/2	台中	大墩門市	蛋糕	抹茶紅豆生乳卷	450	51	22,950
34	33	2022/1/2	台中	大墩門市	泡芙	菠蘿巧克力泡芙	75	58	4,350
64	63	2022/1/6	台中	大墩門市	蛋糕	8 吋抹茶千層	620	61	37,820
66	65	2022/1/6	台中	大墩門市	蛋糕	醇厚生巧克力乳酪	580	84	48,720
69	68	2022/1/6	台中	大墩門市	泡芙	菠蘿巧克力泡芙	75	64	4,800
99	98	2022/1/9	台中	大墩門市	蛋糕	8 吋抹茶千層	620	55	34,100
101	100	2022/1/9	台中	大墩門市	蛋糕	醇厚生巧克力乳酪	580	92	53,360
102	101	2022/1/9	台中	大墩門市	蛋糕	抹茶紅豆生乳卷	450	71	31,950
104	103	2022/1/9	台中	大墩門市	泡芙	菠蘿巧克力泡芙	75	54	4,050
134	133	2022/1/13	台中	大墩門市	蛋糕	8 吋抹茶千層	620	69	42,780
136	135	2022/1/13	台中	大墩門市	蛋糕	醇厚生巧克力乳酪	580	115	66,700
137	136	2022/1/13	台中	大墩門市	蛋糕	抹茶紅豆生乳卷	450	71	31,950
139	138	2022/1/13	台中	大墩門市	泡芙	菠蘿巧克力泡芙	75	49	3,675
169	168	2022/1/16	台中	大墩門市	蛋糕	8 吋抹茶千層	620	80	49,600
171	170	2022/1/16	台中	大墩門市	蛋糕	醇厚生巧克力乳酪	580	83	48,140
172	171	2022/1/16	台中	大墩門市	蛋糕	抹茶紅豆生乳卷	450	58	26,100
174	173	2022/1/16	台中	大墩門市	泡芙	菠蘿巧克力泡芙	75	63	4,725

2022年上半年_銷售

就緒 從 1789中找出 204筆記錄

▲「大墩門市」含有「巧克力」或「抹茶」的記錄共有 204 筆

3-15 找出數值大於 0 且低於 180 的資料

如果要篩選的欄位資料皆為數字，那麼可在**自動篩選**列示窗中，執行『**數字篩選**』命令，由子功能表來選擇要篩選的條件。例如想找出銷售數量大於 100 且小於 180 的記錄，請先清除剛才的篩選條件，再如下操作：

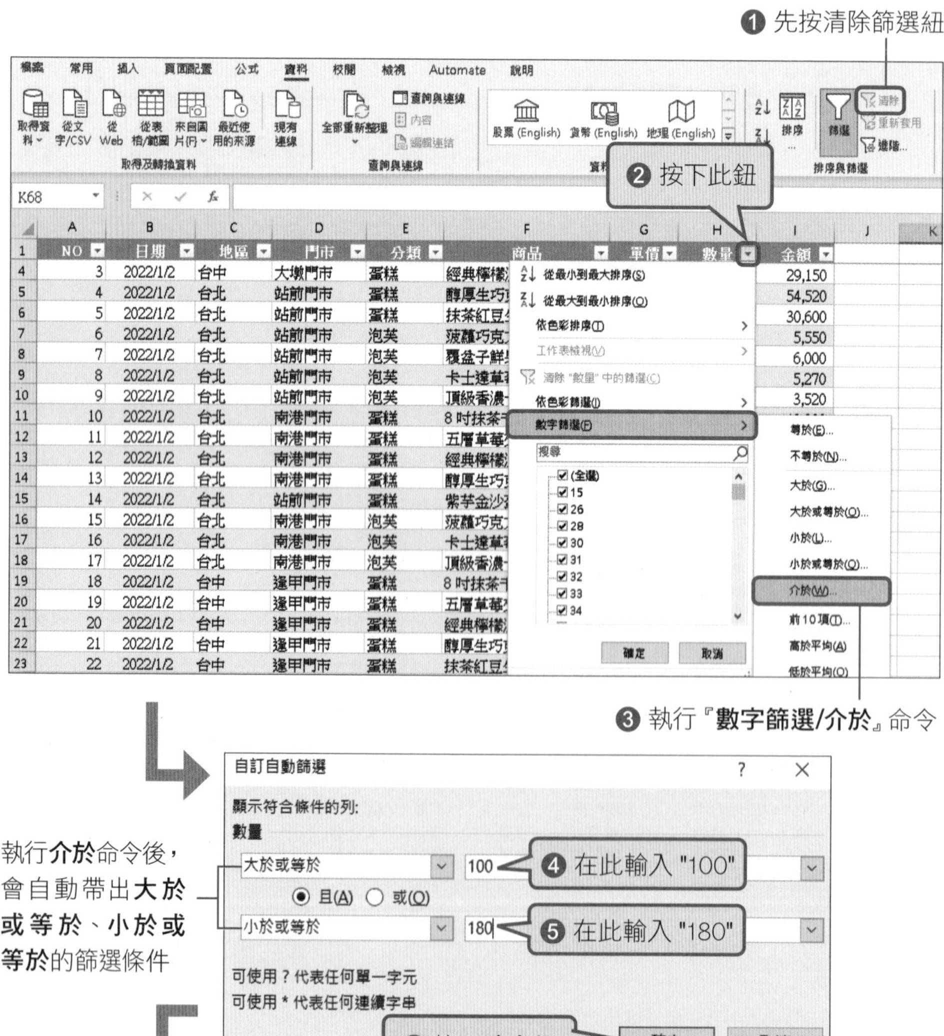

找出銷售數量介於 100 到 180 之間的記錄

	A	B	C	D	E	F	G	H	I
1	NO	日期	地區	門市	分類	商品	單價	數量	金額
20	19	2022/1/2	台中	逢甲門市	蛋糕	五層草莓夾心戚風	650	100	65,000
22	21	2022/1/2	台中	逢甲門市	蛋糕	醇厚生巧克力乳酪	580	101	58,580
31	30	2022/1/2	台中	大墩門市	蛋糕	醇厚生巧克力乳酪	580	118	68,440
40	39	2022/1/6	台北	站前門市	蛋糕	醇厚生巧克力乳酪	580	111	64,380
57	56	2022/1/6	台中	逢甲門市	蛋糕	醇厚生巧克力乳酪	580	115	66,700
59	58	2022/1/6	台中	逢甲門市	蛋糕	紫芋金沙蛋糕	620	103	63,860
75	74	2022/1/9	台北	站前門市	蛋糕	醇厚生巧克力乳酪	580	107	62,060
84	83	2022/1/9	台北	南港門市	蛋糕	醇厚生巧克力乳酪	580	101	58,580
92	91	2022/1/9	台中	逢甲門市	蛋糕	醇厚生巧克力乳酪	580	110	63,800
94	93	2022/1/9	台中	逢甲門市	蛋糕	紫芋金沙蛋糕	620	102	63,240

2022年上半年_銷售

就緒 從 1789中找出 173筆記錄

符合條件的資料共有 173 筆

3-16 找出數值最高的前幾筆記錄

數字篩選還有幾項很實用的功能，像是**前 10 項**、**高於平均**、**低於平均**等。你不必辛苦地輸入公式或套用函數，即可馬上幫你找出符合條件的記錄。請先清除剛才的篩選條件，按下**金額**欄的**自動篩選**鈕，執行**數字篩選/前 10 項**命令，我們要找出銷售額最高的前 10 筆記錄。

	A	B	C	D	E	F
1	NO	日期	地區	門市	分類	商品
4	3	2022/1/2	台中	大墩門市	蛋糕	經典檸檬派
5	4	2022/1/2	台北	站前門市	蛋糕	醇厚生巧克力乳酪
6	5	2022/1/2	台北	站前門市	蛋糕	抹茶紅豆生乳卷
7	6	2022/1/2	台北	站前門市	泡芙	菠蘿巧克力泡芙
8	7	2022/1/2	台北	站前門市	泡芙	覆盆子鮮果泡芙
9	8	2022/1/2	台北	站前門市	泡芙	卡士達草莓雙餡泡芙
10	9	2022/1/2	台北	站前門市	泡芙	頂級香濃卡士達泡芙
11	10	2022/1/2	台北	南港門市	蛋糕	8 吋抹茶千層
12	11	2022/1/2	台北	南港門市	蛋糕	五層草莓夾心戚風
13	12	2022/1/2	台北	南港門市	蛋糕	經典檸檬派
14	13	2022/1/2	台北	南港門市	蛋糕	醇厚生巧克力乳酪
15	14	2022/1/2	台北	站前門市	蛋糕	紫芋金沙蛋糕
16	15	2022/1/2	台北	南港門市	泡芙	菠蘿巧克力泡芙
17	16	2022/1/2	台北	南港門市	泡芙	卡士達草莓雙餡泡芙
18	17	2022/1/2	台北	南港門市	泡芙	頂級香濃卡士達泡芙
19	18	2022/1/2	台中	逢甲門市	蛋糕	8 吋抹茶千層
20	19	2022/1/2	台中	逢甲門市	蛋糕	五層草莓夾心戚風
21	20	2022/1/2	台中	逢甲門市	蛋糕	經典檸檬派
22	21	2022/1/2	台中	逢甲門市	蛋糕	醇厚生巧克力乳酪
23	22	2022/1/2	台中	逢甲門市	蛋糕	抹茶紅豆生乳卷

❶ 執行此命令

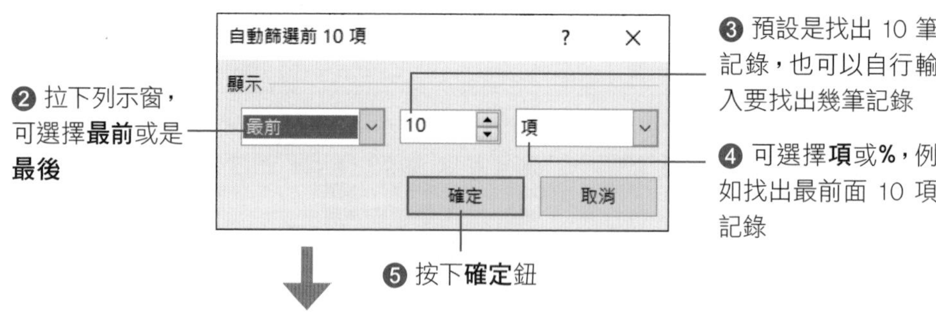

K68

	NO	日期	地區	門市	分類	商品	單價	數量	金額
487	486	2022/2/21	台北	站前門市	蛋糕	五層草莓夾心戚風	650	115	74,750
712	711	2022/3/11	台中	逢甲門市	蛋糕	五層草莓夾心戚風	650	112	72,800
817	816	2022/3/22	台中	逢甲門市	蛋糕	五層草莓夾心戚風	650	112	72,800
994	993	2022/4/8	台中	逢甲門市	蛋糕	醇厚生巧克力乳酪	580	127	73,660
1353	1352	2022/5/18	台北	站前門市	蛋糕	五層草莓夾心戚風	650	112	72,800
1406	1405	2022/5/21	台中	逢甲門市	蛋糕	抹茶紅豆生乳卷	450	166	74,700
1414	1413	2022/5/21	台中	大墩門市	蛋糕	紫芋金沙蛋糕	620	120	74,400
1473	1472	2022/5/28	台中	逢甲門市	蛋糕	紫芋金沙蛋糕	620	177	109,740
1532	1531	2022/6/5	台北	南港門市	蛋糕	紫芋金沙蛋糕	620	150	93,000
1553	1552	2022/6/9	台北	站前門市	蛋糕	五層草莓夾心戚風	650	116	75,400
1791									

▲ 找出銷售金額最高的前 10 筆記錄

3-17 用自動篩選鈕排序資料

剛才篩選出來的資料沒有經過排序，你可以在**自動篩選**列示窗中進行**遞增**或是**遞減**排序。此例要將篩選後的資料從最大到最小排序(遞減)。

❶ 按下此鈕

	NO	日期	地區	門市	分類	商品
487	486	2022/2/21	台北	站前門市	蛋糕	五層草莓夾心戚風
712	711	2022/3/11	台中	逢甲門市	蛋糕	五層草莓夾心戚風
817	816	2022/3/22	台中	逢甲門市	蛋糕	五層草莓夾心戚風
994	993	2022/4/8	台中	逢甲門市	蛋糕	醇厚生巧克力乳酪
1353	1352	2022/5/18	台北	站前門市	蛋糕	五層草莓夾心戚風
1406	1405	2022/5/21	台中	逢甲門市	蛋糕	抹茶紅豆生乳卷
1414	1413	2022/5/21	台中	大墩門市	蛋糕	紫芋金沙蛋糕
1473	1472	2022/5/28	台中	逢甲門市	蛋糕	紫芋金沙蛋糕
1532	1531	2022/6/5	台北	南港門市	蛋糕	紫芋金沙蛋糕
1553	1552	2022/6/9	台北	站前門市	蛋糕	五層草莓夾心戚風
1791						

從最小到最大排序(S)
從最大到最小排序(O)
依色彩排序(T)
工作表檢視(V)
清除 "金額" 中的篩選(C)
依色彩篩選(I)
數字篩選(F)
搜尋
(全選)

❷ 執行此命令

	A	B	C	D	E	F	G	H	I
1	NO	日期	地區	門市	分類	商品	單價	數量	金額
487	1472	2022/5/28	台中	逢甲門市	蛋糕	紫芋金沙蛋糕	620	177	109,740
712	1531	2022/6/5	台北	南港門市	蛋糕	紫芋金沙蛋糕	620	150	93,000
817	1552	2022/6/9	台北	站前門市	蛋糕	五層草莓夾心戚風	650	116	75,400
994	486	2022/2/21	台北	站前門市	蛋糕	五層草莓夾心戚風	650	115	74,750
1353	1405	2022/5/21	台中	逢甲門市	蛋糕	抹茶紅豆生乳卷	450	166	74,700
1406	1413	2022/5/21	台中	大墩門市	蛋糕	紫芋金沙蛋糕	620	120	74,400
1414	993	2022/4/8	台中	逢甲門市	蛋糕	醇厚生巧克力乳酪	580	127	73,660
1473	711	2022/3/11	台中	逢甲門市	蛋糕	五層草莓夾心戚風	650	112	72,800
1532	816	2022/3/22	台中	逢甲門市	蛋糕	五層草莓夾心戚風	650	112	72,800
1553	1352	2022/5/18	台北	站前門市	蛋糕	五層草莓夾心戚風	650	112	72,800

將銷售金額最高的前 10 筆記錄，由高到低排序

3-18 依日期篩選資料

自動篩選鈕除了提供文字篩選、數字篩選，還可以讓你依日、週、月、季、年份、…等條件來篩選資料，也可以自訂要篩選的日期區間。

列出「第一季」銷售資料

請開啟範例檔案 Ch03-14，這份工作表的銷售資料是從 2022/1/2 開始到 2022/6/30。如果想知道第一季的銷售狀況只要動動滑鼠就能馬上篩選出來，完全不需要設定公式。

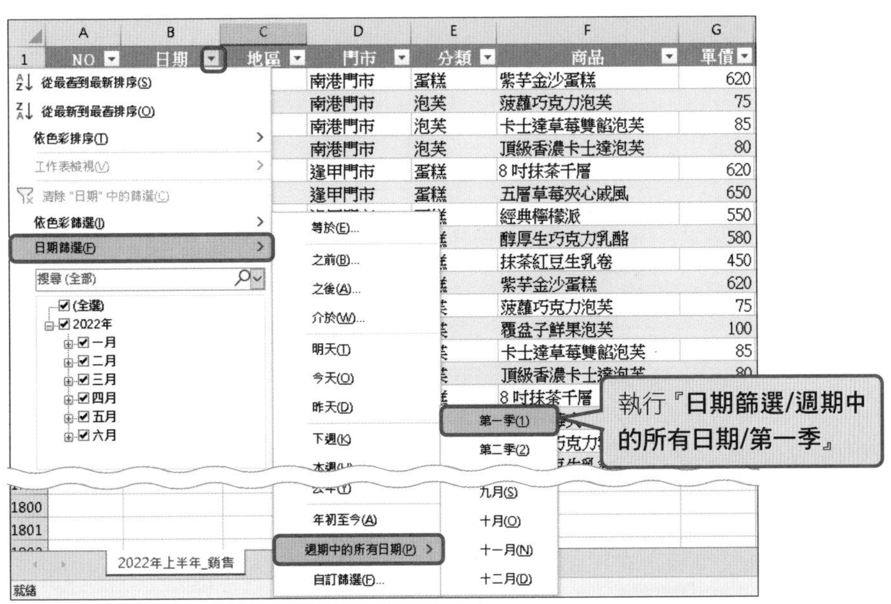

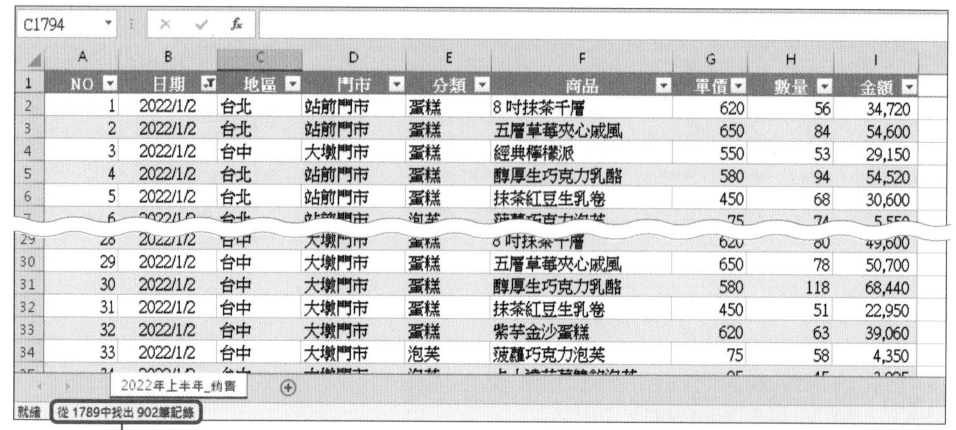

	NO	日期	地區	門市	分類	商品	單價	數量	金額
2	1	2022/1/2	台北	站前門市	蛋糕	8 吋抹茶千層	620	56	34,720
3	2	2022/1/2	台北	站前門市	蛋糕	五層草莓夾心戚風	650	84	54,600
4	3	2022/1/2	台中	大墩門市	蛋糕	經典檸檬派	550	53	29,150
5	4	2022/1/2	台北	站前門市	蛋糕	醇厚生巧克力乳酪	580	94	54,520
6	5	2022/1/2	台北	站前門市	蛋糕	抹茶紅豆生乳卷	450	68	30,600
30	29	2022/1/2	台中	大墩門市	蛋糕	五層草莓夾心戚風	650	78	50,700
31	30	2022/1/2	台中	大墩門市	蛋糕	醇厚生巧克力乳酪	580	118	68,440
32	31	2022/1/2	台中	大墩門市	蛋糕	抹茶紅豆生乳卷	450	51	22,950
33	32	2022/1/2	台中	大墩門市	蛋糕	紫芋金沙蛋糕	620	63	39,060
34	33	2022/1/2	台中	大墩門市	泡芙	菠蘿巧克力泡芙	75	58	4,350

請注意！這裡的篩選條件是以「今天」為基準，假設今天是 2023/06/15，那麼選擇**去年**就會篩選 2022/06/15 的資料。如果你開啟範例檔案篩選不到資料，請自行修改 B 欄中的日期，再做練習。

列出指定期間的銷售資料

若是想瞭解假日、連續假期、促銷期間、…等某段日期區間的銷售狀況，可以改成選擇『**日期篩選/自訂篩選**』命令，開啟**自訂自動篩選**交談窗來設定，例如要查詢母親節檔期的銷售狀況：

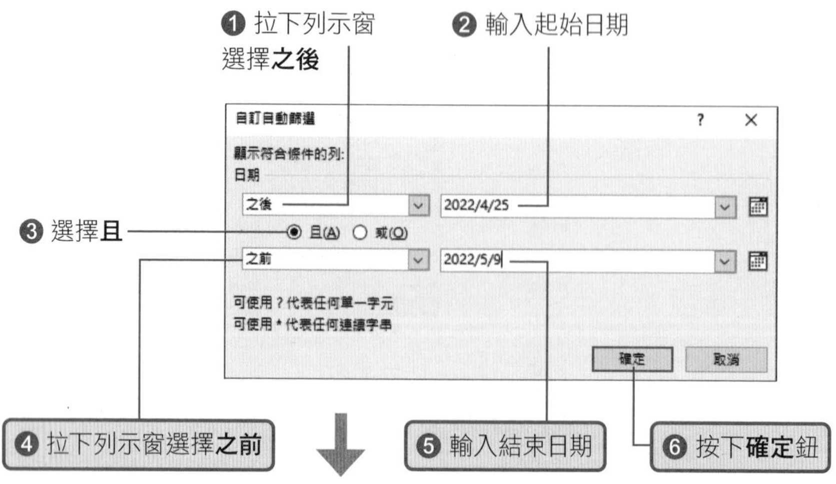

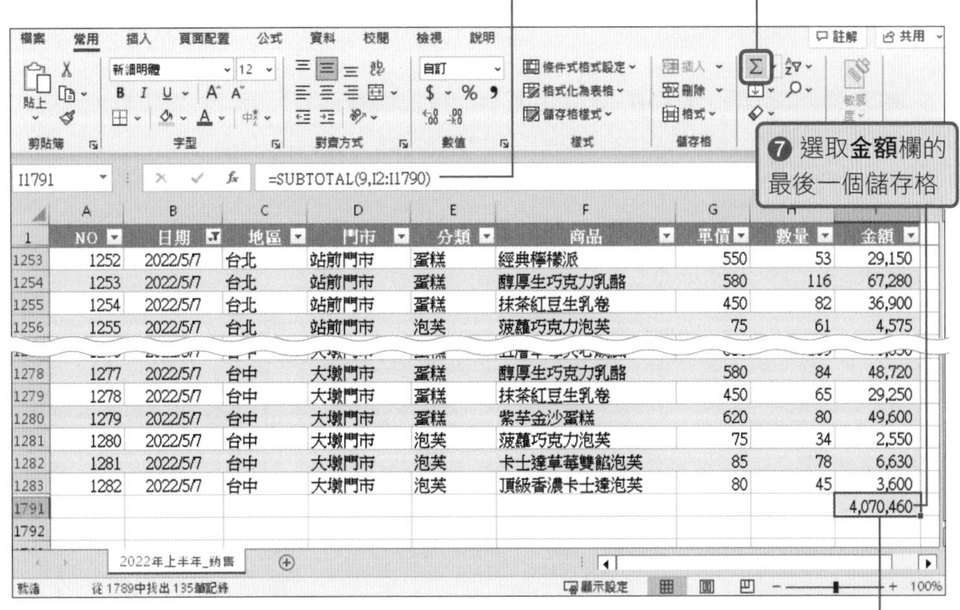

▲ 找出 2022/4/25 之後且在 2022/5/9 之前的資料

3-19 依色彩篩選資料

Excel 的篩選功能不只能快速進行文字及數字篩選，還能依照儲存格或字體的色彩來篩選資料。

請開啟範例檔案 Ch03-15，此範例的**金額**欄中以黃色填滿的儲存格資料為超過 7 萬的銷售額，老闆想知道哪家門市超過 7 萬的記錄最多，該怎麼統計呢？

請按下**金額**欄的**自動篩選**鈕，我們要找出填滿黃色的儲存格資料。

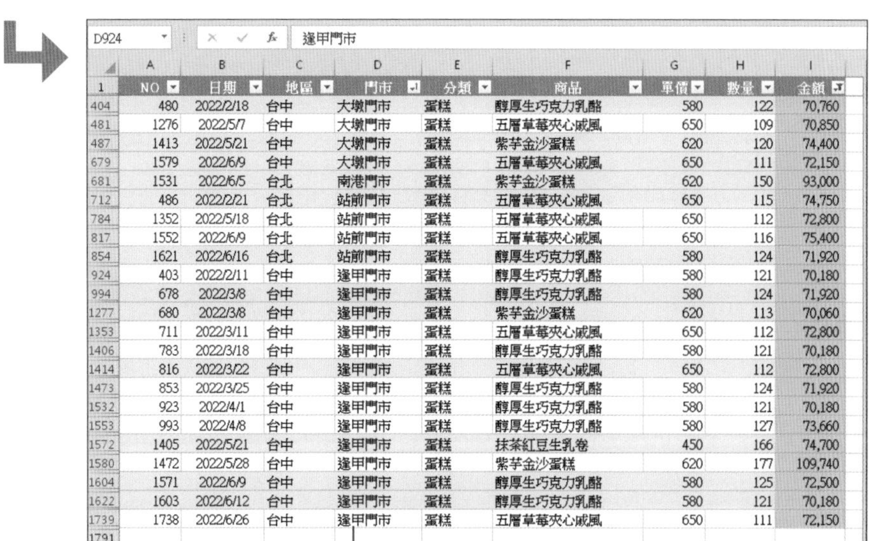

	NO	日期	地區	門市	分類	商品	單價	數量	金額
404	480	2022/2/18	台中	大墩門市	蛋糕	醇厚生巧克力乳酪	580	122	70,760
481	1276	2022/5/7	台中	大墩門市	蛋糕	五層草莓夾心戚風	650	109	70,850
487	1413	2022/5/21	台中	大墩門市	蛋糕	紫芋金沙蛋糕	620	120	74,400
679	1579	2022/6/9	台中	大墩門市	蛋糕	五層草莓夾心戚風	650	111	72,150
681	1531	2022/6/5	台北	南港門市	蛋糕	紫芋金沙蛋糕	620	150	93,000
712	486	2022/2/21	台北	站前門市	蛋糕	五層草莓夾心戚風	650	115	74,750
784	1352	2022/5/18	台北	站前門市	蛋糕	五層草莓夾心戚風	650	112	72,800
817	1552	2022/6/9	台北	站前門市	蛋糕	五層草莓夾心戚風	650	116	75,400
854	1621	2022/6/16	台北	站前門市	蛋糕	醇厚生巧克力乳酪	580	124	71,920
924	403	2022/2/11	台中	逢甲門市	蛋糕	醇厚生巧克力乳酪	580	121	70,180
994	678	2022/3/8	台中	逢甲門市	蛋糕	醇厚生巧克力乳酪	580	124	71,920
1277	680	2022/3/8	台中	逢甲門市	蛋糕	紫芋金沙蛋糕	620	113	70,060
1353	711	2022/3/11	台中	逢甲門市	蛋糕	五層草莓夾心戚風	650	112	72,800
1406	783	2022/3/18	台中	逢甲門市	蛋糕	醇厚生巧克力乳酪	580	121	70,180
1414	816	2022/3/22	台中	逢甲門市	蛋糕	五層草莓夾心戚風	650	112	72,800
1473	853	2022/3/25	台中	逢甲門市	蛋糕	醇厚生巧克力乳酪	580	124	71,920
1532	923	2022/4/1	台中	逢甲門市	蛋糕	醇厚生巧克力乳酪	580	121	70,180
1553	993	2022/4/8	台中	逢甲門市	蛋糕	醇厚生巧克力乳酪	580	127	73,660
1572	1405	2022/5/21	台中	逢甲門市	蛋糕	抹茶紅豆生乳卷	450	166	74,700
1580	1472	2022/5/28	台中	逢甲門市	蛋糕	紫芋金沙蛋糕	620	177	109,740
1604	1571	2022/6/9	台中	逢甲門市	蛋糕	醇厚生巧克力乳酪	580	125	72,500
1622	1603	2022/6/12	台中	逢甲門市	蛋糕	醇厚生巧克力乳酪	580	121	70,180
1739	1738	2022/6/26	台中	逢甲門市	蛋糕	五層草莓夾心戚風	650	111	72,150
1791									

❺ 將**門市**欄依筆劃由小至大排序

選取「逢甲門市」即可在**狀態列**馬上得知，銷售額在 7 萬以上共有 14 筆

移除自動篩選鈕

如果不再需要使用**自動篩選**功能，你可以將**自動篩選**鈕移除，請切換到**資料**頁次，按下**排序與篩選**區的**篩選**鈕，即可移除所有欄位的篩選條件。

按一下此鈕，可取消或是套用篩選功能

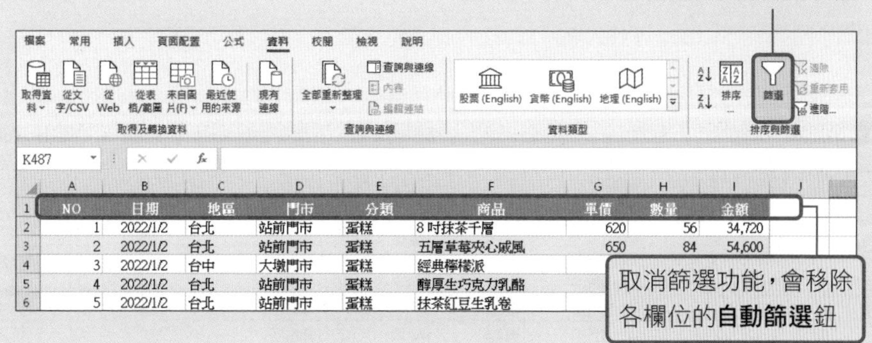

	NO	日期	地區	門市	分類	商品	單價	數量	金額
2	1	2022/1/2	台北	站前門市	蛋糕	8 吋抹茶千層	620	56	34,720
3	2	2022/1/2	台北	站前門市	蛋糕	五層草莓夾心戚風	650	84	54,600
4	3	2022/1/2	台中	大墩門市	蛋糕	經典檸檬派			
5	4	2022/1/2	台北	站前門市	蛋糕	醇厚生巧克力乳酪			
6	5	2022/1/2	台北	站前門市	蛋糕	抹茶紅豆生乳卷			

取消篩選功能，會移除各欄位的**自動篩選**鈕

3-20 用小計功能快速加總

小計功能可以快速歸納資料，而且不需要自行設計公式就能完成資料的加總、平均、…等計算，是一項實用又方便的功能。

使用小計功能的三大要素

使用**小計**功能時，必須先決定 3 件事：分組、使用的函數以及計算小計的欄位。

(1) 分組

要在儲存格中插入自動小計，首先要考慮資料分組的問題。例如有一袋球，其中有黃、紅、藍三種顏色，也有大、中、小三種尺寸，我們可以依照顏色來分組，計算每一種顏色有幾顆球；或以尺寸分組，計算每一種尺寸有幾顆球。同樣一袋球，因分組的方式不同，所得到的意義也不同；在執行小計之前，先決定要用哪個欄位來分組，也是同樣的道理。

請開啟範例檔案 Ch03-16，這是為期一週的甜點快閃店銷售資料，以這份清單來說，若依照「門市」欄分組，可以幫助我們了解各門市的銷售狀況；若是依照「分類」欄分組，則可了解「蛋糕」及「泡芙」的銷售狀況。進行小計之前，一定要記得先做好資料的排序！

做好排序後 Excel 才能偵測分組，此時再進一步做小計。

	A	B	C	D	E	F	G	H	I
1	NO	日期	地區	門市	分類	商品	單價	數量	金額
2	1	2022/3/1	台北	站前門市	蛋糕	8 吋抹茶千層	620	62	38,440
3	2	2022/3/1	台北	站前門市	蛋糕	五層草莓夾心戚風	650	95	61,750
4	3	2022/3/1	台北	站前門市	泡芙	菠蘿巧克力泡芙	75	65	4,875
5	4	2022/3/1	台北	站前門市	泡芙	覆盆子鮮果泡芙	100	43	4,300
6	5	2022/3/1	台北	站前門市	泡芙	卡士達草莓雙餡泡芙	85	40	3,400
7	6	2022/3/1	台北	站前門市	泡芙	頂級香濃卡士達泡芙	80	51	4,080
8	7	2022/3/1	台北	南港門市	蛋糕	8 吋抹茶千層	620	89	55,180
9	8	2022/3/1	台北	南港門市	蛋糕	醇厚生巧克力乳酪	580	80	46,400
10	9	2022/3/1	台北	南港門市	蛋糕	紫芋金沙蛋糕	620	92	57,040

(2) 使用的函數

小計功能提供多項計算函數，如加總、平均值、計數、最大、最小…等。例如：想知道各家門市最高的銷售額是多少，就選擇「**最大**」函數。

(3) 指定要進行小計的欄位

如果我們想知道蛋糕最便宜的價格為何？則**單價**欄就是要進行小計的欄位，選用的函數為**最小**。

快速加總各家門市銷售額

如果想知道範例檔案 Ch03-16 各家門市的銷售額為多少，要如何使用**小計**功能呢？

step 01 就像前面說過的，用小計之前首先要為資料排序。請選取資料範圍中的任一個儲存格，切換到**資料**頁次，按下**排序**鈕：

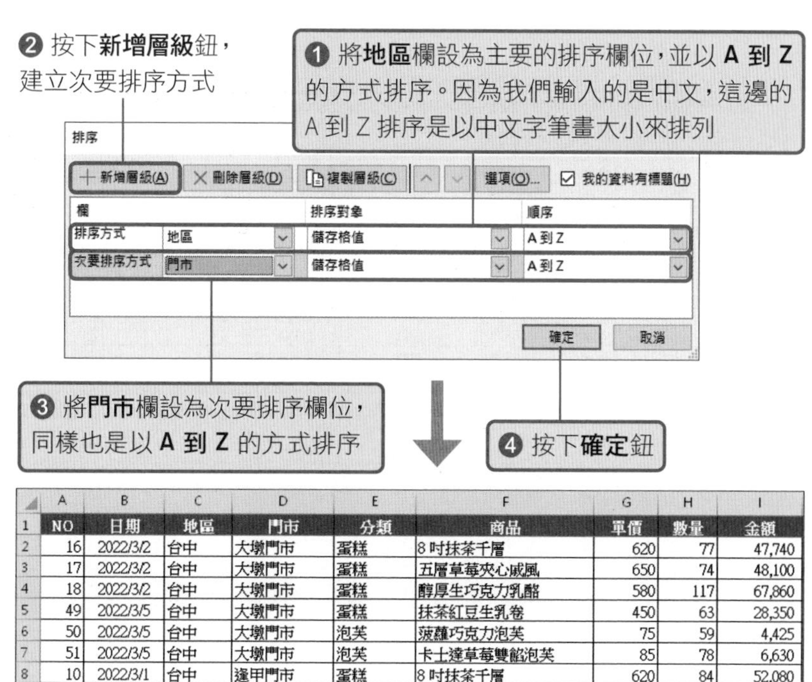

	A	B	C	D	E	F	G	H	I
1	NO	日期	地區	門市	分類	商品	單價	數量	金額
2	16	2022/3/2	台中	大墩門市	蛋糕	8 吋抹茶千層	620	77	47,740
3	17	2022/3/2	台中	大墩門市	蛋糕	五層草莓夾心戚風	650	74	48,100
4	18	2022/3/2	台中	大墩門市	蛋糕	醇厚生巧克力乳酪	580	117	67,860
5	49	2022/3/5	台中	大墩門市	蛋糕	抹茶紅豆生乳卷	450	63	28,350
6	50	2022/3/5	台中	大墩門市	泡芙	菠蘿巧克力泡芙	75	59	4,425
7	51	2022/3/5	台中	大墩門市	泡芙	卡士達草莓雙餡泡芙	85	78	6,630
8	10	2022/3/1	台中	逢甲門市	蛋糕	8 吋抹茶千層	620	84	52,080

step 02 同樣選取資料範圍中的任一個儲存格，切換到**資料**頁次，按下**大綱**區的**小計**鈕 小計，開啟**小計**交談窗：

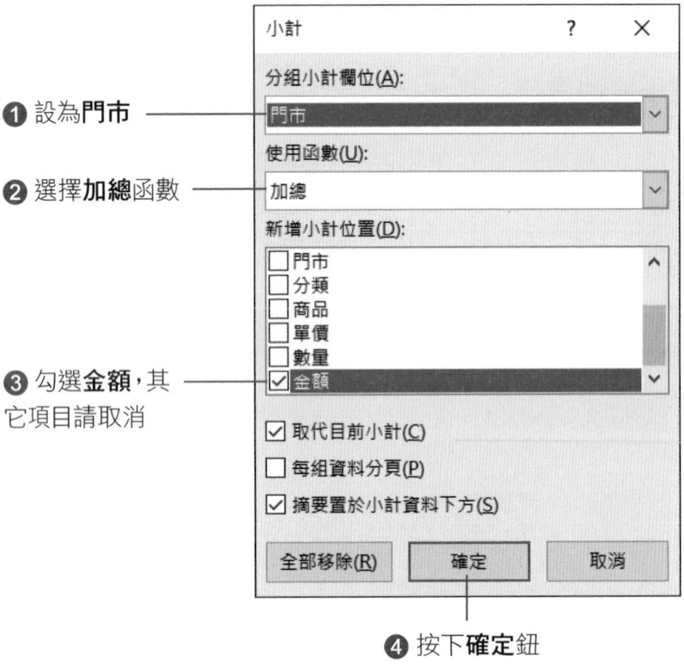

小計 ? ×

分組小計欄位(A):

門市

使用函數(U):

加總

新增小計位置(D):

- ☐ 門市
- ☐ 分類
- ☐ 商品
- ☐ 單價
- ☐ 數量
- ☑ 金額

☑ 取代目前小計(C)

☐ 每組資料分頁(P)

☑ 摘要置於小計資料下方(S)

全部移除(R)　確定　取消

❶ 設為**門市**

❷ 選擇**加總**函數

❸ 勾選**金額**，其它項目請取消

❹ 按下**確定**鈕

	A	B	C	D	E	F	G	H	I
1	NO	日期	地區	門市	分類	商品	單價	數量	金額
2	16	2022/3/2	台中	大墩門市	蛋糕	8 吋抹茶千層	620	77	47,740
3	17	2022/3/2	台中	大墩門市	蛋糕	五層草莓夾心戚風	650	74	48,100
4	18	2022/3/2	台中	大墩門市	蛋糕	醇厚生巧克力乳酪	580	117	67,860
5	49	2022/3/5	台中	大墩門市	蛋糕	抹茶紅豆生乳卷	450	63	28,350
6	50	2022/3/5	台中	大墩門市	泡芙	菠蘿巧克力泡芙	75	59	4,425
7	51	2022/3/5	台中	大墩門市	泡芙	卡士達草莓雙餡泡芙	85	78	6,630
8				**大墩門市 合計**					203,105
9	10	2022/3/1	台中	逢甲門市	蛋糕	8 吋抹茶千層	620	84	52,080
10	11	2022/3/1	台中	逢甲門市	蛋糕	醇厚生巧克力乳酪	580	88	51,040
11	36	2022/3/4	台中	逢甲門市	蛋糕	8 吋抹茶千層	620	77	47,740
12	37	2022/3/4	台中	逢甲門市	蛋糕	五層草莓夾心戚風	650	81	52,650
13	38	2022/3/4	台中	逢甲門市	蛋糕	經典檸檬派	550	56	30,800
14	65	2022/3/7	台中	逢甲門市	蛋糕	8 吋抹茶千層	620	80	49,600
15	66	2022/3/7	台中	逢甲門市	蛋糕	五層草莓夾心戚風	650	78	50,700
16	70	2022/3/7	台中	逢甲門市	蛋糕	紫芋金沙蛋糕	620	113	70,060
17				**逢甲門市 合計**					404,670
18	7	2022/3/1	台北	南港門市	蛋糕	8 吋抹茶千層	620	89	55,180
19	8	2022/3/1	台北	南港門市	蛋糕	醇厚生巧克力乳酪	580	80	46,400
20	9	2022/3/1	台北	南港門市	蛋糕	紫芋金沙蛋糕	620	92	57,040
21	19	2022/3/2	台北	南港門市	蛋糕	抹茶紅豆生乳卷	450	79	35,550
22	30	2022/3/3	台北	南港門市	蛋糕	經典檸檬派	550	46	25,300

大綱符號

列出各家門市的銷售額了

移除小計列

將資料列印後，若要移除小計列，只要再次切換到**資料**頁次，按下**大綱**區的**小計**鈕 ，在**小計**交談窗中按下**全部移除**鈕即可。

小計 ? ×
分組小計欄位(A):
門市
使用函數(U):
加總
新增小計位置(D):
☐ 門市
☐ 分類
☐ 商品
☐ 單價
☐ 數量
☑ 金額
☑ 取代目前小計(C)
☐ 每組資料分頁(P)
☑ 摘要置於小計資料下方(S)
全部移除(R) 確定 取消

按下此鈕即可移除小計列

3-21 讓篩選後的資料保持每隔一列自動填色

當資料筆數很多，我們常需要用**篩選**找出指定條件的資料，但是資料經過篩選，如果儲存格原本有設定每間隔一列填色就會全部亂掉，這時該怎麼處理呢？

	A	B	C	D	E	F	G	H	I
1	NO	日期	地區	門市	分類	商品	單價	數量	金額
8	7	2022/3/1	台北	南港門市	蛋糕	8 吋抹茶千層	620	89	55,180
9	8	2022/3/1	台北	南港門市	蛋糕	醇厚生巧克力乳酪	580	80	46,400
10	9	2022/3/1	台北	南港門市	蛋糕	紫芋金沙蛋糕	620	92	57,040
16	15	2022/3/2	台北	南港門市	蛋糕	抹茶紅豆生乳卷	450	79	35,550
19	18	2022/3/3	台北	南港門市	蛋糕	經典檸檬派	550	46	25,300
20	19	2022/3/3	台北	南港門市	蛋糕	醇厚生巧克力乳酪	580	83	48,140
21	20	2022/3/3	台北	南港門市	蛋糕	紫芋金沙蛋糕	620	91	56,420
22	21	2022/3/4	台北	南港門市	泡芙	菠蘿巧克力泡芙	75	38	2,850
23	22	2022/3/4	台北	南港門市	泡芙	卡士達草莓雙餡泡芙	85	46	3,910

▲ 只想篩選出「南港門市」的資料，但篩選後原本間隔一列的填色全亂了

要解決這個問題，可以利用**條件式格式設定**來幫忙，請開啟範例檔案Ch03-17，再如下操作：

step 01 首先，要清除原本儲存格中的填色設定。請選取 A2:I39 儲存格範圍，切換到**常用**頁次的**字型**區，按下**填滿色彩**鈕的下拉箭頭，選擇**無填滿**：

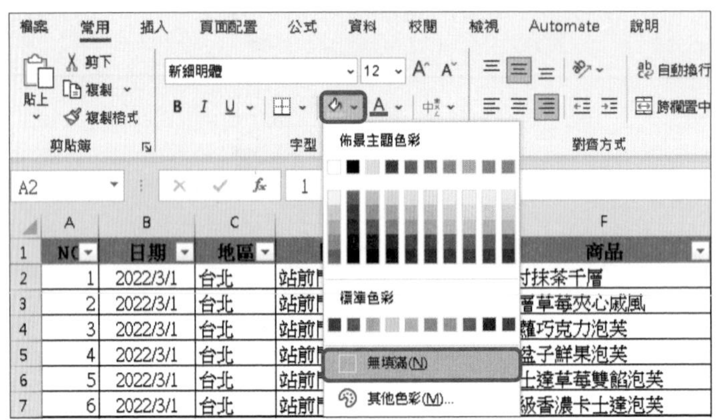

step 02 在選取 A2:I39 儲存格範圍的狀態下，切換到**常用**頁次，按下**樣式**區的**條件式格式設定**鈕，點選**新增規則**後，如下操作：

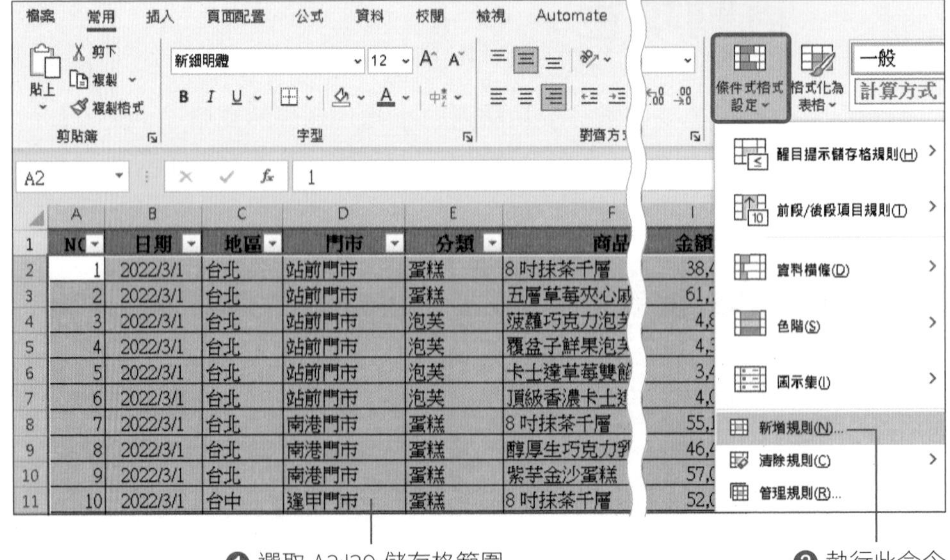

開啟**新增格式化規則**交談窗後，請選擇**使用公式來決定要格式化哪些儲存格**，並在公式欄輸入「=MOD(SUBTOTAL(3,$A$2:$A2),2)」，用 SUBTOTAL 函數計算非空白的資料個數，再用 MOD 函數除以 2 取餘數，讓篩選後的偶數列上色。

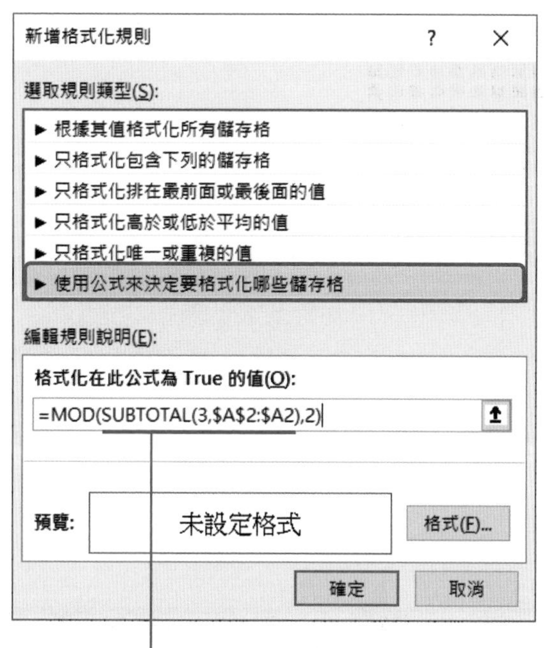

用 SUBTOTAL 函數計算非空白的資料個數

在**新增格式化規則**交談窗中按下**格式**鈕，接著在**設定儲存格格式**交談窗中設定儲存格要填入的顏色：

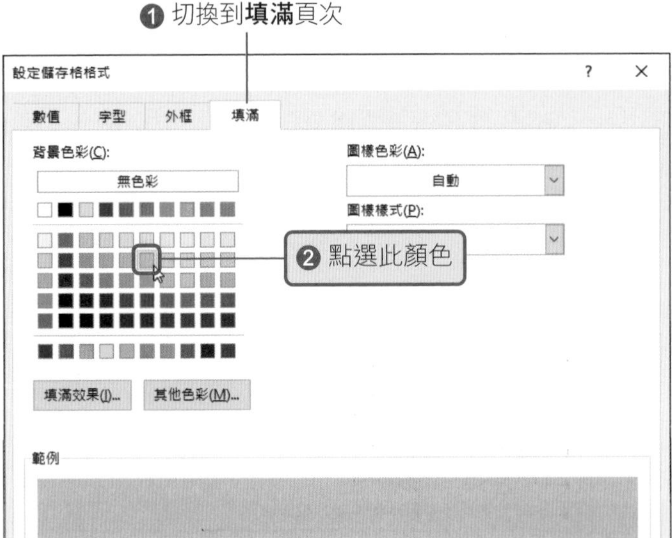

	A	B	C	D	E	F	G	H	I
1	NO	日期	地區	門市	分類	商品	單價	數量	金額
2	1	2022/3/1	台北	站前門市	蛋糕	8 吋抹茶千層	620	62	38,440
3	2	2022/3/1	台北	站前門市	蛋糕	五層草莓夾心戚風	650	95	61,750
4	3	2022/3/1	台北	站前門市	泡芙	菠蘿巧克力泡芙	75	65	4,875
5	4	2022/3/1	台北	站前門市	泡芙	覆盆子鮮果泡芙	100	43	4,300
6	5	2022/3/1	台北	站前門市	泡芙	卡士達草莓雙餡泡芙	85	40	3,400
7	6	2022/3/1	台北	站前門市	泡芙	頂級香濃卡士達泡芙	80	51	4,080
8	7	2022/3/1	台北	南港門市	蛋糕	8 吋抹茶千層	620	89	55,180
9	8	2022/3/1	台北	南港門市	蛋糕	醇厚生巧克力乳酪	580	80	46,400
10	9	2022/3/1	台北	南港門市	蛋糕	紫芋金沙蛋糕	620	92	57,040
11	10	2022/3/1	台中	逢甲門市	蛋糕	8 吋抹茶千層	620	84	52,080
12	11	2022/3/1	台中	逢甲門市	蛋糕	醇厚生巧克力乳酪	580	88	51,040
13	12	2022/3/2	台中	大墩門市	蛋糕	8 吋抹茶千層	620	77	47,740
14	13	2022/3/2	台中	大墩門市	蛋糕	五層草莓夾心戚風	650	74	48,100

▲ 資料會每隔一列填滿顏色

step 05 接著，請按下**門市**欄的**自動篩選**鈕，只留下**站前門市**的資料，看看篩選後的結果如何：

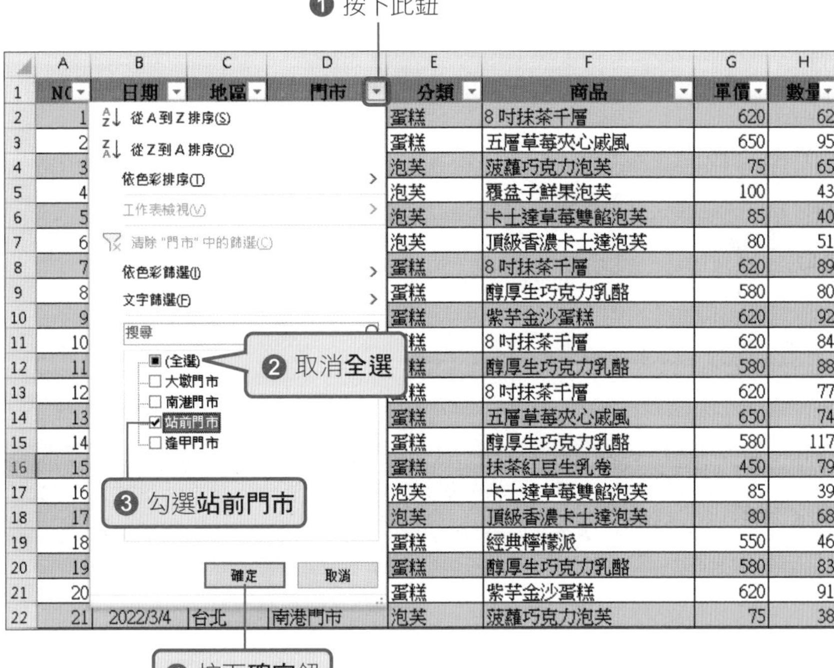

	NO	日期	地區	門市	分類	商品	單價	數量	金額
2	1	2022/3/1	台北	站前門市	蛋糕	8 吋抹茶千層	620	62	38,440
3	2	2022/3/1	台北	站前門市	蛋糕	五層草莓夾心戚風	650	95	61,750
4	3	2022/3/1	台北	站前門市	泡芙	菠蘿巧克力泡芙	75	65	4,875
5	4	2022/3/1	台北	站前門市	泡芙	覆盆子鮮果泡芙	100	43	4,300
6	5	2022/3/1	台北	站前門市	泡芙	卡士達草莓雙餡泡芙	85	40	3,400
7	6	2022/3/1	台北	站前門市	泡芙	頂級香濃卡士達泡芙	80	51	4,080
17	16	2022/3/3	台北	站前門市	泡芙	卡士達草莓雙餡泡芙	85	39	3,315
18	17	2022/3/3	台北	站前門市	泡芙	頂級香濃卡士達泡芙	80	68	5,440
30	29	2022/3/6	台北	站前門市	蛋糕	8 吋抹茶千層	620	90	55,800
31	30	2022/3/6	台北	站前門市	蛋糕	五層草莓夾心戚風	650	106	68,900
32	31	2022/3/6	台北	站前門市	泡芙	卡士達草莓雙餡泡芙	85	41	3,485
33	32	2022/3/6	台北	站前門市	泡芙	頂級香濃卡士達泡芙	80	48	3,840

▲ 只篩選出「站前門市」的資料，資料順利每隔一列換色，不會亂掉了

	NO	日期	地區	門市	分類	商品	單價	數量	金額
6	5	2022/3/1	台北	站前門市	泡芙	卡士達草莓雙餡泡芙	85	40	3,400
17	16	2022/3/3	台北	站前門市	泡芙	卡士達草莓雙餡泡芙	85	39	3,315
32	31	2022/3/6	台北	站前門市	泡芙	卡士達草莓雙餡泡芙	85	41	3,485

▲ 接下來只篩選卡士達草莓雙餡泡芙這個商品，儲存格的填色也不會亂掉

我們在第四章、第五章會再正式介紹公式與函數。讀者在此可先大致瀏覽下方的補充說明，之後再回頭來看。

SUBTOTAL 函數	
說明	計算清單中的資料。
語法	=SUBTOTAL(function_number, ref1,[ref2]…)
function_num (計算方法)	計算時使用的函數。可指定數字 1～11 或是 101～111 ，各編號對應的函數，請參考下表。
ref (範圍)	指定計算對象的儲存格範圍。

function_num (計算方法) (包含手動隱藏的列)	function_num (計算方法) (排除手動隱藏的列)	函數
1	101	AVERAGE(平均值)
2	102	COUNT(資料個數)
3	103	COUNTA(計算非空白資料個數)
4	104	MAX(最大值)
5	105	MIN(最小值)
6	106	PRODUCT(乘積)
7	107	STDEV(依樣本求標準差)
8	108	STDEVP(依整個母體求標準差)
9	109	SUM(加總)
10	110	VAR(依樣本求變異數)
11	111	VARP(依整個母體求變異數)

Tip

手動隱藏列的補充說明：當沒有進行資料篩選時，手動隱藏部份的列，使用引數「9」，加總結果會包含已手動隱藏的列，若使用引數「109」，則加總結果不會包含手動隱藏的列。當資料經過篩選，手動隱藏部分的列，使用引數「9」和「109」都不會包含已經隱藏的列的值。

CHAPTER 4

快速輸入公式與函數的必備技巧

不少人聽到 Excel 的公式與函數就望而生畏，但這是 Excel 可以簡化運算過程與分析資料的強大功能。只要觀念正確，理解其中的涵義就可以活用，善用函數絕對可以省下大量時間，免於手動計算的麻煩!

4-1 快速建立公式

要進行各項數值資料的統計，你不需手動計算後再把數值填入儲存格，直接交由 Excel 這個大計算機，就能立即得到結果，而且還可以避免人工計算的失誤，當資料來源有變動時，公式的計算結果也會立即更新。首先來複習一下公式的基本概念吧!

公式的表示法

Excel 的公式和一般數學算式很類似，通常數學算式的表示法為：

A4 = (A1 + B2 * C3) / 3

若要將這個數學算式輸入 Excel ，則要在 A4 儲存格中輸入：

= (A1 + B2 * C3) / 3

儲存格　儲存格　儲存格

意思是將 B2 儲存格的值與 C3 儲存格的值先相乘，再加上 A1 儲存格的值，最後除以 3 ，並將結果顯示在 A4 儲存格中。

輸入公式

輸入公式必須以**等號 (=)** 起首，例如「= (A1 + B2 * C3) / 3」，這樣 Excel 才知道我們輸入的是公式，而不是一般資料。現在我們就來練習建立公式，請開啟範例檔案 Ch04-01，我們打算在 E2 儲存格加總 1～3 月的零用金，因此 E2 儲存格的公式為 "= B2 + C2 + D2"：

step 01 請在要建立公式的 E2 儲存格中輸入 "="，接著選取 B2 儲存格，便會將 B2 輸入到公式中，繼續輸入 "+" ，然後選取 C2 儲存格，再繼續輸入 "+"，選取 D2 儲存格，就完成公式的輸入了。

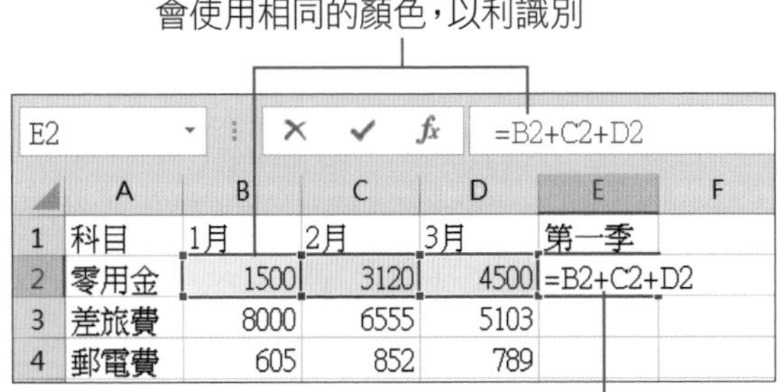

	A	B	C	D	E	F
1	科目	1月	2月	3月	第一季	
2	零用金	1500	3120	4500	=B2+C2+D2	
3	差旅費	8000	6555	5103		
4	郵電費	605	852	789		

Tip

當你熟悉公式的操作後，可以直接在 E2 儲存格輸入 "= B2 + C2 + D2"，再按下 Enter 鍵，省下交替使用滑鼠、鍵盤的麻煩。

step 02 按下**資料編輯列**上的**輸入**鈕 ✓ 或 Enter 鍵，公式計算的結果馬上就會顯示在 E2 儲存格中：

資料編輯列會顯示公式

E2 =B2+C2+D2

	A	B	C	D	E	F
1	科目	1月	2月	3月	第一季	
2	零用金	1500	3120	4500	9120	
3	差旅費	8000	6555	5103		
4	郵電費	605	852	789		

儲存格顯示的是計算結果

Hotkey

若是想直接在儲存格中查看公式，可按下 Ctrl + ` 鍵（ ` 鍵在 Tab 鍵上方)，在公式和計算結果間做切換。

修改公式來源的資料，會自動更新計算結果

公式的計算結果會隨著儲存格的內容變動而自動更新。例如：將 B2 儲存格由 1500 改成 1300，你會發現 E2 儲存格立即從 9120 更新為 8920：

B2 1300

	A	B	C	D	E	F
1	科目	1月	2月	3月	第一季	
2	零用金	1300	3120	4500	8920	
3	差旅費	8000	6555	5103		
4	郵電費	605	852	789		

修改 1 月的零用金　　自動更新計算結果

算符 (運算子) 的優先順序

大家都學過數學的四則運算 (即基本的加減乘除)，Excel 的公式也是遵照四則運算的規則。Excel 的「算符 (Operator)」分成四種類型，分別為**參照**、**算術**、**文字**與**比較**，下表依執行的優先順序排列供你參考：

優先性	類型	算符	說明	範例
高	參照	: (冒號)	連續的儲存格範圍	C1:C5
↓	參照	空格 (半形)	儲存格交會的部份 (交集)	C1:C5 A3:D3 其交集為 C3
↓	參照	, (逗號)	不連續的多個儲存格	C1:C5, A3:D3
↓	算術	-	負號	-50
↓	算術	%	百分比	50%
↓	算術	^	次方 (乘冪)	2^7
↓	算術	* 和 /	乘法和除法	C1* B1、C1/B1
↓	算術	+ 和 -	加法和減法	C1+B1、C1-B1
↓	文字	&	連接字串	"台" & "北" 其結果為「台北」
↓	比較	=	等於	C1=B1
↓	比較	<	小於	C1 < B1
↓	比較	>	大於	C1 > B1
↓	比較	<=	小於等於	C1 <= B1
↓	比較	>=	大於等於	C1 >= B1
低	比較	< >	不等於	C1 <> B1

4-2 相對參照與絕對參照的概念與使用

在儲存格中設定公式後，有時需要複製公式或將公式搬移到其他位置，但是複製、搬移公式若是沒有注意參照位址，就會造成計算結果錯誤，請一定要弄懂公式的參照位址！

公式中的參照位址有兩種類型：**相對參照位址**與**絕對參照位址**。相對參照的表示法為：B1、C4；絕對參照則須在儲存格位址前面加上 **"$"** 符號，如：$B$1、$C$4。若是同時混用這兩種類型的位址，如：$B1，那就稱為**混合參照**，請一定要弄清楚相對與絕對參照的差別喔！

底下用生活化的例子來說明，假設你要前往圖書館，但不知道確切地址也不知道該怎麼走，於是向路人打聽。結果得知從現在的位置往前走，碰到第一個紅綠燈後右轉，再直走約 100 公尺就到了，這就是「相對參照位址」的概念。

另外有人乾脆將實際地址告訴你，假設為「台北市杭州南路一段 15 號」，這個明確的地址就是「絕對參照位址」的概念，由於地址具有唯一性，所以不論你在什麼地方，根據這個絕對參照位址，找到的永遠是同一個地點。

將這兩者的特性套用在公式上，相對參照位址會隨著公式的位置而改變，而絕對參照位址則不管公式在什麼地方，它永遠指向同一個儲存格。

看完以上的說明，相信你還是不太懂相對與絕對參照位址有什麼作用，我們以簡單的例子來做說明。請開啟範例檔案 Ch04-02 來操作：

step 01 請選取 B4 儲存格，輸入 "= B2 + B3"，按下 Enter 鍵計算出結果。根據前面的說明，參照位址沒有加上「$」，表示為相對參照位址。

B4 | =B2+B3

	A	B	C	D	E
1		相對參照	絕對參照		
2	數量1	5	5		
3	數量2	3	3		
4	合計	8			
5					

step 02 接著，在 C4 儲存格輸入絕對參照位址的公式。請選取 C4 儲存格，輸入 "=C2" 後，按下 F4 鍵，則 C2 會切換成 $C$2，變成絕對參照位址：

C2 | =$C$2

	A	B	C	D	E
1		相對參照	絕對參照		
2	數量1	5	5		
3	數量2	3	3		
4	合計	8	=$C$2		
5					

也可以直接在儲存格中輸入 "=$C$2"

step 03 接著輸入 "+C3"，再按 F4 鍵，將 C3 變成 $C$3，最後按下 Enter 鍵，完成公式的建立：

絕對參照位址

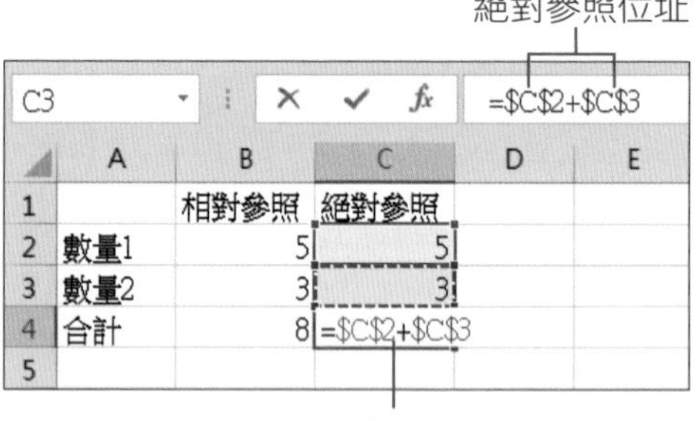

C3 | =$C$2+$C$3

	A	B	C	D	E
1		相對參照	絕對參照		
2	數量1	5	5		
3	數量2	3	3		
4	合計	8	=$C$2+$C$3		
5					

C4 儲存格的公式內容

B4 及 C4 儲存格的公式分別為相對位址與絕對位址，但兩者的計算結果卻一樣。到底它們差別在哪裡呢？請選取 B4 及 C4 儲存格，拖曳 C4 儲存格的**填滿控點**到下一列，將公式複製到下方儲存格就可看出其差異了。

	A	B	C	D
1		相對參照	絕對參照	
2	數量1	5	5	
3	數量2	3	3	
4	合計	8	8	
5		11	8	
6				

B5 與 C5 儲存格的計算結果不同了

Tip

拖曳儲存格的**填滿控點**，會出現**自動填滿選項**鈕 ，你可以參考第 2-8 頁的說明。

相對位址公式

B4 的公式 "= B2 + B3"，使用了相對位址，表示從 B4 往上找兩個儲存格 (B2、B3) 來相加，因此當公式複製到 B5 後，便改成從 B5 往上找兩個儲存格相加，結果就變成 B3 和 B4 相加的結果：

B4　=B2+B3

	A	B	C	D
1		相對參照	絕對參照	
2	數量1	5	5	
3	數量2	3	3	
4	合計	8	8	
5		11	8	

往上找兩個儲存格

B5　=B3+B4

	A	B	C	D
1		相對參照	絕對參照	
2	數量1	5	5	
3	數量2	3	3	
4	合計	8	8	
5		11	8	

往上找兩個儲存格

絕對位址公式

C4 儲存格的公式 "=$C$2＋$C$3"，使用了絕對位址，因此不管這個公式複製到哪裡，都是找出 C2 和 C3 的值來相加，所以 C4 和 C5 儲存格的計算結果會是一樣的。

C4 儲存格是加總 C2 及 C3 儲存格的值

將 C4 儲存格的公式複製到 C5 儲存格，C5 儲存格還是找 C2 和 C3 進行相加

C4　=$C$2+$C$3

	A	B	C	D
1		相對參照	絕對參照	
2	數量1	5	5	
3	數量2	3	3	
4	合計	8	8	
5		11	8	
6				

C5　=$C$2+$C$3

	A	B	C	D
1		相對參照	絕對參照	
2	數量1	5	5	
3	數量2	3	3	
4	合計	8	8	
5		11	8	
6				

4-3 混合參照的使用

我們可以在公式中同時使用相對參照與絕對參照，這種情形稱為「混合參照」。例如底下的公式，含有混合參照位址的公式在複製後，絕對參照的部份 (如 $C3 的 $C) 不會變動，而相對參照的部份則會隨情況做調整。

= $C$2 + $C3

絕對參照 —— 混合參照 ($C 為絕對參照，3 為相對參照)

繼續沿用範例檔案 Ch04-02，請依照下列步驟將 C5 儲存格中的公式改成混合參照公式 = $C2 + C3：

step 01 請雙按 C5 儲存格進入編輯模式，將插入點移至 "=" 之後，接著按兩次 F4 鍵，讓 $C$2 變成 $C2。

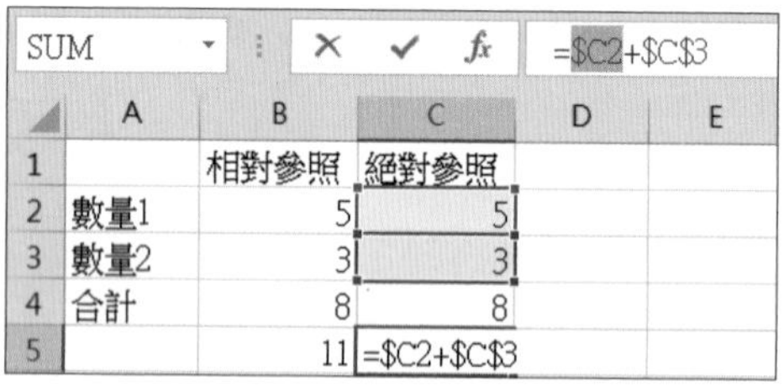

SUM　=$C2+$C$3

	A	B	C	D	E
1		相對參照	絕對參照		
2	數量1	5	5		
3	數量2	3	3		
4	合計	8	8		
5		11	=$C2+$C$3		

step 02 將插入點移至 "+" 之後，按 3 次 F4 鍵將 $C$3 變成 C3，按下 Enter 鍵，公式便修改完成。

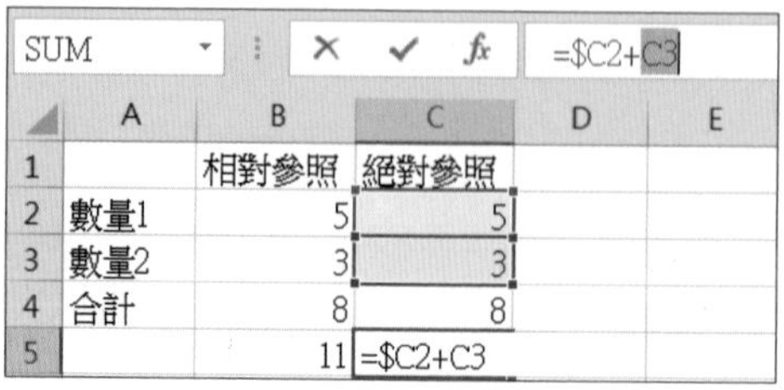

SUM　=$C2+C3

	A	B	C	D	E
1		相對參照	絕對參照		
2	數量1	5	5		
3	數量2	3	3		
4	合計	8	8		
5		11	=$C2+C3		

接著選取 C5 儲存格，分別拖曳**填滿控點**到 C6 及 D5：

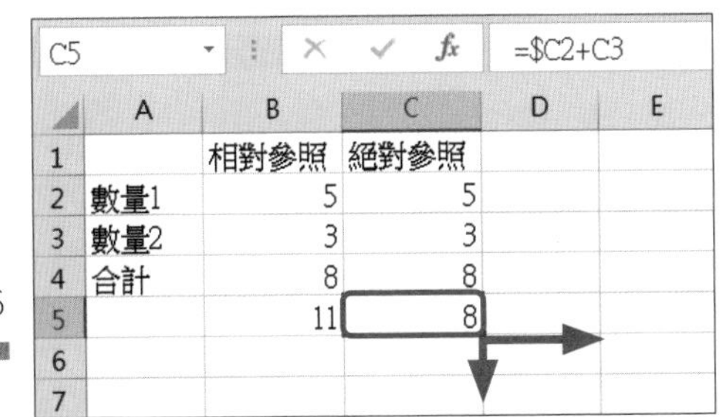

拖曳到 C6

	A	B	C	D
1		相對參照	絕對參照	
2	數量1	5	5	
3	數量2	3	3	
4	合計	8	8	
5		11	8	
6			11	
7				

C6 =$C3+C4

與 C5 同欄不同列，因此 $C2 的 2 變成 3，C3 則變成 C4

拖曳到 D5

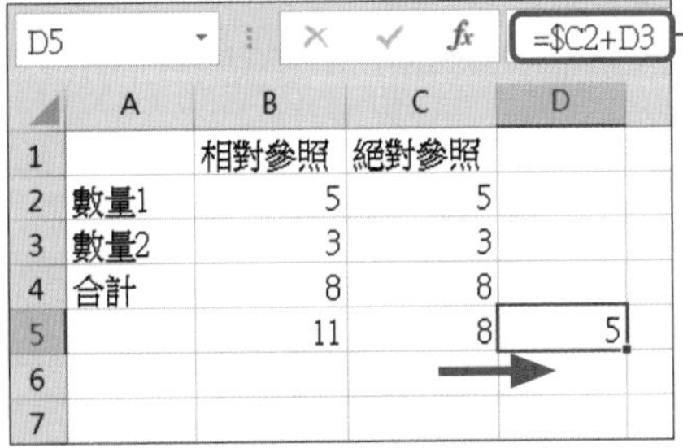

與 C5 同列不同欄，因此 $C2 的部份不動，C3 變成 D3 了

混合參照可以保持位址的欄或列的不變性，初學者可能會覺得很複雜，待熟練 Excel 的公式後，就會發現它的優點了！

用 F4 鍵快速切換相對參照與絕對參照位址

F4 鍵可循序切換儲存格位址的參照類型，每按一次 F4 鍵，參照位址的類型就會改變，其切換結果如下所示：

F4 鍵	儲存格	參照位址 B1
按第 1 次	$B$1	絕對參照，欄與列皆為絕對位址
按第 2 次	B$1	混合參照，只有**列編號**是絕對位址
按第 3 次	$B1	混合參照，只有**欄編號**是絕對位址
按第 4 次	B1	相對參照

4-4 快速輸入函數與引數

函數是 Excel 根據各種計算上的需要，預先設計好的運算公式。函數名稱可以被理解為特定公式的代號。這樣你只需輸入函數名稱，而非冗長艱澀的數學公式來運算資料。使用函數可讓你發揮 Excel 強大的運算能力，底下我們就來看看如何運用 Excel 的函數。

函數的格式

每個函數都包含三個部份：**函數名稱**、**引數**和**小括號**。我們以 SUM 函數來說明：

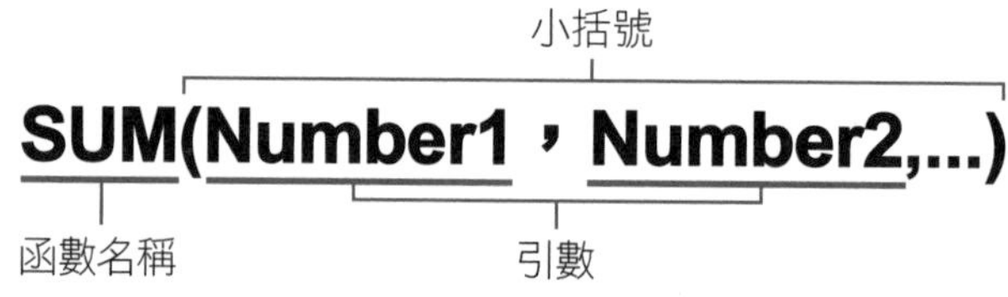

- SUM 即是函數名稱，從函數名稱可大略得知函數的功能、用途。
- 小括號用來括住引數，有些函數沒有引數，但小括號不可以省略。
- 引數是函數計算時必須使用的資料，例如 SUM(1,3,5) 即表示要計算 1、3、5 三個數字的總和，小括號中的 1,3,5 就是引數。

引數的資料類型

函數的引數不僅是數值類型，還可以是文字，或是以下幾種類型：

- **位址**：如 SUM(B1,C3)，計算 B1 儲存格的值加上 C3 儲存格的值。
- **範圍**：如 SUM (A1:A4)，加總 A1 到 A4 儲存格範圍的值。
- **函數**：如 SQRT(SUM(B1:B4))，先求出 B1 到 B4 儲存格的加總後，再開平方根。

輸入函數

要在儲存格中輸入函數，同樣以「=」起首，接著輸入函數與引數即可。若還不熟悉函數語法，可先透過**插入函數**交談窗來完成函數的輸入。請開啟範例檔案 Ch04-03，我們要在 B8 儲存格中使用 SUM 函數計算費用的總支出。

step 01 請選取 B8 儲存格，按下**插入函數**鈕 *fx*，此時 B8 儲存格會自動輸入 "="，並且開啟**插入函數**交談窗：

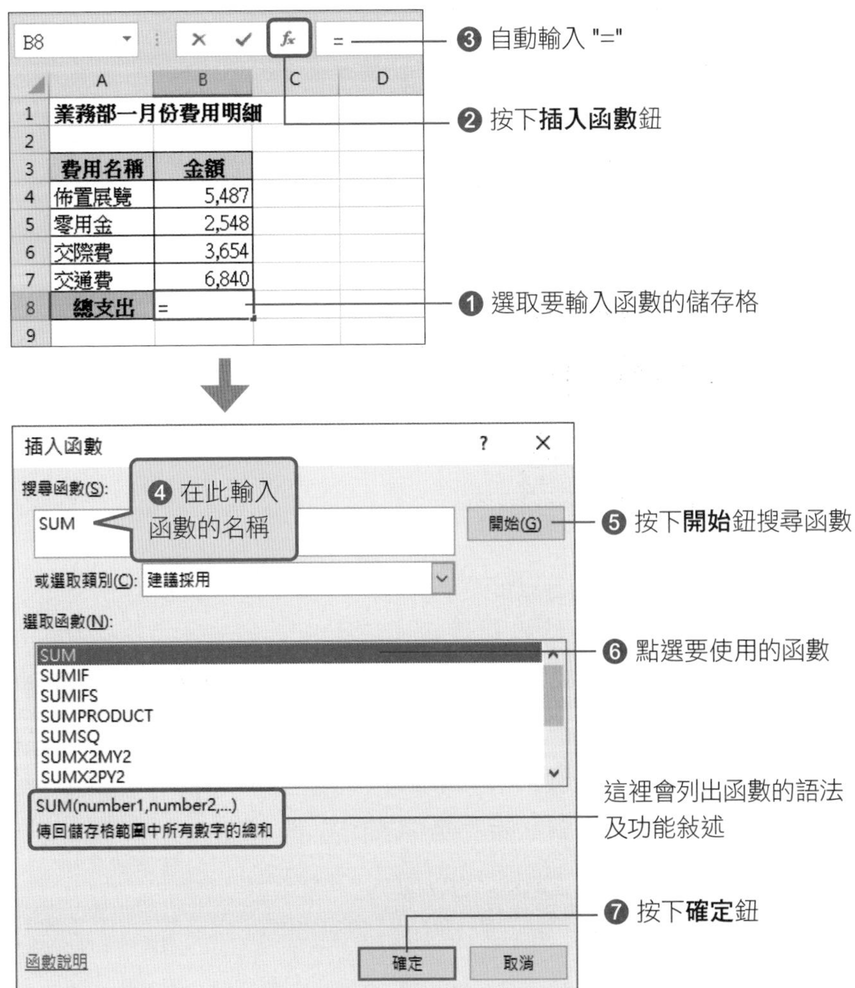

step 02 接著，在 **Number1** 欄位中輸入引數 "B4:B7"，再按下**確定**鈕。

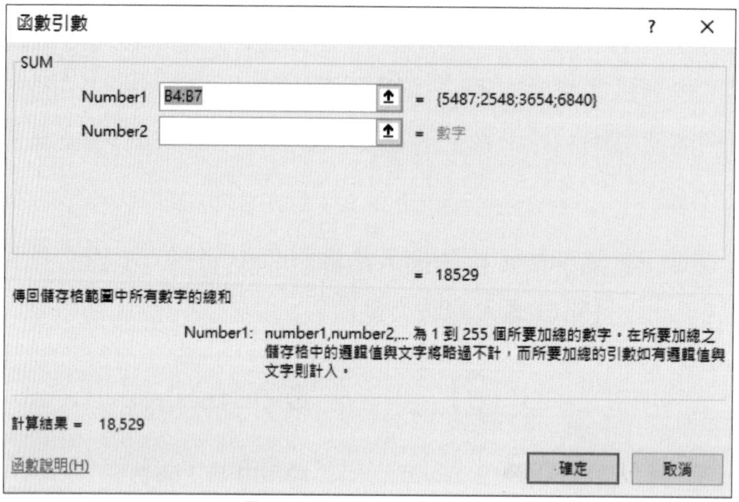

函數引數

SUM

Number1 B4:B7 = {5487;2548;3654;6840}

Number2 = 數字

= 18529

傳回儲存格範圍中所有數字的總和

Number1: number1,number2,... 為 1 到 255 個所要加總的數字，在所要加總之儲存格中的邏輯值與文字將略過不計，而所要加總的引數如有邏輯值與文字則計入。

計算結果 = 18,529

函數說明(H) 確定 取消

B8 =SUM(B4:B7) —— 建立好函數了

	A	B	C	D	E
1	業務部一月份費用明細				
2					
3	費用名稱	金額			
4	佈置展覽	5,487			
5	零用金	2,548			
6	交際費	3,654			
7	交通費	6,840			
8	總支出	18,529			
9					

顯示計算結果

Excel 非常聰明，它會自動偵測公式儲存格的相鄰儲存格，並判斷資料來源，所以在**函數引數**交談窗中會自動填入偵測到的引數範圍，確認無誤後，就直接按下**確定**鈕。若不是你要的引數，就自行輸入即可。還有一個更快的方法，只需要按下 Alt + = 鍵，Excel 會自動建立 SUM 函數並偵測加總範圍，完成計算。

常見問題

常有人問，輸入 Excel 函數或是儲存格位址一定要輸入大寫嗎？其實輸入大、小寫都可以，當你按下 Enter 鍵後，Excel 會自動轉成全大寫。

變更引數設定

當你將函數存入儲存格以後，若想變更引數設定，請選取函數所在的儲存格，按下**插入函數**鈕 f_x，即可展開**函數引數**交談窗來重新設定引數，或是直接在儲存格中修改引數。

4-5 利用函數清單點選函數

若是已經知道要使用的函數名稱，但有些函數名稱太長怕拼錯，就可以直接在儲存格中輸入 "="，再輸入函數的第一個字母，此時儲存格下方就會列出相關的函數清單，若是沒找到要用的函數，可繼續輸入第 2 個字母縮小搜尋範圍，當清單中出現要用的函數後，用滑鼠雙按函數即會自動輸入到儲存格中，讓你繼續輸入相關的引數。

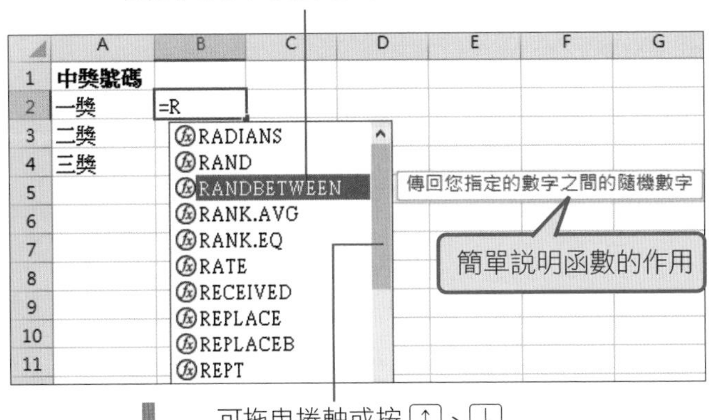

可拖曳捲軸或按 [↑]、[↓] 鍵來選函數

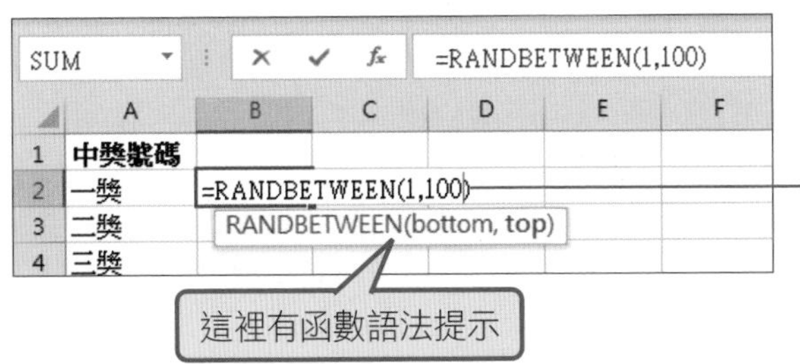

接著自行輸入引數，再按下 [Enter] 鍵

Tip

若是沒有出現函數清單，請切換到**檔案**頁次再按下**選項**，切換到**公式**頁次，確認已勾選**公式自動完成**選項。

利用「自動加總」鈕快速進行各種計算

在**常用**及**公式**頁次中，都有個 Σ 自動加總 鈕，可以讓我們快速輸入函數完成各種計算工作。當選取 B8 儲存格，並按下 Σ 自動加總 鈕，便會自動插入 SUM 函數，而且連引數都幫我們設定好了：

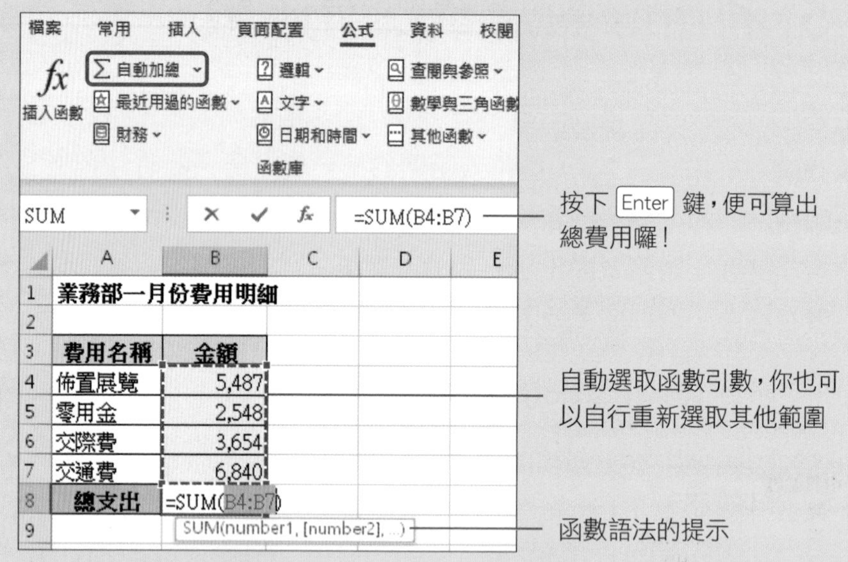

事實上，除了加總功能之外，自動加總鈕還提供數種常用的計算功能供我們選擇。請按下自動加總鈕旁的箭頭，即可選擇要進行的計算：

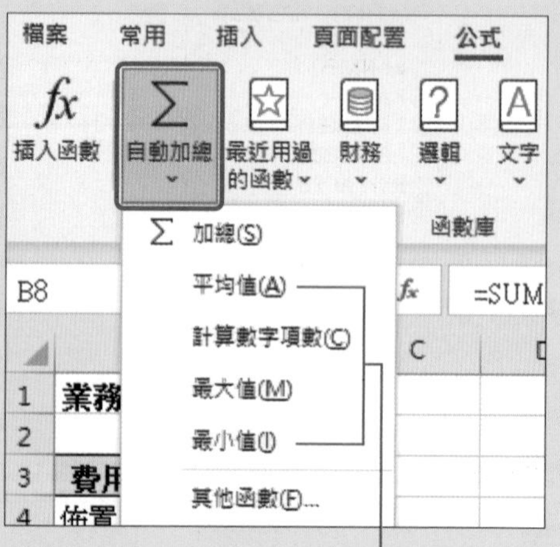

可計算平均值、最大值、最小值及有幾個數值項目

4-6 替公式中的儲存格範圍定義名稱

用儲存格位址來運算公式或當作函數的引數，雖然可以看出計算的範圍，但因為範圍顯示都是英數字，沒辦法直接看懂公式的用途。我們可以替儲存格設定名稱，日後直接用名稱代替儲存格位址，就能讓公式的作用更為清楚。

命名的原則

為儲存格定義名稱時，必須遵守下列的命名規則：

- 名稱的第一個字元必須是中文、英文或底線 (_)。其餘字元則可以是英文、中文、數字、底線、句點 (.) 和問號 (?)。
- 名稱最多 255 個字元。但一個中文字會佔兩個字元。
- 名稱不能類似儲存格的位址，如 A3、$C$5。
- 名稱不區分大小寫字母，所以 MONEY 和 money 視為同一個名稱。

定義名稱

請開啟範例檔案 Ch04-04，將 D3:D15 儲存格範圍命名為「應付薪資」：

❷ 按一下**名稱方塊**，輸入 "應付薪資" 後按下 Enter 鍵，則 "應付薪資" 就代表 D3:D15 這個範圍

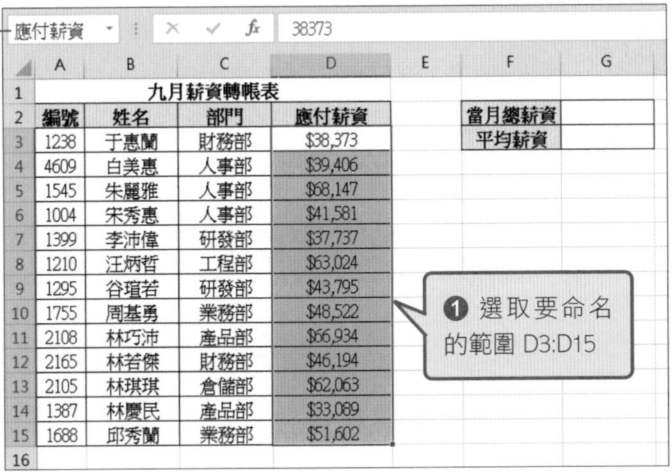

名稱方塊：應付薪資　　38373

	A	B	C	D	E	F	G
1	九月薪資轉帳表						
2	編號	姓名	部門	應付薪資		當月總薪資	
3	1238	于惠蘭	財務部	$38,373		平均薪資	
4	4609	白美惠	人事部	$39,406			
5	1545	朱麗雅	人事部	$68,147			
6	1004	宋秀惠	人事部	$41,581			
7	1399	李沛偉	研發部	$37,737			
8	1210	汪炳哲	工程部	$63,024			
9	1295	谷瑄若	研發部	$43,795			
10	1755	周基勇	業務部	$48,522			
11	2108	林巧沛	產品部	$66,934			
12	2165	林若傑	財務部	$46,194			
13	2105	林琪琪	倉儲部	$62,063			
14	1387	林慶民	產品部	$33,089			
15	1688	邱秀蘭	業務部	$51,602			
16							

❶ 選取要命名的範圍 D3:D15

在公式或函數中使用名稱

剛才已經將 D3:D15 命名為「應付薪資」那麼現在就試著用「應付薪資」這個名稱，來建立 G2 儲存格的公式：

step 01 請選取 G2 儲存格，輸入 "=SUM(應"，隨即會列出已定義的名稱：

	A	B	C	D	E	F	G	H	I
1		九月薪資轉帳表							
2	編號	姓名	部門	應付薪資		當月總薪資	=SUM(應		
3	1238	于惠蘭	財務部	$38,373		平均薪資	SUM(number1, [number2], ...)		
4	4609	白美惠	人事部	$39,406			應付薪資		

雙按此名稱，即會填入到公式裡

step 02 在公式最後輸入 ")"，按下 Enter 鍵，即會加總 D3:D15 的值。

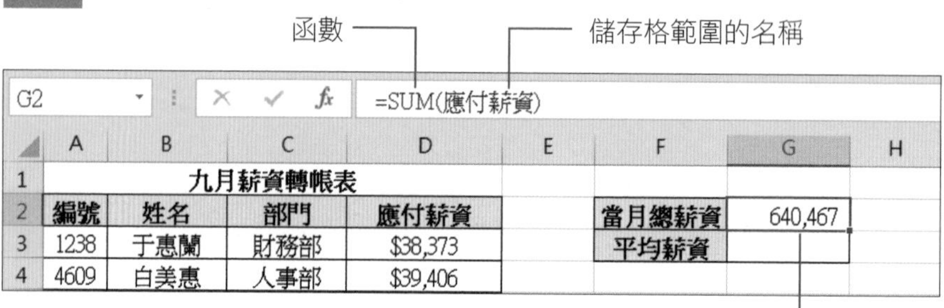

Tip

如果輸入公式後，出現「#NAME?」的錯誤訊息，表示 Excel 找不到與名稱對應的儲存格，因此要在公式中使用名稱前，記得要先將名稱定義好！

修改或刪除名稱

你可切換到**公式**頁次按下**名稱管理員**鈕，進入**名稱管理員**視窗來修改或刪除已定義的名稱。

4-7 公式自動校正

當我們輸入公式或函數時，難免因一時疏忽而產生錯誤。還好，Excel 提供公式自動校正、範圍搜尋等方法，幫我們快速找出錯誤。

在建立公式或函數時，有時可能會因為不小心或不熟悉而造成輸入錯誤，例如打錯函數名稱、誤將冒號（：）打成分號（；）…等等。遇到這類的情況，Excel 會自動在工作表中出現建議修改公式的訊息。請開啟範例檔案 Ch04-05 來操作，例如在 E2 儲存格中多輸入一個「=」：

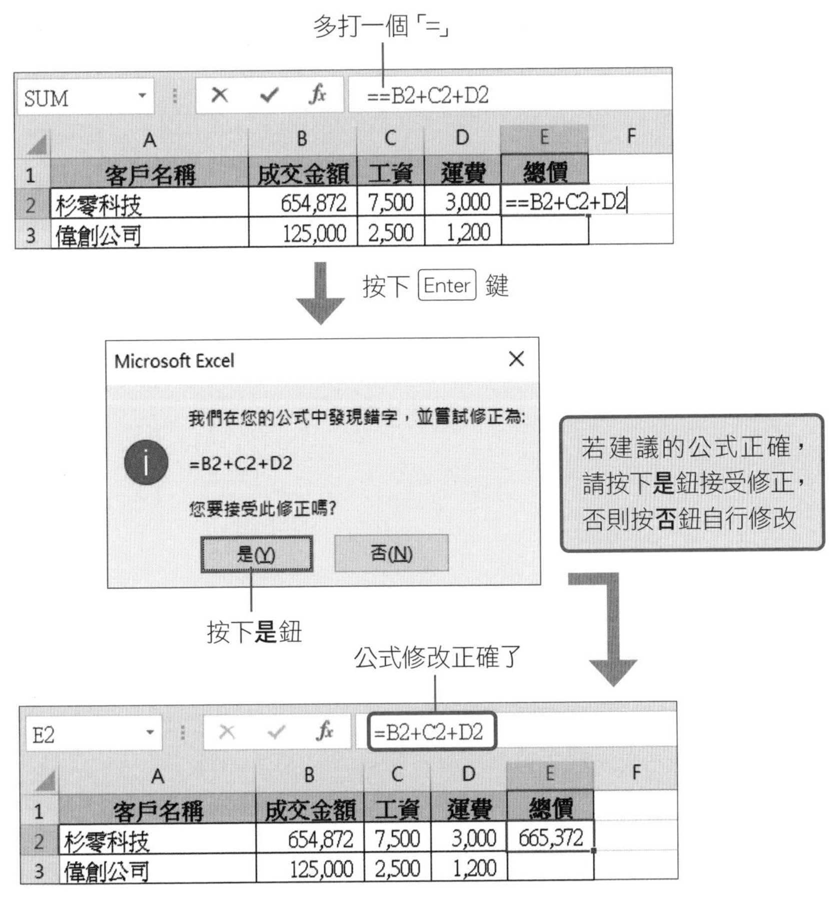

下表列出**公式自動校正**功能會幫我們校正的項目：

常犯的錯誤	範例	建議校正為
括號不對稱	= (A1+A2)*(A3+A4	= (A1+A2)*(A3+A4)
引號不對稱	= IF(A1=1,"a", b")	= IF(A1=1,"a","b")
儲存格位址顛倒	= 1 A	= A1
在公式開頭多了算符	= =A1+A2、=*A1+A2	= A1+A2
在公式結尾多了算符	= A1 +	= A1
算符重複	= A2**A3 或 = A2//A3	= A2*A3 或 = A2/A3
漏掉乘號	= A1 (A2+A3)	= A1*(A2+A3)
多出小數點	= 2.34.56	= 2.3456
多出千分符號	= 1,000	=1000
算符的順序不對	= A1= >A2 或 = A1> <A2	= A1>=A2 或 = A1< >A2
儲存格範圍多出冒號	= SUM (A:1:A3)	= SUM (A1:A3)
誤將分號當成冒號	= SUM (A1; A3)	= SUM (A1:A3)
儲存格位址多出空格	= SUM (A1: A3)	= SUM (A1:A3)
在數字間多出空格	= 2 5	= 25

CHAPTER 5

提升工作效率的函數應用

函數是 Excel 提升工作效率的最大利器，一個公式就能迅速取代重複的人工計算。這個章節介紹辦公室工作常見的 21 種函數，帶你清楚瞭解每個函數的原理跟使用情境，未來就可以舉一反三地活用函數。

5-1 AVERAGE 函數：計算平均值

請開啟範例檔案 Ch05-01，這是一家咖啡店的銷售資料，我們要分別計算各家門市以及各類咖啡豆的平均銷售額：

step 01 選取 F4 儲存格後，切換到**公式**頁次，按下**函數庫**區中**自動加總**鈕的下拉箭頭，點選**平均值**：

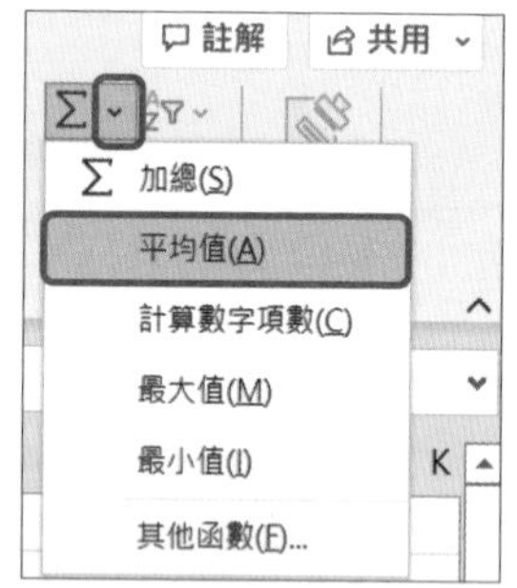

	A	B	C	D	E	F	G	H
1	逗點手工咖啡 6 月銷售額							
2								
3		忠孝門市	敦化門市	站前門市	港墘門市	咖啡豆平均		
4	精選曼特寧	143,943	99,552	175,190	101,198	=AVERAGE(B4:E4)		
5	哥倫比亞	181,428	147,381	89,037	153,690	AVERAGE(number1, [number2], ...)		
6	肯亞AA	94,879	219,053	149,124	118,549			

若引數範圍錯誤，可直接用滑鼠在工作表中重新選取引數範圍

計算平均的函數為 AVERAGE

自動選取 B4:E4 為引數範圍

step 02 若自動選取的引數範圍沒錯，直接按下 Enter 鍵，就可以算出「精選曼特寧」的平均銷售額：

自動幫我們建立好公式了

F4 =AVERAGE(B4:E4)

	A	B	C	D	E	F	G	H
1	逗點手工咖啡 6 月銷售額							
2								
3		忠孝門市	敦化門市	站前門市	港墘門市	咖啡豆平均		
4	精選曼特寧	143,943	99,552	175,190	101,198	129,971		
5	哥倫比亞	181,428	147,381	89,037	153,690			

算出精選曼特寧的平均銷售額

step 03

計算出第一項咖啡豆的平均銷售額後，請利用滑鼠拖曳 F4 儲存格的**填滿控點**到 F9 儲存格，就會計算出各項咖啡豆的平均銷售額了。

F4 =AVERAGE(B4:E4)

	A	B	C	D	E	F	G	H
1	逗點手工咖啡 6 月銷售額							
2								
3		忠孝門市	敦化門市	站前門市	港墘門市	咖啡豆平均		
4	精選曼特寧	143,943	99,552	175,190	101,198	129,971		
5	哥倫比亞	181,428	147,381	89,037	153,690	142,884		
6	肯亞AA	94,879	219,053	149,124	118,549	145,401		
7	阿拉比卡	109,890	124,110	97,647	96,586	107,058		
8	耶加雪菲	197,521	162,827	147,906	115,943	156,049		
9	綜合精選豆	205,529	118,131	175,562	134,172	158,349		
10	各門市平均							
11	各門市最高							
12	各門市最低							

計算出各項咖啡豆的平均銷售額

接著，請選取 B10 儲存格，同樣按下**自動加總**鈕的下拉箭頭，選擇**平均值**項目，就可以計算出「忠孝門市」的平均銷售額。計算出「忠孝門市」的平均銷售額後，請用滑鼠拖曳 B10 儲存格的**填滿控點**到 E10 儲存格，即可算出各門市的平均銷售額。

	A	B	C	D	E	F	G	H
1	逗點手工咖啡 6 月銷售額							
2								
3		忠孝門市	敦化門市	站前門市	港墘門市	咖啡豆平均		
4	精選曼特寧	143,943	99,552	175,190	101,198	129,971		
5	哥倫比亞	181,428	147,381	89,037	153,690	142,884		
6	肯亞AA	94,879	219,053	149,124	118,549	145,401		
7	阿拉比卡	109,890	124,110	97,647	96,586	107,058		
8	耶加雪菲	197,521	162,827	147,906	115,943	156,049		
9	綜合精選豆	205,529	118,131	175,562	134,172	158,349		
10	各門市平均	155,532	145,176	139,078	120,023			
11	各門市最高							
12	各門市最低							

「忠孝門市」的平均銷售額

用「快速分析」鈕迅速算出平均值

除了可用**自動加總**鈕來計算平均值外，當你選取某個資料範圍後，還可以直接按下**快速分析**鈕 ，來計算欄、列的平均值。

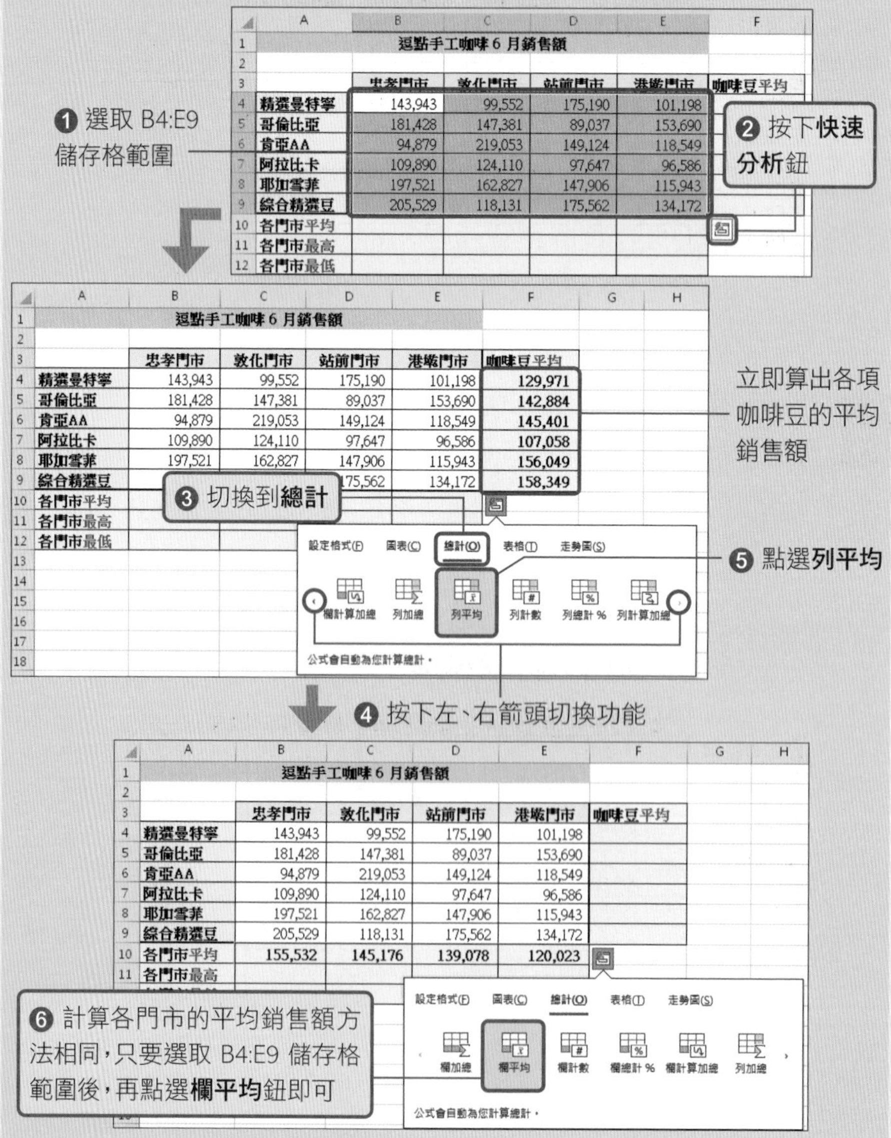

❶ 選取 B4:E9 儲存格範圍

❷ 按下**快速分析**鈕

	A	B	C	D	E	F
1		逗點手工咖啡 6 月銷售額				
2						
3		忠孝門市	敦化門市	站前門市	港墘門市	咖啡豆平均
4	精選曼特寧	143,943	99,552	175,190	101,198	
5	哥倫比亞	181,428	147,381	89,037	153,690	
6	肯亞AA	94,879	219,053	149,124	118,549	
7	阿拉比卡	109,890	124,110	97,647	96,586	
8	耶加雪菲	197,521	162,827	147,906	115,943	
9	綜合精選豆	205,529	118,131	175,562	134,172	
10	各門市平均					
11	各門市最高					
12	各門市最低					

	A	B	C	D	E	F
1		逗點手工咖啡 6 月銷售額				
2						
3		忠孝門市	敦化門市	站前門市	港墘門市	咖啡豆平均
4	精選曼特寧	143,943	99,552	175,190	101,198	129,971
5	哥倫比亞	181,428	147,381	89,037	153,690	142,884
6	肯亞AA	94,879	219,053	149,124	118,549	145,401
7	阿拉比卡	109,890	124,110	97,647	96,586	107,058
8	耶加雪菲	197,521	162,827	147,906	115,943	156,049
9	綜合精選豆			175,562	134,172	158,349
10	各門市平均					
11	各門市最高					
12	各門市最低					

立即算出各項咖啡豆的平均銷售額

❸ 切換到**總計**

設定格式(F) 圖表(C) 總計(O) 表格(T) 走勢圖(S)

欄計算加總 列加總 列平均 列計數 列總計 % 列計算加總

公式會自動為您計算總計。

❹ 按下左、右箭頭切換功能

❺ 點選**列平均**

	A	B	C	D	E	F
1		逗點手工咖啡 6 月銷售額				
2						
3		忠孝門市	敦化門市	站前門市	港墘門市	咖啡豆平均
4	精選曼特寧	143,943	99,552	175,190	101,198	
5	哥倫比亞	181,428	147,381	89,037	153,690	
6	肯亞AA	94,879	219,053	149,124	118,549	
7	阿拉比卡	109,890	124,110	97,647	96,586	
8	耶加雪菲	197,521	162,827	147,906	115,943	
9	綜合精選豆	205,529	118,131	175,562	134,172	
10	各門市平均	155,532	145,176	139,078	120,023	
11	各門市最高					

設定格式(F) 圖表(C) 總計(O) 表格(T) 走勢圖(S)

欄加總 欄平均 欄計數 欄總計 % 欄計算加總 列加總

公式會自動為您計算總計。

❻ 計算各門市的平均銷售額方法相同，只要選取 B4:E9 儲存格範圍後，再點選**欄平均**鈕即可

5-2 MAX 函數：計算最大值

若需要統計各類表格中的最高銷售額、最大銷售量、最高分數、最多支出、…等，可利用 MAX 函數來求得。

step 01 接續上例，如何找出各門市銷售額最高的咖啡豆？請選取 B11 儲存格，切換到**公式**頁次，按下**函數庫**區中**自動加總**鈕的下拉箭頭，選擇**最大值**項目，再按下 Enter 鍵：

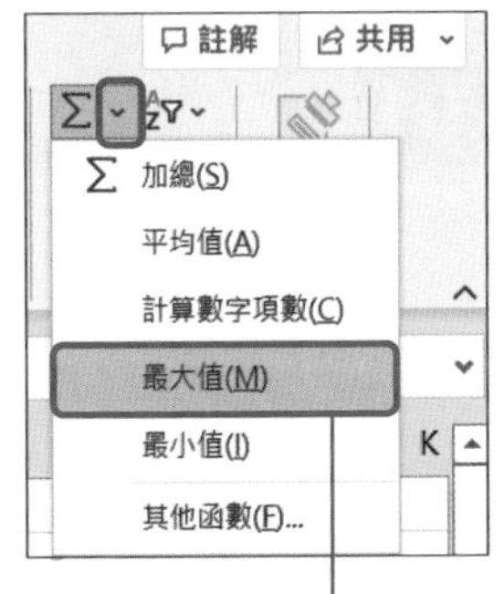

❶ 點選此項

❷ 自動建立 MAX 函數，但是引數會抓取 B4:B10 儲存格，請改成 B4:B9

B11 =MAX(B4:B9)

	A	B	C	D	E	F	G
3		忠孝門市	敦化門市	站前門市	港墘門市	咖啡豆平均	
4	精選曼特寧	143,943	99,552	175,190	101,198	129,971	
5	哥倫比亞	181,428	147,381	89,037	153,690	142,884	
6	肯亞AA	94,879	219,053	149,124	118,549	145,401	
7	阿拉比卡	109,890	124,110	97,647	96,586	107,058	
8	耶加雪菲	197,521	162,827	147,906	115,943	156,049	
9	綜合精選豆	205,529	118,131	175,562	134,172	158,349	
10	各門市平均	155,532	145,176	139,078	120,023		
11	各門市最高	205,529					
12	各門市最低						

「忠孝門市」銷售額最高的是「綜合精選豆」

step 02 拖曳 B11 儲存格的**填滿控點**到 E11 儲存格，將 B11 的公式複製到其他儲存格中：

	A	B	C	D	E	F	G
3		忠孝門市	敦化門市	站前門市	港墘門市	咖啡豆平均	
4	精選曼特寧	143,943	99,552	175,190	101,198	129,971	
5	哥倫比亞	181,428	147,381	89,037	153,690	142,884	
6	肯亞AA	94,879	219,053	149,124	118,549	145,401	
7	阿拉比卡	109,890	124,110	97,647	96,586	107,058	
8	耶加雪菲	197,521	162,827	147,906	115,943	156,049	
9	綜合精選豆	205,529	118,131	175,562	134,172	158,349	
10	各門市平均	155,532	145,176	139,078	120,023		
11	各門市最高	205,529	219,053	175,562	153,690		
12	各門市最低						
13							

找出各門市最高的銷售額

5-3 MIN 函數：計算最小值

若需要統計各類表格中的最低銷售額、最低銷量、最少支出、最低庫存、最少工時、…等，可利用 MIN 函數來求得。

step 01 接續剛才的範例，我們換另一種方式來求出各門市的最低銷售額。請選取 B12 儲存格，按下**資料編輯列**上的**插入函數**鈕 *fx*，開啟**插入函數**交談窗後，如圖操作：

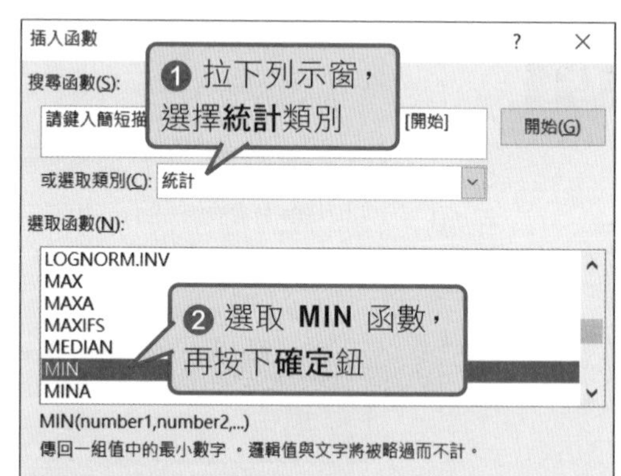

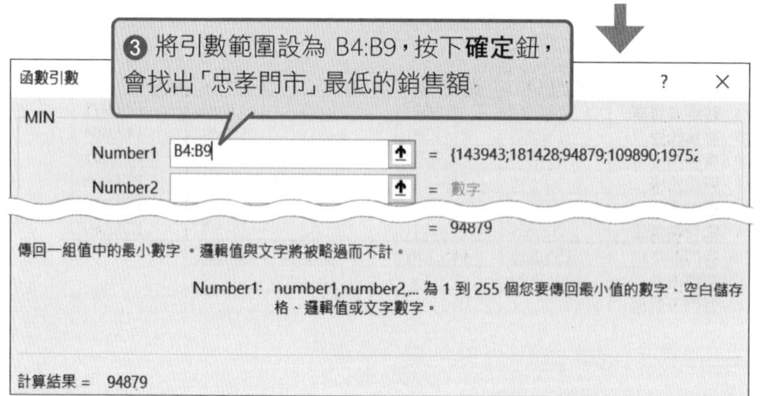

step 02 同樣地，利用**填滿控點**將 B12 儲存格的公式複製到 C12:E12 儲存格：

B12 =MIN(B4:B9)

	A	B	C	D	E
1	逗點手工咖啡 6 月銷售額				
2					
3		忠孝門市	敦化門市	站前門市	港墘門市
4	精選曼特寧	143,943	99,552	175,190	101,198
5	哥倫比亞	181,428	147,381	89,037	153,690
6	肯亞AA	94,879	219,053	149,124	118,549
7	阿拉比卡	109,890	124,110	97,647	96,586
8	耶加雪菲	197,521	162,827	147,906	115,943
9	綜合精選豆	205,529	118,131	175,562	134,172
10	各門市平均	155,532	145,176	139,078	120,023
11	各門市最高	205,529	219,053	175,562	153,690
12	各門市最低	94,879	99,552	89,037	96,586

各門市的最低銷售額

> **Tip**
> 本節插入函數的技巧，也適用於先前介紹過的 AVERAGE、MAX 函數。

5-4 COUNT 函數：計算數值資料的個數

這個月多少職員有請假紀錄呢？別再盯著表單一個個用手指計算了。Excel 內建多個計數函數，可針對不同的資料類型做個數統計。例如想知道數值資料的儲存格有幾個，就可以善用 COUNT 函數來計算。

COUNT 函數格式

=COUNT(value1,[value2],…)

- **value1**：指定第 1 個引數。計算對象可以是儲存格或儲存格範圍。
- **[value2],...**：可省略。指定第 2 個、第 3 個、…儲存格或儲存格範圍。

Tip

請記得日期資料也是屬於數值類型，所以可以用 COUNT 函數來計算個數，例如想知道 5/3 這天有多少人領用文具，就可以用 COUNT 函數來計算 5/3 的個數。

實例應用：計算當月各假別的請假人數

結算當月出勤時，人事部可能會依不同需求做統計，例如依部門別來統計請假人數，或是單獨統計每個人的請假總時數，或是依不同假別來統計請假人數、…等，要快速算出這些結果，可以善用 COUNT 函數來完成。

請開啟範例檔案 Ch05-02，這是一份請假時數統計表，如果想知道每一種假別的請假人數有多少該怎麼做呢？由於表格中的資料都是數值資料，所以最快的方法就是利用 COUNT 函數來統計表格中含有數值資料的儲存格個數。

step 01 請在 C24 儲存格輸入 "=COUNT(C3:C23)"，按下 Enter 鍵，就會立即算出當月請「公假」的人數了。

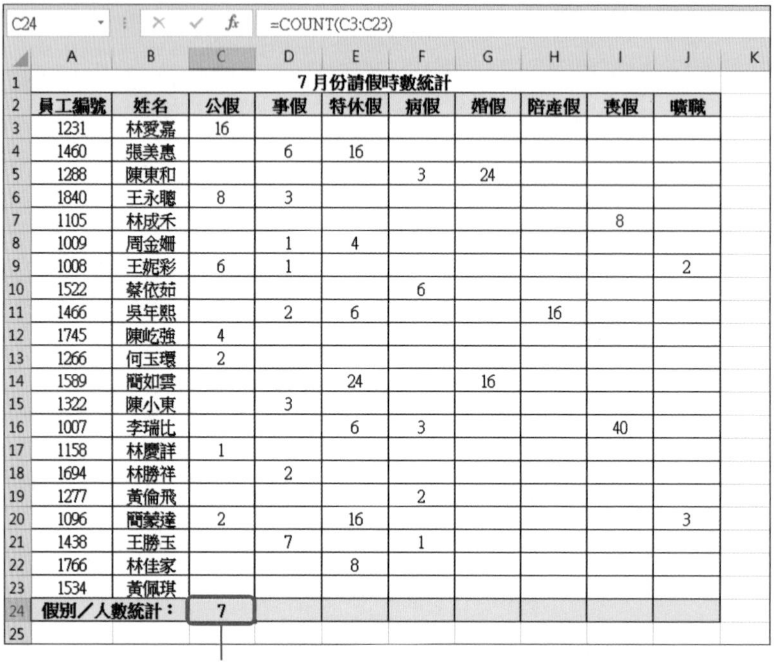

C24 =COUNT(C3:C23)

	A	B	C	D	E	F	G	H	I	J	K
1	7 月份請假時數統計										
2	員工編號	姓名	公假	事假	特休假	病假	婚假	陪產假	喪假	曠職	
3	1231	林愛嘉	16								
4	1460	張美惠		6	16						
5	1288	陳東和				3	24				
6	1840	王永聰	8	3							
7	1105	林成禾							8		
8	1009	周金姍		1	4						
9	1008	王妮彩	6	1						2	
10	1522	蔡依茹				6					
11	1466	吳年熙		2	6			16			
12	1745	陳屹強	4								
13	1266	何玉環	2								
14	1589	簡如雲			24		16				
15	1322	陳小東		3							
16	1007	李瑞比			6	3			40		
17	1158	林慶詳	1								
18	1694	林勝祥		2							
19	1277	黃倫飛				2					
20	1096	簡蓁達	2		16					3	
21	1438	王勝玉		7		1					
22	1766	林佳家			8						
23	1534	黃佩琪									
24	假別／人數統計：		7								
25											

這個月共有 7 人請公假

step 02 拖曳 C24 的**填滿控點**到 J24 儲存格，就可以算出每種假別的請假人數了。

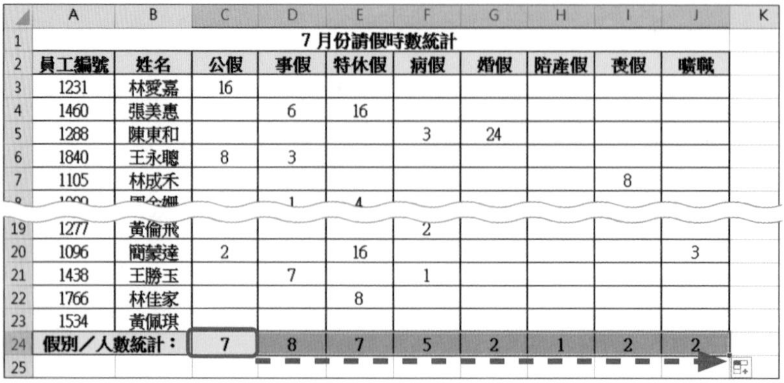

	A	B	C	D	E	F	G	H	I	J	K
1	7 月份請假時數統計										
2	員工編號	姓名	公假	事假	特休假	病假	婚假	陪產假	喪假	曠職	
3	1231	林愛嘉	16								
4	1460	張美惠		6	16						
5	1288	陳東和				3	24				
6	1840	王永聰	8	3							
7	1105	林成禾							8		
19	1277	黃倫飛				2					
20	1096	簡蓁達	2		16					3	
21	1438	王勝玉		7		1					
22	1766	林佳家			8						
23	1534	黃佩琪									
24	假別／人數統計：		7	8	7	5	2	1	2	2	
25											

5-5 COUNTA 函數：計算非空白的儲存格個數

那如果要計算的項目是符號怎麼辦？別擔心，COUNTA 函數可用來計算引數範圍中含有「非空白」(包括文字或數字) 資料的儲存格個數。

COUNTA 函數格式

=COUNTA(value1,[value2],…)

- **value1**：指定第 1 個引數。計算對象可以是儲存格或儲存格範圍。
- **[value2],...**：可省略。指定第 2 個、第 3 個、…儲存格或儲存格範圍。

實例應用：產品功能比較

請開啟範例檔案 Ch05-03，這是不同廠牌翻譯筆的功能比較表，B3:D3 是翻譯筆的廠牌名稱，A4:A15 是各項翻譯筆的功能，若翻譯筆擁有該項功能，則在對應的儲存格內填入 "★" 符號。想知道哪個廠牌的翻譯筆功能最多，就可以用 COUNTA 函數快速找出來。

請在 B16 儲存格輸入 "=COUNTA(B4:B15)"，再按下 Enter 鍵。就可算出「即可通掃譯筆」有幾項功能。接著拖曳 B16 儲存格的**填滿控點**到 D16 儲存格，即可計算出各廠牌翻譯筆的功能數。

	A	B	C	D	E
1		英漢翻譯筆功能比較			
2					
3		即可通掃譯筆	e 點掃譯筆	譯典翻譯筆	
4	USB 介面	★	★	★	
5	觸控螢幕		★	★	
6	單詞辨識	★	★	★	
7	整句翻譯	★	★	★	
8	文章翻譯		★		
9	線上更新	★	★	★	
10	自選單字記錄	★		★	
11	慢速播放		★		
12	螢幕截圖			★	
13	錄音	★	★	★	
14	複習字卡	★	★		
15	發音切換		★		
16	功能數	7	10	8	

找出功能最多的是「e 點掃譯筆」，共有 10 個 ★

5-6 COUNTIF 函數：計算符合條件的個數

COUNTIF 函數非常實用，可計算指定範圍內符合條件的儲存格個數。例如想在員工出差交通紀錄裡分別計算搭高鐵、台鐵的次數；或是計算 4/1～4/10 這段期間中，4/7 有幾筆訂單、…等。

COUNTIF 函數格式

=COUNTIF(range,criteria)

- range：**條件範圍**。指定要查看的儲存格範圍。
- criteria：**篩選條件**。

回傳在「條件範圍」中找到符合「篩選條件」的儲存格個數。

實例應用：統計各項零用金科目的支出次數

請開啟範例檔案 Ch05-04，老闆想知道每個月零用金各項科目的支出次數，以及支出金額大於等於 2,000 元的次數有多少，以便決定要不要調整每個月的零用金額度，這時侯就可以用 COUNTIF 依指定的條件來計算。

step 01 請在 K5 儲存格輸入 "=COUNTIF($C$5:$C$31, J5)"，並按下 Enter 鍵：

條件範圍為「科目」欄 (C 欄)　篩選條件為「運費」(J5)

K5　=COUNTIF($C$5:$C$31,J5)

運費總共支出 3 次

一月零用金明細

上月結餘：35,842

日期	科目	摘要	支出	餘額	單據種類	發票號碼		科目名稱	支出次數
1/4	運費	快遞	238	35,604				運費	3
1/4	郵電費	郵票	168	35,436				郵電費	
1/6	匯費	匯款給傑元公司	30	35,406				匯費	
1/8	交通費	公務車加油	1,654	33,752	發票	WS15874657		交通費	
1/10	雜項	電池	864	32,888	收據			雜項	

step 02 拖曳 K5 儲存格的**填滿控點**到 K11 儲存格，即可算出各項科目的支出次數。

	A	B	C	D	E	F	G	H	I	J	K	L
1		一月零用金明細										
2												
3							上月結餘：	35,842				
4		日期	科目	摘要	支出	餘額	單據種類	發票號碼		科目名稱	支出次數	
5		1/4	運費	快遞	238	35,604				運費	3	
6		1/4	郵電費	郵票	168	35,436				郵電費	4	
7		1/6	匯費	匯款給傑元公司	30	35,406				匯費	2	
8		1/8	交通費	公務車加油	1,654	33,752	發票	WS15874657		交通費	4	
9		1/10	雜項	電池	864	32,888	收據			雜項	10	
10		1/12	郵電費	郵寄包裹	155	32,733	發票	WS15795135		文具用品	3	
11		1/12	雜項	延長線	485	32,248	發票	WS15987531		修繕費	1	
12		1/12	運費	搬運費	1,583	30,665						

計算出各項科目的支出次數了

Tip

如果不想如上圖另外建立科目名稱及支出次數的統計表，只是臨時想了解運費的支出次數(沒有複製公式的需求)，可以將「篩選條件」引數直接改成「"運費"」(記得要加上雙引號)，例如：=COUNTIF($C$5:$C$31,**"運費"**)。

step 03 此外，老闆也想知道支出金額大於等於 2,000 元有幾次，請在 M5 儲存格輸入 "=COUNTIF($E$5:$E$31,">=2000")"，並按下 Enter 鍵。

計算的範圍為「支出」欄 (E 欄)

篩選條件為「>=2000」

M5 =COUNTIF($E$5:$E$31,">=2000")

	A	B	C	D	E	F	G	H	I	J	K	L	M
1		一月零用金明細											
2													
3							上月結餘：	35,842					
4		日期	科目	摘要	支出	餘額	單據種類	發票號碼		科目名稱	支出次數		支出 2,000 以上
5		1/4	運費	快遞	238	35,604				運費	3		3
6		1/4	郵電費	郵票	168	35,436				郵電費	4		
7		1/6	匯費	匯款給傑元公司	30	35,406				匯費	2		
8		1/8	交通費	公務車加油	1,654	33,752	發票	WS15874657		交通費	4		
9		1/10	雜項	電池	864	32,888	收據			雜項	10		
10		1/12	郵電費	郵寄包裹	155	32,733	發票	WS15795135		文具用品	3		
11		1/12	雜項	延長線	485	32,248	發票	WS15987531		修繕費	1		
12		1/12	運費	搬運費	1,583	30,665							
13		1/16	文具用品	文具一批	846	29,819	發票	WS15687345					
14		1/16	運費	搬運費	1,800	28,019							
15		1/17	交通費	ETC加值	1,500	26,519	發票	WS12687513					
16		1/17	雜項	五金零件	2,548	23,971	收據						

支出大於等於 2,000 元共有 3 次

5-7 FREQUENCY 函數：計算符合區間的個數

FREQUENCY 函數可用來計算儲存格範圍內，各個區間數值所出現的次數。例如，想分別找出業務員獎金落在 10,000 以下、介於 10,001～20,000、20,001～30,000 各有多少人。

FREQUENCY 函數格式

=FREQUENCY(data_array,bins_array)

- **data_array**：要計算次數的資料來源範圍。
- **bins_array**：資料區間分組的範圍 (也就是各個區間的上限值)。

請注意！使用此函數時，必須分別指定**資料來源範圍**以及**區間分組範圍**，再按下 Ctrl + Shift + Enter 鍵完成公式的輸入。

實例應用：統計業績獎金各區間的人數

請開啟範例檔案 Ch05-05，我們想從業績獎金清單中，分別找出獎金 0～10,000、10,001～20,000、20,001～30,000、…各有多少人。

step 01 首先，要在 E2:E6 儲存格範圍中輸入各區間的上限值。

	A	B	C	D	E	F
1	員工編號	姓名	獎金		獎金區間	人數
2	1009001	章宏志	28,626		10,000	
3	1009002	秦鈞峰	33,765		20,000	
4	1009003	何敦明	45,777		30,000	
5	1009004	覃筱笳	8,349		40,000	
6	1009005	方美茵	43,157		50,000	
7	1009006	程采樺	46,701			
8	1009007	李曉嵐	33,843			
9	1009008	莊妮妮	9,218			
10	1009009	林佩妤	16,530			
11	1009010	范曉瓔	36,332			

輸入各區間的上限值 (只需輸入分組區間最大的那個數字即可，例如 0～10,000，只要輸入 10,000)

分組的最後一個數字 (50,000)也可以不輸入，表示大於前一個數字的任一數字

step 02 選取 F2:F6 儲存格，輸入公式 "=FREQUENCY(C2:C13,E2:E6)"，按下 Ctrl + Shift + Enter 鍵：

F2 ｜ {=FREQUENCY(C2:C13,E2:E6)}

	A	B	C	D	E	F	G
1	員工編號	姓名	獎金		獎金區間	人數	
2	1009001	章宏志	28,626		10,000	2	
3	1009002	秦鈞峰	33,765		20,000	2	
4	1009003	何敦明	45,777		30,000	1	
5	1009004	覃筱茹	8,349		40,000	4	
6	1009005	方美茵	43,157		50,000	3	
7	1009006	程采樺	46,701				
8	1009007	李曉嵐	33,843				
9	1009008	莊妮妮	9,218				
10	1009009	林佩妤	16,530				
11	1009010	范曉瓔	36,332				
12	1009011	許慧庭	18,270				
13	1009012	許子瑜	30,422				
14							

計算出各獎金區間的人數

當公式輸入完成，請注意觀察此公式和一般公式略有不同。此公式的前、後會以一組大括弧 **{ }** 包圍，表示這是一組**陣列公式**。別被**陣列公式**這個名稱嚇到，你只要想成這些資料是一整組的就可以了，當要修改公式時，必須選取整體陣列公式範圍一起修改 (此處為 F2:F6)，否則會出現如右圖的提示訊息。

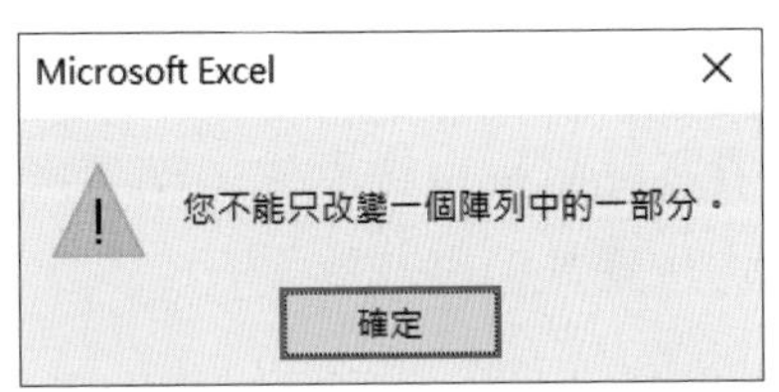

▲ 單獨修改或刪除某個儲存格中的陣列公式，便會出現此提示訊息

若是要刪除陣列公式，同樣要選取整個陣列公式範圍 (如本例的 F2:F6)，再按下 Delete 鍵。

5-8 RANDBETWEEN 函數：自動產生隨機亂數資料

辦理抽獎活動時，該怎麼從龐大的報名人數裡抽出少數幾組號碼呢？RANDBETWEEN 函數可回傳指定數值區間的亂數，另外當工作表重新計算，或是按下 F9 鍵，都會重新回傳新的亂數。

RANDBETWEEN 函數格式

=RANDBETWEEN(bottom,top)

- **bottom**：指定數值範圍的最小值。
- **top**：指定數值範圍的最大值。

再次提醒！使用此函數時，「在其他儲存格輸入或編輯資料」、「開啟檔案」、「按下 F9 鍵」都會重新產生亂數。在範例抽獎的情境裡，我們需要避免亂數重複產生，請參考底下的說明，將亂數值複製並以**貼上值**的方式貼到其他儲存格。

實例應用：抽出得獎人號碼

大型連鎖商店通常都會舉辦節慶抽獎活動，假設每家店每天只有一位大獎幸運得主，為了公平起見，我們可以用亂數來決定每家分店的得獎號碼。

請開啟範例檔案 Ch05-06，假設每天參加抽獎的人都是從 1 號開始依序發放號碼牌，最後發出去的編號就是該分店當天的總參加人數。

step 01 請先選取 E3:E10 儲存格，輸入 "= RANDBETWEEN(1,B3)"，並按下 Ctrl + Enter 鍵。

E3 =RANDBETWEEN(1,B3)

	A	B	C	D	E	F	G
1	週年慶抽獎活動						
2	通路	參加人數	中獎號碼				
3	台北門市	80			74		
4	台中門市	75			9		
5	高雄門市	48			10		
6	花蓮門市	52			7		
7	網路購物平台	65			27		
8	台南加盟店	33			30		
9	宜蘭加盟店	46			11		
10	高雄經銷商	45			39		

得獎號碼出爐了

▲ 由於 RANDBETWEEN 函數是隨機產生亂數，當你實際操作本範例時，所得到的結果將與上圖不同

step 02 接著在選取 E3:E10 儲存格的狀態下，按下 Ctrl + C 鍵複製剛才產生的亂數，然後選取 C3 儲存格，按下**常用**頁次**剪貼簿**區**貼上**鈕的下拉箭頭，選擇**值**，將剛才產生的亂數值複製到 C 欄，這樣做的目的是為了不再更動中獎號碼。

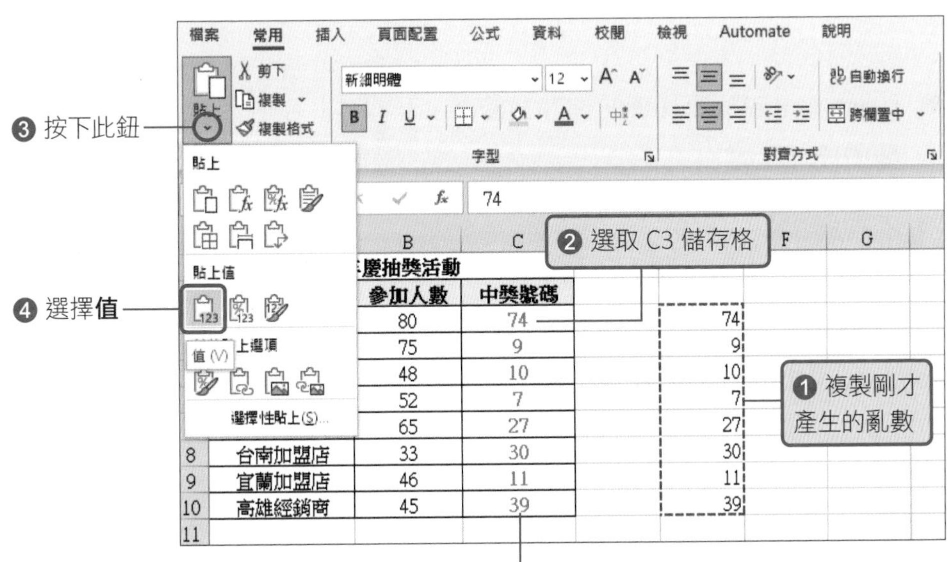

只貼上 RANDBETWEEN 函數產生的值，就不會一直產生新的亂數了

最後，刪除 E3:E10 儲存格的資料，就完成了。

5-9 SUMIF 函數：自動加總符合條件的資料

SUMIF 函數可用來加總符合搜尋條件的儲存格。例如有一份銷售清單，其中「產品」欄位包含 A、B、C、D 四項產品，若只想統計 B 產品的所有銷量，雖然可以用第 3 章的技巧快速篩選後再加總，但若要改統計其他產品銷量，就要重新再操作一次，改用 SUMIF 函數可以更快速完成加總。

SUMIF 函數格式

=SUMIF(range,criteria,[sum_range])

- **range**：要搜尋的儲存格範圍。
- **criteria**：搜尋條件，可以是數字、表示式或文字。例如：20、"會員" 或 ">100"。
- **[sum_range]**：要加總的儲存格範圍，若省略此引數，則會將 **range** 引數的資料相加。

實例應用：統計零用金各科目的加總

請開啟範例檔案 Ch05-07，這是一份零用金統計表，到了月底結算，老闆想知道各個科目的總支出為多少，你不用辛苦地按計算機，用 SUMIF 函數就能快速完成計算。

請在 K5 儲存格輸入 "=SUMIF($C$5:$C$31,$J5,$E$5:$E$31)"，按下 Enter 鍵，就可以計算出當月「運費」的總支出：

=SUMIF($C$5:$C$31,$J5,$E$5:$E$31)

搜尋範圍：$C$5:$C$31
搜尋內容為「運費」的儲存格：$J5
加總範圍：$E$5:$E$31

step 02 拖曳 K5 儲存格的**填滿控點**到 K11 儲存格，就可以計算出所有科目的總花費了。

	A	B	C	D	E	F	G	H	I	J	K
1				一月零用金明細							
2											
3							上月結餘：	35,842			
4		日期	科目	摘要	支出	餘額	單據種類	發票號碼		科目名稱	總計
5		1/4	運費	快遞	238	35,604				運費	3,621
6		1/4	郵電費	郵票	168	35,436				郵電費	734
7		1/6	匯費	匯款給傑元公司	30	35,406				匯費	90
8		1/8	交通費	公務車加油	1,654	33,752	發票	WS15874657		交通費	4,534
9		1/10	雜項	電池	864	32,888	收據			雜項	15,575
10		1/12	郵電費	郵寄包裹	155	32,733	發票	WS15795135		文具用品	2,377
11		1/12	雜項	延長線	485	32,248	發票	WS15987531		修繕費	3,200
12		1/12	運費	搬運費	1,583	30,665					
13		1/16	文具用品	文具一批	846	29,819	發票	WS15687345			
14		1/16	運費	搬運費	1,800	28,019					
15		1/17	交通費	ETC加值	1,500	26,519	發票	WS12687513			
16		1/17	雜項	五金零件	2,548	23,971	收據				
17		1/22	匯費	匯款給上立公司	60	23,911					
18		1/22	雜項	桶裝水	1,573	22,338	收據				
19		1/25	文具用品	魔術膠帶	688	21,650	收據				
20		1/25	雜項	碳粉匣	1,280	20,370	發票	WS12687581			
21		1/26	雜項	橡膠插頭	5,489	14,881	收據				
22		1/27	交通費	公務車加油	880	14,001	發票	WS12876518			
23		1/27	修繕費	冷氣維修費	3,200	10,801	收據				
24		1/28	文具用品	文件夾	843	9,958	發票	WS11687453			
25		1/29	雜項	清潔用品	587	9,371					
26		1/29	郵電費	快遞	253	9,118	收據				
27		1/29	交通費	悠遊卡儲值	500	8,618	收據				
28		1/29	雜項	衛生紙	549	8,069	發票	WS12657895			
29		1/30	雜項	施工餐費	658	7,411	發票	WS12687654			
30		1/30	雜項	員工聚餐	1,542	5,869	發票	WS12357996			
31		1/31	郵電費	郵票	158	5,711					

5-10 IF 函數：依條件自動執行

要怎麼快速找出這個月業績達成率超過 9 成的業務員呢？第 3 章我們用條件格式化設定只能標示出符合的資料，若要進一步執行其他操作，可以使用 Excel 的邏輯類函數來設計判斷式，幫你判斷某條件是否成立；或者也可以指定當符合某條件時，要執行哪些運算或操作。

IF 函數格式

=IF(logical_test,[value_if_true],[value_if_false])

- **logical_test**：**條件式**。指定要回傳 TRUE(真) 或 FALSE(假) 的條件式。
- **[value_if_true]**：**條件成立**。指定當「條件式」的結果為 TRUE 時，所要回傳的值或執行的公式。沒有指定任何值，會回傳 0。
- **[value_if_false]**：**條件不成立**。指定當「條件式」的結果為 FALSE 時，所要回傳的值或執行的公式。沒有指定任何值，會回傳 0。

IF 函數是用來判斷條件是否成立，如果回傳的值為 TRUE 時，就執行條件成立時的作業；反之則執行條件不成立時的作業。

實例應用：業績達成率超過九成給予獎金一萬元

請開啟範例檔案 Ch05-08，這是一份業務員的業績表，如果達成率大於等於 90%，就給予獎金一萬元。

step 01 請在 G3 儲存格輸入 =IF(F3>=0.9,"獎金一萬元！",""），按下 Enter 鍵，就可以知道第一位業務員的達成率是否達成 90%。

=IF(F3>=0.9,"獎金一萬元！","")

- F3>=0.9：判斷條件
- "獎金一萬元！"：條件成立時就顯示「獎金一萬元！」
- ""：條件不成立，則顯示空白

G3 =IF(F3>=0.9,"獎金一萬元！","")

	A	B	C	D	E	F	G	H
1	業績達成率							
2	業務員	套裝產品業績	零組件業績	業績加總	目標	達成率	達到 90%	
3	陳唯凡	3,661,235	154,874	3,816,109	5,000,000	76%		
4	林子函	1,844,235	654,879	2,499,114	2,500,000	100%		
5	謝偉軒	5,874,532	845,556	6,720,088	6,800,000	99%		
6	張育綾	6,541,235	754,565	7,295,800	7,500,000	97%		
7	許欣怡	5,412,358	987,535	6,399,893	7,500,000	85%		
8	蔡夢琪	5,521,353	1,547,893	7,069,246	8,200,000	86%		

由於第一位業務員的達成率只有 76%，因此條件不成立，G3 儲存格顯示空白

step 02 拖曳 G3 儲存格的**填滿控點**到 G19 儲存格，複製公式後，就會列出所有可以領取獎金的業務員了！

	A	B	C	D	E	F	G	H
1	業績達成率							
2	業務員	套裝產品業績	零組件業績	業績加總	目標	達成率	達到 90%	
3	陳唯凡	3,661,235	154,874	3,816,109	5,000,000	76%		
4	林子函	1,844,235	654,879	2,499,114	2,500,000	100%	獎金一萬元！	
5	謝偉軒	5,874,532	845,556	6,720,088	6,800,000	99%	獎金一萬元！	
6	張育綾	6,541,235	754,565	7,295,800	7,500,000	97%	獎金一萬元！	
7	許欣怡	5,412,358	987,535	6,399,893	7,500,000	85%		
8	蔡夢琪	5,521,353	1,547,893	7,069,246	8,200,000	86%		
9	張子瑩	954,568	1,135,487	2,090,055	2,500,000	84%		
10	李雨澤	1,245,875	785,426	2,031,301	2,500,000	81%		
11	陳浩軒	2,154,896	654,231	2,809,127	3,200,000	88%		
12	王博文	874,569	1,845,213	2,719,782	3,000,000	91%	獎金一萬元！	
13	譚文博	698,457	1,254,879	1,953,336	2,500,000	78%		
14	朴俊浩	4,536,874	954,231	5,491,105	6,000,000	92%	獎金一萬元！	
15	薛仁航	5,543,216	789,654	6,332,870	7,500,000	84%		
16	柳建平	3,354,558	1,254,896	4,609,454	5,000,000	92%	獎金一萬元！	
17	謝佩娟	2,548,756	695,487	3,244,243	4,200,000	77%		
18	林明愛	1,587,456	1,954,875	3,542,331	4,200,000	84%		
19	張涵欣	6,548,745	1,478,569	8,027,314	8,500,000	94%	獎金一萬元！	
20								

實例應用：依「達成率」高低填入評語

IF 函數不只可以判斷條件成立與不成立兩種情況，還可以寫成巢狀的 IF 函數 (也就是在 IF 函數中再插入一個 IF 函數)，以判斷更多的狀況，並給予不同的處理作業。

以剛才的範例而言，如果「達成率」低於 80%，則顯示「要加油」的評語；「達成率」大於 95% 以上則顯示「達標」；這兩個條件以外的則顯示「繼續努力」。請開啟範例檔案 Ch05-09，我們來練習改寫公式：

在 G3 儲存格輸入 =IF(F3<0.8,"要加油",IF(F3>0.95,"達標","繼續努力"))，接著再拖曳 G3 儲存格的**填滿控點**，將公式複製到 G19。

G3 | =IF(F3<0.8,"要加油",IF(F3>0.95,"達標","繼續努力"))

	A	B	C	D	E	F	G
1				業績達成率			
2	業務員	套裝產品業績	零組件業績	業績加總	目標	達成率	評語
3	陳唯凡	3,661,235	154,874	3,816,109	5,000,000	76%	要加油
4	林子函	1,844,235	654,879	2,499,114	2,500,000	100%	達標
5	謝偉軒	5,874,532	845,556	6,720,088	6,800,000	99%	達標
6	張育綾	6,541,235	754,565	7,295,800	7,500,000	97%	達標
7	許欣怡	5,412,358	987,535	6,399,893	7,500,000	85%	繼續努力
8	蔡夢琪	5,521,353	1,547,893	7,069,246	8,200,000	86%	繼續努力
9	張子萱	954,568	1,135,487	2,090,055	2,500,000	84%	繼續努力
10	李雨澤	1,245,875	785,426	2,031,301	2,500,000	81%	繼續努力
11	陳浩軒	2,154,896	654,231	2,809,127	3,200,000	88%	繼續努力
12	王博文	874,569	1,845,213	2,719,782	3,000,000	91%	繼續努力
13	譚文博	698,457	1,254,879	1,953,336	2,500,000	78%	要加油
14	朴俊浩	4,536,874	954,231	5,491,105	6,000,000	92%	繼續努力
15	薛仁航	5,543,216	789,654	6,332,870	7,500,000	84%	繼續努力
16	柳建平	3,354,558	1,254,896	4,609,454	5,000,000	92%	繼續努力
17	謝佩娟	2,548,756	695,487	3,244,243	4,200,000	77%	要加油
18	林明愛	1,587,456	1,954,875	3,542,331	4,200,000	84%	繼續努力
19	張涵欣	6,548,745	1,478,569	8,027,314	8,500,000	94%	繼續努力

第 1 個 IF 函數的**判斷條件**　　第 2 個 IF 函數

=IF(F3<0.8,"要加油",IF(F3>0.95,"達標","繼續努力"))

第 1 個 IF 函數**條件成立時**進行的處理

第 1 個 IF 函數**條件不成立時**進行的處理 (將第 2 個 IF 函數視為第 1 個 IF 函數的引數)

Tip

為了加深你對「巢狀函數」的印象，我們將多個函數組合表示如圖。

你只要記得在引數中輸入公式或函數，這部份的公式或函數會優先計算，計算後的結果會當成原本函數的引數使用。

=函數 A(函數 B (函數 B 的引數))

▼ 先執行函數 B

=函數 A(函數 B 的執行結果)

▼ 將函數 B 的執行結果當成函數 A 的的引數

函數 A 的執行結果

5-11 AND 函數：判斷多個條件是否同時成立

AND 函數可以判斷多個條件是否同時成立，當所有的「條件式」為 TRUE 的情況下才會回傳 TRUE。只要有任一個「條件式」為 FALSE 就會回傳 FALSE。

AND 函數格式

=AND(logical1,[logical2],...)

- **logical：條件式**。指定回傳結果為 TRUE 或 FALSE 的條件式。

當有條件 A 及條件 B 時，AND 函數的表示方式為「A 且 B」(如下圖重疊部分)。這個條件要成立 (TRUE) 的話，必需條件 A 及條件 B 皆為 TRUE。

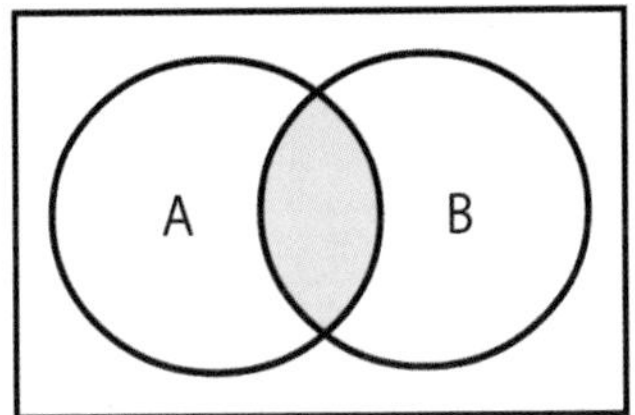

條件 A	條件 B	條件「A 且 B」
TRUE	TRUE	TRUE
TRUE	FALSE	FALSE
FALSE	TRUE	FALSE
FALSE	FALSE	FALSE

實例應用：判斷徵才考試成績是否合格

請開啟範例檔案 Ch05-10，這是一份徵才考試成績，當徵才考試結束，人事部需要統計總成績並安排合格的人進行下個階段的面試。

首先要找出合格的人，合格的條件為「計算機概論」80 分以上、「電信網路」70 分以上、「通信系統實作」75 分以上。只要用 AND 函數搭配前面學過的 IF 函數就能快速找出合格的應徵者：

請在 E3 儲存格輸入 =IF(AND(B3>=80,C3>=70,D3>=75),"合格","不合格")，按下 Enter 鍵，就可以算出第一位應徵者是否合格：

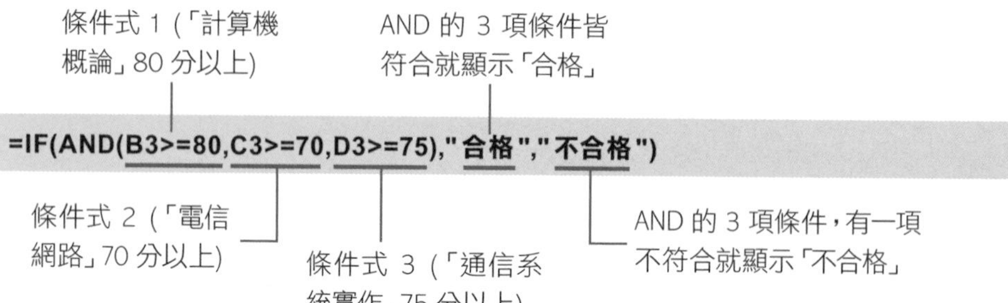

第一位應徵者合格

E3 =IF(AND(B3>=80,C3>=70,D3>=75),"合格","不合格")

	A	B	C	D	E	F	G
1	電信網路規劃徵才成績						
2	姓名	計算機概論	電信網路	通信系統實作	合格	備註	
3	陳俊男	80	95	80	合格		
4	楊豐瑞	75	82	90			
5	謝見峰	82	74	73			
6	林文誠	73	55	84			
7	張文清	65	80	76			
8	陳翊明	92	73	90			
9	塗佑丞	77	88	85			
10	張徽文	80	65	79			
11	李佳見	80	75	83			
12	王立翔	87	68	75			
13							

step 02

拖曳 E3 儲存格的**填滿控點**到 E12 儲存格，就能找出合格與不合格的人了。

	A	B	C	D	E	F	G
1	電信網路規劃徵才成績						
2	姓名	計算機概論	電信網路	通信系統實作	合格	備註	
3	陳俊男	80	95	80	合格		
4	楊豐瑞	75	82	90	不合格		
5	謝見峰	82	74	73	不合格		
6	林文誠	73	55	84	不合格		
7	張文清	65	80	76	不合格		
8	陳翊明	92	73	90	合格		
9	塗佑丞	77	88	85	不合格		
10	張徽文	80	65	79	不合格		
11	李佳見	80	75	83	合格		
12	王立翔	87	68	75	不合格		
13							

5-12 OR 函數：判斷多個條件是否有任一個條件成立

OR 函數是用來判斷多個條件中只要有任何一個條件成立，就會回傳「TRUE」，所有條件都為「FALSE」，才會回傳「FALSE」。

OR 函數格式

=OR(logical1,[logical2],...)

- **logical**：**條件式**。指定回傳結果為 TRUE 或 FALSE 的條件式。

當有條件 A 及條件 B 時，OR 函數的表示方式為「A 或 B」(如下圖填滿色彩的部分)。這個條件要成立 (TRUE) 的話，只要條件 A 或條件 B 其中一個為 TRUE。

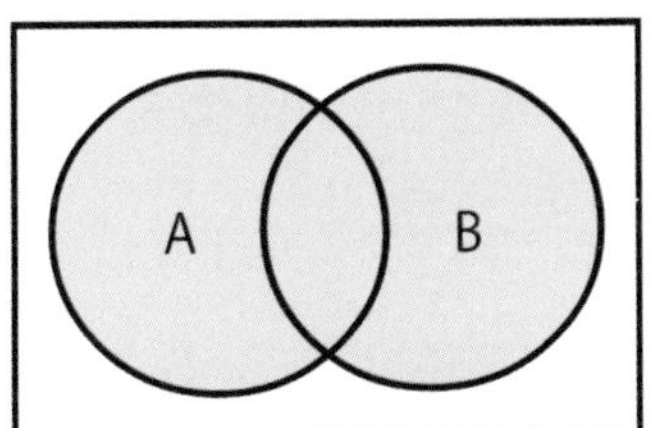

條件 A	條件 B	條件「A 或 B」
TRUE	TRUE	TRUE
TRUE	FALSE	TRUE
FALSE	TRUE	TRUE
FALSE	FALSE	FALSE

實例應用：找出可以優先面試的應徵者

請開啟範例檔案 Ch05-11，剛才我們已經學會用 AND 函數找出成績「合格」的人，由於「電信網路規劃」職務的實作經驗很重要，因此，只要「通信系統實作」科目超過 85 分，即使總分不合格也能優先面試。

step 01 請在 F3 儲存格輸入 =IF(OR(E3="合格",D3>85),"優先面試",""），按下 Enter 鍵，就會顯示第一位應徵者是否可以優先面試：

=IF(OR(E3=" 合格 ",D3>85)," 優先面試 ","")

只要兩項條件符合其中一項，即會顯示優先面試

否則顯示空白

F3 =IF(OR(E3="合格",D3>85),"優先面試","")

	A	B	C	D	E	F	G
1	電信網路規劃徵才成績						
2	姓名	計算機概論	電信網路	通信系統實作	合格	備註	
3	陳俊男	80	95	80	合格	優先面試	
4	楊豐瑞	75	82	90	不合格		
5	謝見峰	82	74	73	不合格		
6	林文誠	73	55	84	不合格		
7	張文清	65	80	76	不合格		
8	陳翊明	92	73	90	合格		
9	塗佑丞	77	88	85	不合格		
10	張徽文	80	65	79	不合格		
11	李佳見	80	75	83	合格		
12	王立翔	87	68	75	不合格		
13							

step 02 拖曳 F3 儲存格的**填滿控點**到 F12 儲存格，就能找出可以優先面試的人了。

	A	B	C	D	E	F	G
1	電信網路規劃徵才成績						
2	姓名	計算機概論	電信網路	通信系統實作	合格	備註	
3	陳俊男	80	95	80	合格	優先面試	
4	楊豐瑞	75	82	90	不合格	優先面試	
5	謝見峰	82	74	73	不合格		
6	林文誠	73	55	84	不合格		
7	張文清	65	80	76	不合格		
8	陳翊明	92	73	90	合格	優先面試	
9	塗佑丞	77	88	85	不合格		
10	張徽文	80	65	79	不合格		
11	李佳見	80	75	83	合格	優先面試	
12	王立翔	87	68	75	不合格		
13							

5-13 VLOOKUP 函數：從直向表格自動找出指定的資料

不論是業務、業助或行政人員，經常得從資料堆中「撈資料」。例如要從庫存表中查詢某商品的庫存，若是能在輸入商品名稱後自動顯示庫存量，那就方便多了！

VLOOKUP 函數格式

=VLOOKUP(lookup_value,table_array,col_index_num,[range_lookup])

- **lookup_value**：**搜尋值**。指定要搜尋的值。
- **table_array**：**搜尋範圍**。指定要搜尋的表格範圍。
- **col_index_num**：**欄編號**。指定要回傳的值其欄編號，表格最左邊的欄為第 1 欄，依此類推。
- **[range_lookup]**：**搜尋類型**。指定為 TRUE (可寫成 1) 或省略此引數時，當找不到搜尋值，會回傳僅次於搜尋值的最大值。指定為 FALSE (可寫成 0) 時，只會搜尋出完全一致的值。若是找不到符合的值會回傳「#N/A」。

VLOOKUP 會從表格範圍的第 1 欄中搜尋「搜尋值」，搜尋到就會回傳該列「欄編號」的值。搜尋時不會區分英文字母的大小寫。「搜尋類型」指定為 TRUE 或省略時，表格範圍的第 1 欄要先「由小到大」排序。

實例應用：輸入「月投保金額」後，自動查出勞保費

了解 VLOOKUP 函數語法後，在此以簡單的勞保費查詢範例帶你練習。請開啟範例檔案 Ch05-12，希望能在輸入「月投保金額」後，自動查詢「員工自付」以及「雇主負擔」的金額。

step 01 請選取 B4 儲存格，輸入 =VLOOKUP($B$3,$D$4:$F$23,2,FALSE)，再按下 Enter 鍵。輸入公式後會出現「#N/A」，這是因為 B3 儲存格還沒有輸入要搜尋的資料，所以 B4 儲存格找不到「搜尋值」。

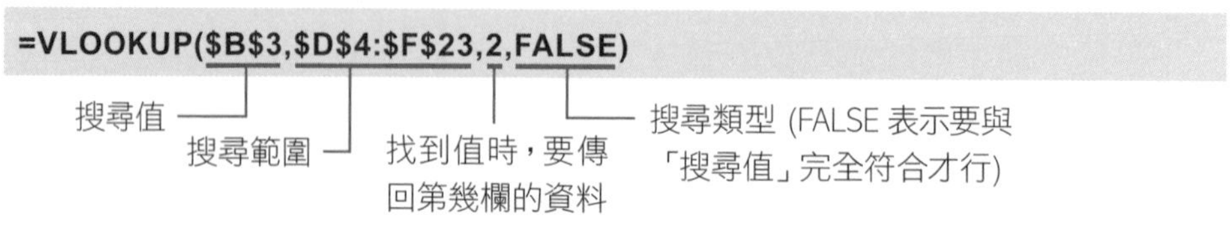

B4 =VLOOKUP($B$3,$D$4:$F$23,2,FALSE)

	A	B	C	D	E	F	G
1	輸入月投保金額查詢勞保費						
2							
3	月投保金額			月投保金額	員工自付	雇主負擔	
4	員工自付	#N/A		19,047	438	1,552	
5	雇主負擔			20,008	460	1,631	
6				21,009	483	1,712	

由於 B3 儲存格還沒輸入月投保金額 (搜尋值)，所以 B4 儲存格會出現「#N/A」

step 02 請在 B3 儲存格輸入 "27600"，即可找出此投保金額的員工自付勞保費了。

	A	B	C	D	E	F	G
1	輸入月投保金額查詢勞保費						
2							
3	月投保金額	27,600		月投保金額	員工自付	雇主負擔	
4	員工自付	635		19,047	438	1,552	
5	雇主負擔	2,250		20,008	460	1,631	
6				21,009	483	1,712	
7				22,000	506	1,793	
8				23,100	531	1,883	
9				24,000	552	1,956	
10				25,200	579	2,053	
11				26,400	607	2,151	
12				27,600	635	2,250	
13				28,800	663	2,348	

step 03 要計算「雇主負擔」的費用，只要將 B4 儲存格的公式複製到 B5 儲存格，然後將「欄編號」引數改為 3 (第 3 欄) 即可。

Tip

此處是由投保金額找出勞保費用，若是要從薪資找出投保級距，改用稍後介紹的 MATCH 函數比較恰當。

5-14 HLOOKUP 函數：從橫向表格自動找出指定的資料

VLOOKUP 函數的好朋友是 HLOOKUP 函數。VLOOKUP 函數是從表格最左欄開始搜尋符合搜尋值的資料；而 HLOOKUP 函數則是從表格第一列開始搜尋符合搜尋值的資料。

HLOOKUP 函數格式

=HLOOKUP(lookup_value,table_array, row_index_num,[range_lookup])

- lookup_value：**搜尋值**。指定要搜尋的值。
- table_array：**搜尋範圍**。指定要搜尋的表格範圍。
- row_index_num：**列編號**。指定要回傳的值其列編號，表格最上方的列為第1 列，依此類推。
- [range_lookup]：**搜尋類型**。指定為 TRUE (可寫成 1) 或省略此引數時，當找不到搜尋值時，會回傳僅次於搜尋值的最大值。指定為 FALSE (可寫成 0) 時，只會搜尋出完全一致的值。若是找不到符合的值會回傳「#N/A」。

HLOOKUP 會從表格範圍的第 1 列中搜尋「搜尋值」，找到搜尋值後就會回傳該欄「列編號」的值。搜尋時不會區分英文字母的大小寫。「搜尋類型」指定為 TRUE 或省略時，表格範圍的第 1 列要先以「由小到大」的方式排序。

Tip

VLOOKUP 函數和 HLOOKUP 函數的差別只在於搜尋方向不同，其他用法皆相同。

實例應用：查詢業務員的底薪、獎金與月薪

假設某公司的業務員底薪不是固定的，會依每個月的業績高低有所不同，獎金的計算方式為「業績x對應的獎金率」，該月的月薪為「底薪＋獎金」，由於底薪跟獎金會受業績高低影響，財務人員希望日後只要輸入「業績」就能自動從對照表中找出底薪和獎金率，再算出當月的月薪。

	A	B	C	D	E	F
1	薪資獎金對照表					
2	業績	-	500,000	1,000,000	2,000,000	3,000,000
3	底薪	26,000	28,000	30,000	32,000	34,000
4	獎金率	0.0%	1.5%	2.0%	2.1%	2.2%
5						
6	部門	姓名	業績	底薪	獎金	月薪
7	業務一部	蔡小芬	1,212,000	30,000	24,240	54,240
8	業務一部	羅聿晴	2,241,000	32,000	47,061	79,061
9	業務一部	方阿輝	805,463	28,000	12,082	40,082
10	業務二部	陳榮堂	548,963	28,000	8,234	36,234
11	業務二部	黃芯芯	2,954,781	32,000	62,050	94,050
12	業務三部	柯俊毅	756,213	28,000	11,343	39,343
13	業務三部	簡志祥	954,680	28,000	14,320	42,320
14	業務三部	潘雪花	934,000	28,000	14,010	42,010

◀以蔡小芬為例，當月的業績為「1,212,000」，查表後其底薪為「30,000」，獎金率為「2.0%」，獎金為「1,212,000*2.0%=24,240」，當月月薪為「30,000+ 24,240 =54,240」

step 01 請開啟範例檔案 Ch05-13，在 D7 儲存格輸入 =HLOOKUP(C7,$B$2:$F$4,2)，按下 Enter 鍵。拖曳 D7 儲存格的**填滿控點**到 D14 儲存格，即可列出所有人的底薪。

=HLOOKUP(C7,$B$2:$F$4,2)

- C7：搜尋值
- $B$2:$F$4：搜尋範圍
- 2：找到值時，要傳回第幾列的資料 (「底薪」放在 B2:F4 儲存格範圍中的第 2 列，因此設為 2)

D7 =HLOOKUP(C7,$B$2:$F$4,2)

	A	B	C	D	E	F	G
6	部門	姓名	業績	底薪	獎金	月薪	
7	業務一部	蔡小芬	1,212,000	30,000			
8	業務一部	羅聿晴	2,241,000	32,000			
9	業務一部	方阿輝	805,463	28,000			
10	業務二部	陳榮堂	548,963	28,000			
11	業務二部	黃芯芯	2,954,781	32,000			
12	業務三部	柯俊毅	756,213	28,000			
13	業務三部	簡志祥	954,680	28,000			
14	業務三部	潘雪花	934,000	28,000			
15							

step 02 請在 E7 儲存格輸入 =C7*HLOOKUP(C7,$B$2:$F$4,3)，按下 Enter 鍵即可算出獎金。拖曳 E7 儲存格的**填滿控點**到 E14 儲存格，即可完成獎金的計算。

搜尋值

搜尋範圍

找到搜尋值時，要傳回第幾列的資料（「獎金率」放在 B2:F4 儲存格範圍中的第 3 列，因此設為 3）

獎金的計算方式為「業績x獎金率」，利用 HLOOKUP 函數找出獎金率後，再乘上業績

E7　=C7*HLOOKUP(C7,$B$2:$F$4,3)

	A	B	C	D	E	F	G
1	薪資獎金對照表						
2	業績	-	500,000	1,000,000	2,000,000	3,000,000	
3	底薪	26,000	28,000	30,000	32,000	34,000	
4	獎金率	0.0%	1.5%	2.0%	2.1%	2.2%	
5							
6	部門	姓名	業績	底薪	獎金	月薪	
7	業務一部	蔡小芬	1,212,000	30,000	24,240		
8	業務一部	羅聿晴	2,241,000	32,000	47,061		
9	業務一部	方阿輝	805,463	28,000	12,082		
10	業務二部	陳榮堂	548,963	28,000	8,234		
11	業務二部	黃芯芯	2,954,781	32,000	62,050		
12	業務三部	柯俊毅	756,213	28,000	11,343		
13	業務三部	簡志祥	954,680	28,000	14,320		
14	業務三部	潘雪花	934,000	28,000	14,010		
15							

step 03 最後，在 F7 儲存格輸入 "=D7+E7"，算出第一位業務員的月薪，拖曳 F7 儲存格的**填滿控點**到 F14 儲存格，即可算出所有人的月薪。

F7　=D7+E7

	A	B	C	D	E	F	G
1	薪資獎金對照表						
6	部門	姓名	業績	底薪	獎金	月薪	
7	業務一部	蔡小芬	1,212,000	30,000	24,240	54,240	
8	業務一部	羅聿晴	2,241,000	32,000	47,061	79,061	
9	業務一部	方阿輝	805,463	28,000	12,082	40,082	
10	業務二部	陳榮堂	548,963	28,000	8,234	36,234	
11	業務二部	黃芯芯	2,954,781	32,000	62,050	94,050	
12	業務三部	柯俊毅	756,213	28,000	11,343	39,343	
13	業務三部	簡志祥	954,680	28,000	14,320	42,320	
14	業務三部	潘雪花	934,000	28,000	14,010	42,010	

5-15 INDEX 函數：回傳指定範圍中第幾列、第幾欄的值

INDEX 函數可以查詢指定範圍中第幾列、第幾欄的資料。單獨使用此函數的機會不高，通常會與 MATCH 或 VLOOKUP 函數組合使用，以發揮強大的查表功能。

INDEX 函數格式

=INDEX(array,row_num,[column_num])

- **array**：指定儲存格範圍。
- **row_num**：**列編號**。要回傳的值是在指定範圍中的第幾列。
- **[column_num]**：**欄編號**。要回傳的值是在指定範圍中的第幾欄。

實例應用：依起點、終點查詢票價

請開啟範例檔案 Ch05-14，如果想在票價表中查詢台北到新竹的票價，可以在 B4 儲存格輸入 =INDEX(B7:I14, B2, B3)，按下 Enter 鍵後，會發現儲存格變成「#溢出!」，這是因為還沒有在 B2 及 B3 儲存格中輸入要查詢的資料。分別在 B2 及 B3 儲存格中輸入要查詢的列 (起點) 及欄 (終點)，就可以得知票價了。

第 3 列，表示起點為台北　　第 6 欄，表示終點為新竹

查出票價為 180 元

	A	B	C	D	E	F	G	H	I
1	票價查詢								
2	列 (起點)	3							
3	欄 (終點)	6							
4	票價	180							
5									
6	票價	基隆	松山	台北	板橋	桃園	新竹	台中	彰化
7	基隆	0	53	66	84	132	243	441	482
8	松山	53	0	18	18	82	193	391	430
9	台北	66	18	0	18	66	180	375	416
10	板橋	84	18	18	0	50	162	359	398
11	桃園	132	82	66	50	0	114	311	350
12	新竹	243	193	180	162	114	0	198	239
13	台中	441	391	375	359	311	198	0	41
14	彰化	482	430	416	398	350	239	41	0

5-16 MATCH 函數：搜尋指定的資料在表格中的第幾列

MATCH 函數可以取得指定的資料在儲存格範圍中的相對位置。通常會與 INDEX 函數搭配使用。

MATCH 函數格式

=MATCH(lookup_value,lookup_array,[match_type])

- lookup_value：**搜尋值**。
- lookup_array：**搜尋範圍**。指定要搜尋的儲存格範圍。
- [match_type]：**比對方法**，參考下表的說明。

比對方法	說明
1 或省略	搜尋小於「搜尋值」的最大值。「搜尋範圍」的資料必需以遞增方式排序
0	搜尋與「搜尋值」完全相同的值。搜尋不到時會回傳「#N/A」
-1	搜尋大於「搜尋值」的最小值。「搜尋範圍」的資料必需以遞減方式排序

實例應用：查詢郵資

為了節省到郵局填單及排隊的時間，在寄送郵件前，可以事先秤好郵件的重量並查詢郵資。要查詢郵資不需人工對照，只要利用 MATCH 和 INDEX 函數，就能設計出簡便的查詢公式。

step 01 **找出指定的「類別」在第幾個位置**。請開啟範例檔案 Ch05-15，在 C2 儲存格中輸入 =MATCH(B2,A8:A14,0)，按下 Enter 鍵後，即可找出 B2 儲存格中指定的類別在第幾個位置。若是 B2 儲存格尚未輸入資料，則會出現「#N/A」。

=MATCH(B2,A8:A14,0)

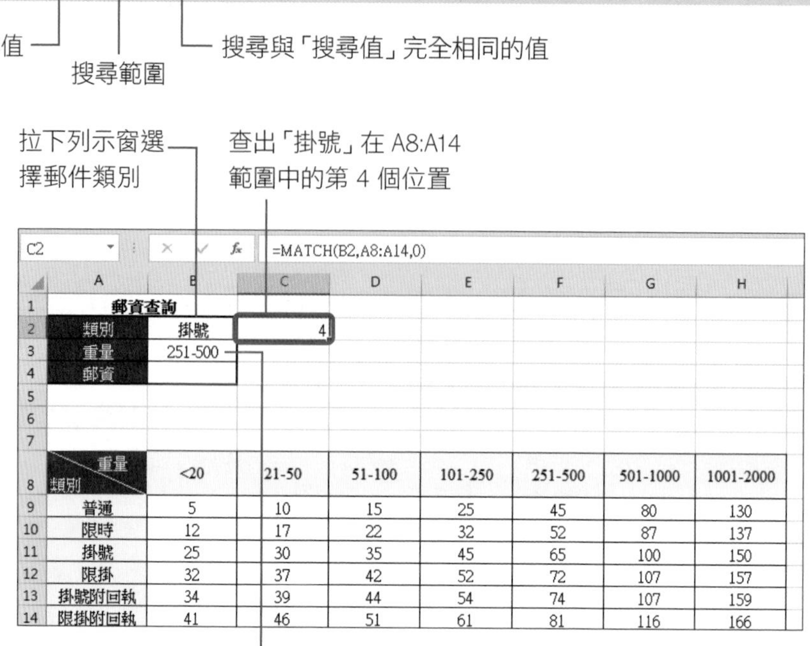

	A	B	C	D	E	F	G	H
1	郵資查詢							
2	類別	掛號	4					
3	重量	251-500						
4	郵資							
5								
6								
7								
8	重量 / 類別	<20	21-50	51-100	101-250	251-500	501-1000	1001-2000
9	普通	5	10	15	25	45	80	130
10	限時	12	17	22	32	52	87	137
11	掛號	25	30	35	45	65	100	150
12	限掛	32	37	42	52	72	107	157
13	掛號附回執	34	39	44	54	74	107	159
14	限掛附回執	41	46	51	61	81	116	166

step 02 **找出指定的「重量」在第幾個位置**。在 C3 儲存格中輸入 =MATCH(B3,A8:H8,0)，按下 Enter 鍵後，即可找出 B3 儲存格中指定的重量在第幾個位置。

查出「251-500」在 A8:H8 範圍中的第 6 個位置

C3 =MATCH(B3,A8:H8,0)

	A	B	C	D	E	F	G	H
1	郵資查詢							
2	類別	掛號	4					
3	重量	251-500	6					
4	郵資							
5								
6								
7								
8	重量 / 類別	<20	21-50	51-100	101-250	251-500	501-1000	1001-2000
9	普通	5	10	15	25	45	80	130
10	限時	12	17	22	32	52	87	137
11	掛號	25	30	35	45	65	100	150
12	限掛	32	37	42	52	72	107	157
13	掛號附回執	34	39	44	54	74	107	159
14	限掛附回執	41	46	51	61	81	116	166

step 03 最後，在 B4 儲存格輸入 =INDEX(A8:H14,C2,C3)，就可以查出「掛號」且重量「251-500」公克的郵資了。

=INDEX(A8:H14,C2,C3)

- A8:H14：要查詢的儲存格範圍
- C2：要傳回的值是在指定範圍中的第幾列
- C3：要傳回的值是在指定範圍中的第幾欄

查出「掛號」且重量「251-500」的郵資了

	A	B	C	D	E	F	G	H	I
1	郵資查詢								
2	類別	掛號	4						
3	重量	251-500	6						
4	郵資	65							
5									
6									
7									
8	重量 類別	<20	21-50	51-100	101-250	251-500	501-1000	1001-2000	
9	普通	5	10	15	25	45	80	130	
10	限時	12	17	22	32	52	87	137	
11	掛號	25	30	35	45	65	100	150	
12	限掛	32	37	42	52	72	107	157	
13	掛號附回執	34	39	44	54	74	107	159	
14	限掛附回執	41	46	51	61	81	116	166	

日後只要在 B2 和 B3 儲存格中分別點選類別和重量，就可以在 B4 儲存格中顯示郵資了。

從月薪金額找出月投保級距

5-13 節有提到，若要將該節範例改為從月薪金額找出月投保級距的金額，須改用 MATCH 函數，同一個範例請先將 D4:D23 改為「由大到小」遞減排序，然後 B2 改為自行輸入的月薪金額，並在 B3 填入以下公式：

月薪金額	27,000
月投保金額	27,600
員工自付	635
雇主負擔	2,250

=INDEX(D4:F23,MATCH(B2,D4:D23,-1),1)

- D4:F23：搜尋範圍
- MATCH(B2,D4:D23,-1)：找出大於月薪、最接近的級距 (傳回第幾列)
- 1：指定第 1 欄

5-17 TODAY 和 NOW 函數：自動更新當天日期和時間

TODAY 函數會傳回當天的系統日期。若是文件或報表需要填入當天的日期，可以用此函數自動產生。TODAY 函數沒有引數，直接輸入 =TODAY() 即可。

實例應用：顯示當天的日期

請開啟範例檔案 Ch05-16，並切換到**員工資料**工作表。我們希望每次編輯這份工作表時都能顯示製作日期，請在 G1 儲存格中輸入 "=TODAY()"，再按下 Enter 鍵。

如果想要同時顯示目前的日期與時間，可改用 NOW 函數，NOW 函數也不需要設定引數，直接在儲存格中輸入 =NOW() 即可。

G1 =TODAY()

	A	B	C	D	E	F	G
1	員工資料					製表日期：	2023/1/4
2	到職日	部門	姓名	性別		製表時間：	2023/1/4 11:52
3	2018/05/30	財務部	于惠蘭	女			
4	2011/08/09	人事部	白美惠	女		到職年	人數
5	2016/05/20	人事部	朱麗雅	女		2016	7
6	2016/03/08	人事部	宋秀惠	女			
7	2007/11/15	研發部	李沛偉	男			
8	2018/09/03	工程部	汪炳哲	男			
9	2016/11/10	研發部	谷瑄若	女			
10	2018/06/05	業務部	周基勇	男			
11	2018/04/22	產品部	林巧沛	女			
12	2015/12/20	財務部	林若傑	男			
13	2008/01/15	倉儲部	林琪琪	女			
14	2016/04/03	產品部	林慶民	男			
15	2015/10/02	業務部	邱秀蘭	女			
16	2012/12/03	業務部	邱語潔	女			
17	2017/08/14	研發部	金志偉	男			
18	2013/04/15	倉儲部	金洪均	男			
19	2015/10/04	研發部	金智泰	男			
20	2017/04/02	業務部	金燦民	男			

▲ 日後開啟此活頁簿，都會自動顯示當天的日期與時間

5-18 DATEDIF 函數：計算兩個日期相隔的天數、月數或年

DATEDIF 函數可以計算開始日到結束日的間隔，且可以依指定的單位顯示間隔天、月或年。例如要計算年齡，將生日當成開始日，將今天的日期當成結束日，再將單位設成表示「年」的「"Y"」，就能算出幾歲了。

DATEDIF 函數格式

=DATEDIF(start_date, end_date, unit)

- **start_date**：指定開始的日期。
- **end_date**：指定結束的日期。
- **unit**：指定回傳的單位 (參考右表)。

單位	回傳值
"Y"	期間內的整年年數
"M"	期間內的整月月數
"D"	期間內的天數
"YM"	期間內未滿 1 年的月數
"YD"	期間內未滿 1 年的天數
"MD"	期間內未滿 1 個月的天數

實例應用：計算員工的年資

上一節，我們提到 TODAY 函數可以與 DATEDIF 函數搭配使用，以計算出年資，現在就以實例來練習。

請開啟範例檔案 Ch05-16，切換到**計算年資**工作表，在 B3 儲存格輸入 =DATEDIF(A3,TODAY(),"Y")&"年"，即可求得第一位員工的年資。另外請注意 =DATEDIF 無法以函數清單自動完成，我們需自行輸入函數。

```
=DATEDIF(A3,TODAY(),"Y")&"年"
```

開始日期（就是到職日）

結束日期（以當天的日期當成結束日期，所以你計算的結果會與我們不同）

求算兩日期差距的整年數要使用 "Y"

在計算後的數值加上「年」文字

B3 =DATEDIF(A3,TODAY(),"Y")&"年"

	A	B	C	D	E	F	G	H
1	員工資料						製表日期：	2022/12/13
2	到職日	年資	部門	姓名	性別			
3	2018/05/30	4年	財務部	于惠蘭	女			
4	2011/08/09		人事部	白美惠	女		到職年	人數
5	2016/05/20		人事部	朱麗雅	女		2016	7
6	2016/03/08		人事部	宋秀惠	女			
7	2007/11/15		研發部	李沛偉	男			

算出第一位員工的年資

step 02 接著拖曳 B3 儲存格的**填滿控點**到 B40 儲存格，即可算出所有人的年資了。

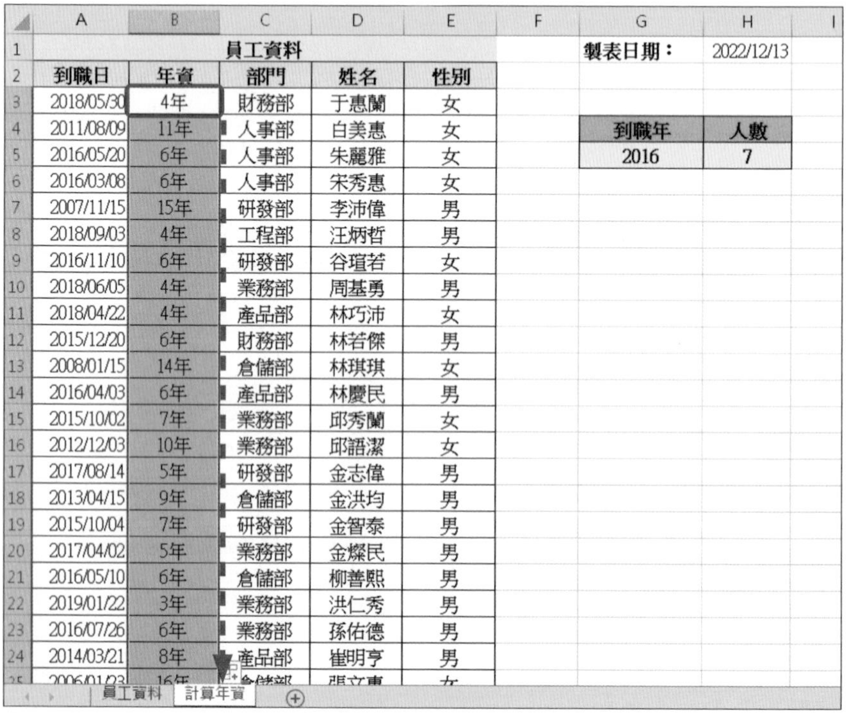

	A	B	C	D	E	F	G	H
1	員工資料						製表日期：	2022/12/13
2	到職日	年資	部門	姓名	性別			
3	2018/05/30	4年	財務部	于惠蘭	女			
4	2011/08/09	11年	人事部	白美惠	女		到職年	人數
5	2016/05/20	6年	人事部	朱麗雅	女		2016	7
6	2016/03/08	6年	人事部	宋秀惠	女			
7	2007/11/15	15年	研發部	李沛偉	男			
8	2018/09/03	4年	工程部	汪炳哲	男			
9	2016/11/10	6年	研發部	谷瑄若	女			
10	2018/06/05	4年	業務部	周基勇	男			
11	2018/04/22	4年	產品部	林巧沛	女			
12	2015/12/20	6年	財務部	林若傑	男			
13	2008/01/15	14年	倉儲部	林琪琪	女			
14	2016/04/03	6年	產品部	林慶民	男			
15	2015/10/02	7年	業務部	邱秀蘭	女			
16	2012/12/03	10年	業務部	邱語潔	女			
17	2017/08/14	5年	研發部	金志偉	男			
18	2013/04/15	9年	倉儲部	金洪均	男			
19	2015/10/04	7年	研發部	金智泰	男			
20	2017/04/02	5年	業務部	金燦民	男			
21	2016/05/10	6年	倉儲部	柳善熙	男			
22	2019/01/22	3年	業務部	洪仁秀	男			
23	2016/07/26	6年	業務部	孫佑德	男			
24	2014/03/21	8年	產品部	崔明亨	男			
25	2006/01/23	16年	倉儲部	張文惠	女			

員工資料 計算年資

5-19 LEFT、RIGHT 函數：快速取出指定的字串

有時候我們只要取出儲存格中的部份資料，例如只想取出地址裡的縣市名稱、或是要將姓氏與名字拆開，就可以利用 Excel 的文字函數，輕鬆取出指定的文字！

LEFT 與 RIGHT 函數

LEFT 函數可以從字串的最左邊開始取出指定長度的字串。

LEFT 函數格式：

=LEFT(text,[num_chars])

- **text**：字串所在的儲存格。
- **[num_chars]**：要從最左邊開始取出的字數。

RIGHT 函數可以從字串的最右邊開始取出指定長度的字串。

RIGHT 函數格式：

=RIGHT(text,[num_chars])

- **text**：字串所在的儲存格。
- **[num_chars]**：要從最右邊開始取出的字數。

實例應用：分別將課程的起迄時間拆開成兩欄

請開啟範例檔案 Ch05-17，我們想將**課程時間**中的起迄時間分別拆開成「開始時間」及「結束時間」，就可以利用 LEFT 函數取出開始時間、用 RIGHT 函數取出結束時間：

取出開始時間。請在 D2 儲存格輸入 =LEFT(B2,5)，按下 Enter 鍵，即可取出 B2 儲存格的開始時間。接著再將 D2 儲存格的公式複製到 D11，即可取出所有課程的開始時間。

從最左邊開始擷取 5 個字就是開始時間

D2 =LEFT(B2,5)

	A	B	C	D	E	F	G
1	上課日期	課程時間	課程名稱	開始時間	結束時間	時數	
2	3月3日	13:30~16:30	簡報技巧	13:30			
3	4月6日	09:30~12:30	時間管理技巧	09:30			
4	4月7日	18:30~20:30	檔案管理技巧	18:30			
5	5月29日	18:30~21:30	專案控管	18:30			
6	6月24日	09:30~12:30	行銷基本認識	09:30			
7	7月15日	13:00~16:00	行銷進階	13:00			
8	10月4日	09:30~12:00	工作設計與用人管理	09:30			
9	10月13日	13:00~17:00	法律常識	13:00			
10	12月19日	13:30~17:00	自我管理與激勵	13:30			
11	12月24日	18:30~21:30	客戶關係管理	18:30			
12							

取出結束時間。請在 E2 儲存格輸入 =RIGHT(B2,5)，按下 Enter 鍵，即可取出 B2 儲存格的結束時間。接著再將 E2 儲存格的公式複製到 E11，即可取出所有課程的結束時間。

從最右邊開始擷取 5 個字就是結束時間

E2 =RIGHT(B2,5)

	A	B	C	D	E	F	G
1	上課日期	課程時間	課程名稱	開始時間	結束時間	時數	
2	3月3日	13:30~16:30	簡報技巧	13:30	16:30		
3	4月6日	09:30~12:30	時間管理技巧	09:30	12:30		
4	4月7日	18:30~20:30	檔案管理技巧	18:30	20:30		
5	5月29日	18:30~21:30	專案控管	18:30	21:30		
6	6月24日	09:30~12:30	行銷基本認識	09:30	12:30		
7	7月15日	13:00~16:00	行銷進階	13:00	16:00		
8	10月4日	09:30~12:00	工作設計與用人管理	09:30	12:00		
9	10月13日	13:00~17:00	法律常識	13:00	17:00		
10	12月19日	13:30~17:00	自我管理與激勵	13:30	17:00		
11	12月24日	18:30~21:30	客戶關係管理	18:30	21:30		
12							

step 03 將課程的開始與結束時間分別拆開到不同儲存格後，就可以計算出課程的時數。請在 F2 儲存格輸入 =E2-D2，再按下 Enter 鍵。此時計算結果會變成顯示日期與時間，請按下 Ctrl + 1 鍵，開啟**設定儲存格格式**交談窗，改成**時間**格式。

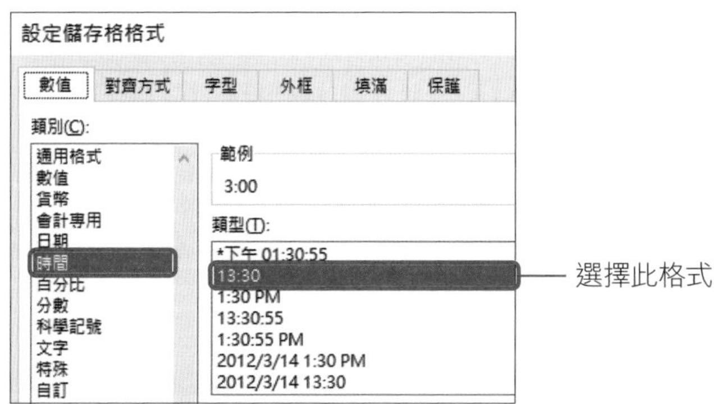

F2 =E2-D2

	A	B	C	D	E	F
1	上課日期	課程時間	課程名稱	開始時間	結束時間	時數
2	3月3日	13:30~16:30	簡報技巧	13:30	16:30	3:00
3	4月6日	09:30~12:30	時間管理技巧	09:30	12:30	3:00
4	4月7日	18:30~20:30	檔案管理技巧	18:30	20:30	2:00
5	5月29日	18:30~21:30	專案控管	18:30	21:30	3:00
6	6月24日	09:30~12:30	行銷基本認識	09:30	12:30	3:00
7	7月15日	13:00~16:00	行銷進階	13:00	16:00	3:00
8	10月4日	09:30~12:00	工作設計與用人管理	09:30	12:00	2:30
9	10月13日	13:00~17:00	法律常識	13:00	17:00	4:00
10	12月19日	13:30~17:00	自我管理與激勵	13:30	17:00	3:30
11	12月24日	18:30~21:30	客戶關係管理	18:30	21:30	3:00
12						

▲ 拖曳 F2 儲存格的**填滿控點**到 F11 儲存格，即可算出所有課程的時數

5-20 MID 函數：擷取指定位置、指定字數的字串

MID 函數可在字串中傳回自指定的起始位置到指定長度的字串，其格式如下：

=MID(text,start_num,num_chars)

- **text**：字串所在的儲存格。
- **start_num**：指定擷取字串的起始位置。
- **num_chars**：指定要擷取的字串長度。

實例應用：變更手機號碼格式

請開啟範例檔案 Ch05-18，B 欄為會員的行動電話，其格式為 XXXX-XXXXXX，現在想要改成 XXXX-XXX-XXX 的格式，就可以利用 MID 函數將所要的資料取出，再加上其他格式。請在 C2 儲存格輸入 =MID(B2,1,8)&"-"&MID(B2,9,3)，按下 Enter 鍵，即會以新的格式顯示。

=MID(B2,1,8)&"-"&MID(B2,9,3)

"&" 符號可用來連接字串

指定從 B2 儲存格的第 9 個字元開始取出 3 個字元

指定從 B2 儲存格的第 1 個字元開始取出 8 個字元

C2 =MID(B2,1,8)&"-"&MID(B2,9,3)

	A	B	C
1	姓名	行動電話	行動電話
2	張美慧	0936-039999	0936-039-999
3	趙若美	0929-500500	0929-500-500
4	何慕楓	0936-207027	0936-207-027
5	覃筱茹	0922-456456	0922-456-456
6	方美茵	0932-515959	0932-515-959
7	程采樺	0933-353757	0933-353-757
8	李曉嵐	0935-852963	0935-852-963
9	林佩穎	0935-147147	0935-147-147
10	莊妮妮	0922-999000	0922-999-000

◀ 拖曳 C2 的**填滿控點**到 C10 儲存格，即可轉換成新的格式

CHAPTER 6

樞紐分析：
最強大的資料彙整和計算工具

樞紐分析表是公認 Excel 最強的功能，可以瞬間自動做好大量資料的彙整和計算工作，省去許多手動複製、貼上、篩選的瑣碎作業。本章就要帶你熟悉樞紐分析表的各種操作技巧，輕鬆產生各種報表，搭配後續的自動化工具，打造一連串的自動化流程。

6-1 認識樞紐分析表

前面介紹很多提升效率的小技巧，可以幫你快速完成各種資料整理、計算的工作，不過如果是要製作報表、或是協助部門的統計分析作業，常需要來回修改使用的函數或者要將欄位搬來搬去，有時候資料一變動，還得重新再來一遍。

這種時候樞紐分析就是最方便的工具，不僅可以靈活調整欄和列的項目，還能立即自動完成統計結果。不過在建立樞紐分析表之前，我們先認識一下樞紐分析表的組成元件，方便稍後解說。

- **欄位**：樞紐分析表中有**篩選**、**欄**、**列**與 **Σ 值** 4 種欄位。建立樞紐分析表時，我們必須指定要以表格中的哪些欄位作為篩選、欄、列與 Σ 值欄位，這樣 Excel 才能根據我們的設定產生樞紐分析表。

	A	B	C	D	E	F	G	H	I
1	NO	日期	地區	門市	分類	商品	單價	數量	金額
2	1	2020/11/4	台北	站前門市	蛋糕	8 吋抹茶千層	620	15	9,300
3	2	2020/11/4	台北	站前門市	蛋糕	五層草莓夾心戚風	650	96	62,400
4	3	2020/11/4	台北	站前門市	蛋糕	經典檸檬派	550	82	45,100
5	4	2020/11/4	台北	站前門市	蛋糕	醇厚生巧克力乳酪	580	106	61,480
6	5	2020/11/4	台北	站前門市	蛋糕	抹茶紅豆生乳卷	420	73	30,660
7	6	2020/11/4	台北	站前門市	泡芙	波蘿巧克力泡芙	75	40	3,000
8	7	2020/11/4	台北	站前門市	泡芙	覆盆子鮮果泡芙	100	77	7,700
9	8	2020/11/4	台北	站前門市	泡芙	卡士達草莓雙餡泡芙	85	43	3,655
10	9	2020/11/4	台北	站前門市	泡芙	頂級香濃卡士達泡芙	80	43	3,440
11	10	2020/11/4	台北	南港門市	蛋糕	8 吋抹茶千層	620	41	25,420
12	11	2020/11/4	台北	南港門市	蛋糕	五層草莓夾心戚風	650	73	47,450

▲ 事先建立好的銷售資料

門市指定為**欄**　**金額**指定為 **Σ 值**

商品名稱指定為**列**

	A	B	C	D	E	F
2						
3	加總 - 金額	欄標籤				
4	列標籤	大墩門市	南港門市	站前門市	逢甲門市	總計
5	8 吋抹茶千層	2,143,960	1,897,820	1,786,220	2,288,420	8,116,420
6	五層草莓夾心戚風	2,763,800	2,504,450	3,036,150	2,882,100	11,186,500
7	卡士達草莓雙餡泡芙	226,865	213,605	238,680	250,665	929,815
8	抹茶紅豆生乳卷	1,366,260	336,840	1,256,220	1,488,900	4,448,220
9	波蘿巧克力泡芙	205,500	181,200	213,975	211,425	812,100
10	頂級香濃卡士達泡芙	211,920	192,960	204,480	215,120	824,480
11	紫芋金沙蛋糕	2,389,480	2,412,420	811,580	2,750,320	8,363,800
12	經典檸檬派	281,600	1,585,650	1,560,350	1,719,300	5,146,900
13	醇厚生巧克力乳酪	2,872,160	2,790,960	2,995,120	3,126,200	11,784,440
14	覆盆子鮮果泡芙	55,200	70,500	248,400	309,200	683,300
15	總計	12,516,745	12,186,405	12,351,175	15,241,650	52,295,975

▲ 樞紐分析表

- **列 (欄) 項目**：欄位中每個唯一的值便稱為項目，例如**商品**名稱欄就有「8 吋抹茶千層」、「五層草莓夾心戚風」、「經典檸檬派」、…等項目。

	A	B	C	D	E	F	G	H	I
1	NO	日期	地區	門市	分類	商品	單價	數量	金額
2	1	2020/11/4	台北	站前門市	蛋糕	8 吋抹茶千層	620	15	9,300
3	2	2020/11/4	台北	站前門市	蛋糕	五層草莓夾心戚風	650	96	62,400
4	3	2020/11/4	台北	站前門市	蛋糕	經典檸檬派	550	82	45,100
5	4	2020/11/4	台北	站前門市	蛋糕	醇厚生巧克力乳酪	580	106	61,480
6	5	2020/11/4	台北	站前門市	蛋糕	抹茶紅豆生乳卷	420	73	30,660
7	6	2020/11/4	台北	站前門市	泡芙	波蘿巧克力泡芙	75	40	3,000
8	7	2020/11/4	台北	站前門市	泡芙	覆盆子鮮果泡芙	100	77	7,700
9	8	2020/11/4	台北	站前門市	泡芙	卡士達草莓雙餡泡芙	85	43	3,655
10	9	2020/11/4	台北	站前門市	泡芙	頂級香濃卡士達泡芙	80	43	3,440
11	10	2020/11/4	台北	南港門市	蛋糕	8 吋抹茶千層	620	41	25,420
12	11	2020/11/4	台北	南港門市	蛋糕	五層草莓夾心戚風	650	73	47,450

▲ 銷售資料

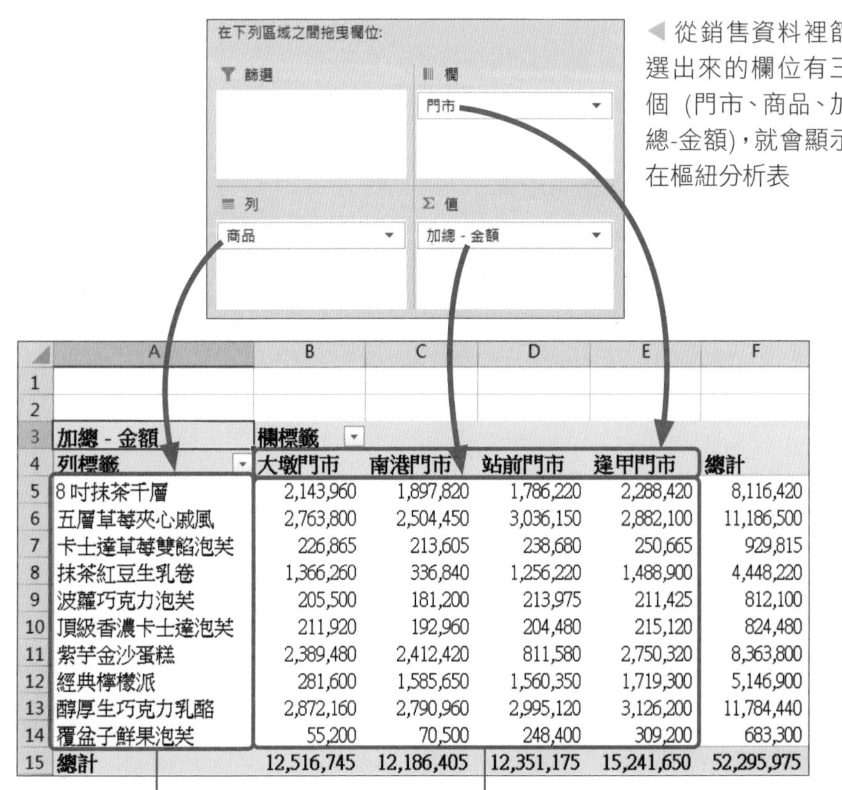

	A	B	C	D	E	F
1						
2						
3	加總 - 金額	欄標籤				
4	列標籤	大墩門市	南港門市	站前門市	逢甲門市	總計
5	8 吋抹茶千層	2,143,960	1,897,820	1,786,220	2,288,420	8,116,420
6	五層草莓夾心戚風	2,763,800	2,504,450	3,036,150	2,882,100	11,186,500
7	卡士達草莓雙餡泡芙	226,865	213,605	238,680	250,665	929,815
8	抹茶紅豆生乳卷	1,366,260	336,840	1,256,220	1,488,900	4,448,220
9	波蘿巧克力泡芙	205,500	181,200	213,975	211,425	812,100
10	頂級香濃卡士達泡芙	211,920	192,960	204,480	215,120	824,480
11	紫芋金沙蛋糕	2,389,480	2,412,420	811,580	2,750,320	8,363,800
12	經典檸檬派	281,600	1,585,650	1,560,350	1,719,300	5,146,900
13	醇厚生巧克力乳酪	2,872,160	2,790,960	2,995,120	3,126,200	11,784,440
14	覆盆子鮮果泡芙	55,200	70,500	248,400	309,200	683,300
15	總計	12,516,745	12,186,405	12,351,175	15,241,650	52,295,975

◀ 從銷售資料裡篩選出來的欄位有三個 (門市、商品、加總-金額)，就會顯示在樞紐分析表

▲ 樞紐分析表

6-2 快速建立樞紐分析表

對樞紐分析表的結構有基本概念後，請開啟範例檔案 Ch06-01，利用**銷售**工作表中的數據資料來建立樞紐分析表，以便了解每項商品在不同地區及門市的銷售數量。

設定資料來源

請先選取資料範圍中的任一個儲存格，切換至**插入**頁次，按下**表格**區的**樞紐分析表**鈕：

接著會開啟交談窗，讓我們做進一步的設定。首先要設定資料來源，好讓 Excel 知道要根據什麼資料來產生樞紐分析表。

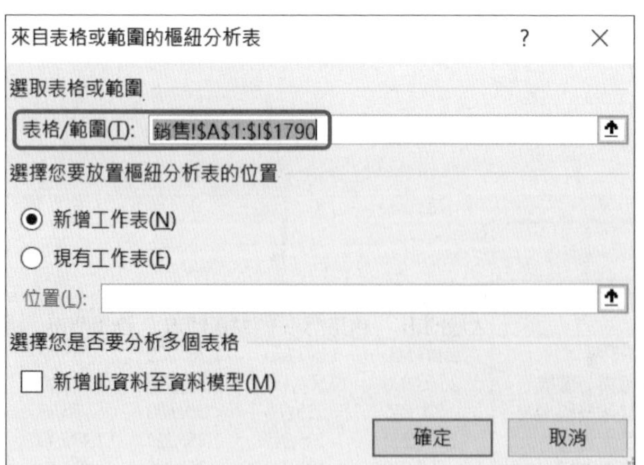

由於我們已經先選取資料表格中的任一個儲存格，所以 Excel 會自動選取整個表格資料做為來源資料範圍。如果 Excel 自動選取的範圍不對，可在**表格/範圍**欄直接輸入來源資料範圍，或是按下旁邊的**折疊**鈕 ⬆ 到工作表中選取範圍。

設定樞紐分析表的位置

請在交談窗中設定樞紐分析表要放置的位置，此例我們選擇**新增工作表**，在目前的**銷售**工作表前插入一張新工作表來放置樞紐分析表：

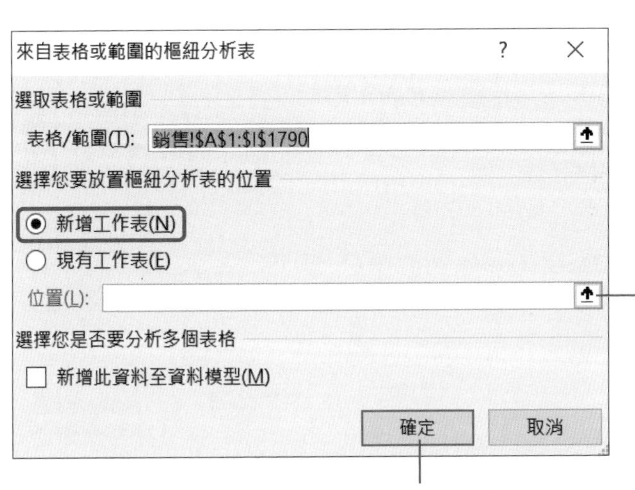

版面配置

此時會自動建立**工作表 1**，並出現一個空白的樞紐分析表，右側則會開啟**樞紐分析表欄位**工作窗格，我們可以透過此窗格來指定要以哪些欄位做為**篩選**、**欄**、**列**與 **Σ 值**欄位。

樞紐分析表欄位工作窗格會列出資料來源中的所有欄位名稱，只要拖曳欄位名稱到對應的位置即可。在此要將**商品**名稱指定為**列**，請如下操作：

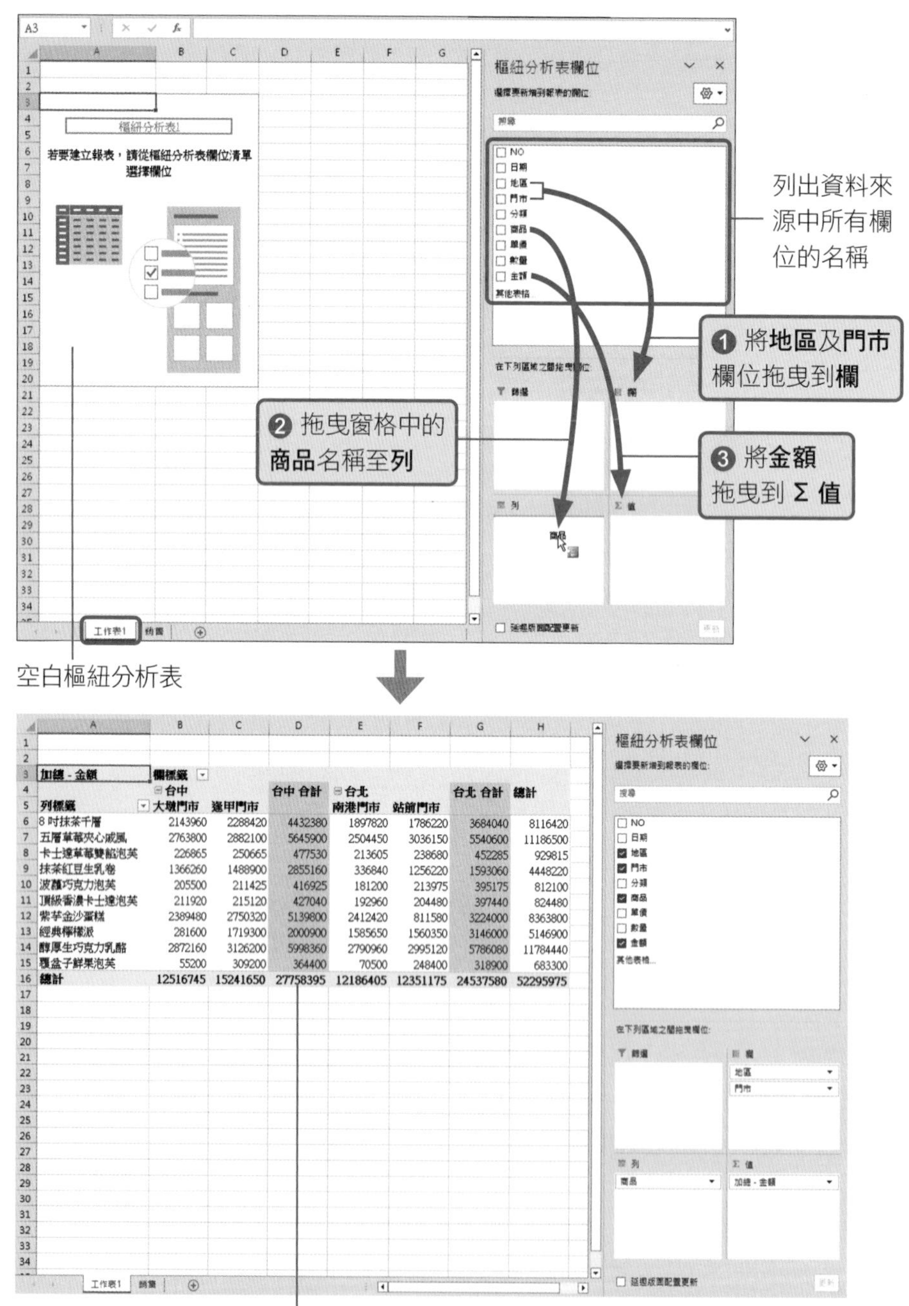

加總 - 金額	欄標籤						
	台中		台中 合計	台北		台北 合計	總計
列標籤	大墩門市	逢甲門市		南港門市	站前門市		
8 吋抹茶千層	2143960	2288420	4432380	1897820	1786220	3684040	8116420
五層草莓夾心戚風	2763800	2882100	5645900	2504450	3036150	5540600	11186500
卡士達草莓雙餡泡芙	226865	250665	477530	213605	238680	452285	929815
抹茶紅豆生乳卷	1366260	1488900	2855160	336840	1256220	1593060	4448220
波蘿巧克力泡芙	205500	211425	416925	181200	213975	395175	812100
頂級香濃卡士達泡芙	211920	215120	427040	192960	204480	397440	824480
紫芋金沙蛋糕	2389480	2750320	5139800	2412420	811580	3224000	8363800
經典檸檬派	281600	1719300	2000900	1585650	1560350	3146000	5146900
醇厚生巧克力乳酪	2872160	3126200	5998360	2790960	2995120	5786080	11784440
覆盆子鮮果泡芙	55200	309200	364400	70500	248400	318900	683300
總計	12516745	15241650	27758395	12186405	12351175	24537580	52295975

看似複雜的樞紐分析表已經輕鬆完成了，由上圖你可以清楚看出每項商品在台北及台中各門市的銷售總數量。

6-3 顯示或隱藏欄、列標籤

樞紐分析表中的**欄標籤**、**列標籤**，目的是方便我們篩選資料的檢視內容，如果不想顯示**欄標籤**、**列標籤**，請切換到**樞紐分析表分析**頁次，利用**顯示**區的**欄位標題**鈕來切換是否隱藏。

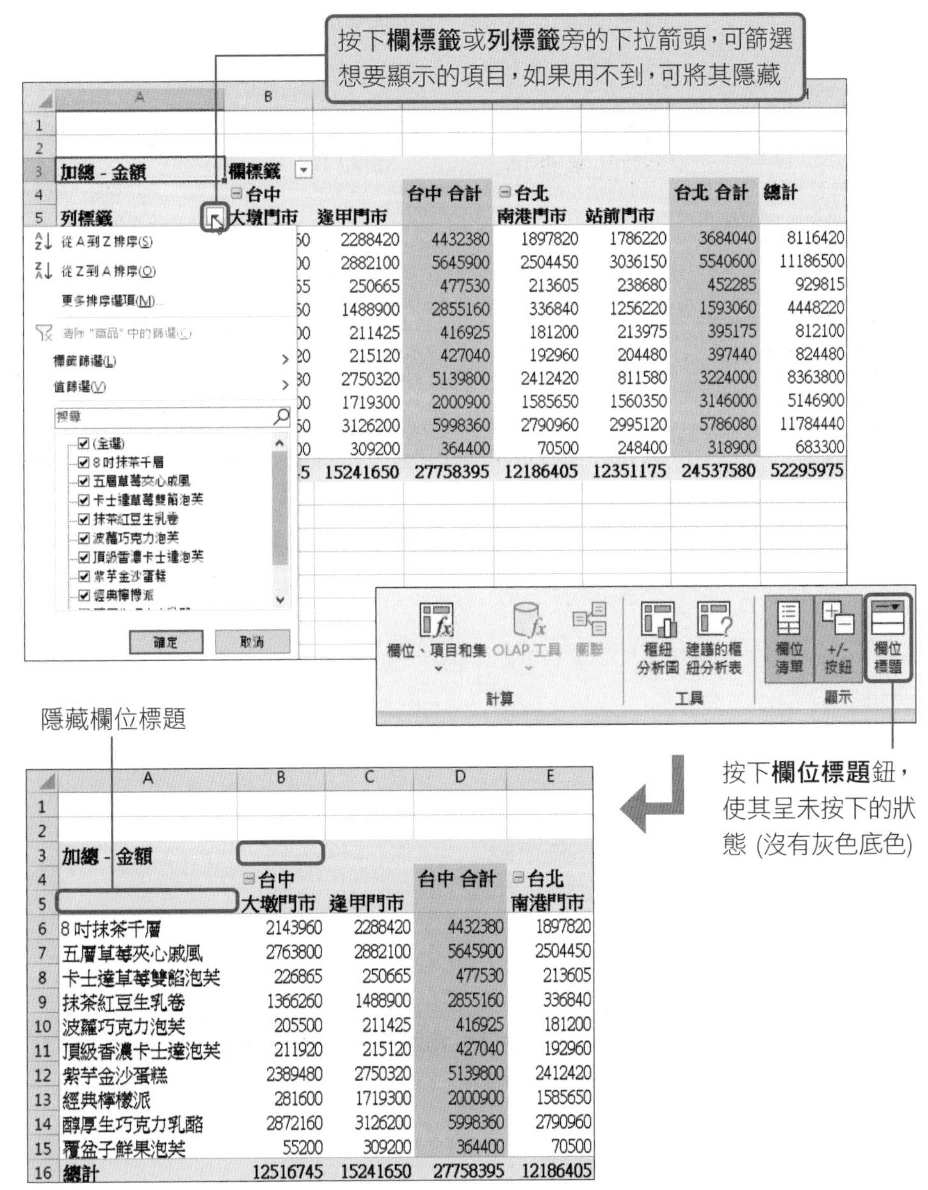

	A	B	C	D	E
1					
2					
3	加總 - 金額				
4		⊟台中		台中 合計	⊟台北
5		大墩門市	逢甲門市		南港門市
6	8 吋抹茶千層	2143960	2288420	4432380	1897820
7	五層草莓夾心戚風	2763800	2882100	5645900	2504450
8	卡士達草莓雙餡泡芙	226865	250665	477530	213605
9	抹茶紅豆生乳卷	1366260	1488900	2855160	336840
10	波蘿巧克力泡芙	205500	211425	416925	181200
11	頂級香濃卡士達泡芙	211920	215120	427040	192960
12	紫芋金沙蛋糕	2389480	2750320	5139800	2412420
13	經典檸檬派	281600	1719300	2000900	1585650
14	醇厚生巧克力乳酪	2872160	3126200	5998360	2790960
15	覆盆子鮮果泡芙	55200	309200	364400	70500
16	總計	12516745	15241650	27758395	12186405

6-4 快速關閉自動產生的小計資料

剛才建立的樞紐分析表，預設會顯示「台中」及「台北」地區的小計，但我們只想比較各門市資料，暫時不需要地區別的小計，要如何將自動產生的小計關閉呢？

不希望顯示這兩欄小計資料

	A	B	C	D	E	F	G	H
3	加總 - 金額							
4		⊟台中		台中 合計	⊟台北		台北 合計	總計
5		大墩門市	逢甲門市		南港門市	站前門市		
6	8 吋抹茶千層	2143960	2288420	4432380	1897820	1786220	3684040	8116420
7	五層草莓夾心戚風	2763800	2882100	5645900	2504450	3036150	5540600	11186500
8	卡士達草莓雙餡泡芙	226865	250665	477530	213605	238680	452285	929815
9	抹茶紅豆生乳卷	1366260	1488900	2855160	336840	1256220	1593060	4448220
10	波蘿巧克力泡芙	205500	211425	416925	181200	213975	395175	812100
11	頂級香濃卡士達泡芙	211920	215120	427040	192960	204480	397440	824480
12	紫芋金沙蛋糕	2389480	2750320	5139800	2412420	811580	3224000	8363800
13	經典檸檬派	281600	1719300	2000900	1585650	1560350	3146000	5146900
14	醇厚生巧克力乳酪	2872160	3126200	5998360	2790960	2995120	5786080	11784440
15	覆盆子鮮果泡芙	55200	309200	364400	70500	248400	318900	683300
16	總計	12516745	15241650	27758395	12186405	12351175	24537580	52295975

請選取樞紐分析表中的任一個儲存格，切換到樞紐分析表的**設計**頁次，按下**小計**鈕，執行『**不要顯示小計**』命令即可：

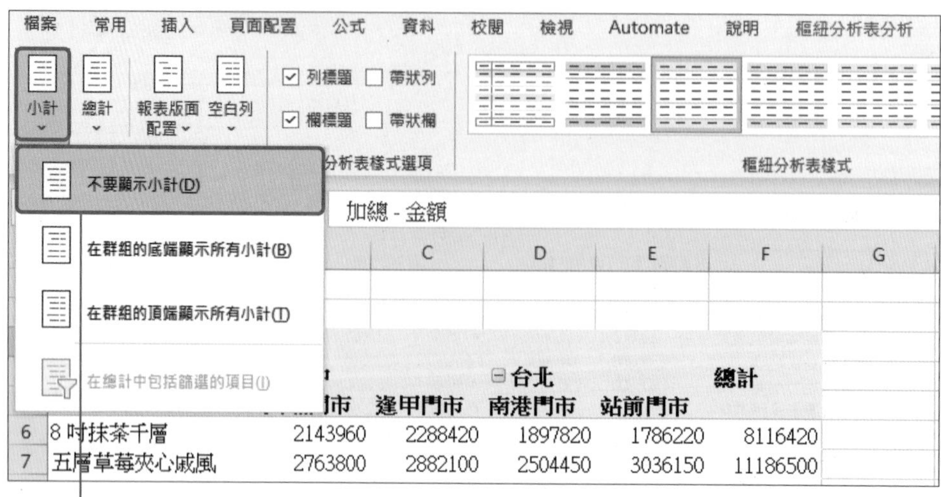

點選此命令

▲ 原本 D 欄 及 G 欄的小計隱藏起來了

6-5 快速替樞紐分析表的數值加上千分位符號

建立好樞紐分析表，雖然會自動統計各商品在各門市的銷售額，但是儲存格中一長串的數值資料，實在不容易閱讀，如何替樞紐分析表中的所有數值加上千分位符號？

樞紐分析表中的資料，其實跟一般儲存格一樣，你可以在樞紐分析表中選取任一個儲存格後，如下做設定：

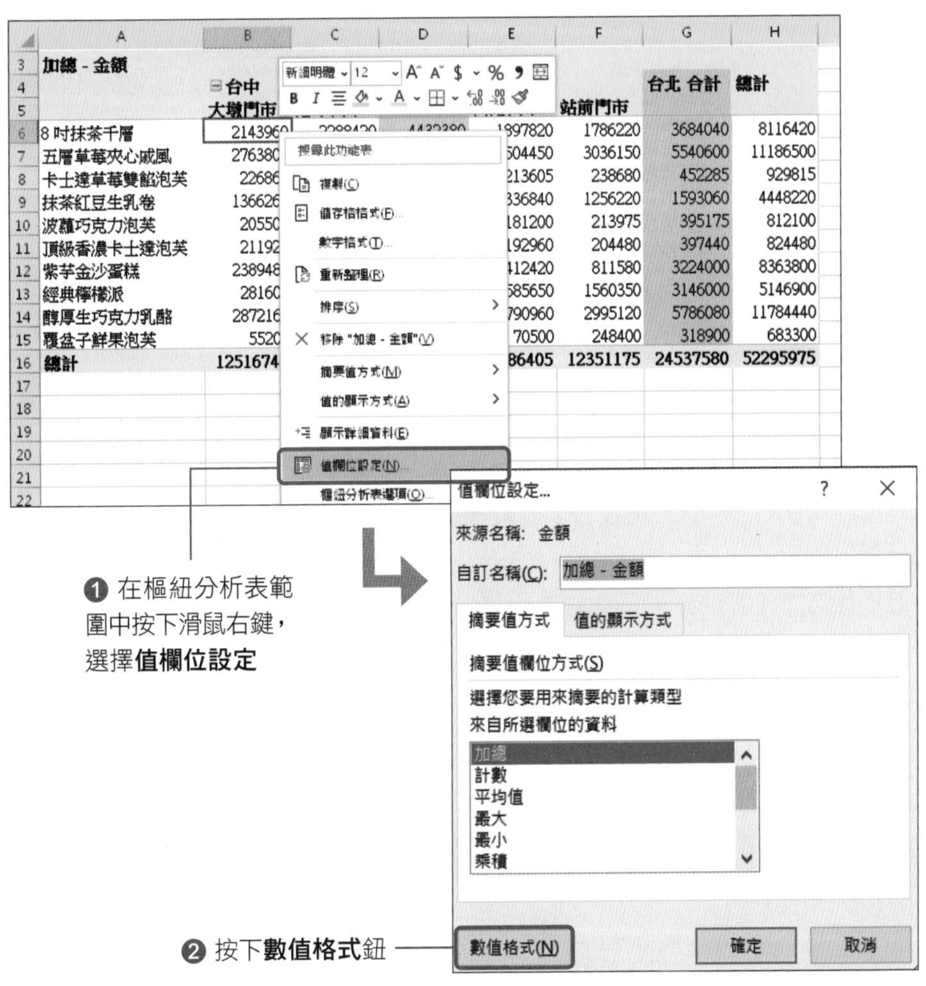

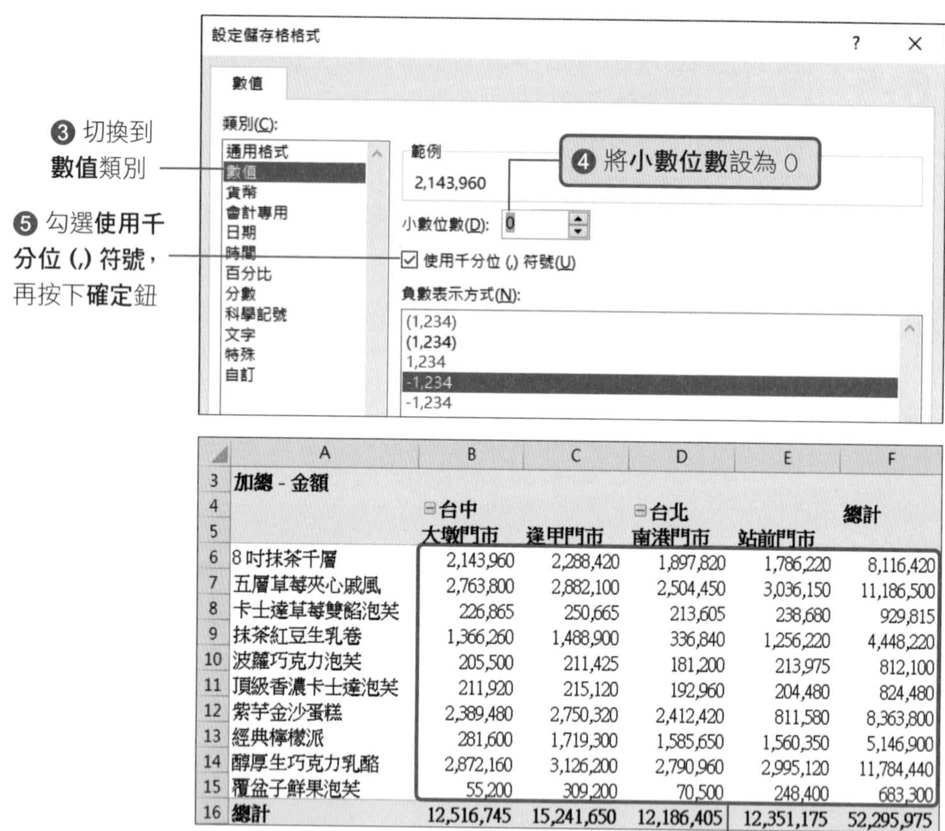

	A	B	C	D	E	F
3	加總 - 金額					
4		⊟台中		⊟台北		總計
5		大墩門市	逢甲門市	南港門市	站前門市	
6	8 吋抹茶千層	2,143,960	2,288,420	1,897,820	1,786,220	8,116,420
7	五層草莓夾心戚風	2,763,800	2,882,100	2,504,450	3,036,150	11,186,500
8	卡士達草莓雙餡泡芙	226,865	250,665	213,605	238,680	929,815
9	抹茶紅豆生乳卷	1,366,260	1,488,900	336,840	1,256,220	4,448,220
10	波蘿巧克力泡芙	205,500	211,425	181,200	213,975	812,100
11	頂級香濃卡士達泡芙	211,920	215,120	192,960	204,480	824,480
12	紫芋金沙蛋糕	2,389,480	2,750,320	2,412,420	811,580	8,363,800
13	經典檸檬派	281,600	1,719,300	1,585,650	1,560,350	5,146,900
14	醇厚生巧克力乳酪	2,872,160	3,126,200	2,790,960	2,995,120	11,784,440
15	覆盆子鮮果泡芙	55,200	309,200	70,500	248,400	683,300
16	總計	12,516,745	15,241,650	12,186,405	12,351,175	52,295,975

所有樞紐分析表的數值都加上千分位符號了

6-6 排序樞紐分析表中的資料

雖然剛才我們在數值中加上了千分位符號，但還是很難一眼就看出哪個商品賣最好，也不容易看出哪家門市的銷售額最高。這時可以善用**排序**功能，將數值由大至小排序，請如下操作：

依商品的總銷售額排序

想知道哪個商品最熱銷，可以依商品的總銷售額由大至小排序。由於商品是以列為單位，所以請選取樞紐分析表中 F 欄的任一個儲存格，按下**資料**頁次中**排序與篩選**區的**從最大到最小排序**鈕：

	A	B	C	D	E	F	G	H
3	加總 - 金額							
4		⊟台中		台中 合計	⊟台北		台北 合計	總計
5		大墩門市	逢甲門市		南港門市	站前門市		
6	8 吋抹茶千層	2,143,960	2,288,420	4,432,380	1,897,820	1,786,220	3,684,040	8,116,420
7	五層草莓夾心戚風	2,763,800	2,882,100	5,645,900	2,504,450	3,036,150	5,540,600	11,186,500
8	卡士達草莓雙餡泡芙	226,865	250,665	477,530	213,605	238,680	452,285	929,815
9	抹茶紅豆生乳卷	1,366,260	1,488,900	2,855,160	336,840	1,256,220	1,593,060	4,448,220
10	波蘿巧克力泡芙	205,500	211,425	416,925	181,200	213,975	395,175	812,100
11	頂級香濃卡士達泡芙	211,920	215,120	427,040	192,960	204,480	397,440	824,480
12	紫芋金沙蛋糕	2,389,480	2,750,320	5,139,800	2,412,420	811,580	3,224,000	8,363,800
13	經典檸檬派	281,600	1,719,300	2,000,900	1,585,650	1,560,350	3,146,000	5,146,900
14	醇厚生巧克力乳酪	2,872,160	3,126,200	5,998,360	2,790,960	2,995,120	5,786,080	11,784,440
15	覆盆子鮮果泡芙	55,200	309,200	364,400	70,500	248,400	318,900	683,300
16	總計	12,516,745	15,241,650	27,758,395	12,186,405	12,351,175	24,537,580	52,295,975

▲ 未排序前，不容易看出哪項商品賣最好

將商品的「總計」欄由大至小排序後，就可以清楚看出「醇厚生巧克力乳酪」賣最好；其次是「五層草莓夾心戚風」

	A	B	C	D	E	F	G
3	加總 - 金額						
4		⊟台中		⊟台北		總計	
5		大墩門市	逢甲門市	南港門市	站前門市		
6	醇厚生巧克力乳酪	2,872,160	3,126,200	2,790,960	2,995,120	11,784,440	
7	五層草莓夾心戚風	2,763,800	2,882,100	2,504,450	3,036,150	11,186,500	
8	紫芋金沙蛋糕	2,389,480	2,750,320	2,412,420	811,580	8,363,800	
9	8 吋抹茶千層	2,143,960	2,288,420	1,897,820	1,786,220	8,116,420	
10	經典檸檬派	281,600	1,719,300	1,585,650	1,560,350	5,146,900	
11	抹茶紅豆生乳卷	1,366,260	1,488,900	336,840	1,256,220	4,448,220	
12	卡士達草莓雙餡泡芙	226,865	250,665	213,605	238,680	929,815	
13	頂級香濃卡士達泡芙	211,920	215,120	192,960	204,480	824,480	
14	波蘿巧克力泡芙	205,500	211,425	181,200	213,975	812,100	
15	覆盆子鮮果泡芙	55,200	309,200	70,500	248,400	683,300	
16	總計	12,516,745	15,241,650	12,186,405	12,351,175	52,295,975	

依門市的銷售額排序

若是想知道哪家門市的銷售額最高，可以依門市的總銷售額由大至小排序。由於門市是以欄為單位，所以請選取樞紐分析表中第 16 列中的任一個儲存格，按下**資料**頁次中**排序與篩選**區的**從最大到最小排序**鈕：

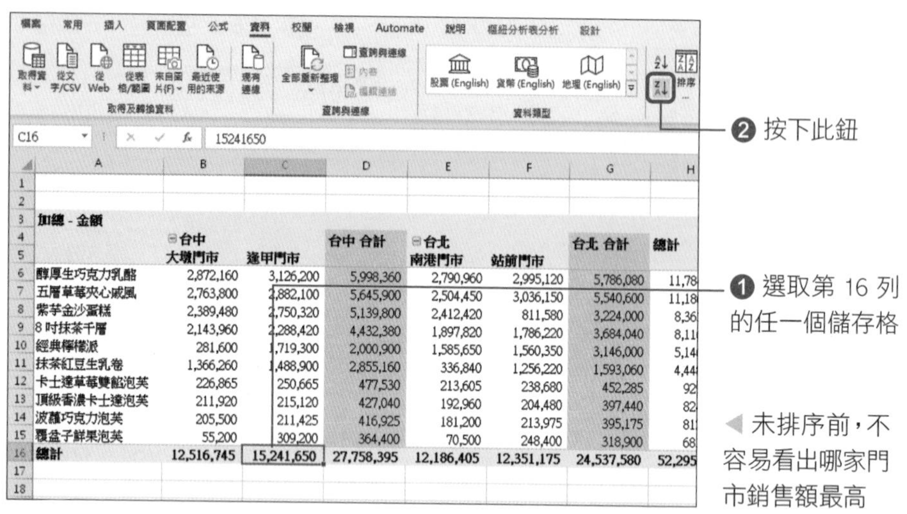

加總 - 金額	⊟台中 大墩門市	逢甲門市	台中 合計	⊟台北 南港門市	站前門市	台北 合計	總計
醇厚生巧克力乳酪	2,872,160	3,126,200	5,998,360	2,790,960	2,995,120	5,786,080	11,78
五層草莓夾心戚風	2,763,800	2,882,100	5,645,900	2,504,450	3,036,150	5,540,600	11,18
紫芋金沙蛋糕	2,389,480	2,750,320	5,139,800	2,412,420	811,580	3,224,000	8,36
8 吋抹茶千層	2,143,960	2,288,420	4,432,380	1,897,820	1,786,220	3,684,040	8,11
經典檸檬派	281,600	1,719,300	2,000,900	1,585,650	1,560,350	3,146,000	5,14
抹茶紅豆生乳卷	1,366,260	1,488,900	2,855,160	336,840	1,256,220	1,593,060	4,44
卡士達草莓雙餡泡芙	226,865	250,665	477,530	213,605	238,680	452,285	92
頂級香濃卡士達泡芙	211,920	215,120	427,040	192,960	204,480	397,440	82
波蘿巧克力泡芙	205,500	211,425	416,925	181,200	213,975	395,175	81
覆盆子鮮果泡芙	55,200	309,200	364,400	70,500	248,400	318,900	68
總計	12,516,745	15,241,650	27,758,395	12,186,405	12,351,175	24,537,580	52,295

加總 - 金額	⊟台中 逢甲門市	大墩門市	⊟台北 站前門市	南港門市	總計
醇厚生巧克力乳酪	3,126,200	2,872,160	2,995,120	2,790,960	11,784,440
五層草莓夾心戚風	2,882,100	2,763,800	3,036,150	2,504,450	11,186,500
紫芋金沙蛋糕	2,750,320	2,389,480	811,580	2,412,420	8,363,800
8 吋抹茶千層	2,288,420	2,143,960	1,786,220	1,897,820	8,116,420
經典檸檬派	1,719,300	281,600	1,560,350	1,585,650	5,146,900
抹茶紅豆生乳卷	1,488,900	1,366,260	1,256,220	336,840	4,448,220
卡士達草莓雙餡泡芙	250,665	226,865	238,680	213,605	929,815
頂級香濃卡士達泡芙	215,120	211,920	204,480	192,960	824,480
波蘿巧克力泡芙	211,425	205,500	213,975	181,200	812,100
覆盆子鮮果泡芙	309,200	55,200	248,400	70,500	683,300
總計	15,241,650	12,516,745	12,351,175	12,186,405	52,295,975

將門市的「總計」欄由大至小排序後，就可以清楚看出「逢甲門市」的銷售額最高；其次是「大墩門市」

6-7 快速重建樞紐分析表

樞紐分析表和來源資料可以建立在同一張工作表中，也可以分成不同工作表。如果你今天打算保存工作表，只想單獨刪除樞紐分析表的內容，可先選取樞紐分析表中的任一個儲存格，切換到**樞紐分析表分析**頁次，再如下操作：

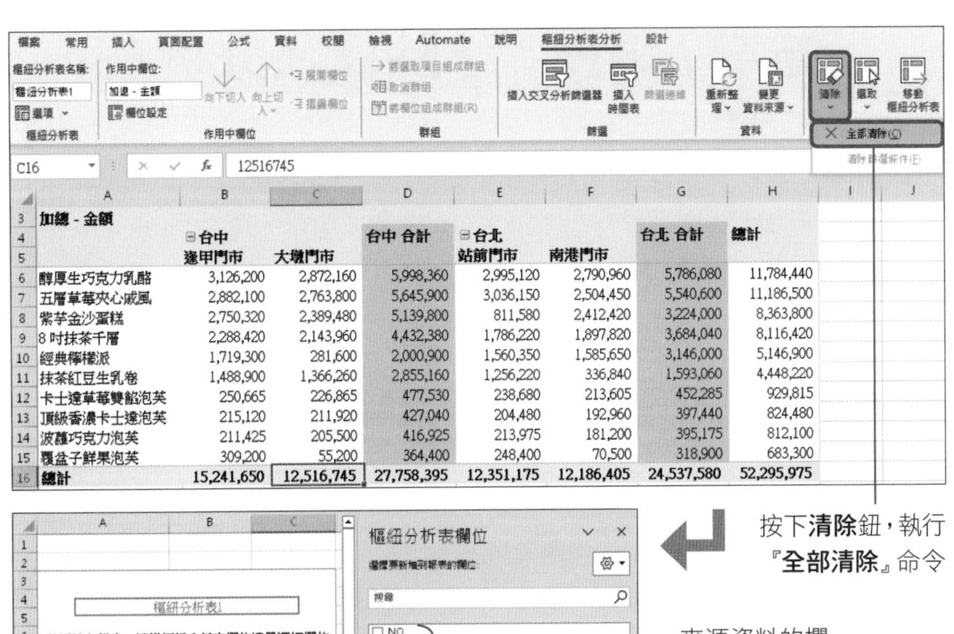

加總 - 金額	⊟台中 逢甲門市	大墩門市	台中 合計	⊟台北 站前門市	南港門市	台北 合計	總計
醇厚生巧克力乳酪	3,126,200	2,872,160	5,998,360	2,995,120	2,790,960	5,786,080	11,784,440
五層草莓夾心戚風	2,882,100	2,763,800	5,645,900	3,036,150	2,504,450	5,540,600	11,186,500
紫芋金沙蛋糕	2,750,320	2,389,480	5,139,800	811,580	2,412,420	3,224,000	8,363,800
8 吋抹茶千層	2,288,420	2,143,960	4,432,380	1,786,220	1,897,820	3,684,040	8,116,420
經典檸檬派	1,719,300	281,600	2,000,900	1,560,350	1,585,650	3,146,000	5,146,900
抹茶紅豆生乳卷	1,488,900	1,366,260	2,855,160	1,256,220	336,840	1,593,060	4,448,220
卡士達草莓雙餡泡芙	250,665	226,865	477,530	238,680	213,605	452,285	929,815
頂級香濃卡士達泡芙	215,120	211,920	427,040	204,480	192,960	397,440	824,480
波蘿巧克力泡芙	211,425	205,500	416,925	213,975	181,200	395,175	812,100
覆盆子鮮果泡芙	309,200	55,200	364,400	248,400	70,500	318,900	683,300
總計	15,241,650	12,516,745	27,758,395	12,351,175	12,186,405	24,537,580	52,295,975

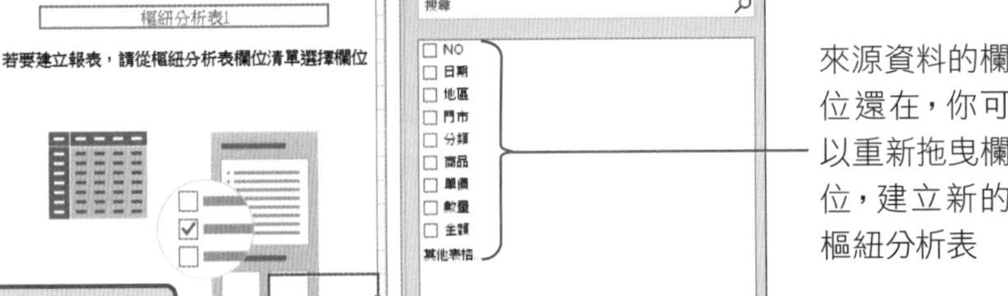

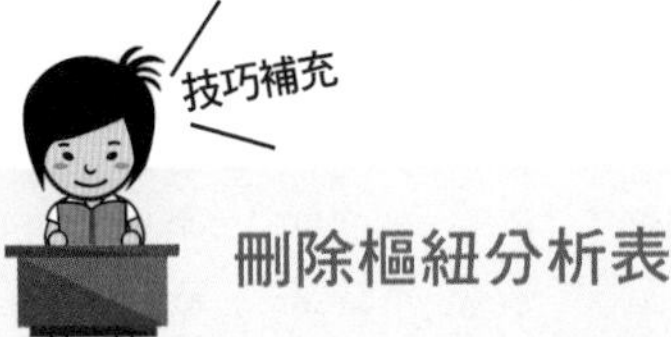

刪除樞紐分析表

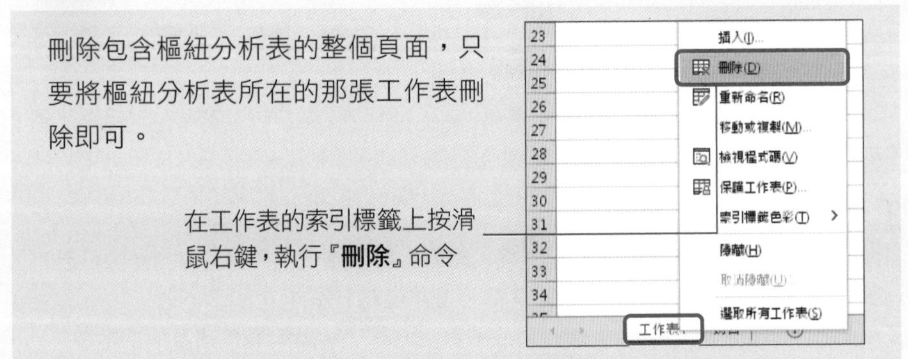

刪除包含樞紐分析表的整個頁面，只要將樞紐分析表所在的那張工作表刪除即可。

6-8 新增 / 調整 / 移除樞紐分析表的欄位

樞紐分析表的欄位決定了資料的呈現方式，切換也非常容易。舉例來說，如果想單獨比較不同年份的銷售情形，只要將「年」欄位加入樞紐分析表中，資料就會自動調整！

新增樞紐分析表欄位

請開啟範例檔案 Ch06-02 並切換到**工作表 1**。只要選取樞紐分析表內的任一個儲存格，就會自動開啟**樞紐分析表欄位**工作窗格，我們要利用此工作窗格來新增欄位：

❶ 將**年**拖曳到**列**區

2020 年「醇厚生巧克力乳酪」在「逢甲門市」的銷售量

2021 年「醇厚生巧克力乳酪」在「逢甲門市」的銷售量

	A	B	C	D	E	F
3	加總 - 金額	欄標籤				
4	列標籤	逢甲門市	大墩門市	站前門市	南港門市	總計
5	⊟醇厚生巧克力乳酪					
6	2020年	999,920	904,800	987,740	916,980	3,809,440
7	2021年	2,126,280	1,967,360	2,007,380	1,873,980	7,975,000
8	⊟五層草莓夾心戚風					
9	2020年	907,400	893,750	1,034,150	779,350	3,614,650
10	2021年	1,974,700	1,870,050	2,002,000	1,725,100	7,571,850
11	⊟紫芋金沙蛋糕					
12	2020年	815,300	754,540	283,960	805,380	2,659,180
13	2021年	1,935,020	1,634,940	527,620	1,607,040	5,704,620
14	⊟8 吋抹茶千層					
15	2020年	775,620	740,900	671,460	540,020	2,728,000
16	2021年	1,512,800	1,403,060	1,114,760	1,357,800	5,388,420
17	⊟經典檸檬派					
18	2020年	605,000	68,750	506,000	508,200	1,687,950
19	2021年	1,114,300	212,850	1,054,350	1,077,450	3,458,950

❷ 加入**年**欄位

Tip

當你選取樞紐分析表範圍以外的儲存格，**樞紐分析表欄位**工作窗格會自動隱藏起來，只要按一下樞紐分析表範圍內的儲存格，工作窗格就會再次顯示。若仍然沒有顯示工作窗格，請直接在樞紐分析表範圍按下滑鼠右鍵，將**隱藏欄位清單**取消點選。

延遲更新資料，讓樞紐分析表跑更快

在**樞紐分析表欄位**工作窗格下方有個**延遲版面配置更新**項目，預設是沒有勾選的，表示當你調整欄位時，樞紐分析表會即時更新所有的資料。

但是如果工作表的資料量很大，在新增、刪除欄位時，工作表即時更新的動作可能會變慢，尤其是一次更新多個欄位時，延遲的時間更是明顯。此時建議你勾選此項，一次調整好所有的欄位後，再手動按下右側的**更新**鈕，以加速工作效率。

調整欄位的排列順序

剛剛在**樞紐分析表欄位**工作窗格中的**列**的「商品」欄位下方加上「年」欄位，可是老闆想要以年份為主要對照方式，希望只要分別列出 2020 年及 2021 年各品項的銷售額就好，這時候你不必重新建立樞紐分析表，只要調整欄位的排列順序即可。請接續剛才的範例繼續操作。

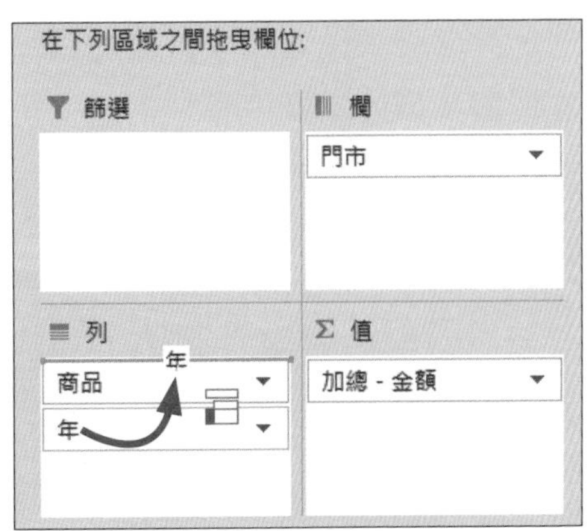

▲ 將**年**往上拖曳到**商品**之前

	A	B	C	D	E	F
3	加總 - 金額	欄標籤				
4	列標籤	逢甲門市	大墩門市	站前門市	南港門市	總計
5	⊟2020年					
6	醇厚生巧克力乳酪	999,920	904,800	987,740	916,980	3,809,440
7	五層草莓夾心戚風	907,400	893,750	1,034,150	779,350	3,614,650
8	8 吋抹茶千層	775,620	740,900	671,460	540,020	2,728,000
9	紫芋金沙蛋糕	815,300	754,540	283,960	805,380	2,659,180
10	經典檸檬派	605,000	68,750	506,000	508,200	1,687,950
11	抹茶紅豆生乳卷	511,980	450,660	410,760	90,720	1,464,120
12	卡士達草莓雙餡泡芙	75,990	72,845	80,580	69,445	298,860
13	波蘿巧克力泡芙	66,675	66,825	69,150	55,725	258,375
14	頂級香濃卡士達泡芙	67,680	66,160	55,760	60,400	250,000
15	覆盆子鮮果泡芙	108,100	15,000	83,600	28,900	235,600
16	⊟2021年					
17	醇厚生巧克力乳酪	2,126,280	1,967,360	2,007,380	1,873,980	7,975,000
18	五層草莓夾心戚風	1,974,700	1,870,050	2,002,000	1,725,100	7,571,850
19	紫芋金沙蛋糕	1,935,020	1,634,940	527,620	1,607,040	5,704,620
20	8 吋抹茶千層	1,512,800	1,403,060	1,114,760	1,357,800	5,388,420
21	經典檸檬派	1,114,300	212,850	1,054,350	1,077,450	3,458,950
22	抹茶紅豆生乳卷	976,920	915,600	845,460	246,120	2,984,100
23	卡士達草莓雙餡泡芙	174,675	154,020	158,100	144,160	630,955
24	頂級香濃卡士達泡芙	147,440	145,760	148,720	132,560	574,480
25	波蘿巧克力泡芙	144,750	138,675	144,825	125,475	553,725
26	覆盆子鮮果泡芙	201,100	40,200	164,800	41,600	447,700
27	總計	15,241,650	12,516,745	12,351,175	12,186,405	52,295,975

▲ 呈現的方式和剛才完全不同

移除樞紐分析表的欄位

我們可以隨時新增樞紐分析表中的欄位，也可以將欄位移除。接續上例，列印報表給老闆後，就可以將剛才新增到**列**的**年**欄位移除。底下提供 2 個移除欄位的方法：

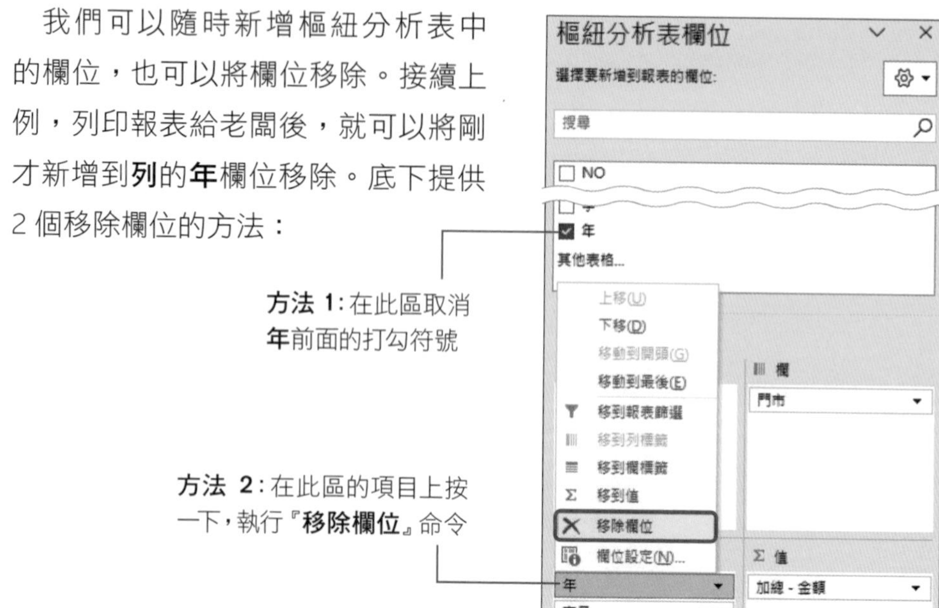

6-9 只篩選出想要檢視的列或欄項目

如果要分析特定門市、特定商品的銷售狀況，當統計表上還有其他資料時，很難立即找出所需的部分，而且也會無法比較目標資料。遇到這種情況，請隱藏其他資料，單獨列出要分析的對象。

只篩選出要顯示的商品類別及項目

在樞紐分析表中，使用顯示在**列標籤**或**欄標籤**的篩選鈕，即可輕易篩選出目標項目。請開啟範例檔案 Ch06-03，並切換到**工作表 1**。在此只想列出「泡芙」類的所有商品：

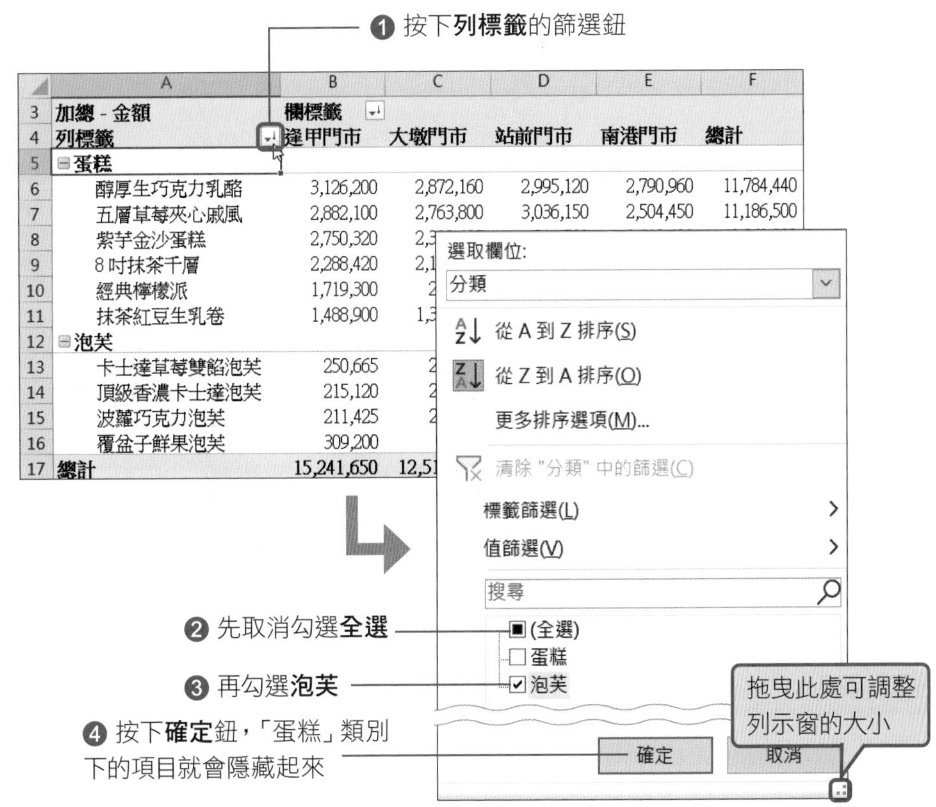

	A	B	C	D	E	F
3	加總 - 金額	欄標籤				
4	列標籤	逢甲門市	站前門市	大墩門市	南港門市	總計
5	⊟泡芙					
6	卡士達草莓雙餡泡芙	250,665	238,680	226,865	213,605	929,815
7	頂級香濃卡士達泡芙	215,120	204,480	211,920	192,960	824,480
8	波蘿巧克力泡芙	211,425	213,975	205,500	181,200	812,100
9	覆盆子鮮果泡芙	309,200	248,400	55,200	70,500	683,300
10	總計	986,410	905,535	699,485	658,265	3,249,695

只剩下「泡芙」類的商品

若是想進一步查看「站前門市」及「南港門市」的銷售狀況，可將其他兩個門市資料隱藏起來，請如下操作：

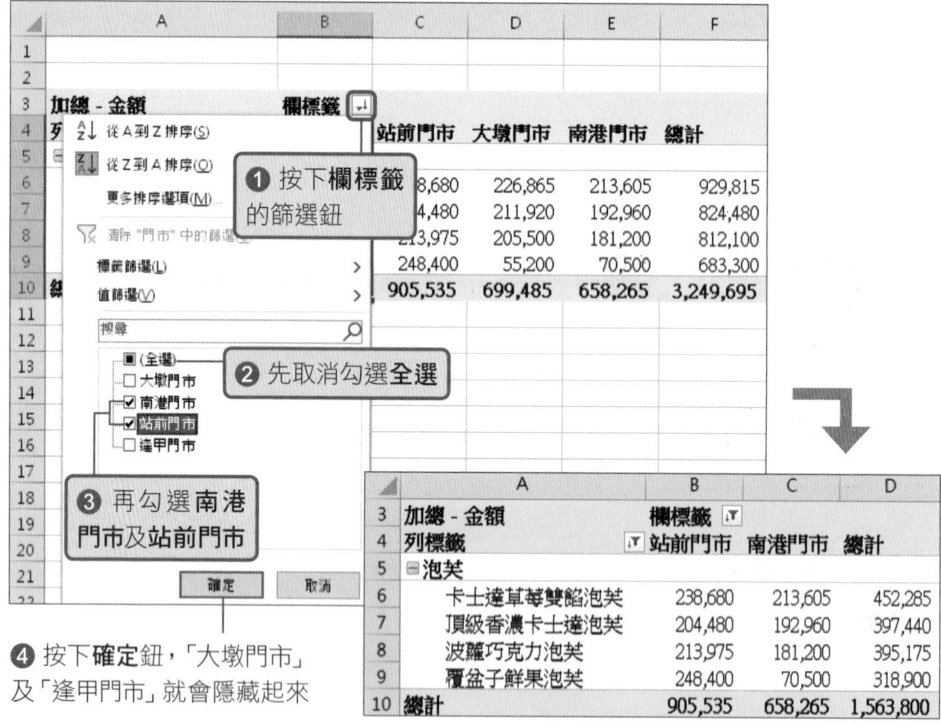

	A	B	C	D
3	加總 - 金額	欄標籤		
4	列標籤	站前門市	南港門市	總計
5	⊟泡芙			
6	卡士達草莓雙餡泡芙	238,680	213,605	452,285
7	頂級香濃卡士達泡芙	204,480	192,960	397,440
8	波蘿巧克力泡芙	213,975	181,200	395,175
9	覆盆子鮮果泡芙	248,400	70,500	318,900
10	總計	905,535	658,265	1,563,800

❹ 按下**確定**鈕，「大墩門市」及「逢甲門市」就會隱藏起來

▲ 這樣就可以清楚得知「站前門市」及「南港門市」泡芙類商品的銷售狀況

Tip

後續搭配 Power Automate Desktop，還能進一步將特定門市的統計報表，自動 Email 或 Line 給相關部門。

6-10 利用篩選欄位，自動產生不同分頁的工作表

樞紐分析表除了可以讓我們自由調整欄、列的項目外，若是需要將資料分頁顯示，透過樞紐分析表的**篩選**欄位即可輕鬆完成，這一節我們就來看看如何從報表中篩選出需要的資料。

設定分頁欄位

請開啟範例檔案 Ch06-04，切換到**工作表 1** 中的樞紐分析表。我們想單獨檢視 2020 年及 2021 年的銷售狀況，就可以將**年**欄位拖曳到**篩選**區中：

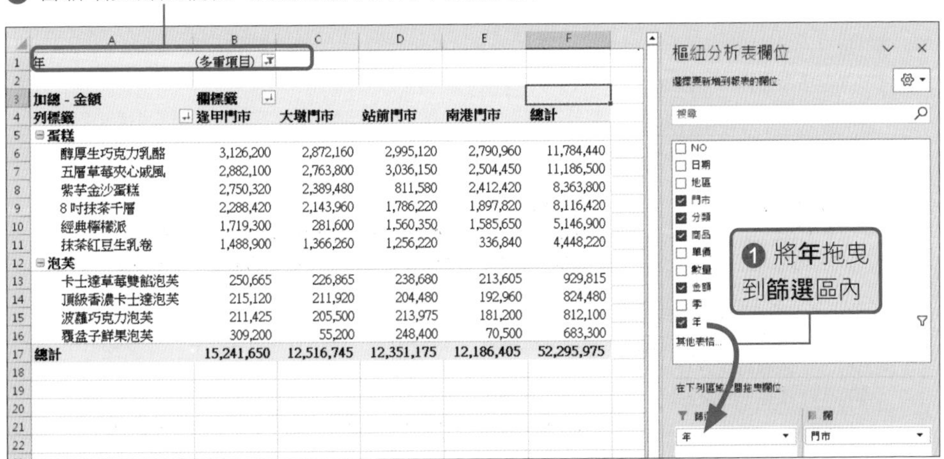

若要單獨查看某一年的資料，請按下**年**右方的**篩選**鈕，再選取要查看的年份：

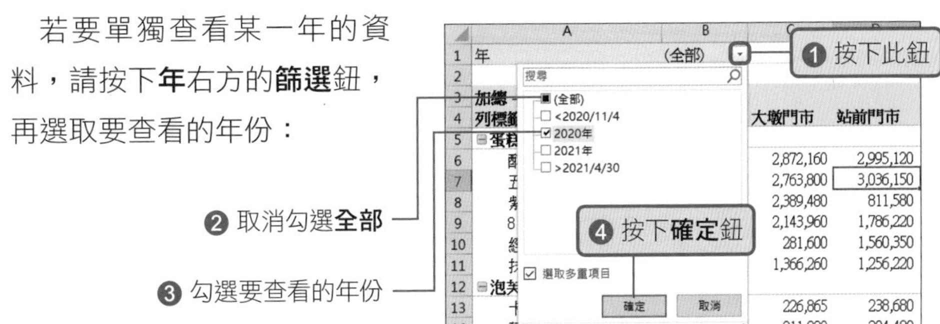

● 勾選「2020 年」：

在此按一下隱藏「蛋糕」類的商品，再按一次即可展開

將**蛋糕**類的商品隱藏起來，只會顯示蛋糕類的小計

	A	B	C	D	E	F
1	年	2020年				
2						
3	**加總 - 金額**	**欄標籤**				
4	**列標籤**	**逢甲門市**	**站前門市**	**大墩門市**	**南港門市**	**總計**
5	⊞**蛋糕**	4,615,220	3,894,070	3,813,400	3,640,650	15,963,340
6	⊟**泡芙**					
7	卡士達草莓雙餡泡芙	75,990	80,580	72,845	69,445	298,860
8	波蘿巧克力泡芙	66,675	69,150	66,825	55,725	258,375
9	頂級香濃卡士達泡芙	67,680	55,760	66,160	60,400	250,000
10	覆盆子鮮果泡芙	108,100	83,600	15,000	28,900	235,600
11	**總計**	**4,933,665**	**4,183,160**	**4,034,230**	**3,855,120**	**17,006,175**

▲ 顯示 2020 年泡芙類產品在各門市的銷售額

● 勾選「2021 年」：

	A	B	C	D	E	F
1	年	2021年				
2						
3	**加總 - 金額**	**欄標籤**				
4	**列標籤**	**逢甲門市**	**大墩門市**	**南港門市**	**站前門市**	**總計**
5	⊞**蛋糕**	9,640,020	8,003,860	7,887,490	7,551,570	33,082,940
6	⊟**泡芙**					
7	卡士達草莓雙餡泡芙	174,675	154,020	144,160	158,100	630,955
8	頂級香濃卡士達泡芙	147,440	145,760	132,560	148,720	574,480
9	波蘿巧克力泡芙	144,750	138,675	125,475	144,825	553,725
10	覆盆子鮮果泡芙	201,100	40,200	41,600	164,800	447,700
11	**總計**	**10,307,985**	**8,482,515**	**8,331,285**	**8,168,015**	**35,289,800**

▲ 顯示 2021 年泡芙類產品在各門市的銷售額

將不同年度的統計表分別建立成工作表

學會**篩選**欄的用法後，如果希望將不同年度的統計表單獨建立在不同工作表中以方便查看，該怎麼做比較好呢？

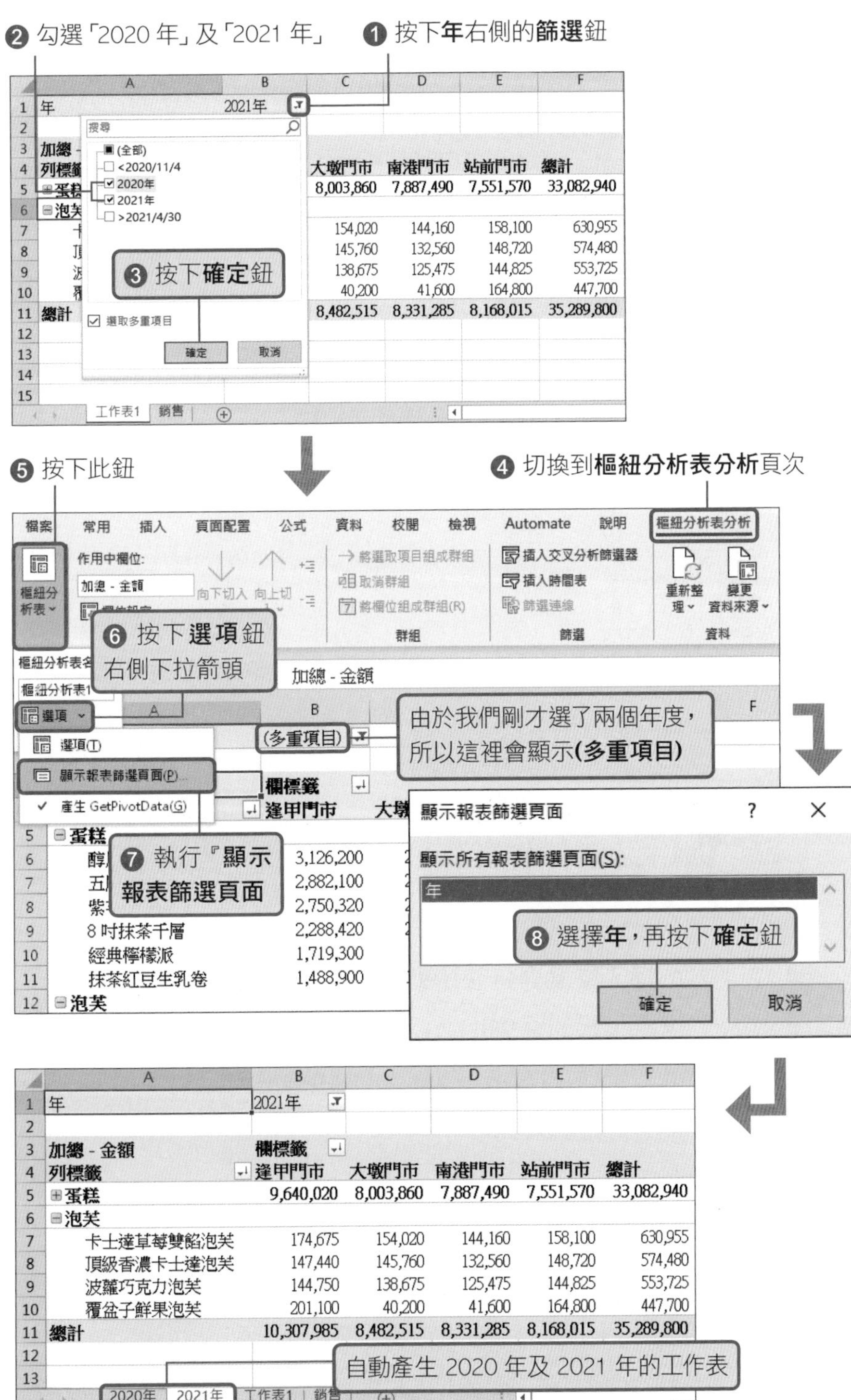
❷ 勾選「2020 年」及「2021 年」
❶ 按下年右側的篩選鈕
❸ 按下確定鈕
❺ 按下此鈕
❹ 切換到樞紐分析表分析頁次
❻ 按下選項鈕右側下拉箭頭
由於我們剛才選了兩個年度，所以這裡會顯示(多重項目)
❼ 執行『顯示報表篩選頁面』
顯示報表篩選頁面
顯示所有報表篩選頁面(S):
❽ 選擇年，再按下確定鈕
確定
取消
自動產生 2020 年及 2021 年的工作表

6-11 使用「交叉分析篩選器」設定分析條件

現在老闆想要單獨檢視 2021 年「站前門市」的「經典檸檬派」及「卡士達草莓雙餡泡芙」的銷售狀況，請切換到範例檔案 Ch06-05 的**工作表 1** 來練習。

step 01 選取樞紐分析表中的任一個儲存格，切換到**樞紐分析表分析**頁次，按下**篩選**區的**插入交叉分析篩選器**鈕：

按下此鈕

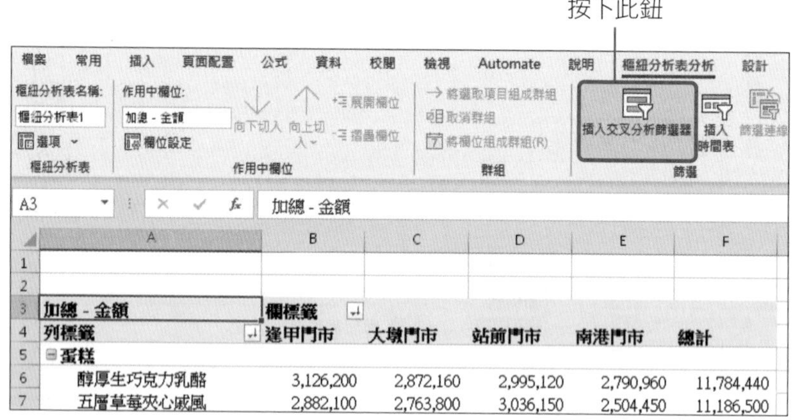

step 02 在開啟的**插入交叉分析篩選器**交談窗中勾選要分析的條件：

插入交叉分析篩選器

- ☐ NO
- ☐ 日期
- ☐ 地區
- ☑ 門市
- ☐ 分類
- ☑ 商品
- ☐ 單價
- ☐ 數量
- ☐ 金額
- ☐ 季
- ☑ 年

確定　取消

❶ 勾選**年**、**商品**、**門市**項目

❷ 按下**確定**鈕

step 03 接著會在樞紐分析表上出現如下圖的**年**、**商品**、**門市**交叉分析篩選器，只要點選其中的按鈕，就只會顯示篩選後的資料。例如按下 **2021 年**鈕，就只會統計 2021 年的銷售資料：

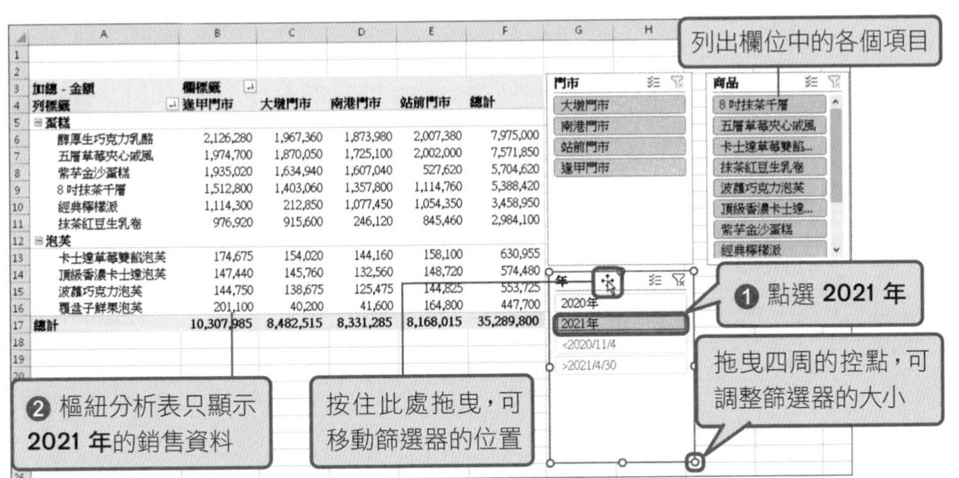

加總 - 金額	欄標籤				
列標籤	逢甲門市	大墩門市	南港門市	站前門市	總計
⊟蛋糕					
醇厚生巧克力乳酪	2,126,280	1,967,360	1,873,980	2,007,380	7,975,000
五層草莓夾心戚風	1,974,700	1,870,050	1,725,100	2,002,000	7,571,850
紫芋金沙蛋糕	1,935,020	1,634,940	1,607,040	527,620	5,704,620
8 吋抹茶千層	1,512,800	1,403,060	1,357,800	1,114,760	5,388,420
經典檸檬派	1,114,300	212,850	1,077,450	1,054,350	3,458,950
抹茶紅豆生乳卷	976,920	915,600	246,120	845,460	2,984,100
⊟泡芙					
卡士達草莓雙餡泡芙	174,675	154,020	144,160	158,100	630,955
頂級香濃卡士達泡芙	147,440	145,760	132,560	148,720	574,480
波蘿巧克力泡芙	144,750	138,675	125,475	144,825	553,725
覆盆子鮮果泡芙	201,100	40,200	41,600	164,800	447,700
總計	10,307,985	8,482,515	8,331,285	8,168,015	35,289,800

step 04 請陸續點按**門市**篩選器的**站前門市**，以及**商品**篩選器的**卡士達草莓雙餡泡芙**及**經典檸檬派**鈕：

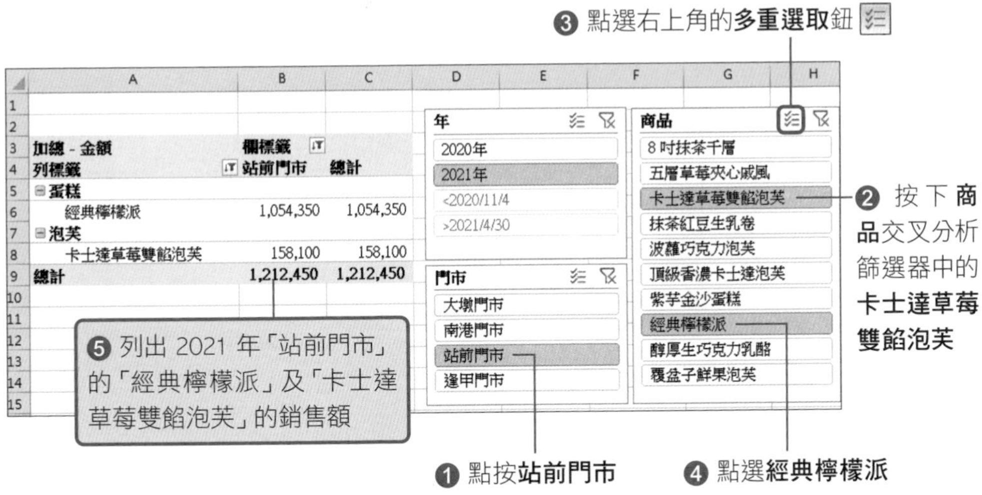

加總 - 金額	欄標籤	
列標籤	站前門市	總計
⊟蛋糕		
經典檸檬派	1,054,350	1,054,350
⊟泡芙		
卡士達草莓雙餡泡芙	158,100	158,100
總計	1,212,450	1,212,450

Tip

按下**交叉分析篩選器**右上角的**清除篩選**鈕，可清除篩選條件，顯示所有資料。若是要刪掉整個交叉分析篩選器，則可選取**交叉分析篩選器**後，再按下 Delete 鍵。

6-12 快速同步更新樞紐分析表

樞紐分析表是根據來源資料 (如 Excel 清單) 而產生的。因此，若來源資料有任何更動，則樞紐分析表也要更新，才能確保資料的正確性。

請開啟範例檔案 Ch06-06，我們在製作樞紐分析表後，才發現「**波**蘿巧克力泡芙」打錯字，應該是「**菠**蘿」才對，底下將教你修正來源資料並更新樞紐分析表：

step 01 請切換到樞紐分析表的來源資料**銷售**工作表，選取 F 欄中的任一個儲存格，按下 Ctrl + H 鍵，開啟**尋找及取代**交談窗，在此要將「**波**蘿巧克力泡芙」更正為「**菠**蘿巧克力泡芙」：

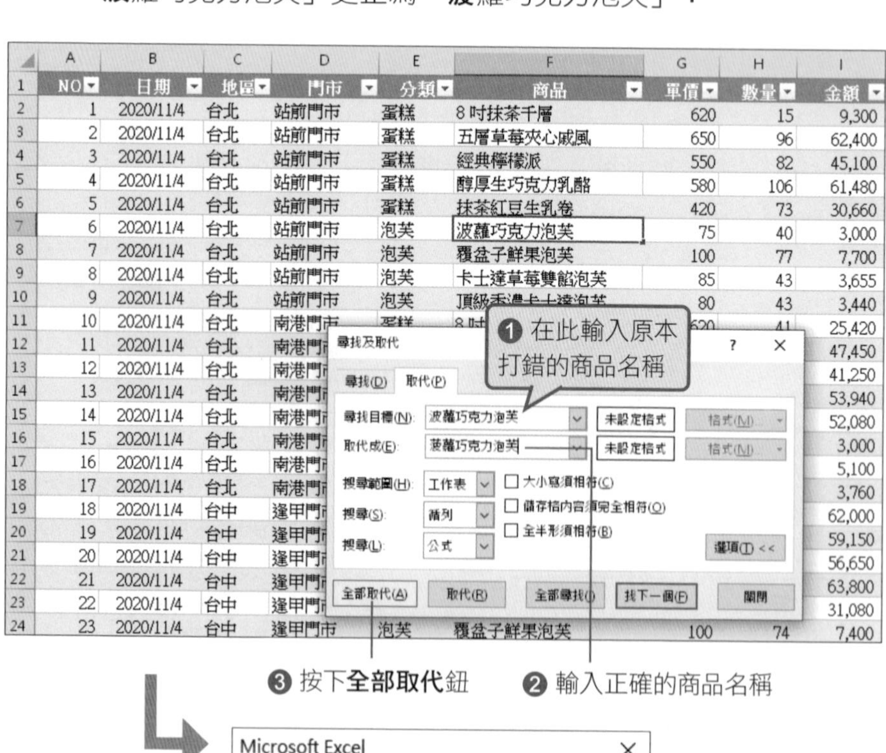

❸ 按下**全部取代**鈕　❷ 輸入正確的商品名稱

◀ 顯示已取代幾筆資料

step 02 接著切換到**工作表 1**，你會發現樞紐分析表中的商品名稱並沒有自動更正，請按下**樞紐分析表分析**頁次的**重新整理**鈕，資料才會更正。

❷ 按下**重新整理**鈕

A9 波蘿巧克力泡芙

	A	B	C	D	E	F
1						
2						
3	加總 - 金額	欄標籤				
4	列標籤	逢甲門市	大墩門市	站前門市	南港門市	總計
5	⊞蛋糕	14,255,240	11,817,260	11,445,640	11,528,140	49,046,280
6	⊟泡芙					
7	卡士達草莓雙餡泡芙	250,665	226,865	238,680	213,605	929,815
8	頂級香濃卡士達泡芙	215,120	211,920	204,480	192,960	824,480
9	波蘿巧克力泡芙	211,425	205,500	213,975	181,200	812,100
10	覆盆子鮮果泡芙	309,200	55,200	248,400	70,500	683,300
11	總計	15,241,650	12,516,745	12,351,175	12,186,405	52,295,975

錯字尚未更正　❶ 選取樞紐分析表中的任一個儲存格

	A	B	C	D	E	F
1						
2						
3	加總 - 金額	欄標籤				
4	列標籤	逢甲門市	大墩門市	站前門市	南港門市	總計
5	⊞蛋糕	14,255,240	11,817,260	11,445,640	11,528,140	49,046,280
6	⊟泡芙					
7	卡士達草莓雙餡泡芙	250,665	226,865	238,680	213,605	929,815
8	頂級香濃卡士達泡芙	215,120	211,920	204,480	192,960	824,480
9	菠蘿巧克力泡芙	211,425	205,500	213,975	181,200	812,100
10	覆盆子鮮果泡芙	309,200	55,200	248,400	70,500	683,300
11	總計	15,241,650	12,516,745	12,351,175	12,186,405	52,295,975

訂正錯字了

如果有多個工作表都參照到修改過的原始資料，可按下**重新整理**鈕的向下箭頭，從中執行『**全部重新整理**』命令，即可一次更新所有相關的工作表。

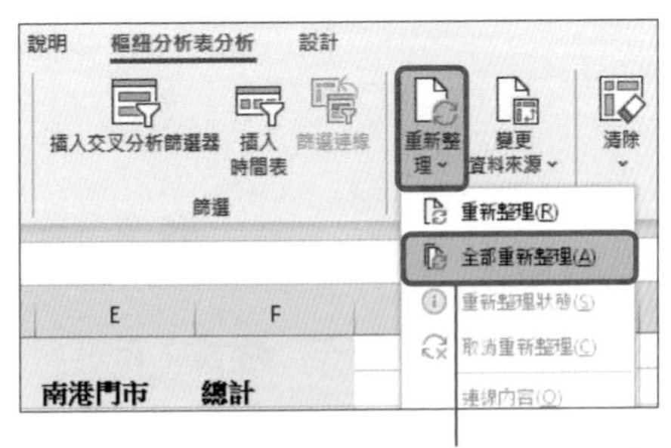

若要一次更新來源資料，請按下此鈕

6-13 變更樞紐分析表的計算方式

有時候我們不一定只看銷售數字的總和，有時也需要看銷售最大值或最小值。雖然樞紐分析表預設的計算方式是加總，但你也可以依需求更改為計算平均值、最大、最小或是乘積。

改變摘要值方式

「摘要值方式」是指樞紐分析表 **Σ 值**欄位所採用的計算方式。請開啟範例檔案 Ch06-07，我們來練習如何改變 **Σ 值**欄位的摘要值方式。

step 01 選取 **Σ 值**欄位區中的任一個儲存格 (例如 C8 儲存格)，接著按下**樞紐分析表分析**頁次**作用中欄位**區的**欄位設定**鈕：

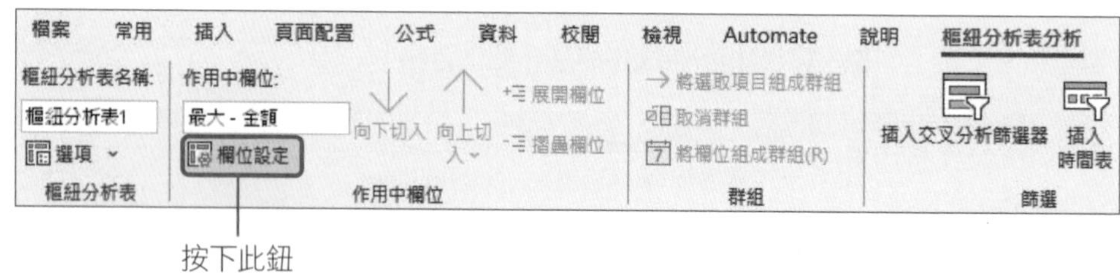

按下此鈕

step 02 開啟**值欄位設定**交談窗後，在列示窗中選擇要採用的計算方式，例如選擇**最大**：

值欄位設定
來源名稱: 金額
自訂名稱(C): 最大 - 金額
摘要值方式　值的顯示方式
摘要值欄位方式(S)
選擇您要用來摘要的計算類型
來自所選欄位的資料
加總
計數
平均值
最大
最小
乘積
數值格式(N)　確定　取消

❶ 選此項

❷ 按下**確定**鈕

Excel 預設摘要值方式為**加總**

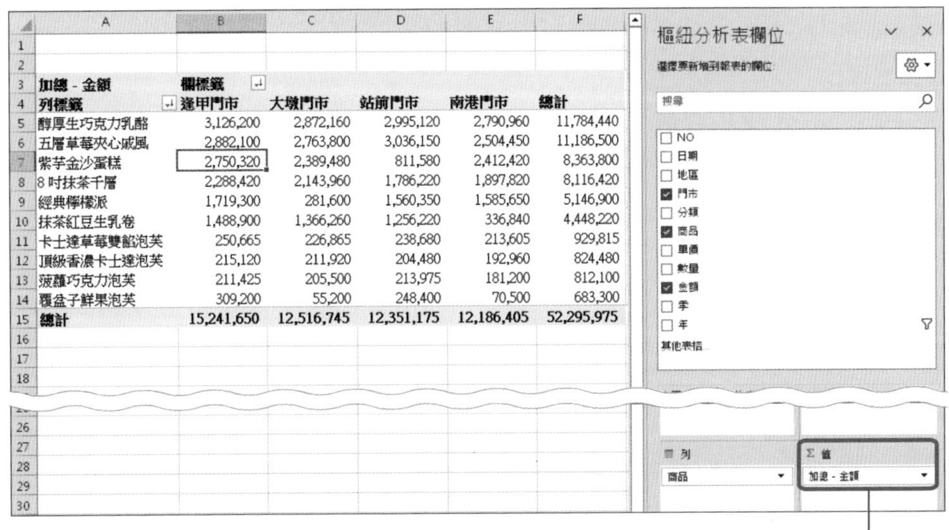

加總 - 金額	欄標籤				
列標籤	逢甲門市	大墩門市	站前門市	南港門市	總計
醇厚生巧克力乳酪	3,126,200	2,872,160	2,995,120	2,790,960	11,784,440
五層草莓夾心戚風	2,882,100	2,763,800	3,036,150	2,504,450	11,186,500
紫芋金沙蛋糕	2,750,320	2,389,480	811,580	2,412,420	8,363,800
8 吋抹茶千層	2,288,420	2,143,960	1,786,220	1,897,820	8,116,420
經典檸檬派	1,719,300	281,600	1,560,350	1,585,650	5,146,900
抹茶紅豆生乳卷	1,488,900	1,366,260	1,256,220	336,840	4,448,220
卡士達草莓雙餡泡芙	250,665	226,865	238,680	213,605	929,815
頂級香濃卡士達泡芙	215,120	211,920	204,480	192,960	824,480
菠蘿巧克力泡芙	211,425	205,500	213,975	181,200	812,100
覆盆子鮮果泡芙	309,200	55,200	248,400	70,500	683,300
總計	15,241,650	12,516,745	12,351,175	12,186,405	52,295,975

▲ 加總各商品各門市的銷售額

摘要值方式為**加總**的計算結果

摘要值方式改成**最大**

最大 - 金額	欄標籤				
列標籤	站前門市	逢甲門市	大墩門市	南港門市	總計
五層草莓夾心戚風	75,400	72,800	72,150	67,600	75,400
醇厚生巧克力乳酪	71,920	73,660	70,760	67,860	73,660
紫芋金沙蛋糕	67,580	70,060	64,480	65,720	70,060
8 吋抹茶千層	55,800	63,860	65,100	55,180	65,100
經典檸檬派	45,100	57,750	39,600	42,350	57,750
抹茶紅豆生乳卷	36,960	39,480	36,540	38,640	39,480
覆盆子鮮果泡芙	8,400	8,500	8,100	8,900	8,900
卡士達草莓雙餡泡芙	6,460	6,885	6,630	5,865	6,885
頂級香濃卡士達泡芙	5,920	6,160	5,840	5,280	6,160
菠蘿巧克力泡芙	5,625	5,925	5,400	5,100	5,925
總計	75,400	73,660	72,150	67,860	75,400

▲ 列出各商品各門市最高的銷售額

摘要值方式改成**最大**的計算結果

6-14 在統計表中同時列出數量及金額兩個欄位

在 **Σ 值區域**中配置多個欄位，可以在一張統計表內顯示多項統計結果。例如老闆想同時查看銷售「數量」及「銷售額」，以便觀察「銷售額與數量是否成正比」、「數量少但是銷售金額高」等資訊。

要同時列出「數量」及「金額」可以「直向」排列，也可以「橫向」排列，你可以視需求來調整欄位位置。請開啟範例檔案 Ch06-08 來操作：

	A	B	C	D	E	F	G
1							
2							
3		欄標籤					
4		蛋糕		泡芙		加總 - 數量 的加總	加總 - 金額 的加總
5	列標籤	加總 - 數量	加總 - 金額	加總 - 數量	加總 - 金額		
6	逢甲門市	24,622	14,255,240	11,549	986,410	36,171	15,241,650
7	大墩門市	20,281	11,817,260	8,610	699,485	28,891	12,516,745
8	站前門市	19,853	11,445,640	10,701	905,535	30,554	12,351,175
9	南港門市	19,302	11,528,140	8,046	658,265	27,348	12,186,405
10	總計	84,058	49,046,280	38,906	3,249,695	122,964	52,295,975
11							
12							

▲ 橫向排列

	A	B	C	D	E
3		欄標籤			
4	列標籤	蛋糕	泡芙	總計	
5	逢甲門市				
6	加總 - 數量	24,622	11,549	36,171	
7	加總 - 金額	14,255,240	986,410	15,241,650	
8	大墩門市				
9	加總 - 數量	20,281	8,610	28,891	
10	加總 - 金額	11,817,260	699,485	12,516,745	
11	站前門市				
12	加總 - 數量	19,853	10,701	30,554	
13	加總 - 金額	11,445,640	905,535	12,351,175	
14	南港門市				
15	加總 - 數量	19,302	8,046	27,348	
16	加總 - 金額	11,528,140	658,265	12,186,405	
17	加總 - 數量 的加總	84,058	38,906	122,964	
18	加總 - 金額 的加總	49,046,280	3,249,695	52,295,975	
19					

▲ 直向排列

step 01 在 Σ **值**區域增加**數量**欄位：

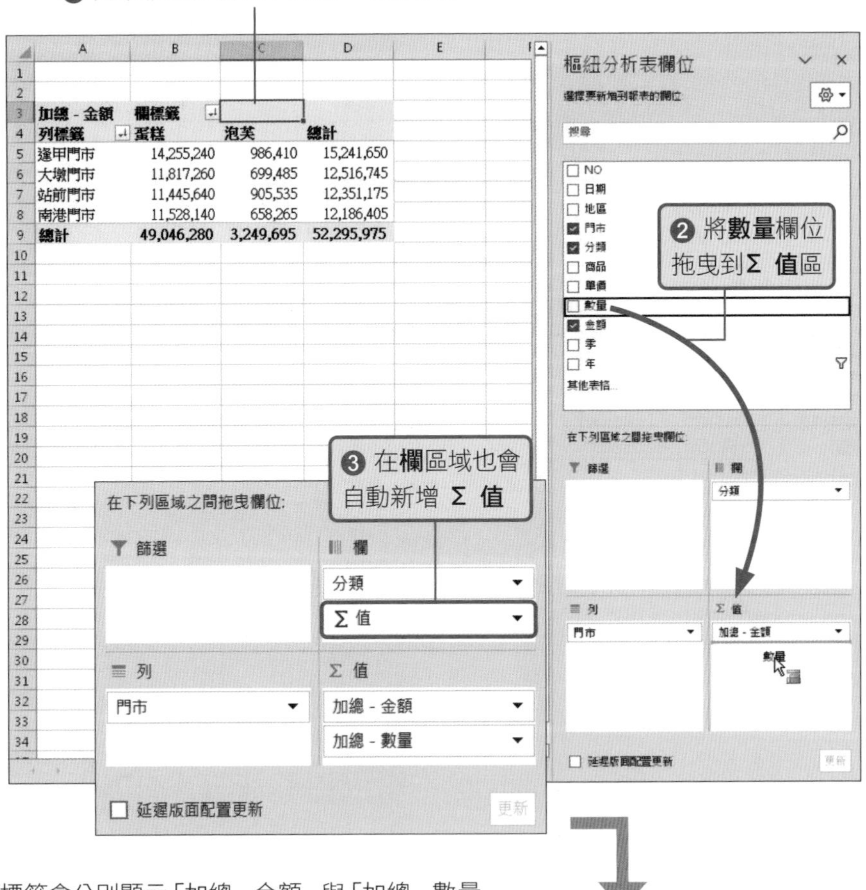

欄標籤會分別顯示「加總 - 金額」與「加總 - 數量」

	A	B	C	D	E	F	G
1							
2							
3		欄標籤					
4		蛋糕		泡芙		加總 - 金額 的加總	加總 - 數量 的加總
5	列標籤	加總 - 金額	加總 - 數量	加總 - 金額	加總 - 數量		
6	逢甲門市	14,255,240	24622	986,410	11549	15,241,650	36171
7	大墩門市	11,817,260	20281	699,485	8610	12,516,745	28891
8	站前門市	11,445,640	19853	905,535	10701	12,351,175	30554
9	南港門市	11,528,140	19302	658,265	8046	12,186,405	27348
10	總計	49,046,280	84058	3,249,695	38906	52,295,975	122964
11							
12							

請參考 6-9 頁的說明，設定千分位樣式

step 02 對調 **Σ 值**區中**金額**與**數量**的順序。

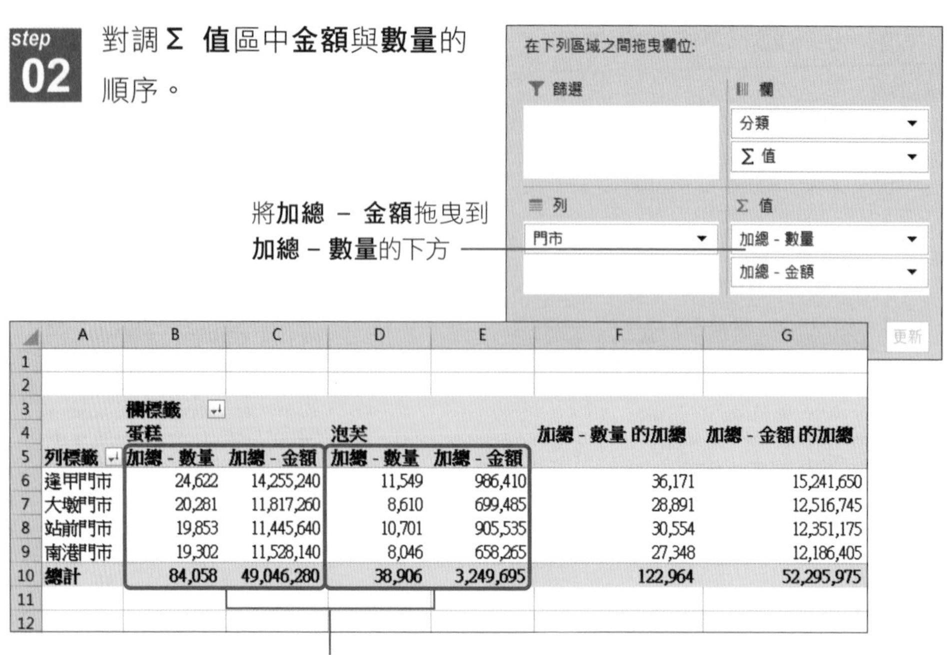

	A	B	C	D	E	F	G
1							
2							
3		欄標籤					
4		蛋糕		泡芙		加總 - 數量 的加總	加總 - 金額 的加總
5	列標籤	加總 - 數量	加總 - 金額	加總 - 數量	加總 - 金額		
6	逢甲門市	24,622	14,255,240	11,549	986,410	36,171	15,241,650
7	大墩門市	20,281	11,817,260	8,610	699,485	28,891	12,516,745
8	站前門市	19,853	11,445,640	10,701	905,535	30,554	12,351,175
9	南港門市	19,302	11,528,140	8,046	658,265	27,348	12,186,405
10	總計	84,058	49,046,280	38,906	3,249,695	122,964	52,295,975
11							
12							

step 03 將版面由橫向改成直向。

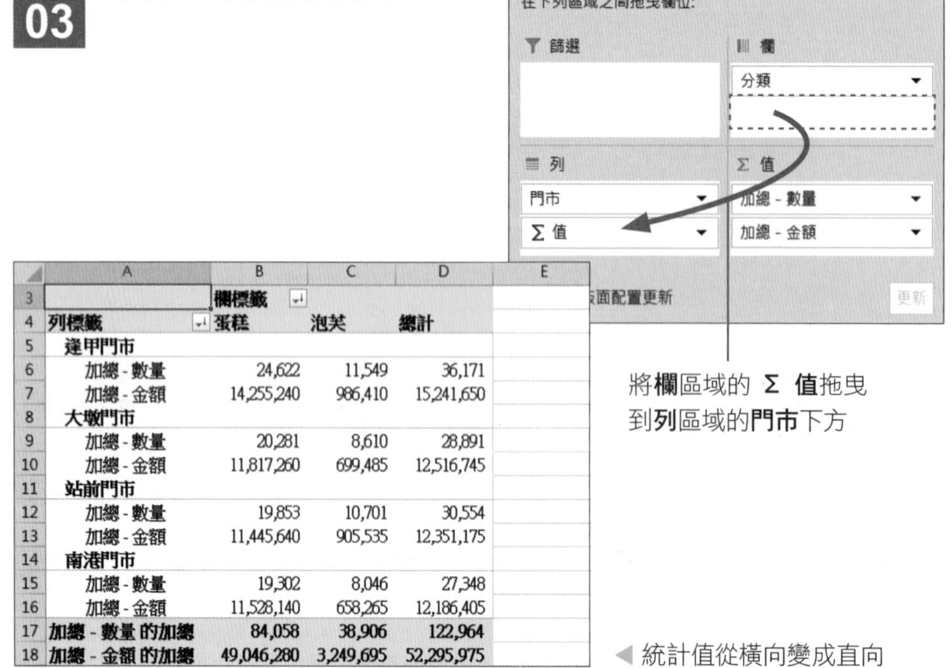

	A	B	C	D	E
3		欄標籤			
4	列標籤	蛋糕	泡芙	總計	
5	逢甲門市				
6	加總 - 數量	24,622	11,549	36,171	
7	加總 - 金額	14,255,240	986,410	15,241,650	
8	大墩門市				
9	加總 - 數量	20,281	8,610	28,891	
10	加總 - 金額	11,817,260	699,485	12,516,745	
11	站前門市				
12	加總 - 數量	19,853	10,701	30,554	
13	加總 - 金額	11,445,640	905,535	12,351,175	
14	南港門市				
15	加總 - 數量	19,302	8,046	27,348	
16	加總 - 金額	11,528,140	658,265	12,186,405	
17	加總 - 數量 的加總	84,058	38,906	122,964	
18	加總 - 金額 的加總	49,046,280	3,249,695	52,295,975	

◀ 統計值從橫向變成直向

6-15 自動美化樞紐分析表

Excel 提供許多專業化的報表格式，只要在**樞紐分析表樣式**中點選喜歡的樣式，就能讓報表變得專業，對於不懂色彩搭配及格式設計的人非常有用。

套用樞紐分析表樣式

請開啟範例檔案 Ch06-09，我們來替樞紐分析表套用 Excel 提供的報表格式。

	A	B	C	D	E	F
3	加總 - 金額	欄標籤				
4	列標籤	逢甲門市	大墩門市	站前門市	南港門市	總計
5	醇厚生巧克力乳酪	3,126,200	2,872,160	2,995,120	2,790,960	11,784,440
6	五層草莓夾心戚風	2,882,100	2,763,800	3,036,150	2,504,450	11,186,500
7	紫芋金沙蛋糕	2,750,320	2,389,480	811,580	2,412,420	8,363,800
8	8 吋抹茶千層	2,288,420	2,143,960	1,786,220	1,897,820	8,116,420
9	經典檸檬派	1,719,300	281,600	1,560,350	1,585,650	5,146,900
10	抹茶紅豆生乳卷	1,488,900	1,366,260	1,256,220	336,840	4,448,220
11	卡士達草莓雙餡泡芙	250,665	226,865	238,680	213,605	929,815
12	頂級香濃卡士達泡芙	215,120	211,920	204,480	192,960	824,480
13	菠蘿巧克力泡芙	211,425	205,500	213,975	181,200	812,100
14	覆盆子鮮果泡芙	309,200	55,200	248,400	70,500	683,300
15	總計	15,241,650	12,516,745	12,351,175	12,186,405	52,295,975

▶ 套用樣式前

step 01 首先選取樞紐分析表中的任一個儲存格，切換到樞紐分析表的**設計**頁次，就會看到**樞紐分析表樣式**：

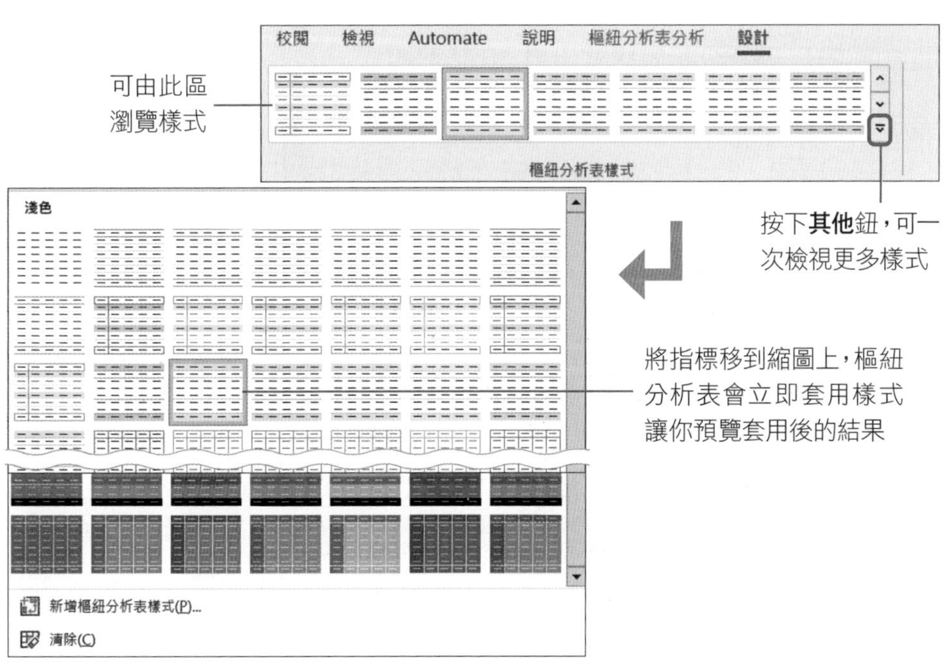

step 02 在喜歡的樣式上按一下，樞紐分析表就會套用點選的樣式：

	A	B	C	D	E	F
3	加總 - 金額	欄標籤				
4	列標籤	逢甲門市	大墩門市	站前門市	南港門市	總計
5	醇厚生巧克力乳酪	3,126,200	2,872,160	2,995,120	2,790,960	11,784,440
6	五層草莓夾心戚風	2,882,100	2,763,800	3,036,150	2,504,450	11,186,500
7	紫芋金沙蛋糕	2,750,320	2,389,480	811,580	2,412,420	8,363,800
8	8 吋抹茶千層	2,288,420	2,143,960	1,786,220	1,897,820	8,116,420
9	經典檸檬派	1,719,300	281,600	1,560,350	1,585,650	5,146,900
10	抹茶紅豆生乳卷	1,488,900	1,366,260	1,256,220	336,840	4,448,220
11	卡士達草莓雙餡泡芙	250,665	226,865	238,680	213,605	929,815
12	頂級香濃卡士達泡芙	215,120	211,920	204,480	192,960	824,480
13	菠蘿巧克力泡芙	211,425	205,500	213,975	181,200	812,100
14	覆盆子鮮果泡芙	309,200	55,200	248,400	70,500	683,300
15	總計	15,241,650	12,516,745	12,351,175	12,186,405	52,295,975

移除套用的樞紐分析表樣式

若是不滿意套用樣式後的結果，可立即按下**快速存取工具列**上的**復原**鈕 ，將樞紐分析表恢復成先前的狀態。

也可以選取樞紐分析表中的任一個儲存格，切換到樞紐分析表的**設計**頁次，按下**樞紐分析表樣式**區右側的**其他**鈕 ，執行『**清除**』命令。不過此方法會將樞紐分析表的樣式完全清除，而非回到預設的狀態；預設狀態是套用**淺藍, 樞紐分析表樣式淺色 16** 這個樣式。

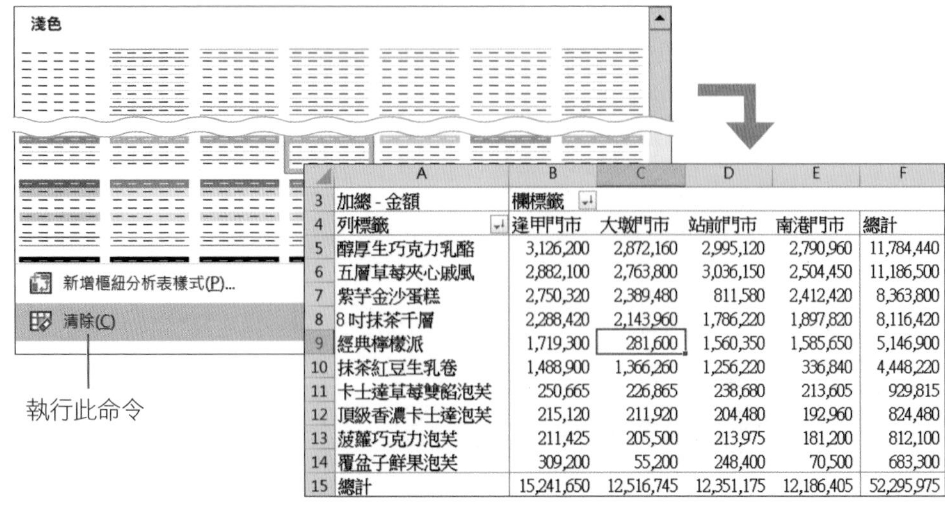

	A	B	C	D	E	F
3	加總 - 金額	欄標籤				
4	列標籤	逢甲門市	大墩門市	站前門市	南港門市	總計
5	醇厚生巧克力乳酪	3,126,200	2,872,160	2,995,120	2,790,960	11,784,440
6	五層草莓夾心戚風	2,882,100	2,763,800	3,036,150	2,504,450	11,186,500
7	紫芋金沙蛋糕	2,750,320	2,389,480	811,580	2,412,420	8,363,800
8	8 吋抹茶千層	2,288,420	2,143,960	1,786,220	1,897,820	8,116,420
9	經典檸檬派	1,719,300	281,600	1,560,350	1,585,650	5,146,900
10	抹茶紅豆生乳卷	1,488,900	1,366,260	1,256,220	336,840	4,448,220
11	卡士達草莓雙餡泡芙	250,665	226,865	238,680	213,605	929,815
12	頂級香濃卡士達泡芙	215,120	211,920	204,480	192,960	824,480
13	菠蘿巧克力泡芙	211,425	205,500	213,975	181,200	812,100
14	覆盆子鮮果泡芙	309,200	55,200	248,400	70,500	683,300
15	總計	15,241,650	12,516,745	12,351,175	12,186,405	52,295,975

▲ 清除所有表格樣式

6-16 快速將日期以「季」、「月」的方式顯示

依日期排序銷售資料，可以清楚瞭解每天的銷售變化。在分析促銷期間等短期資料時，可以掌握銷售的動向。不過若是長期的資料，以天為單位就很難掌握整體銷售是成長還是衰退。

若想瞭解長期銷售的變化，請以「季」、「月」或「週」為單位，將日期建立群組。日期建立群組後，即可統計每季或每月的銷售狀況，以便掌握整體銷售趨勢。

	A	B	C	D	E	F	G	H	I
1	NO	日期	地區	門市	分類	商品	單價	數量	金額
2	1	2021/1/2	台北	站前門市	蛋糕	8 吋抹茶千層	620	56	34,720
3	2	2021/1/2	台北	站前門市	蛋糕	五層草莓夾心戚風	650	84	54,600
4	3	2021/1/2	台中	大墩門市	蛋糕	經典檸檬派	550	53	29,150
5	4	2021/1/2	台北	站前門市	蛋糕	醇厚生巧克力乳酪	580	94	54,520
6	5	2021/1/2	台北	站前門市	蛋糕	抹茶紅豆生乳卷	450	68	30,600
7	6	2021/1/2	台北	站前門市	泡芙	菠蘿巧克力泡芙	75	74	5,550
8	7	2021/1/2	台北	站前門市	泡芙	覆盆子鮮果泡芙	100	60	6,000
9	8	2021/1/2	台北	站前門市	泡芙	卡士達草莓雙餡泡芙	85	62	5,270

▲ 以「日」為單位的銷售資料，不容易掌握整體的銷售趨勢

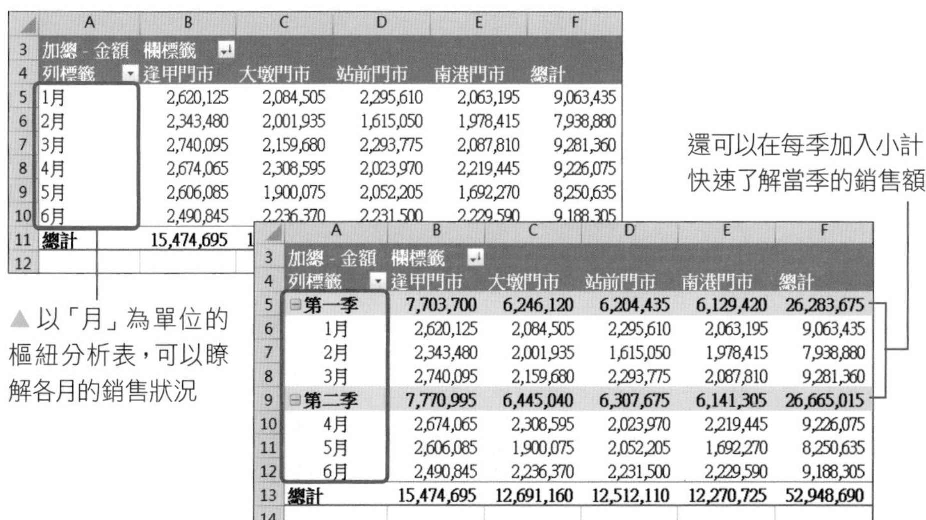

	A	B	C	D	E	F
3	加總 - 金額	欄標籤				
4	列標籤	逢甲門市	大墩門市	站前門市	南港門市	總計
5	1月	2,620,125	2,084,505	2,295,610	2,063,195	9,063,435
6	2月	2,343,480	2,001,935	1,615,050	1,978,415	7,938,880
7	3月	2,740,095	2,159,680	2,293,775	2,087,810	9,281,360
8	4月	2,674,065	2,308,595	2,023,970	2,219,445	9,226,075
9	5月	2,606,085	1,900,075	2,052,205	1,692,270	8,250,635
10	6月	2,490,845	2,236,370	2,231,500	2,229,590	9,188,305
11	總計	15,474,695	1			
12						

▲ 以「月」為單位的樞紐分析表，可以瞭解各月的銷售狀況

	A	B	C	D	E	F
3	加總 - 金額	欄標籤				
4	列標籤	逢甲門市	大墩門市	站前門市	南港門市	總計
5	⊟第一季	7,703,700	6,246,120	6,204,435	6,129,420	26,283,675
6	1月	2,620,125	2,084,505	2,295,610	2,063,195	9,063,435
7	2月	2,343,480	2,001,935	1,615,050	1,978,415	7,938,880
8	3月	2,740,095	2,159,680	2,293,775	2,087,810	9,281,360
9	⊟第二季	7,770,995	6,445,040	6,307,675	6,141,305	26,665,015
10	4月	2,674,065	2,308,595	2,023,970	2,219,445	9,226,075
11	5月	2,606,085	1,900,075	2,052,205	1,692,270	8,250,635
12	6月	2,490,845	2,236,370	2,231,500	2,229,590	9,188,305
13	總計	15,474,695	12,691,160	12,512,110	12,270,725	52,948,690
14						

還可以在每季加入小計，快速了解當季的銷售額

▲ 以「季」、「月」為單位的樞紐分析表

step 01 **以「月」為單位，將日期資料群組起來**。請開啟範例檔案 Ch06-10，這是一份 2022 年1～6 月的銷售資料，請切換到**樞紐分析表**工作表，我們想將原本以「天」為單位的日期資料群組成「月」。

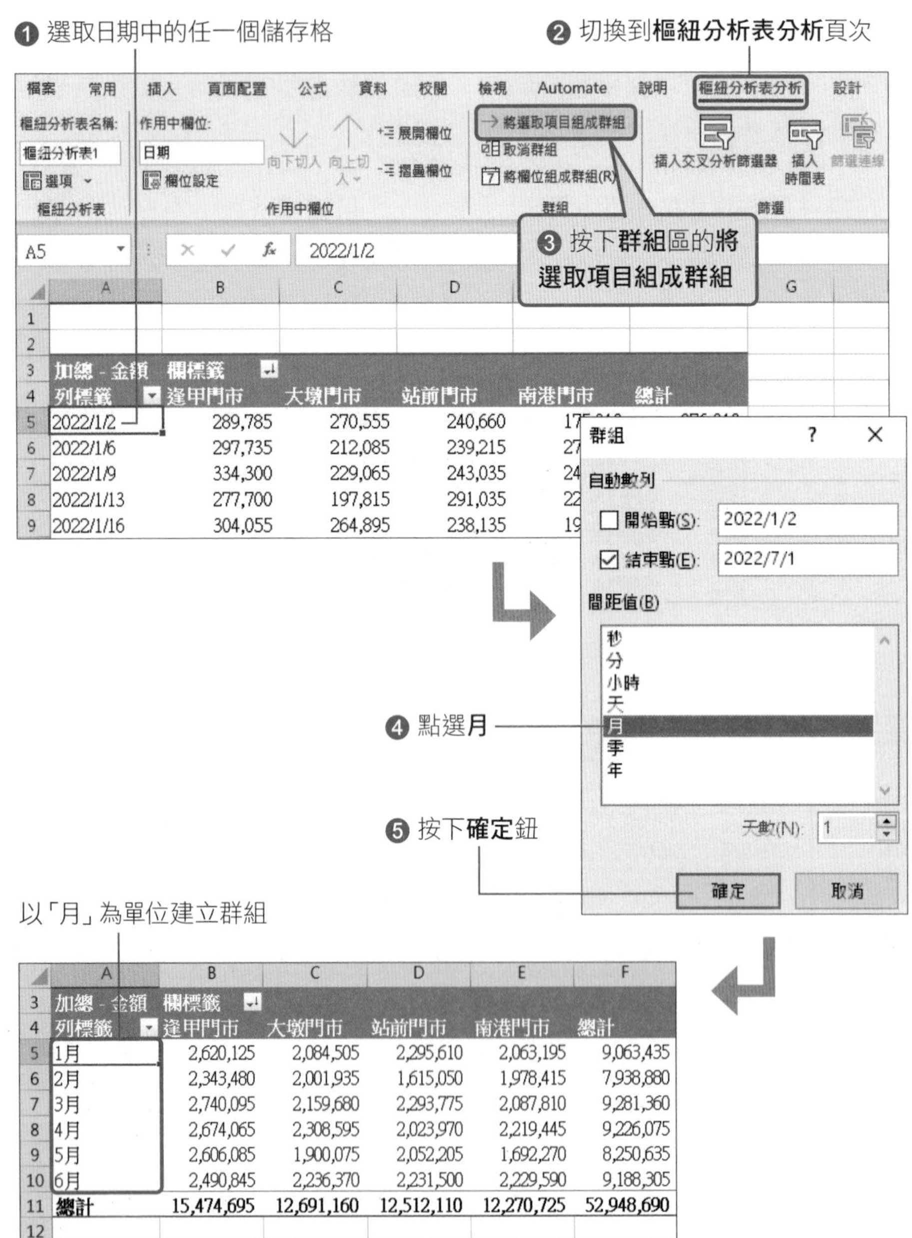

	A	B	C	D	E	F
3	加總 - 金額	欄標籤				
4	列標籤	逢甲門市	大墩門市	站前門市	南港門市	總計
5	1月	2,620,125	2,084,505	2,295,610	2,063,195	9,063,435
6	2月	2,343,480	2,001,935	1,615,050	1,978,415	7,938,880
7	3月	2,740,095	2,159,680	2,293,775	2,087,810	9,281,360
8	4月	2,674,065	2,308,595	2,023,970	2,219,445	9,226,075
9	5月	2,606,085	1,900,075	2,052,205	1,692,270	8,250,635
10	6月	2,490,845	2,236,370	2,231,500	2,229,590	9,188,305
11	總計	15,474,695	12,691,160	12,512,110	12,270,725	52,948,690
12						

step 02 **以「季」及「月」為單位，製作兩階層的報表**。剛才將日期資料以「月」為單位群組起來，接著再進一步以「季」、「月」為單位。

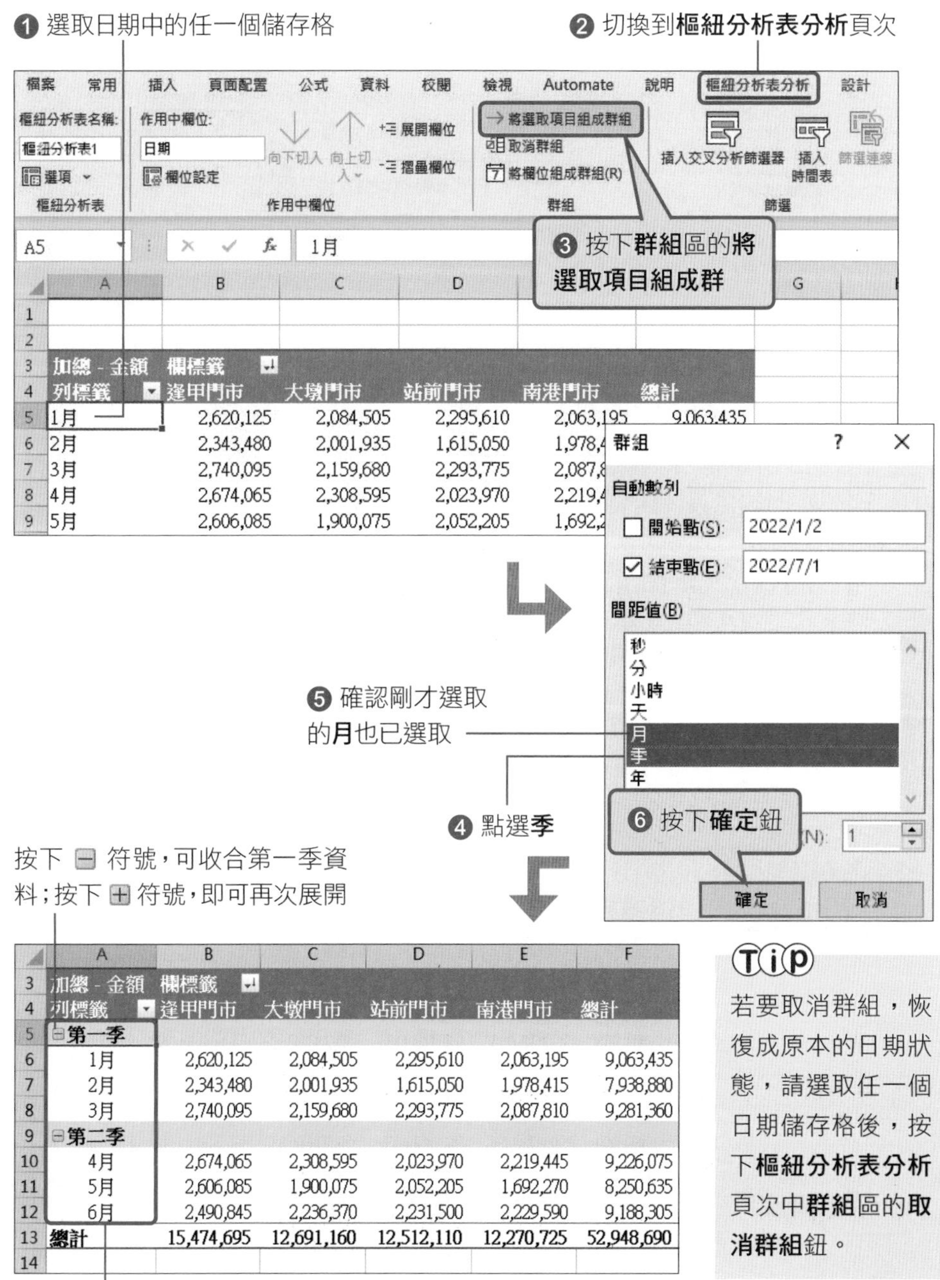

Tip

若要取消群組，恢復成原本的日期狀態，請選取任一個日期儲存格後，按下**樞紐分析表分析**頁次中**群組**區的**取消群組**鈕。

step 03 **顯示每季的小計**。將日期以「季」、「月」為單位群組後，只會顯示「總計」金額，如果想要知道每季的加總，該怎麼做呢？

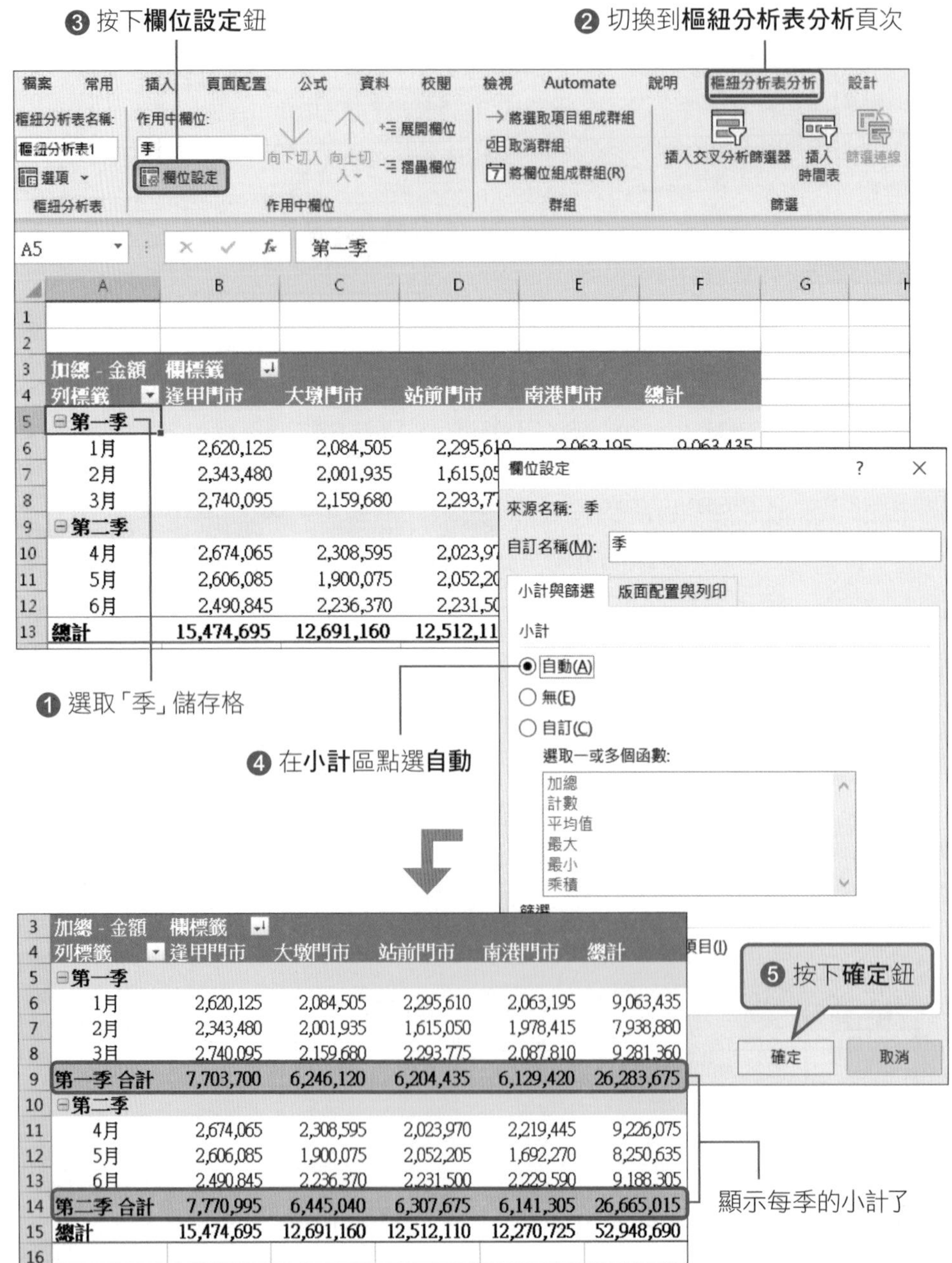

以壓縮模式顯示。雖然顯示每季的小計金額，但這樣樞紐分析表中又多了一列，我們希望小計金額能夠顯示在**第一季**的右側，不要另外獨立一行，該怎麼做呢？

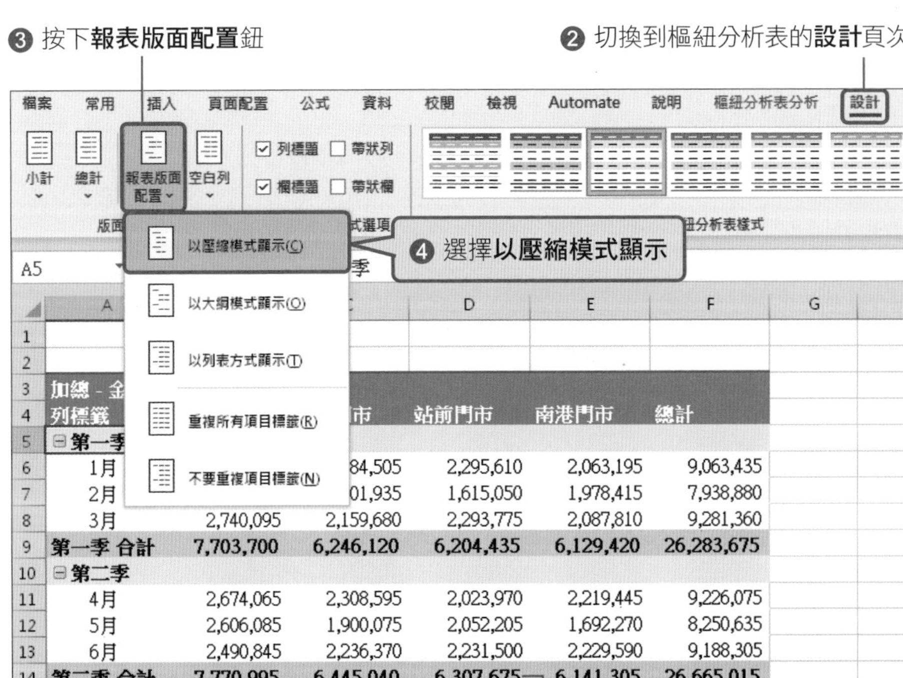

❶ 請選取小計列的任一個儲存格 (如 D14 儲存格)

	A	B	C	D	E	F	G
3	加總 - 金額	欄標籤					
4	列標籤	逢甲門市	大墩門市	站前門市	南港門市	總計	
5	⊟第一季	7,703,700	6,246,120	6,204,435	6,129,420	26,283,675	
6	1月	2,620,125	2,084,505	2,295,610	2,063,195	9,063,435	
7	2月	2,343,480	2,001,935	1,615,050	1,978,415	7,938,880	
8	3月	2,740,095	2,159,680	2,293,775	2,087,810	9,281,360	
9	⊟第二季	7,770,995	6,445,040	6,307,675	6,141,305	26,665,015	
10	4月	2,674,065	2,308,595	2,023,970	2,219,445	9,226,075	
11	5月	2,606,085	1,900,075	2,052,205	1,692,270	8,250,635	
12	6月	2,490,845	2,236,370	2,231,500	2,229,590	9,188,305	
13	總計	15,474,695	12,691,160	12,512,110	12,270,725	52,948,690	
14							

▲ 以壓縮模式顯示，每一季的小計就不會多佔一列空間了

MEMO

CHAPTER 7

ChatGPT X Excel 應用

OpenAI 在 2022 年年末推出的 AI 聊天機器人「ChatGPT」席捲全球，ChatGPT 特別之處就在於使用了「GPT-3.5 語言模型」(付費版甚至已使用 GPT-4)，有獨特的自然語言互動模式，如同與真人對話一般。技術教學、提建議、寫文案、翻譯、寫程式碼都沒有問題。更厲害的是即使 ChatGPT 起初沒有給出我們想要的回答，我們還是能夠透過繼續給予回饋，讓 ChatGPT 重新審核之前的對話內容，逐步調整出正確的答案。

前面章節帶大家使用 Excel 的函數與公式，我們提供好幾個範例幫你解決不少工作上的問題，不過 Excel 函數數量眾多，還可以彼此搭配使用，剛開始接觸沒辦法這麼快上手。這時候 ChatGPT 就可以派上用場，只要明確說明你的需求，稍加引導，就可以自動幫你產生公式，解決你在 Excel 上遇到的各種難題。

7-1 註冊教學 / 創建帳號

ChatGPT 自開放註冊以來, 短短兩個月就已經突破上億個用戶, 打破所有網路服務的紀錄, 直到目前每周仍然有超過一億個活躍用戶。本節我們就帶你加入並熟悉 ChatGPT 的世界, 筆者也會分享自己的使用心得供你參考。

創建帳號

step 01 首先請連到 ChatGPT 官網 "https://openai.com/blog/chatgpt", 按下「**TRY CHATGPT**」, 再點選「**Sign up**」。

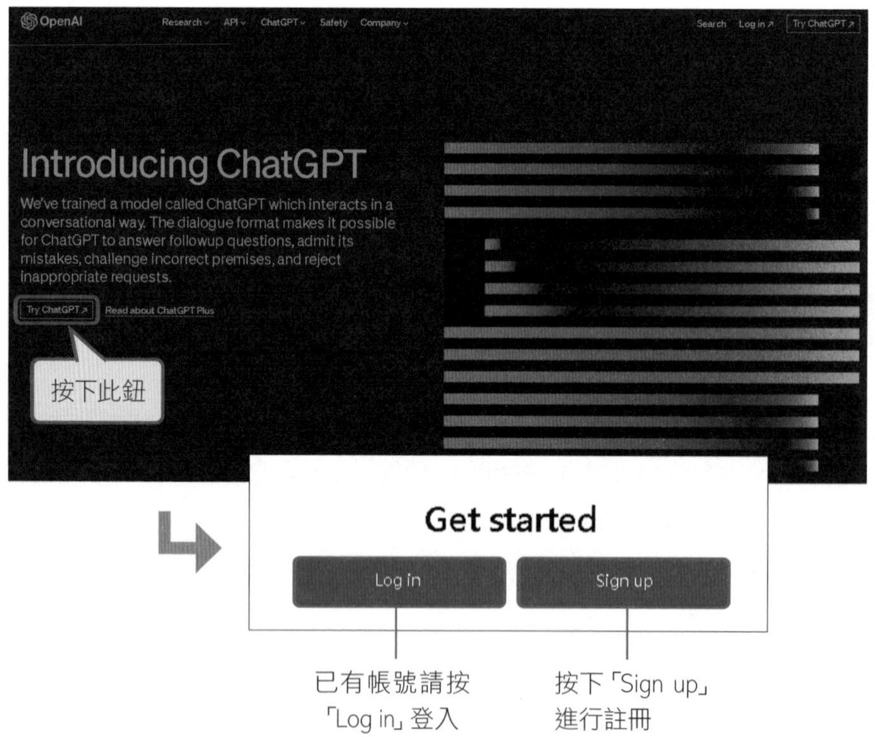

step 02 接下來就會顯示建立帳戶的畫面, 這邊會分成兩個方法說明。

Google、Microsoft、Apple帳號快速註冊

如果你有 Google、Microsoft 或 Apple 帳戶，可以點擊下方選項快速建立帳戶。筆者以 Google 帳號登入示範。

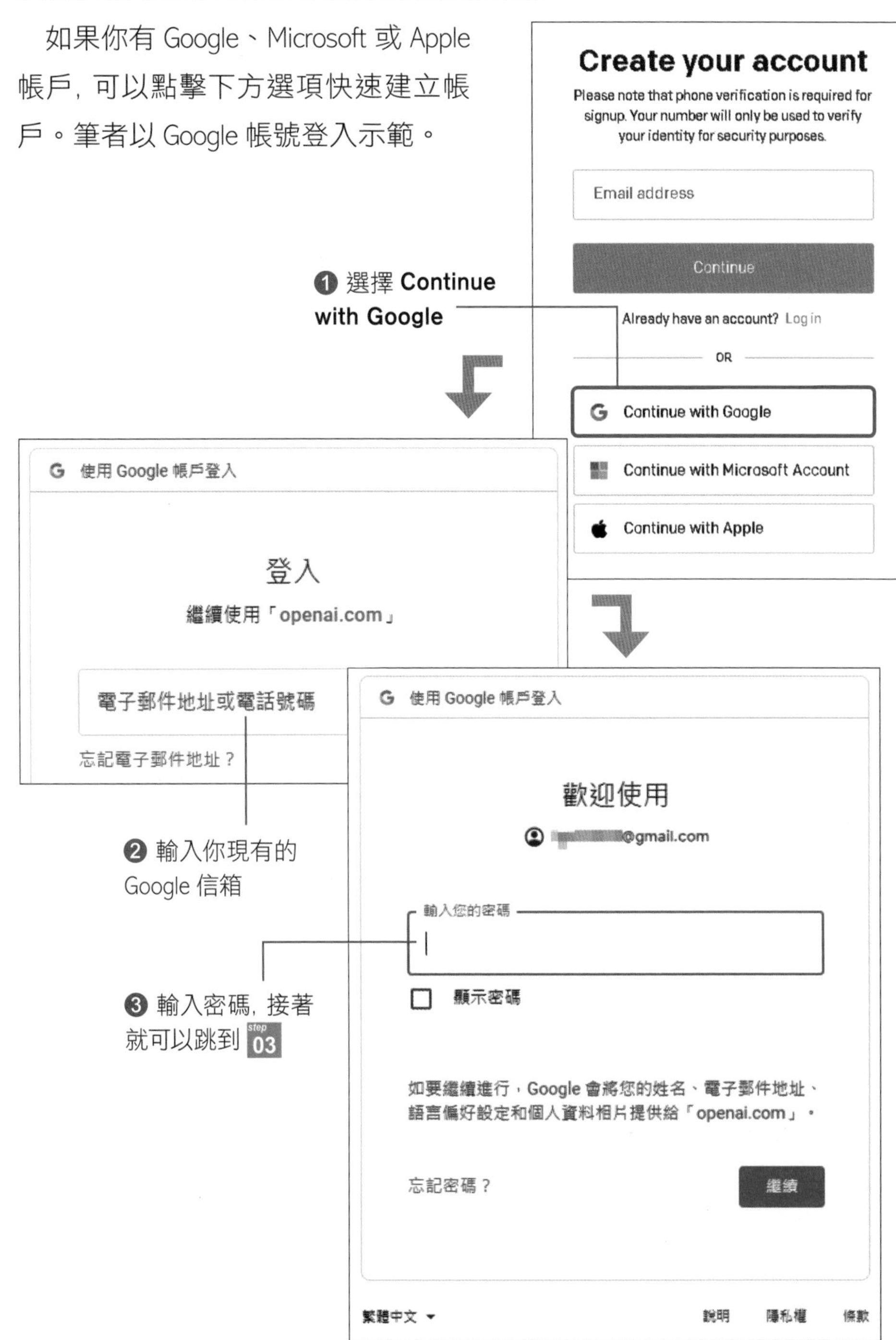

使用電子信箱註冊

這邊也一併提供使用電子信箱建立新帳號的方法：

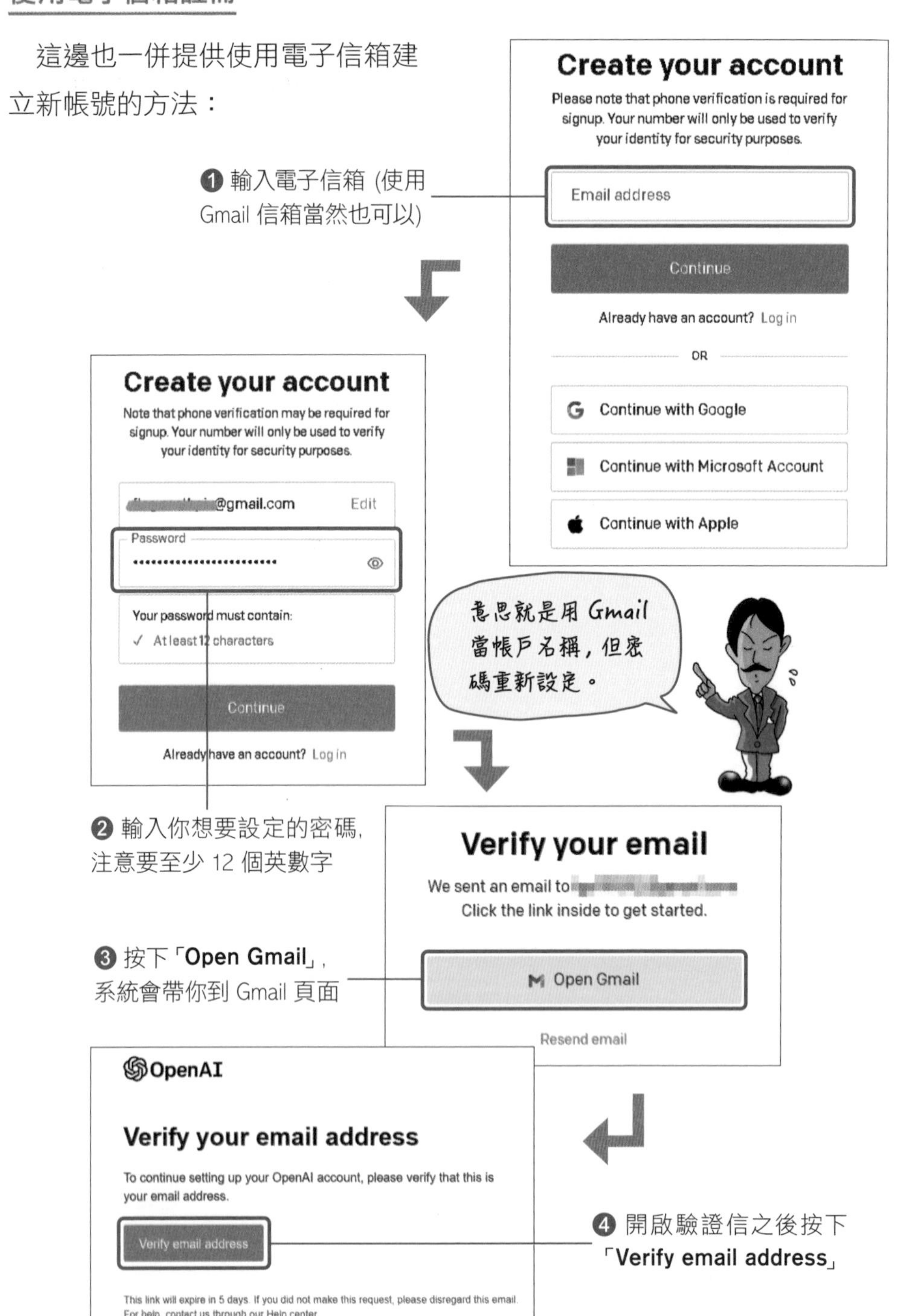

step 03 輸入你的姓名，名稱不會出現在畫面上，不過名稱的縮寫會是預設的用戶圖示。下面欄位的所屬單位名稱則是選填。

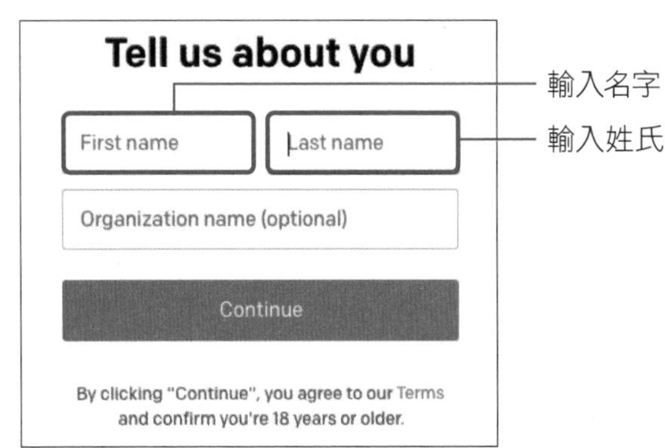

Tip

過程中可能不定時會出現 **Verify you are human** 提示畫面，確認是真人在進行操作，請直接按下按鈕即可。

step 04 進行手機號碼驗證，選擇 **Taiwan(台灣)** 之後輸入手機號碼，注意手機號碼開頭不需要「0」，只要輸入 0 之後的 9 個數字就好。最後系統會寄一封顯示「六位數驗證碼」的簡訊到你的手機裡，輸入驗證碼就註冊完成了。

❶ 輸入手機號碼 (不需要第一個 0)

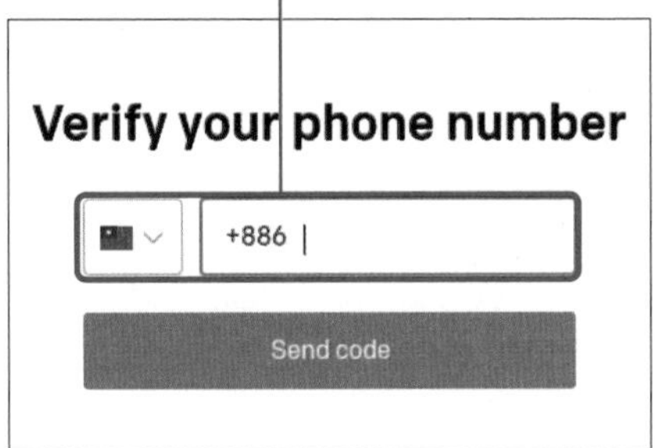

Enter code

Please enter the code we just sent you.

000 000

❷ 輸入驗證碼，就完成啟用了

How will you primarily use OpenAI?

I'm building a product or feature

I'm exploring personal use

I'm conducting AI research

I'm a journalist or content creator

◀ 最後的步驟要選擇你使用 ChatGPT 的身份，如果是個人使用，則點選第二個選項即可

7-2 開始跟 ChatGPT 對話吧

如何使用 ChatGPT

step 01 註冊成功後會跳出一個欄位，點選「Try it」就可以進入 ChatGPT 的主頁面。

Introducing ChatGPT research release　Try it　Read more　×

step 02 接下來就可以點擊輸入框，開始跟 ChatGPT 機器人聊天了。只要把你的問題或是要求以文字輸入送出，ChatGPT 就會讀取並給你解答。另外它支援各國語言，可以直接以你慣用的語言輸入。

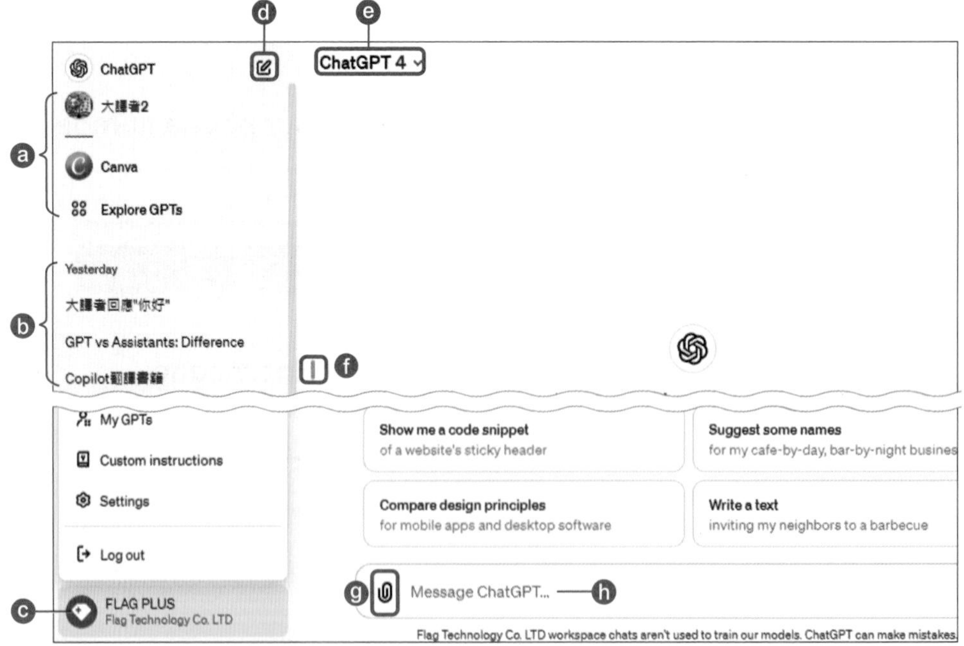

ⓐ GPTs (Plus 用戶才有)　ⓓ 增加新對話　ⓖ 上傳檔案 (Plus 用戶才有)

ⓑ 對話紀錄　ⓔ 切換 GPT 版本跟 Plugins　ⓗ 文字輸入框

ⓒ 點選打開選項　ⓕ 側邊欄可收合

筆者先輸入幾個問題做示範, 讀者可以一起輸入問題, 體驗看看 ChatGPT。我們先以簡單的問題開始, 請在畫面最下方輸入 "台灣在哪裡"：

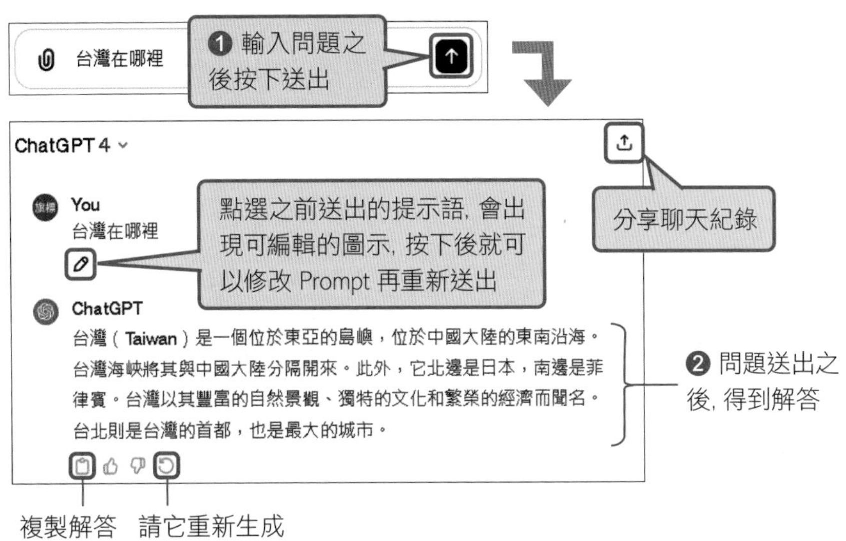

Tip

ChatGPT 每次回答的內容不會完全一樣 (具隨機性), 因此你看到的內容可能會跟上圖有些差異。

此時再針對 ChatGPT 內文提到的「海峽」再進一步發問, 同樣得到解答。

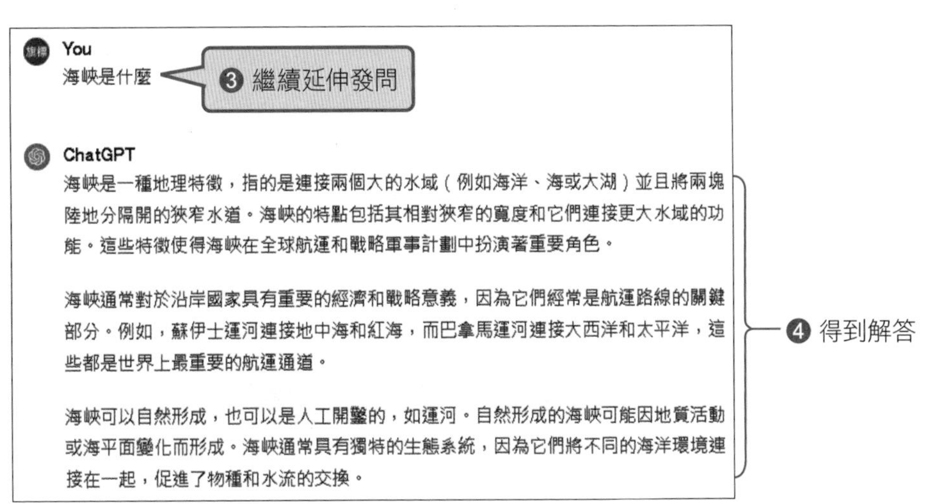

如果對說明不滿意, 像是想要更簡單的解釋, 同樣可以繼續提出請求。跟 ChatGPT 對答很重要的一點, 就是盡量以具體的情境提問, 像是「初學者也可以理解的版本」, 讓 ChatGPT 做出更能符合需求的答案。這樣對照先前的解答來逐步修正的功能, 也是 ChatGPT 最強大的特色之一。

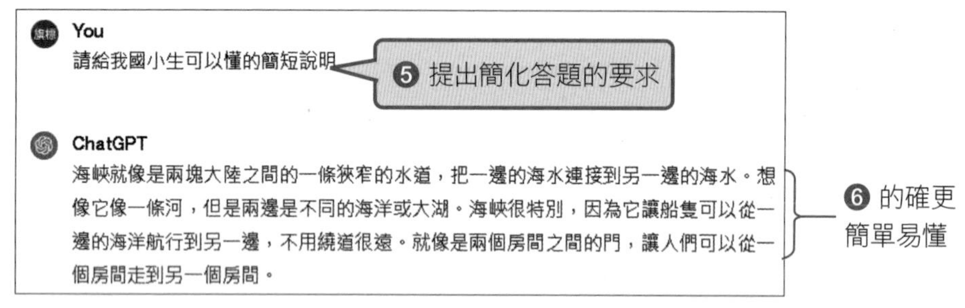

Tip

輸入文字時, 若需要換下一行, 請使用 Shift + Enter 組合鍵, 單獨按下 Enter 會直接送出。

介面深淺跟語言設定

ChatGPT 有深色、淺色兩種介面, 從 Settings & Beta 可以做切換。介面使用的語言則是支援 10 種, 有包含中文。

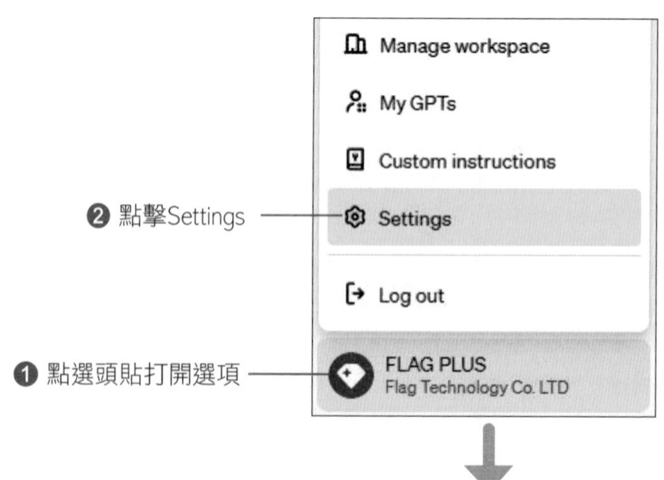

語言設定, 如果要中文介面則選擇**繁體中文 (台灣)**

點選繁體中文 (台灣)後, 會馬上變成中文介面

Tip

由於目前 ChatGPT 新功能仍以英文顯示, 加上中文名稱較常異動, 因此本書都以英文介面進行示範。

7-3 使用 ChatGPT 時可能遇到的狀況

總結網路上的各方心得，加上筆者多次親自嘗試後，發現 ChatGPT 在使用時可能會發生幾種錯誤，下列為整理出的幾點 ChatGPT 使用提醒，還有你可能會遇到的特殊情形解決方法。

1. **回應時間不一：**通常一個問題的回應速度因流量而定，免費版的速度會比付費版再慢些。

2. **隨機解答：**同一個問題，每次輸入後往往會有不同的答案，我們沒有辦法控制 ChatGPT 如何回答，只能靠精確用字或是分成多步驟提問，逐漸提高 ChatGPT 答題的精準性。

3. **答案不一定正確：**ChatGPT 有時給出的答案很明顯是錯的，讀者需要自行下判斷，因此現階段比較適合當作整理資料的幫手，而不是把它當作無所不知的專家看待。另外將問題拆解成多個步驟提問、增加情境描述、提供具體要求、來回逐步修正等方法，都可以增加 ChatGPT 解答的正確性。

4. **執行錯誤或中斷：**ChatGPT 偶爾會因為執行錯誤而無法回覆，此時可以按下重新執行或是 Regenerate 的按鈕。或是遇到回答中斷的狀況，可以按 Continue generating 繼續回應，或是按 F5 重新整理網頁。

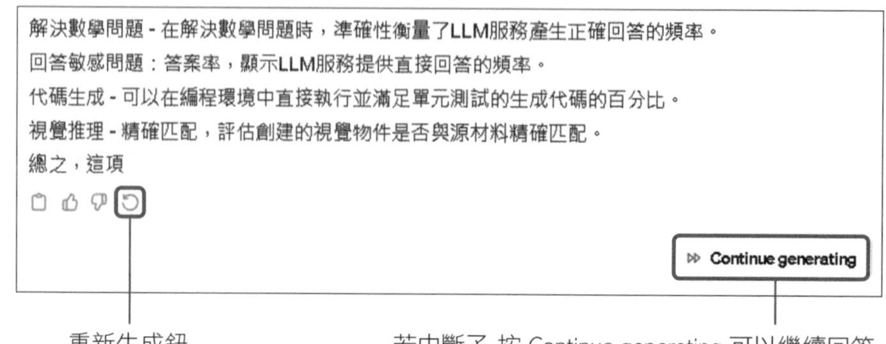

重新生成鈕

若中斷了，按 Continue generating 可以繼續回答

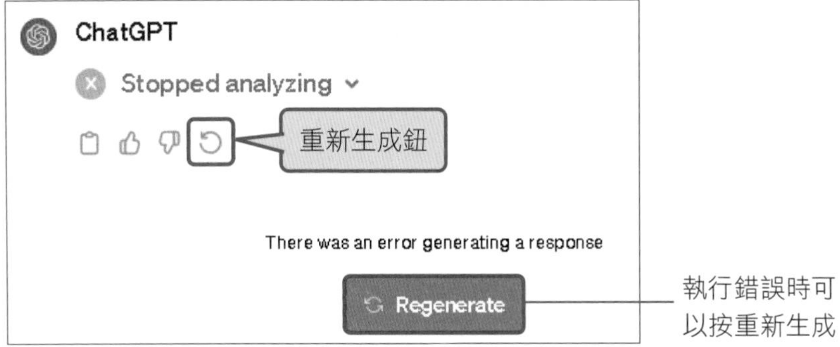

5. **以英文或簡體字回答：**即使輸入的是繁體中文, ChatGPT 可能會以英文或是簡體中文回應, 此時可以輸入提醒, 請 ChatGPT 把語言改回來 (甚至可能要提醒好多次)。另外也要特別注意兩岸用語的差異, 像是 Excel 列和行的稱呼就剛好相反。如果有看到 D 列這種說法, 指的其實是編號 D 的行。

6. **資料庫具時效性：**ChatGPT 的訓練數據模型至 2023 年 4 月為止, 因此若問題很明確提到了最近的時間, ChatGPT 會自行上網查詢。免費版本的時效性會更早一點, 截至 2023 年底仍只能查詢 2022 年 1 月的資訊。

7. **部分話題拒絕回答：**如果牽涉到評論、個人喜好、情緒性言論等主觀話題, ChatGPT 不會給予明確答覆。或是政治、外交、犯罪、毒品等敏感議題, ChatGPT 也會拒絕回答。

You
你覺得瘦子帥不帥

ChatGPT
作為人工智慧，我沒有個人的感受或偏好，所以無法對人的外貌進行主觀評價，包括對「瘦子」是否帥氣的評論。外貌的吸引力是非常主觀的，每個人對於美的理解和偏好都是不同的。重要的是要尊重每個人的獨特性和多樣性，並重視個人的內在品質和才能，而不僅僅是外在的外貌。

▲ 特定範疇或很主觀的問題, ChatGPT 會迴避解答

7-4 讓 ChatGPT 自動將資料整理成表格

ChatGPT 雖然名為聊天機器人，但除了文字對答外，它也能產生文字以外的回答內容，例如：表格、程式碼等等。這一節我們就要請 ChatGPT 幫我們將一段未經整理的文字，直接轉成表格，妥善運用，未來就能節省不少文字處理的時間。

實例應用：建立會員資料表格

用 Line 接龍的方式報名活動, 每個人輸入資料的各式常常都不一樣, ChatGPT 可以幫我們將一段未經整理的文字直接轉成表格, 還有來回修正的功能, 就算之後報名人數增加也不怕, 甚至能依照原始資料來判斷, 自行添加其他需要的欄位資訊內容。

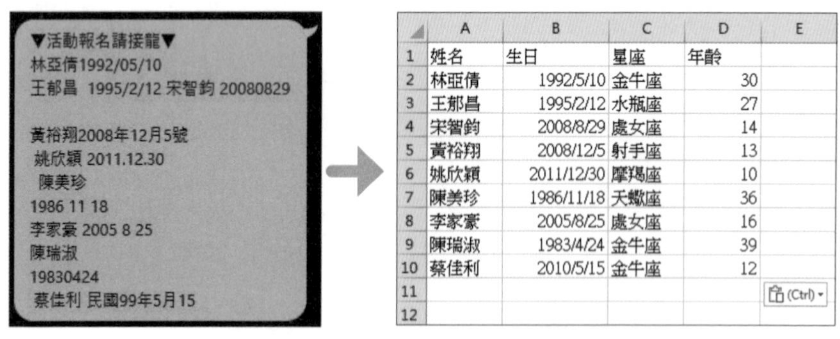

	A	B	C	D	E
1	姓名	生日	星座	年齡	
2	林亞倩	1992/5/10	金牛座	30	
3	王郁昌	1995/2/12	水瓶座	27	
4	宋智鈞	2008/8/29	處女座	14	
5	黃裕翔	2008/12/5	射手座	13	
6	姚欣穎	2011/12/30	摩羯座	10	
7	陳美珍	1986/11/18	天蠍座	36	
8	李家豪	2005/8/25	處女座	16	
9	陳瑞淑	1983/4/24	金牛座	39	
10	蔡佳利	2010/5/15	金牛座	12	
11					(Ctrl)
12					

▲ 希望讓 ChatGPT 整理雜亂的活動報名資料, 產出右方的表格

將文字資料貼到 ChatGPT, 下指令請它把資料自動排版成表格。可以看到 ChatGPT 回應如下：

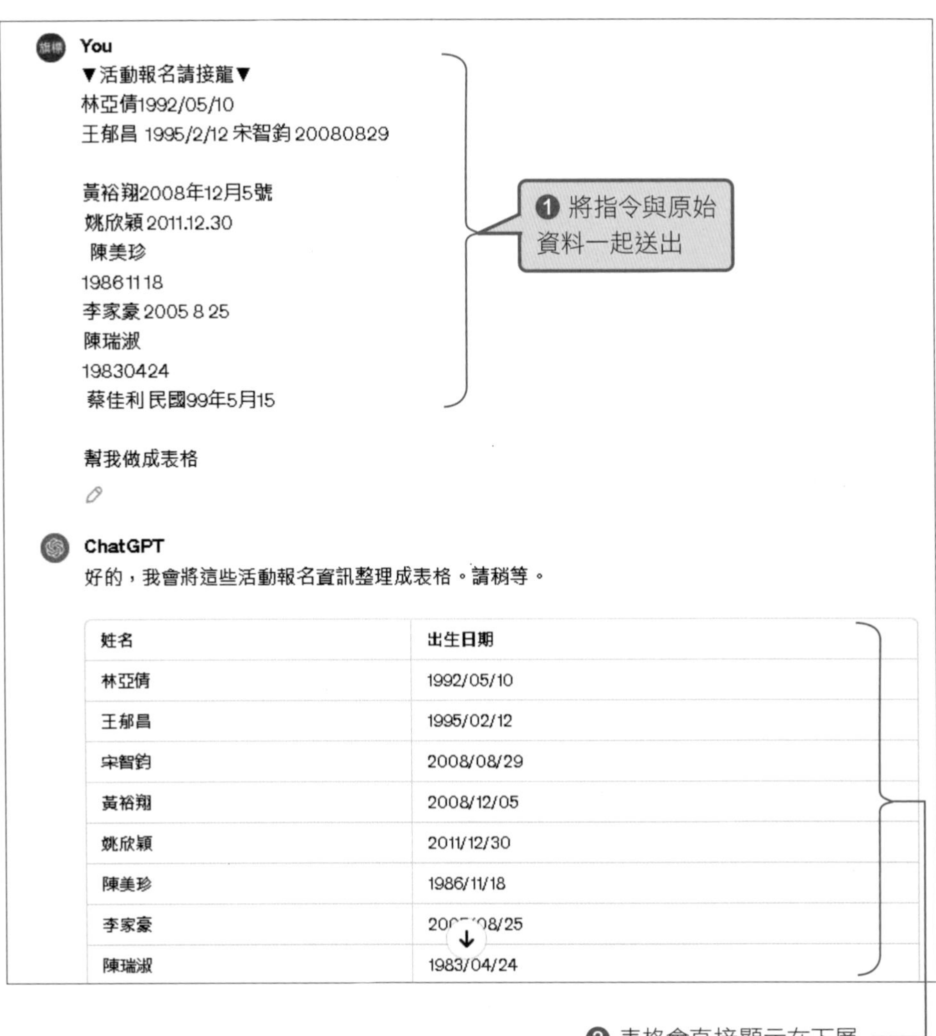

step 02 如果還要增加或整理資料也沒問題, 像是追加報名人數, 或是算出大家的星座年齡等。Plus 用戶則是可以請 ChatGPT 把表格轉成 Excel 檔給你。

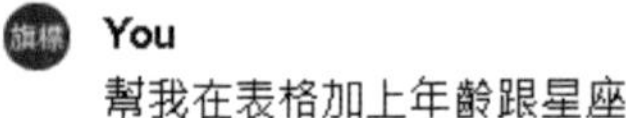

❶ 請它增加欄位

ChatGPT

當然可以，我已經在表格中加入了年齡和星座的欄位。以下是更新後的資訊：

姓名	出生日期	年齡	星座
林亞倩	1992/05/10	31	金牛座
王郁昌	1995/02/12	28	水瓶座
宋智鈞	2008/08/29	15	處女座
黃裕翔	2008/12/05	14	射手座
姚欣穎	2011/12/30	11	摩羯座
陳美珍	1986/11/18	37	天蠍座
李家豪	2005/08/25	18	處女座
陳瑞淑	1983/04/24	40	金牛座
蔡佳利	2010/05/15	13	金牛座

這是根據您提供的資訊所製作的更新後表格。

❷ 增加成功

ChatGPT

我已經將包含年齡和星座欄位的更新後表格轉存為 Excel 檔案。您可以透過以下連結下載更新後的 Excel 檔案：

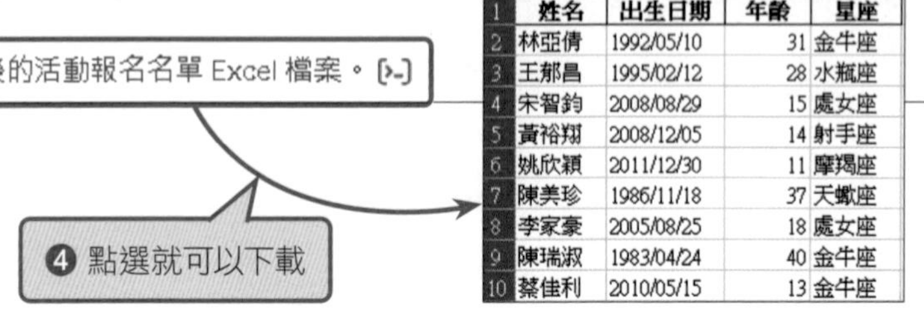

	A	B	C	D
1	姓名	出生日期	年齡	星座
2	林亞倩	1992/05/10	31	金牛座
3	王郁昌	1995/02/12	28	水瓶座
4	宋智鈞	2008/08/29	15	處女座
5	黃裕翔	2008/12/05	14	射手座
6	姚欣穎	2011/12/30	11	摩羯座
7	陳美珍	1986/11/18	37	天蠍座
8	李家豪	2005/08/25	18	處女座
9	陳瑞淑	1983/04/24	40	金牛座
10	蔡佳利	2010/05/15	13	金牛座

複製資料到 Excel

要複製表格內容，可以用滑鼠反白選取複製後，再移到 Excel 貼上。因為生日的數字長度受限於欄位寬度而無法顯示，只要點選**格式**鈕的**自動調整欄寬**，表格就完成了。

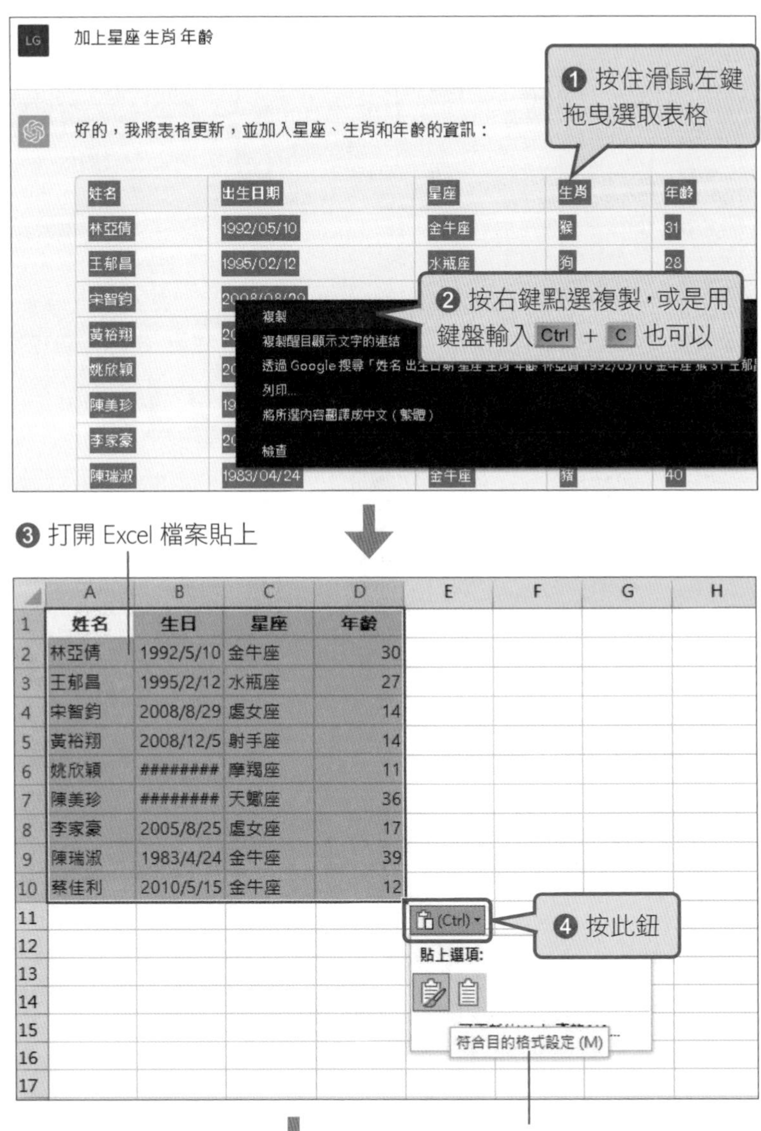

因為儲存格寬度不夠，顯示井字 "####"，此時只要調整欄寬就好

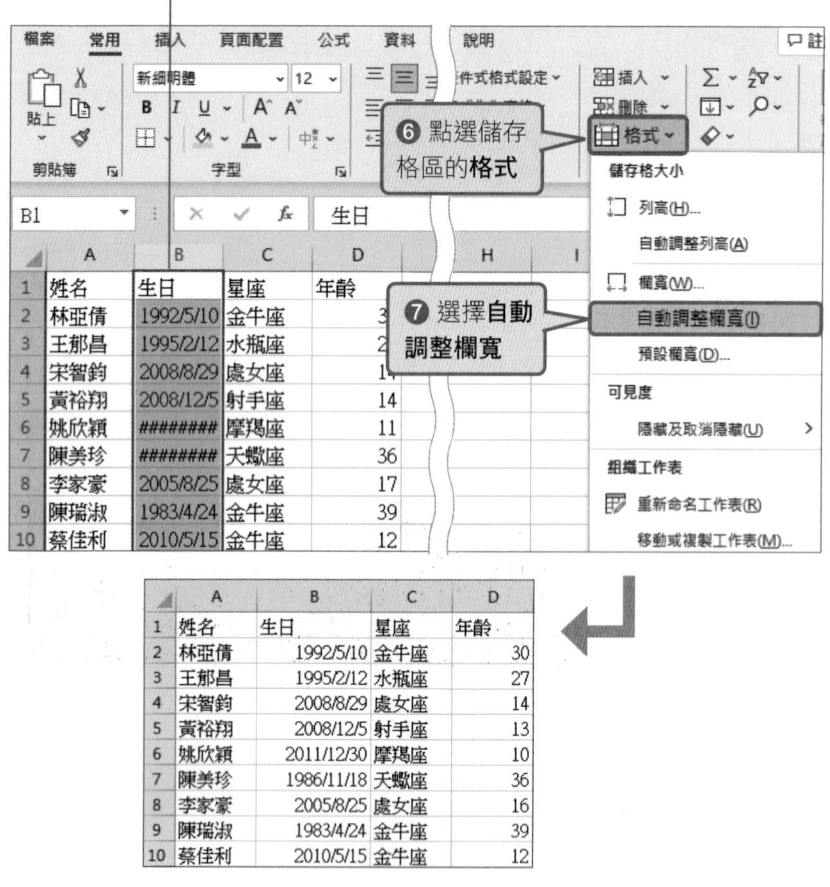

	A	B	C	D
1	姓名	生日	星座	年齡
2	林亞倩	1992/5/10	金牛座	30
3	王郁昌	1995/2/12	水瓶座	27
4	宋智鈞	2008/8/29	處女座	14
5	黃裕翔	2008/12/5	射手座	13
6	姚欣穎	2011/12/30	摩羯座	10
7	陳美珍	1986/11/18	天蠍座	36
8	李家豪	2005/8/25	處女座	16
9	陳瑞淑	1983/4/24	金牛座	39
10	蔡佳利	2010/5/15	金牛座	12

▲ 表格整理完成了

7-5 由 ChatGPT 協助資料檢查

在上一節的應用，人數少的時候可以直接請 ChatGPT 快速製作表格，但只要人數一多就會貼不完，所以在資料數龐大的情況下，我們還是要用 Excel 函數來計算、整理表格。

有一份表單需要用Excel 函數來檢查是否有漏填的欄位，可用 IF 作為判斷式，再由 COUNTA 計算儲存格範圍內的資料總數。也就是你需要將 IF、COUNTA 等多個函數組合起來，整合成一個公式，如果對於函數的使用還沒有那麼熟悉，這時候就可以透過 ChatGPT 的幫忙，快速產生符合需求的公式。

實例應用：確認所有欄位都有輸入資料

發放的表單在收回之後，難免會遇到漏填的情況。靠著眼力檢查又很耗時，有漏填的情況，我們要如何快速確認欄位是否漏填呢？請打開 Ch07-02.xlsx 檔案來操作。

希望可以快速確認每一格是否都有填寫，若有一項沒填就出現提示訊息

會員資料

姓名	生日	手機號碼	地址	確認結果
謝辛如	1998/02/22	0956-324-312	台北市忠孝東路一段 333 號	
許育弘	2002/08/11	0935-963-854	新北市新莊區中正路 577 號	
	1983/05/08	0954-071-435	台中市西區英才路 212 號	有資料未填寫
林亞倩	1992/05/10	0913-410-599	台北市南港區經貿二號 1 號	
王郁昌	1995/02/12	0972-371-299	台北市重慶南路一段 8 號	
宋智鈞	2008/08/29	0933-250-036	新北市板橋區文化路二段 10 號	
黃裕翔	2008/12/05	0934-750-620		有資料未填寫
姚欣穎	2011/12/30	0954-647-127	台中市西屯區朝富路 188 號	
陳美珍	1986/11/18		新北市中和區安邦街 33 號	有資料未填寫
李家豪	2005/08/25	0982-597-901	苗栗市新苗街 18 號	
陳瑞淑	1983/04/24	0968-491-182	新竹市北區中山路 128 號	
蔡佳利	2010/05/15	0927-882-411	桃園市中壢區溪洲街 299 號	
吳立其		0987-094-998	台南市安平區中華西路二段 533 號	有資料未填寫
郭堯竹	1988/11/05	0960-798-165		有資料未填寫
陳君倫	1992/10/10	0926-988-780	高雄市鳳山區文化路 67 號	
王文亭	1976/08/11	0988-237-421	新北市三峽區介壽路三段 120 號	
褚金輝	2014/09/14	0982-194-007	台中市西區台灣大道 1033 號	
劉明盛	1986/01/16	0931-464-962	彰化市彰鹿路 120 號	
陳蓁亞	2008/07/02		新北市汐止區中山路 38 號	有資料未填寫
楊雅惠	1998/06/02	0936-914-483	桃園市成功路二段 133 號	
曾銘山	2011/06/07	0921-841-340		有資料未填寫
林佩璇	2013/01/03	0968-575-278	新竹市香山區五福路二段 565 號	
陳欣蘭	2005/11/28	0912-315-877	台南市安平區永華路二段 10 號	
連煒婷	2014/05/28	0913-765-496	新北市土城區承天路 65 號	
黃佳芬	1979/05/13	0923-812-346	高雄市苓雅區和平一路 115號	

ChatGPT 操作步驟

step 01 重點是要**對 ChatGPT 描述表格的內容，包含表格的資料範圍，與我們目標要填寫的位置。**

在對話框輸入：

```
使用 Excel 函數，檢查 B3~E27 欄位都有輸入資料。 如有空白的儲存格，需要在
F3~F27 標示 "有資料未填寫"
```

得到解答為：

```
=IF(COUNTBLANK(B3:E3)>0,"有資料未填寫","")
```

公式的意思是，使用 COUNTBLANK 函數來計算 B3 到 E3 範圍內的空白儲存格數量。如果有任何一個儲存格是空白的，COUNTBLANK 將返回一個大於零的值。接著使用 IF 函數來判斷計算結果是否大於零，如果是，就會在 F3 儲存格中顯示 "有資料未填寫" 的訊息，否則不顯示任何內容。

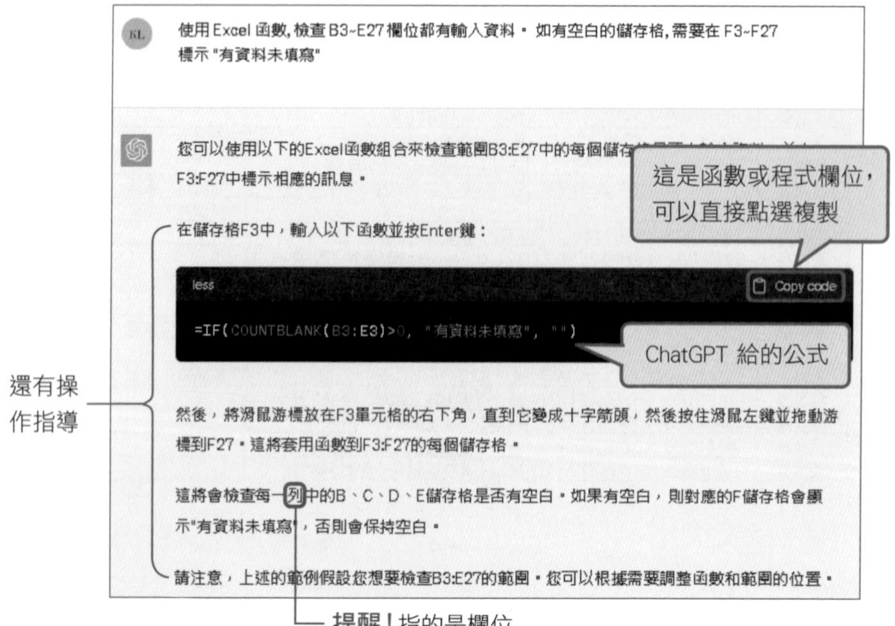

ChatGPT 生成公式也可能以純文字來做回應，如圖。

使用 Excel 函數, 檢查 B3~E27 欄位都有輸入資料。如有空白的儲存格, 需要在 F3~F27 標示 "有資料未填寫"。

可以使用 IF 和 COUNTBLANK 函數來檢查欄位是否有空白。

在F3中輸入以下公式：

=IF(COUNTBLANK(B3:E3)>0,"有資料未填寫","")

然後拉下滑鼠，應用至F4至F27。

這樣，F3至F27中的儲存格會顯示相應的訊息，如果有資料未填寫則顯示 "有資料未填寫"。

輸入問題後，ChatGPT 給的公式可能跟上面不同，不過通常功能都是一樣的。或是問 ChatGPT 有沒有其他的解法，它也會提供你新的公式。

有其他類似的方法嗎

另一個方法是使用 IF 和 OR 函數的組合來檢查多個欄位是否有資料未填寫。

在 F3 中輸入以下公式：

=IF(OR(B3="", C3="", D3="", E3=""), "有資料未填寫", "")

ChatGPT 每次給的公式可能都不一樣

然後拉下滑鼠，應用至 F4 至 F27。

這樣，如果 B3、C3、D3 或 E3 中的任何一個儲存格是空白的，則 F3 儲存格將顯示 "有資料未填寫"。同樣，將公式應用到其他儲存格，以檢查相應的 B 至 E 欄位範圍內是否有資料未填寫。如果有空白的儲存格，相應的 F 欄位會顯示 "有資料未填寫"。

筆者也有遇過 ChatGPT 提供無法使用的公式，像是 ChatGPT 給的公式非常冗長，一看就覺得不太合理。因此讀者需要自行判斷、嘗試，找出最佳解法。

step 02 將公式貼到 F3 儲存格，再將 F3 儲存格的公式往下複製到 F27 儲存格。複製後會出現自動填滿選項鈕，請按下此鈕後，選擇填滿但不填入格式選項，就完成操作了。

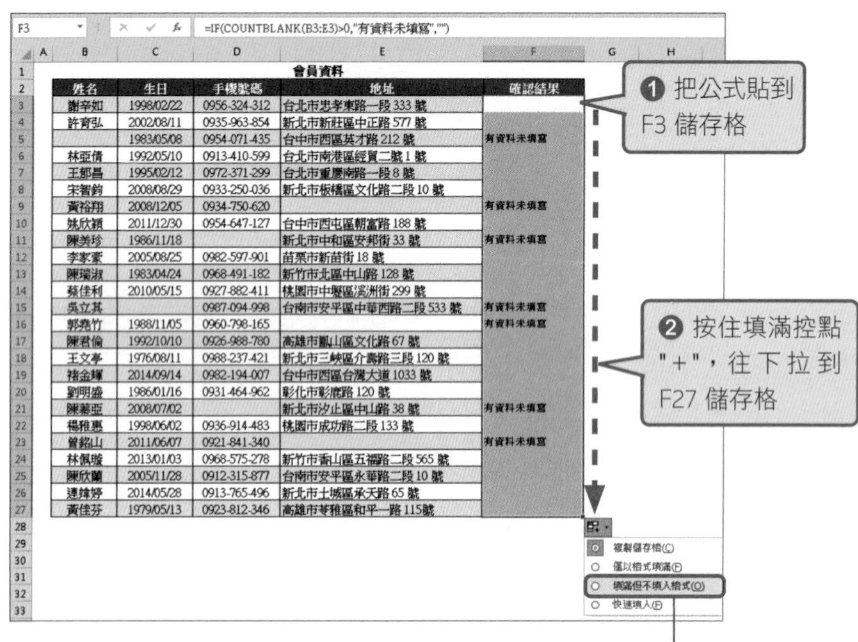

❸ 選擇**填滿但不填入格式**

會員資料

姓名	生日	手機號碼	地址	確認結果
謝辛如	1998/02/22	0956-324-312	台北市忠孝東路一段 333 號	
許育弘	2002/08/11	0935-963-854	新北市新莊區中正路 577 號	
	1983/05/08	0954-071-435	台中市西區英才路 212 號	有資料未填寫
林亞倩	1992/05/10	0913-410-599	台北市南港區經貿二號 1 號	
王郁昌	1995/02/12	0972-371-299	台北市重慶南路一段 8 號	
宋智鈞	2008/08/29	0933-250-036	新北市板橋區文化路二段 10 號	
黃裕翔	2008/12/05	0934-750-620		有資料未填寫
姚欣穎	2011/12/30	0954-647-127	台中市西屯區朝富路 188 號	
陳美珍	1986/11/18		新北市中和區安邦街 33 號	有資料未填寫
李家豪	2005/08/25	0982-597-901	苗栗市新苗街 18 號	
陳瑞淑	1983/04/24	0968-491-182	新竹市北區中山路 128 號	
蔡佳利	2010/05/15	0927-882-411	桃園市中壢區溪洲街 299 號	
吳立其		0987-094-998	台南市安平區中華西路二段 533 號	有資料未填寫
郭堯竹	1988/11/05	0960-798-165		有資料未填寫
陳君倫	1992/10/10	0926-988-780	高雄市鳳山區文化路 67 號	
王文亭	1976/08/11	0988-237-421	新北市三峽區介壽路三段 120 號	
褚金輝	2014/09/14	0982-194-007	台中市西區台灣大道 1033 號	
劉明盛	1986/01/16	0931-464-962	彰化市彰鹿路 120 號	
陳蓁亞	2008/07/02		新北市汐止區中山路 38 號	有資料未填寫
楊雅惠	1998/06/02	0936-914-483	桃園市成功路二段 133 號	
曾銘山	2011/06/07	0921-841-340		有資料未填寫
林佩璇	2013/01/03	0968-575-278	新竹市香山區五福路二段 565 號	
陳欣蘭	2005/11/28	0912-315-877	台南市安平區永華路二段 10 號	
連煒婷	2014/05/28	0913-765-496	新北市土城區承天路 65 號	
黃佳芬	1979/05/13	0923-812-346	高雄市苓雅區和平一路 115號	

◀ 表格處理完成

7-6 讓 ChatGPT 自行判斷如何查找表格資料

VLOOKUP、HLOOKUP 是職場使用頻率很高的函數，當需要從表格裡面查詢特定資料時，輸入VLOOKUP 是垂直方向查找，HLOOKUP 則是水平方向查找。若對函數語法還不熟練，可以先讓 ChatGPT 帶領你來運用。

實例應用：輸入員工編號後，自動帶出該員工的所有資料

當員工資料筆數很多，想要得知某位員工的分機號碼或是隸屬哪個部門，不想慢慢從表格裡查找，希望可以在輸入「員工編號」後，自動列出員工的姓名、部門及分機資料。請打開 Ch07-03.xlsx 檔案來操作。

輸入員工編號就能自動帶出員工的姓名、部門、分機資料

	A	B	C	D	E
1	輸入員工編號查詢員工資料				
2	員工編號	姓名	部門	分機	
3	1048	邱語潔	業務部	587	
4					
5					
6	員工編號	姓名	部門	分機	
7	1160	于惠蘭	財務部	380	
8	1159	白美惠	人事部	358	
9	1035	朱麗雅	人事部	441	
10	1195	宋秀惠	人事部	566	
11	1185	李沛偉	研發部	368	
12	1167	汪炳哲	工程部	236	
13	1068	谷瑄若	研發部	441	
14	1070	周基勇	業務部	196	
15	1239	林巧沛	產品部	159	
16	1034	林若傑	財務部	288	
17	1168	林琪琪	倉儲部	196	
18	1130	[illegible]	[illegible]	383	

ChatGPT 操作步驟

在對話框輸入：

用 Excel 函數，在 A3 輸入員工編號之後，搜尋 A7~D44 的資料找出員工的姓名、部門、分機，分別填在 B3 C3 D3

得到解答：

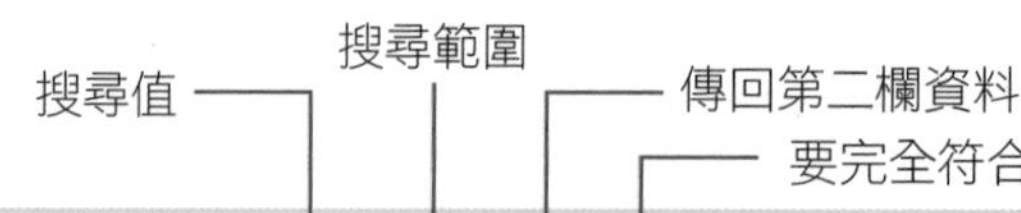

在B3單元格輸入公式：=VLOOKUP(A3,A7:D44,2,FALSE)
在C3單元格輸入公式：=VLOOKUP(A3,A7:D44,3,FALSE)
在D3單元格輸入公式：=VLOOKUP(A3,A7:D44,4,FALSE)

step 02 以 B3 儲存格的公式為例，A3 代表「搜尋值」的員工編號；A7:D44 代表在 A7到 D44 的範圍內查詢是否有符合「搜尋值」的資料；2 則是找到符合「搜尋值」的資料後，要回傳到由左邊數起第二欄的資料；FALSE 表示要尋找完全符合「搜尋值」的值 (也可以輸入「0」)。

我們按照 ChatGPT 給的指示，將三個公式分別貼入 B3、C3、D3 三個儲存格，執行成功。

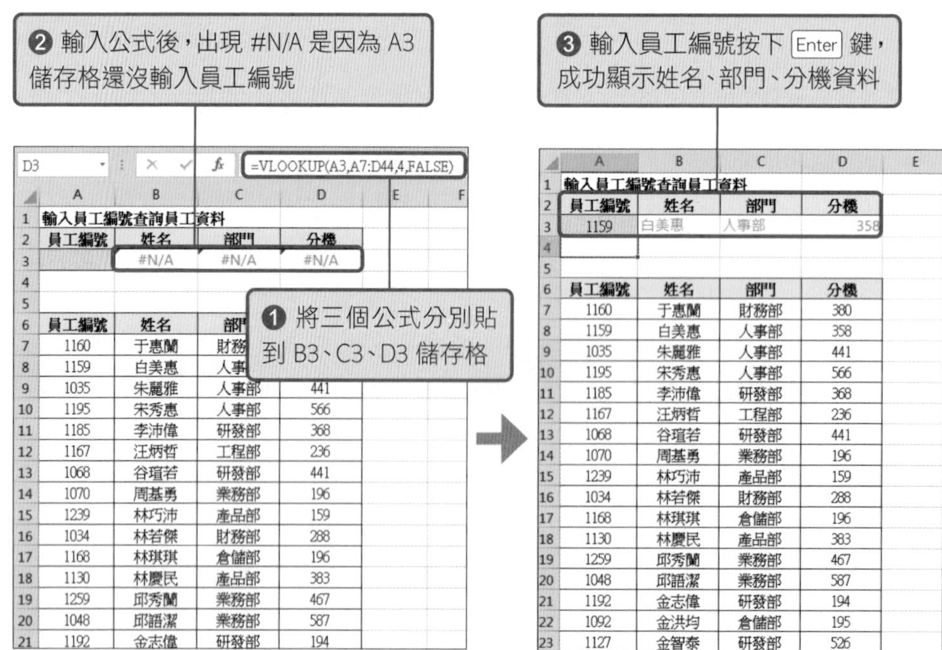

▲ ChatGPT 第一次問答結果

改善函數公式

但筆者覺得要貼三次公式有點麻煩，希望有更快的方法，繼續提問後順利得到一個公式。

提問：

可以只輸入一次公式嗎

解答：

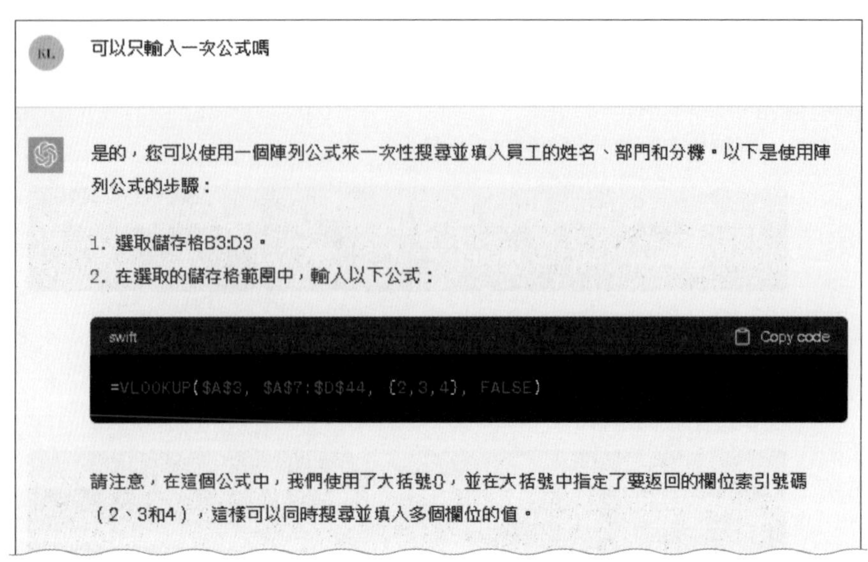

▲ ChatGPT 第二次得出的結果

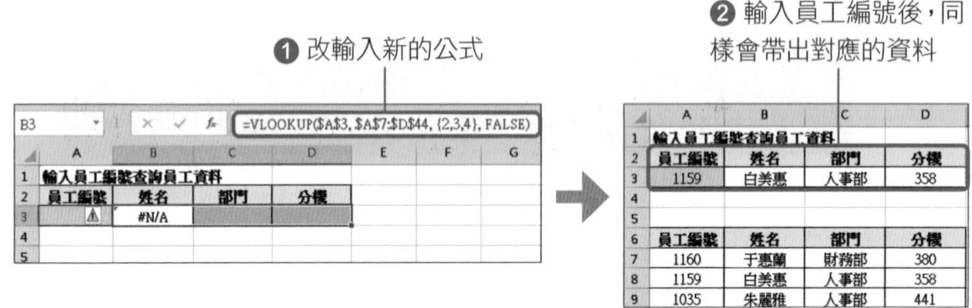


```
=VLOOKUP($A$3，$A$7:$D$44，{2,3,4}，FALSE)
```

在這邊得到的公式跟前面最大的差別是，公式中傳回第 2 欄的資訊，被替換成一個大括號 {}，這其實是 Excel 陣列公式的用法，可以進行多重運算，並傳回各自的執行結果。簡單來說，這裡就是把前面 3 個公式合併，找到搜尋值後，依序取回「第 2、3、4 欄」的結果。

依照步驟將此陣列公式貼到 B3 後，在 A3 輸入員工編號就會自動顯示 B3、C3、D3 欄位了。

7-7 利用 ChatGPT 從表格找出重複的資料

如果想要找出工作表內「重複的值」，可以在選取儲存格範圍後，按下條件式格式設定鈕，執行「**醒目提示儲存格規則/重複的值**」命令。但如果我們還想把重複的值另外複製到其他欄位，只要以函數搭配成公式來執行就可以迅速完成。

實例應用：找出一天有兩人以上預約的日期是哪些

這裡有一份銀行業務的預約申請紀錄表，我們想從表單內統計「同一天有兩人以上預約」的是哪些日期，同時安排服務人員。但目前是依「申請日」由小至大排序，不容易從「預約日期」找出同時有兩人以上預約的日期，該怎麼統計呢？請打開 Ch07-04.xlsx 操作。

	A	B	C	D	E	F	G
1	銀行業務預約申請						
2							
3	申請日	申請人	預約項目	預約日期			同一天有兩人以上預約
4	03/03	趙幼琴	分行開戶	03/15			3/
11	03/06	熊炫明	跨行匯款	03/12			3/12
14	03/07	鄭和玉	跨行匯款	03/28			3/28
15	03/08	潘思阡	分行開戶	04/06			4/6
17	03/09	簡子真	分行開戶	04/01			4/1
22	03/11	彭浩哲	大額存款	04/06			4/6

▲ 想找出一天有兩人以上預約的日期

ChatGPT 操作步驟

在對話框輸入：

```
A4~D24 是銀行業務預約資料，其中 D4~D24 是預約日期的資料，使用 excel
函數找出一天有兩場以上預約的日期，最後將日期統整到 G 欄
```

得到解答：

在G4 中輸入以下公式：
=IF(COUNTIF(D4:D24,D4)>=2,D4,"")
然後拉下滑鼠，應用至G5 至G24。
最後，選擇 G4:G24，並選擇「格式儲存格」，選擇「日期」，再選擇您想顯示的日期格式，例如「日期」。

A4~D24是銀行業務預約資料，其中D4~D24是預約日期的資料，使用excel函式找出一天有兩場以上預約的日期，最後將日期統整到G欄

這可以使用COUNTIF和IF函數來解決。

在G4中輸入以下公式：

=IF(COUNTIF(D4:D24,D4)>=2,D4,"")

然後拉下滑鼠，應用至G5至G24。

最後，選擇G4:G24，並選擇「格式儲存格」，選擇「日期」，再選擇您想顯示的日期格式，例如「日期」。

▲ ChatGPT 第一段問答內容

簡單說明一下公式：IF 是條件判斷，COUNTIF 用來計算從 D4 到 D24 符合條件的個數，如果個數大於等於 2 表示有多人預約了同一天，就會顯示重複的日期。按照指示操作，在 G4 中輸入公式 =IF(COUNTIF(D4:D24,D4)>=2,D4,"")，用填滿控點拖曳到 G24。

❸ 由於儲存格預設是數值格式，因此日期無法正常顯示（ChatGPT 也注意到了，因此解答內容也有提示這點）

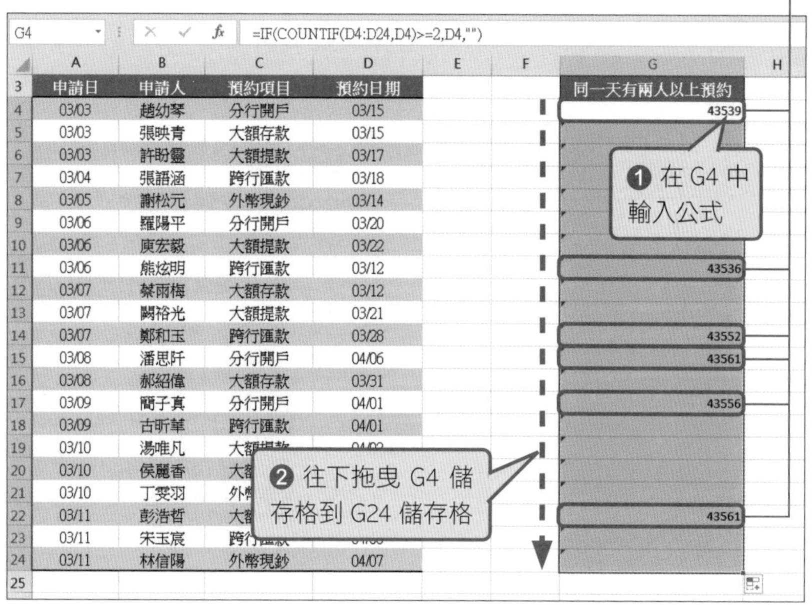

step 03 上面可以看到日期顯示為 43539、43536 等數字，那是因為目前儲存格以「數值」來顯示。如 ChatGPT 的指示，在選取儲存格後，將儲存格格式改為「日期」格式即可。

❶ 選取儲存格後，按下 Ctrl + 1 鍵，開啟設定儲存格格式交談窗

❷ 選擇「日期」，再選擇日期顯示類型，例如「3/14」

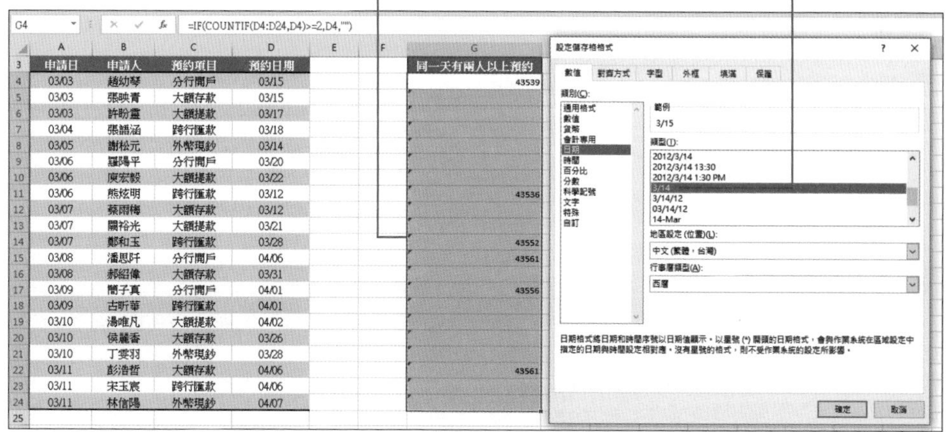

❸ 有兩人以上預約的日期成功顯示

G4 =IF(COUNTIF(D4:D24,D4)>=2,D4,"")

	A	B	C	D	E	F	G
3	申請日	申請人	預約項目	預約日期			同一天有兩人以上預約
4	03/03	趙幼琴	分行開戶	03/15			3/
5	03/03	張映青	大額存款	03/15			
6	03/03	許盼靈	大額提款	03/17			
7	03/04	張語涵	跨行匯款	03/18			
8	03/05	謝松元	外幣現鈔	03/14			
9	03/06	羅陽平	分行開戶	03/20			
10	03/06	庾宏毅	大額提款	03/22			
11	03/06	熊炫明	跨行匯款	03/12			3/12
12	03/07	蔡雨梅	大額存款	03/12			
13	03/07	關裕光	大額提款	03/21			
14	03/07	鄭和玉	跨行匯款	03/28			3/28
15	03/08	潘思阡	分行開戶	04/06			4/6
16	03/08	郝紹偉	大額存款	03/31			
17	03/09	簡子真	分行開戶	04/01			4/1
18	03/09	古昕華	跨行匯款	04/01			
19	03/10	湯唯凡	大額提款	04/02			
20	03/10	侯麗香	大額存款	03/26			
21	03/10	丁雯羽	外幣現鈔	03/28			
22	03/11	彭浩哲	大額存款	04/06			4/6
23	03/11	宋玉宸	跨行匯款	04/06			
24	03/11	林信陽	外幣現鈔	04/07			

Excel 延伸操作

接著，因為 G4~G24 之間還有很多空格，筆者想要去除空格，只顯示日期就好。

step 01 繼續在對話框輸入：

去除 G4~G24 之間的空白

得到解答：

您可以使用篩選器功能來過濾掉空白：
1. 選擇 G4 至 G24 的儲存格。
2. 點擊 Excel 的「資料」標籤。
3. 在「篩選」區域中點擊「篩選」按鈕，這樣會在每欄的標題列上添加篩選箭頭。
4. 點擊 G 欄的篩選箭頭，然後取消選中「空白」選項。
5. 您現在應該只看到一天有兩場以上預約的日期。
6. 如果您想將這些欄從工作表中刪除，只需選擇這些欄，右鍵點擊，然後選擇「刪除」即可。

step 02 點選**資料**頁次，開啟**篩選**功能。

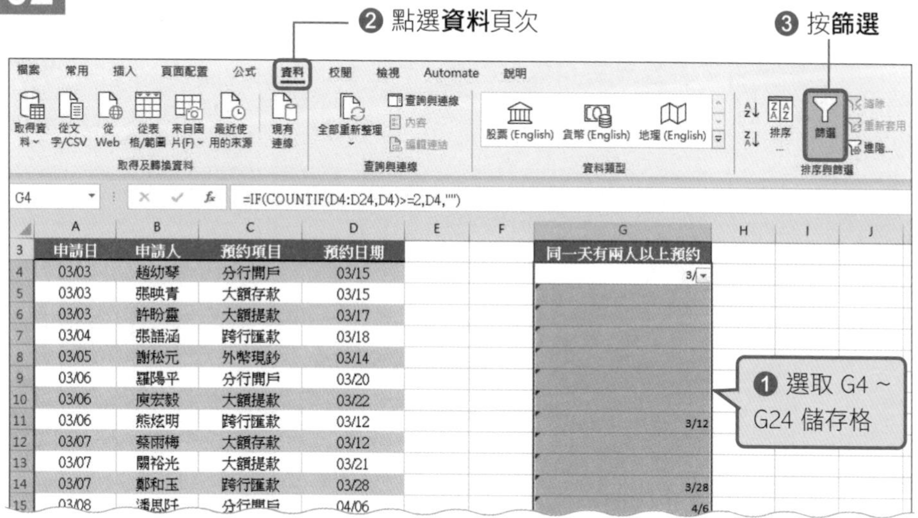

step 03 接著取消空白格顯示，完成整個操作。

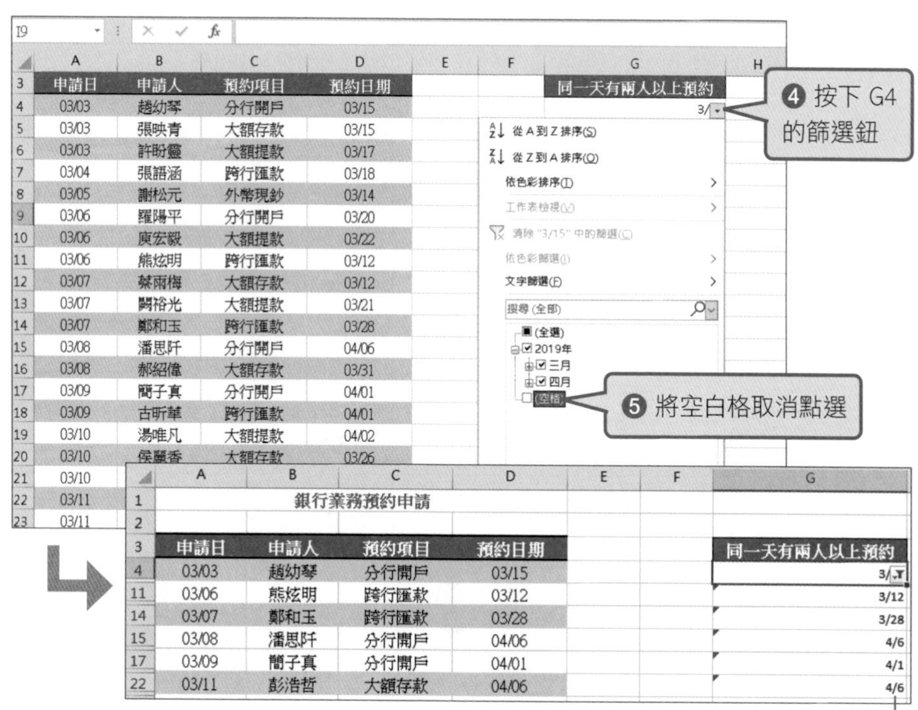

7-8 讓 ChatGPT 兩步驟計算年齡送贈品

實例應用：在會員名字後面附註年齡，判斷要送出哪種贈品

這裡有一份包含編號、姓名、生日、手機號碼、地址的會員資料表，今天想在會員名字後面以括號附註年齡，接著要依照年齡贈送會員不同的贈品，18 歲以下的會員送文具組，超過 18 歲則送隨身碟。但是手動計算年齡實在非常累，有沒有方法可以自動計算？

	A	B	C	D	E	F
1	會員資料					
2	會員編號	姓名	生日	手機號碼	地址	贈品
3	29729245	謝辛如	1998/02/22	0956-324-312	台北市忠孝東路一段 333 號	
4	79958489	許育弘	2002/08/11	0935-963-854	新北市新莊區中正路 577 號	
5	28915702	張炳新	1983/05/08	0954-071-435	台中市西區英才路 212 號	
6	19528508	林亞倩	1992/05/10	0913-410-599	台北市南港區經貿二號 1 號	
7	81665798	王郁昌	1995/02/12	0972-371-299	台北市重慶南路一段 8 號	
8	13429623	宋智鈞	2008/08/29	0933-250-036	新北市板橋區文化路二段 10 號	
9	52211181	黃裕翔	2008/12/05	0934-750-620	台北市新生南路一段 8 號	
10	26323670	姚欣穎	2011/12/30	0954-647-127	台中市西屯區朝富路 188 號	
11	32250942	陳美珍	1986/11/18	0911-322-603	新北市中和區安邦街 33 號	
12	17448505	李家豪	2005/08/25	0982-597-901	苗栗市新苗街 18 號	
13	95868920	陳瑞淑	1983/04/24	0968-491-182	新竹市北區中山路 128 號	
14	83952910	蔡佳利	2010/05/15	0927-882-411	桃園市中壢區溪洲街 299 號	
15	46232124	吳立其	2007/01/03	0987-094-998	台南市安平區中華西路二段 533 號	
16	65959127	郭堯竹	1988/11/05	0960-798-165	新北市新莊區幸福路 888 號	
17	99029850	陳君倫	1992/10/10	0926-988-780	高雄市鳳山區文化路 67 號	
18	64391892	王文亭	1976/08/11	0988-237-421	新北市三峽區介壽路三段 120 號	
19	86146889	褚金輝	2014/09/14	0982-194-007	台中市西區台灣大道 1033 號	
20	18648629	劉明盛	1986/01/16	0931-464-962	彰化市彰鹿路 120 號	
21	47356378	陳蓁亞	2008/03/14	0933-115-008	新北市汐止區中山路 38 號	
22	16873227	楊雅惠	1998/06/02	0936-914-483	桃園市成功路二段 133 號	
23	78661285	曾銘山	2011/06/07	0921-841-340	新北市蘆洲區中正路 8 號	
24	42606851	林佩璇	2013/01/03	0968-575-278	新竹市香山區五福路二段 565 號	
25	23961428	陳欣蘭	2005/11/28	0912-315-877	台南市安平區永華路二段 10 號	
26	63534356	連嫜婷	2014/05/28	0913-765-496	新北市土城區承天路 65 號	

	A	B	C	D	E	F
1				會員資料		
2	會員編號	姓名	生日	手機號碼	地址	贈品
3	29729245	謝辛如(25歲)	1998/02/22	0956-324-312	台北市忠孝東路一段 333 號	隨身碟
4	79958489	許育弘(20歲)	2002/08/11	0935-963-854	新北市新莊區中正路 577 號	隨身碟
5	28915702	張炳新(39歲)	1983/05/08	0954-071-435	台中市西區英才路 212 號	隨身碟
6	19528508	林亞倩(30歲)	1992/05/10	0913-410-599	台北市南港區經貿二號 1 號	隨身碟
7	81665798	王郁昌(28歲)	1995/02/12	0972-371-299	台北市重慶南路一段 8 號	隨身碟
8	13429623	宋智鈞(14歲)	2008/08/29	0933-250-036	新北市板橋區文化路二段 10 號	文具組
9	52211181	黃裕翔(14歲)	2008/12/05	0934-750-620	台北市新生南路一段 8 號	文具組
10	26323670	姚欣穎(11歲)	2011/12/30	0954-647-127	台中市西屯區朝富路 188 號	文具組
11	32250942	陳美珍(36歲)	1986/11/18	0911-322-603	新北市中和區安邦街 33 號	隨身碟
12	17448505	李家豪(17歲)	2005/08/25	0982-597-901	苗栗市新苗街 18 號	文具組
13	95868920	陳瑞洲(39歲)	1983/04/24	0968-491-182	新竹市北區中山路 128 號	隨身碟
14	83952910	蔡佳和(12歲)	2010/05/15	0927-882-411	桃園市中壢區溪洲街 299 號	文具組
15	46232124	吳立其(16歲)	2007/01/03	0987-094-998	台南市安平區中華西路二段 533 號	文具組
16	65959127	郭堯竹(34歲)	1988/11/05	0960-798-165	新北市新莊區幸福路 888 號	隨身碟
17	99029850	陳君倫(30歲)	1992/10/10	0926-988-780	高雄市鳳山區文化路 67 號	隨身碟
18	64391892	王文亭(46歲)	1976/08/11	0988-237-421	新北市三峽區介壽路三段 120 號	隨身碟
19	86146880	[illegible](8歲)	2014/09/14	0982-194-007	台中市西區台灣大道 1033 號	文具組

▲ 希望在姓名後面附加年齡，接著依照年齡標註不同的贈品

階段一：算出年齡

在對話框輸入：

B3~B31 是姓名，C3~C31 是出生年月日，用 excel 函數算出每個人幾歲。範例：王大明 (28)

得到解答：

=DATEDIF(C3,TODAY(),"Y")&"歲"
該公式將使用當前日期（TODAY 函數）計算出 C3 中的日期和當前日期之間的差異，然後將結果轉換為年齡，並在末尾添加 "歲" 字符串。將公式填充到 D 欄中的所有單元格即可。

使用的 DATEDIF 函數表示計算兩個日期相隔的時間，TODAY 表示時間計算到今天為止，Y 表示以「年」作為單位，最後的計算結果要加上「歲」。我們先將公式貼到 G 欄當做輔助欄位。

B3~B31是姓名，C3~C31是出生年月日，用excel函數算出每個人幾歲。範例：王大明(28)

你可以使用 Excel 中的 DATEDIF 函数来计算每个人的年龄。假设 B 列包含姓名，C 列包含出生日期，则可以在 D 列中输入以下公式：

=DATEDIF(C3,TODAY(),"Y")&"歲"

该公式将使用当前日期（TODAY 函数）计算出 C3 中的日期和当前日期之间的差异，然后将结果转换为年龄，并在末尾添加 "歲" 字符串。将公式填充到 D 列中的所有单元格即可。

▲ ChatGPT 的回覆 (注意！未修正成台灣用語)

step 02 步驟 01 雖然有在提示句裡舉例，但看來 ChatGPT 並沒有接收到。公式執行後顯示的只有歲數，沒有附上姓名。因此再進一步提示：

顯示方式為：名字（歲數）

得到解答：

```
= B3 & "(" & DATEDIF(C3,TODAY(),"Y") & "歲" & ")"
```

G3 = B3 & "(" & DATEDIF(C3, TODAY(), "Y") & "歲" & ")"

	A	B	C	D	E	F	G
1				會員資料			
2	會員編號	姓名	生日	手機號碼	地址	贈品	
3	29729245	謝辛如	1998/02/22	0956-324-312	台北市忠孝東路一段 333 號		謝辛如(25歲)
4	79958489	許育弘	2002/08/11	0935-963-854	新北市新莊區中正路 577 號		許育弘(20歲)
5	28915702	張炳新	1983/05/08	0954-071-435	台中市西區英才路 212 號		張炳新(39歲)
6	19528508	林亞倩	1992/05/10	0913-410-599	台北市南港區經貿二號 1 號		林亞倩(30歲)
7	81665798	王郁昌	1995/02/12	0972-371-299	台北市重慶南路一段 8 號		王郁昌(28歲)
8	13429623	宋智鈞	2008/08/29	0933-250-036	新北市板橋區文化路二段 10 號		宋智鈞(14歲)
9	52211181	黃裕翔	2008/12/05	0934-750-620	台北市新生南路一段 8 號		黃裕翔(14歲)
10	26323670	姚欣穎	2011/12/30	0954-647-127	台中市西屯區朝富路 188 號		姚欣穎(11歲)
11	32250942	陳美珍	1986/11/18	0911-322-603	新北市中和區安邦街 33 號		陳美珍(36歲)
12	17448505	李家豪	2005/08/25	0982-597-901	苗栗市新苗街 18 號		李家豪(17歲)
13	95868920	陳瑞淑	1983/04/24	0968-491-182	新竹市北區中山路 128 號		陳瑞淑(39歲)
14	83952910	蔡佳利	2010/05/15	0927-882-411	桃園市中壢區溪洲街 299 號		蔡佳利(12歲)
15	46232124	吳立其	2007/01/03	0987-094-998	台南市安平區中華西路二段 533 號		吳立其(16歲)
16	65959127	郭堯竹	1988/11/05	0960-798-165	新北市新莊區幸福路 888 號		郭堯竹(34歲)
17	99029850	陳君倫	1992/10/10	0926-988-780	高雄市鳳山區文化路 67 號		陳君倫(30歲)
18	64391892	王文亭	1976/08/11	0988-237-421	新北市三峽區介壽路三段 120 號		王文亭(46歲)
19	86146889	褚金輝	2014/09/14	0982-194-007	台中市西區台灣大道 1033 號		褚金輝(8歲)
20	18648629	劉明盛	1986/01/16	0931-464-962	彰化市彰鹿路 120 號		劉明盛(37歲)
21	47356378	陳蓁亞	2008/03/14	0933-115-008	新北市汐止區中山路 38 號		陳蓁亞(14歲)
22	16873227	楊雅惠	1998/06/02	0936-914-483	桃園市成功路二段 133 號		楊雅惠(24歲)
23	78661285	曾銘山	2011/06/07	0921-841-340	新北市蘆洲區中正路 8 號		曾銘山(11歲)
24	42606851	林佩璇	2013/01/03	0968-575-278	新竹市香山區五福路二段 565 號		林佩璇(10歲)
25	23961428	陳欣蘭	2005/11/28	0912-315-877	台南市安平區永華路二段 10 號		陳欣蘭(17歲)
26	63534356	連煒婷	2014/05/28	0913-765-496	新北市土城區承天路 65 號		連煒婷(8歲)
27	93800760	黃佳芬	1979/07/06	0923-812-346	高雄市苓雅區和平一路 115號		黃佳芬(43歲)
28	45478870	謝龍昇	2000/05/07	0910-122-345	苗栗縣佤春鎮草埔路 100 號		謝龍昇(22歲)
29	64560181	許利誠	1988/11/16	0920-544-988	新竹市香山區牛埔南路 300號		許利誠(34歲)
30	93403692	林承亞	2009/09/27	0938-448-600	台北市八德路二段 888號		林承亞(13歲)
31	94104356	游祥如	2004/06/09	0936-288-100	台北市三重區重光街 100號		游祥如(18歲)
32							

❶ 將公式貼到 G3

❷ 往下拖曳到 G31

step 03 這次的公式有設定在歲數之前加上 B 欄的資料(也就是姓名欄)，這樣就有符合需求。最後要將「輔助欄位」的值，貼回「姓名」欄。請複製 G3：G31 儲存格，並以**貼上 / 值**的方式，貼回 B3：B31 儲存格範圍，即可在姓名後面附註年齡，最後再刪除「輔助欄位」的資料。

❶ 以貼上 / 值的方式貼入 G3:G31 的資料

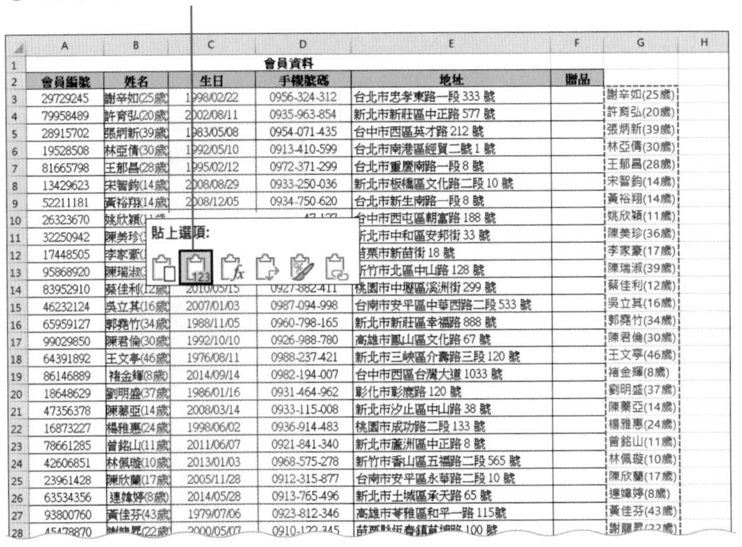

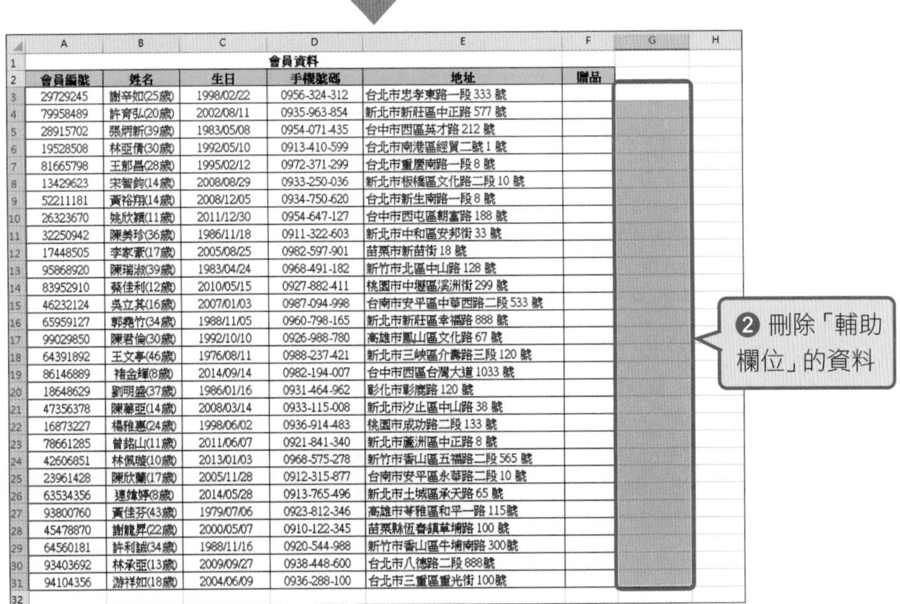

會員資料					
會員編號	姓名	生日	手機號碼	地址	贈品
29729245	謝辛如(25歲)	1998/02/22	0956-324-312	台北市忠孝東路一段 333 號	
79958489	許育弘(20歲)	2002/08/11	0935-963-854	新北市新莊區中正路 577 號	
28915702	張炳新(39歲)	1983/05/08	0954-071-435	台中市西區英才路 212 號	
19528508	林亞倩(30歲)	1992/05/10	0913-410-599	台北市南港區經貿二號 1 號	
81665798	王郁昌(28歲)	1995/02/12	0972-371-299	台北市重慶南路一段 8 號	
13429623	宋智鈞(14歲)	2008/08/29	0933-250-036	新北市板橋區文化路二段 10 號	
52211181	黃裕翔(14歲)	2008/12/05	0934-750-620	台北市新生南路一段 8 號	
26323670	姚欣穎(11歲)	2011/12/30	0954-647-127	台中市西屯區朝富路 188 號	
32250942	陳美珍(36歲)	1986/11/18	0911-322-603	新北市中和區安邦街 33 號	
17448505	李家豪(17歲)	2005/08/25	0982-597-901	苗栗市新苗街 18 號	
95868920	陳瑞淑(39歲)	1983/04/24	0968-491-182	新竹市北區中山路 128 號	
83952910	蔡佳利(12歲)	2010/05/15	0927-882-411	桃園市中壢區溪洲街 299 號	
46232124	吳立其(16歲)	2007/01/03	0987-094-998	台南市安平區中華西路二段 533 號	
65959127	郭堯竹(34歲)	1988/11/05	0960-798-165	新北市新莊區幸福路 888 號	
99029850	陳君倫(30歲)	1992/10/10	0926-988-780	高雄市鳳山區文化路 67 號	
64391892	王文亭(46歲)	1976/08/11	0988-237-421	新北市三峽區介壽路三段 120 號	
86146889	褚金輝(8歲)	2014/09/14	0982-194-007	台中市西區台灣大道 1033 號	
18648629	劉明盛(37歲)	1986/01/16	0931-464-962	彰化市彰鹿路 120 號	
47356378	陳蘂亞(14歲)	2008/03/14	0933-115-008	新北市汐止區中山路 38 號	
16873227	楊雅惠(24歲)	1998/06/02	0936-914-483	桃園市成功路二段 133 號	
78661285	曾銘山(11歲)	2011/06/07	0921-841-340	新北市蘆洲區中正路 8 號	
42606851	林佩璇(10歲)	2013/01/03	0968-575-278	新竹市香山區五福路二段 565 號	
23961428	陳欣蘭(17歲)	2005/11/28	0912-315-877	台南市安平區永華路二段 10 號	
63534356	連婕妤(8歲)	2014/05/28	0913-765-496	新北市土城區承天路 65 號	
93800760	黃佳芬(43歲)	1979/07/06	0923-812-346	高雄市苓雅區和平一路 115號	
45478870	謝龍昇(22歲)	2000/05/07	0910-122-345	苗栗縣恆春鎮草埔路 100 號	
64560181	許利誠(34歲)	1988/11/16	0920-544-988	新竹市香山區牛埔南路 300號	
93403692	林承亞(13歲)	2009/09/27	0938-448-600	台北市八德路二段 888號	
94104356	游祥如(18歲)	2004/06/09	0936-288-100	台北市三重區重光街 100號	

階段二：判斷贈品

接下來要判斷要送每個會員哪種禮物，我們預定 18 歲以下(包含 18 歲)的會員送文具組，超過 18 歲則送隨身碟。在對話框輸入：

> 18 歲以下(包含)送文具組，超過 18 歲送隨身碟

得到解答：

> 假設 B 列包含姓名，C 列包含出生日期，則可以在 D 列中輸入以下公式：
> =IF(DATEDIF(C3,TODAY(),"Y")<=18,"文具組","隨身碟")

IF 函數是判斷 B 列的年齡是否小於等於 18 歲。如果是，則加上 「文具組」，不符合的話則加上「隨身碟」。而 DATEDIF 函數則是從工作表的 C 欄(出生年月日)計算會員年齡。將公式貼上 F3 後，用填滿控點拖曳至 F31 即完成。

F3 =IF(DATEDIF(C3,TODAY(),"Y")<=18,"文具組","隨身碟")

	A	B	C	D	E	F
1	會員資料					
2	會員編號	姓名	生日	手機號碼	地址	贈品
3	29729245	謝辛如(25歲)	1998/02/22	0956-324-312	台北市忠孝東路一段 333 號	隨身碟
4	79958489	許育弘(20歲)	2002/08/11	0935-963-854	新北市新莊區中正路 577 號	隨身碟
5	28915702	張炳新(39歲)	1983/05/08	0954-071-435	台中市西區英才路 212 號	隨身碟
6	19528508	林亞倩(30歲)	1992/05/10	0913-410-599	台北市南港區經貿二號 1 號	隨身碟
7	81665798	王郁昌(28歲)	1995/02/12	0972-371-299	台北市重慶南路一段 8 號	隨身碟
8	13429623	宋智鈞(14歲)	2008/08/29	0933-250-036	新北市板橋區文化路二段 10 號	文具組
9	52211181	黃裕翔(14歲)	2008/12/05	0934-750-620	台北市新生南路一段 8 號	文具組
10	26323670	姚欣穎(11歲)	2011/12/30	0954-647-127	台中市西屯區朝富路 188 號	文具組
11	32250942	陳美珍(36歲)	1986/11/18	0911-322-603	新北市中和區安邦街 33 號	隨身碟
12	17448505	李家豪(17歲)	2005/08/25	0982-597-901	苗栗市新苗街 18 號	文具組
13	95868920	陳瑞淑(39歲)	1983/04/24	0968-491-182	新竹市北區中山路 128 號	隨身碟
14	83952910	蔡佳利(12歲)	2010/05/15	0927-882-411	桃園市中壢區溪洲街 299 號	文具組
15	46232124	吳立其(16歲)	2007/01/03	0987-094-998	台南市安平區中華西路二段 533 號	文具組
16	65959127	郭堯竹(34歲)	1988/11/05	0960-798-165	新北市新莊區幸福路 888 號	隨身碟
17	99029850	陳君倫(30歲)	1992/10/10	0926-988-780	高雄市鳳山區文化路 67 號	隨身碟
18	64391892	王文亭(46歲)	1976/08/11	0988-237-421	新北市三峽區介壽路三段 120 號	隨身碟
19	86146889	褚金輝(8歲)	2014/09/14	0982-194-007	台中市西區台灣大道 1033 號	文具組
20	18648629	劉明盛(37歲)	1986/01/16	0931-464-962	彰化市彰鹿路 120 號	隨身碟
21	47356378	陳蓁亞(14歲)	2008/03/14	0933-115-008	新北市汐止區中山路 38 號	文具組
22	16873227	楊雅惠(24歲)	1998/06/02	0936-914-483	桃園市成功路二段 133 號	隨身碟
23	78661285	曾銘山(11歲)	2011/06/07	0921-841-340	新北市蘆洲區中正路 8 號	文具組
24	42606851	林佩璇(10歲)	2013/01/03	0968-575-278	新竹市香山區五福路二段 565 號	文具組
25	23961428	陳欣蘭(17歲)	2005/11/28	0912-315-877	台南市安平區永華路二段 10 號	文具組
26	63534356	連煒婷(8歲)	2014/05/28	0913-765-496	新北市土城區承天路 65 號	文具組
27	93800760	黃佳芬(43歲)	1979/07/06	0923-812-346	高雄市苓雅區和平一路 115號	隨身碟
28	45478870	謝龍昇(22歲)	2000/05/07	0910-122-345	苗栗縣恆春鎮草埔路 100 號	隨身碟
29	64560181	許利誠(34歲)	1988/11/16	0920-544-988	新竹市香山區牛埔南路 300號	隨身碟
30	93403692	林承亞(13歲)	2009/09/27	0938-448-600	台北市八德路二段 888號	文具組
31	94104356	游祥如(18歲)	2004/06/09	0936-288-100	台北市三重區重光街 100號	文具組

❶ 公式貼到 F3

❷ 用填滿控點拖曳至 F31

CHAPTER 8

用 Power Automate 打造線上自動通知機制

前面我們學到了一系列的 Excel 自動處理技巧，不過平心而論，當中還是免不了要做一些人為的操作，如果 Excel 所涉及的作業是繁瑣、重覆性高的 (例如您每天更新 Excel 報表後都要固定寄給某些同事)，能夠找到方法來代替人工寄發作業是最好不過的，而本章開始所要介紹的「**Power Automate**」服務正可以幫上忙。

Power Automate 是微軟針對雲端服務所設計的自動化流程平台，可將不同平台的雲端服務 (例如 Microsoft 365、Twitter 或 Google) 整合在一起，讓彼此可以相互串聯、自動協同運作。我們可以用這個服務協助處理手邊的 Excel 相關作業，打造「只要設定一次，之後通通幫你做」的自動化技巧。

8-1 更新 Excel 報表後自動寄給相關單位

這一節我們就以「**自動將更新後的 Excel 報表寄給相關單位**」為例，帶讀者熟悉 Power Automate 的用法。

建立 Microsoft 帳戶

後續我們使用 Power Automate 服務時，都需要登入 **Microsoft 帳戶**。Microsoft 帳戶是一組向微軟註冊的電子郵件帳號與密碼，如果您曾經申請過 Hotmail 或是 Livemail 等帳號，那就是您的 Microsoft 帳戶。

無論如何，如果您忘了自己的帳戶、很久沒用、或者根本沒有申請過，請先連到 "http://account.microsoft.com" 網站申請一個來用。

❸ 或者也可以點選這裡新申請一個微軟信箱 (xxx@outlook.com) 做為 Microsoft 帳戶

申請的步驟在此就不贅述了，在上圖中點選**下一步**後，後續就是一般的帳戶申請流程，請依畫面指示將 Microsoft 帳戶申請到手即可。

利用 Power Automate 打造報表更新後的自動通知機制

有了 Microsoft 帳戶，就可以來使用前面提到的 Power Automate 自動化服務了。這裡我們打算結合微軟的 OneDrive 雲端硬碟服務，打造一個**「當 OneDrive 雲端硬碟內的 Excel 報表檔有異動，就發出通知信給指定信箱」**的自動通知機制。

將 Excel 報表上傳到微軟 OneDrive 雲端硬碟

OneDrive (https://onedrive.live.com) 是微軟公司提供的雲端硬碟服務，只要將你的檔案資料存放在雲端的 OneDrive 裡，不論在何處、使用電腦、手機，只要能夠上網，就能存取到自己存放在 OneDrive 中的資料。Windows 10 開始已經將 OneDrive 整合到「檔案總管」，可直接透過資料夾的存取來上傳、管理 OneDrive 中的資料。

step 01 首先我們要確認電腦上已經啟用 OneDrive 雲端硬碟功能，然後將手邊的 Excel 報表檔存放到裡頭：

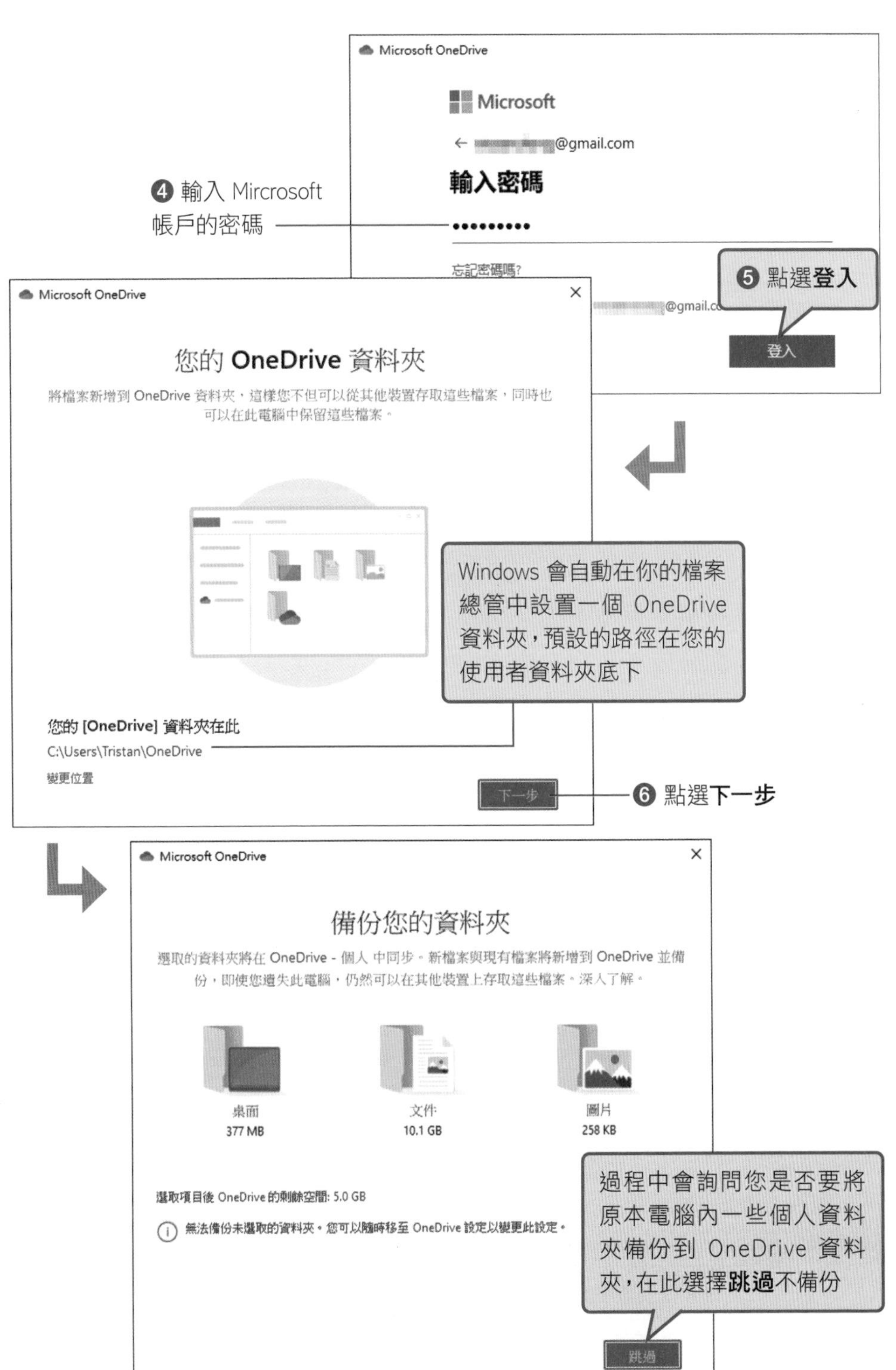
Microsoft OneDrive
Microsoft
@gmail.com
輸入密碼
忘記密碼嗎?
登入
❹ 輸入 Mircrosoft 帳戶的密碼
❺ 點選**登入**
Microsoft OneDrive
您的 OneDrive 資料夾
將檔案新增到 OneDrive 資料夾，這樣您不但可以從其他裝置存取這些檔案，同時也可以在此電腦中保留這些檔案。
您的 [OneDrive] 資料夾在此
C:\Users\Tristan\OneDrive
變更位置
下一步
Windows 會自動在你的檔案總管中設置一個 OneDrive 資料夾，預設的路徑在您的使用者資料夾底下
❻ 點選**下一步**
Microsoft OneDrive
備份您的資料夾
選取的資料夾將在 OneDrive - 個人 中同步。新檔案與現有檔案將新增到 OneDrive 並備份，即使您遺失此電腦，仍然可以在其他裝置上存取這些檔案。深入了解。
桌面
377 MB
文件
10.1 GB
圖片
258 KB
選取項目後 OneDrive 的剩餘空間: 5.0 GB
無法備份未選取的資料夾。您可以隨時移至 OneDrive 設定以變更此設定。
跳過
過程中會詢問您是否要將原本電腦內一些個人資料夾備份到 OneDrive 資料夾，在此選擇**跳過**不備份

step 02 之後的引導畫面請依畫面指令操作，大部分都可以選擇**略過**，最終只要確認已經用 Microftsoft 帳戶登入 OneDrive 就可以了。接著，我們就可以將任何 Excel 報表檔搬到 OneDrive 資料夾內，著手打造自動通知機制了：

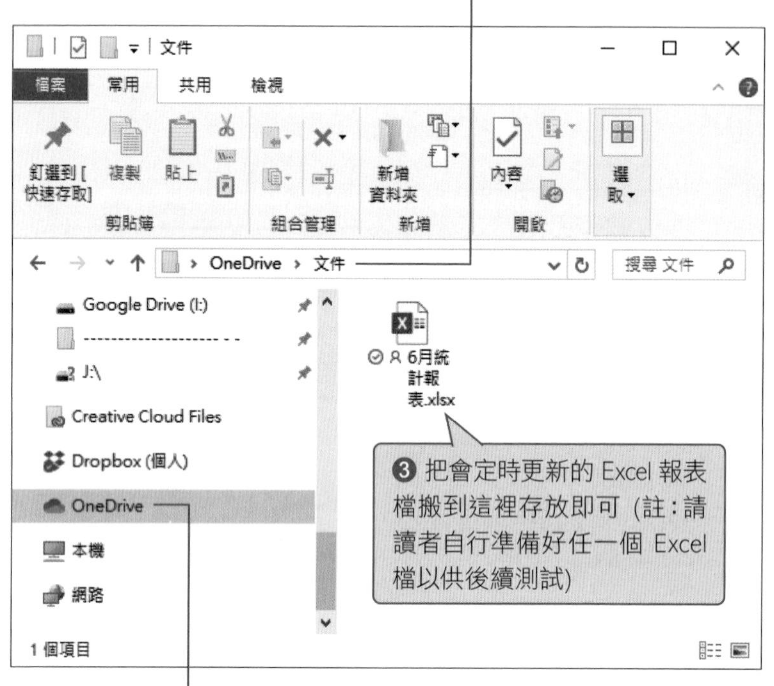

Tip

除了在自己的電腦上存取 OneDrive 中的資料外，你還可以在任何電腦或者手機上，以瀏覽器 (例如 Microsoft Edge 或 Chrome) 連到 onedrive.com 網站，登入你的 Microsoft 帳戶後，就可以存取 OneDrive 中的資料了。

使用 Microsoft 帳戶登入 Power Automate 雲端平台

備妥 Excel 報表檔後，我們就連到 Power Automate 網站 "https://powerautomate.microsoft.com/zh-tw/" 開始設計自動通知機制：

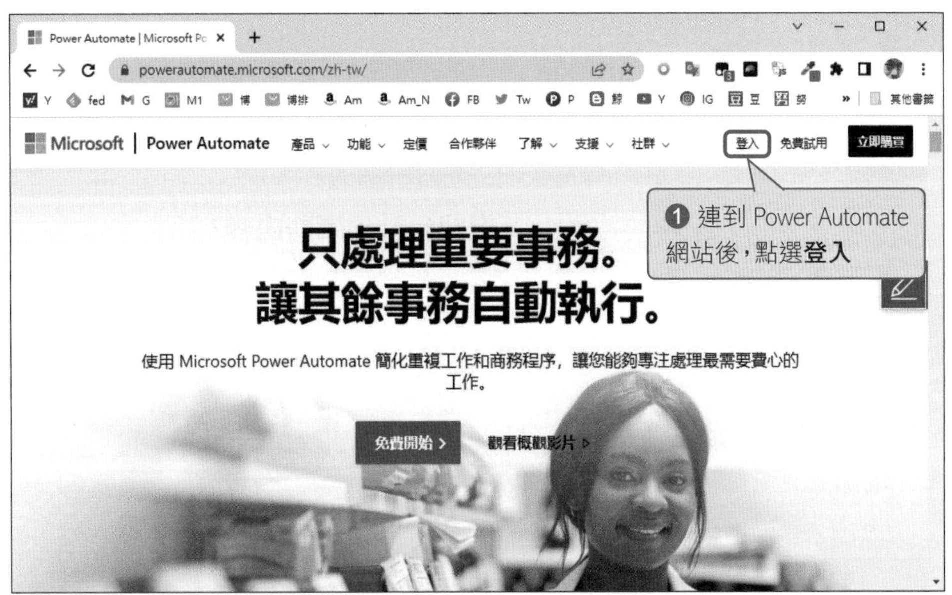

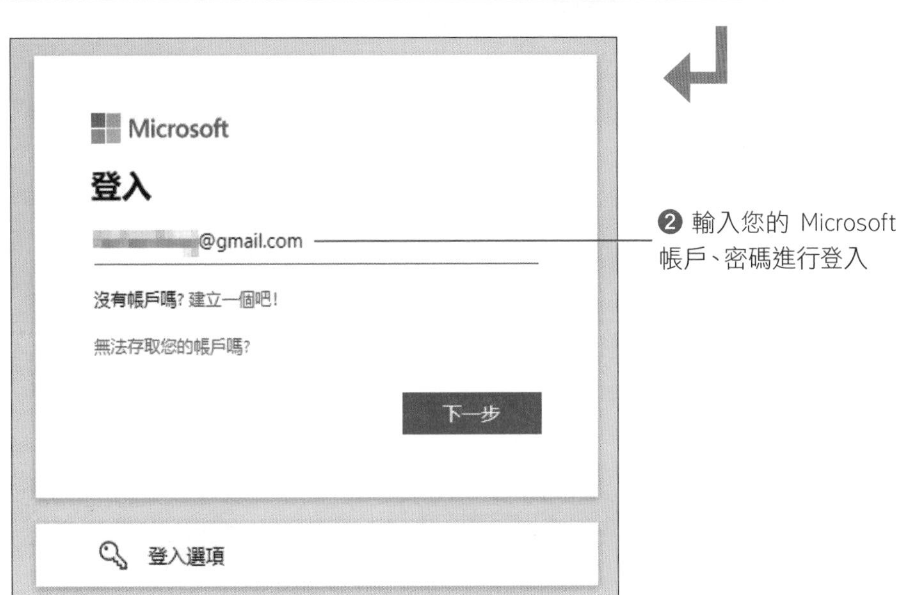

設計自動化雲端流程 (1/2) - 設定什麼情況下觸發自動化流程

Power Automate 提供了各種不用寫程式的操作介面，任何人都可以輕鬆設計自動化流程，網站上甚至提供一些設計好的自動化範本讓您可以快速套用。這一節我們先自己設計看看，下一節會介紹如何快速套用範本。

主畫面會看到一些推薦的自動化範本 (下一節會介紹如何使用)

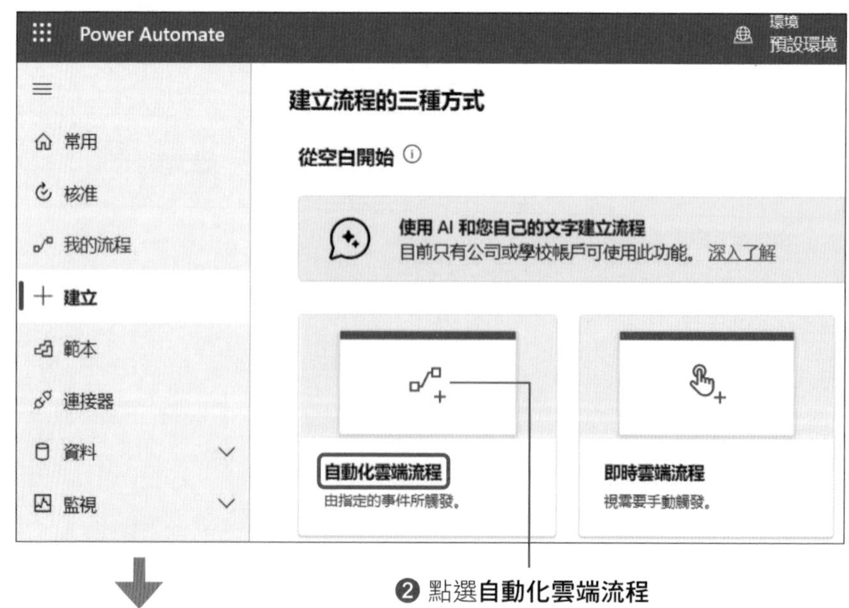

❷ 點選自動化雲端流程

❸ 替自動化流程取一個名稱

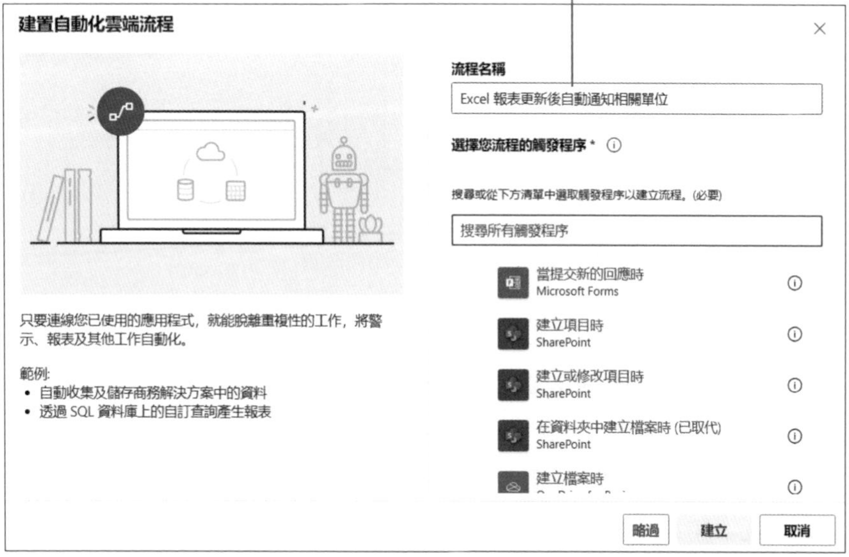

❹ 我們要打造的流程是「**當 OneDrive 雲端硬碟內的 Excel 報表檔有異動，就發出通知信給指定信箱**」，這裡先來設定啟動的條件，請在底下找到這一項，意思就是「OneDrive 內的檔案被修改、儲存」的那當下觸發自動化流程

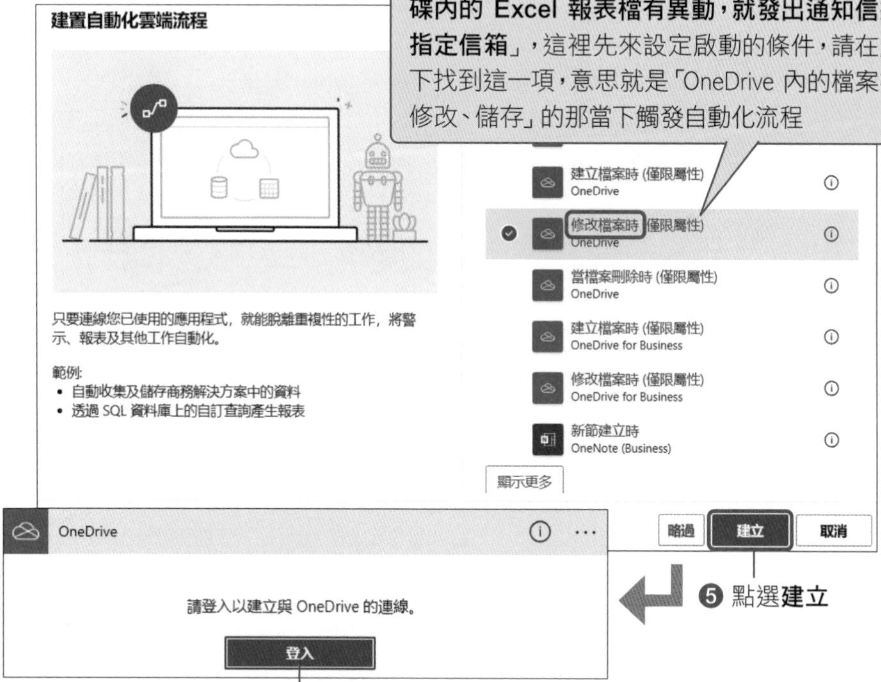

❺ 點選**建立**

❻ 回到 Power Automate 主畫面，會要求登入 OneDrive 雲端硬碟，請點選**登入**，然後依畫面指示輸入您的 Microsoft 帳戶完成驗證即可

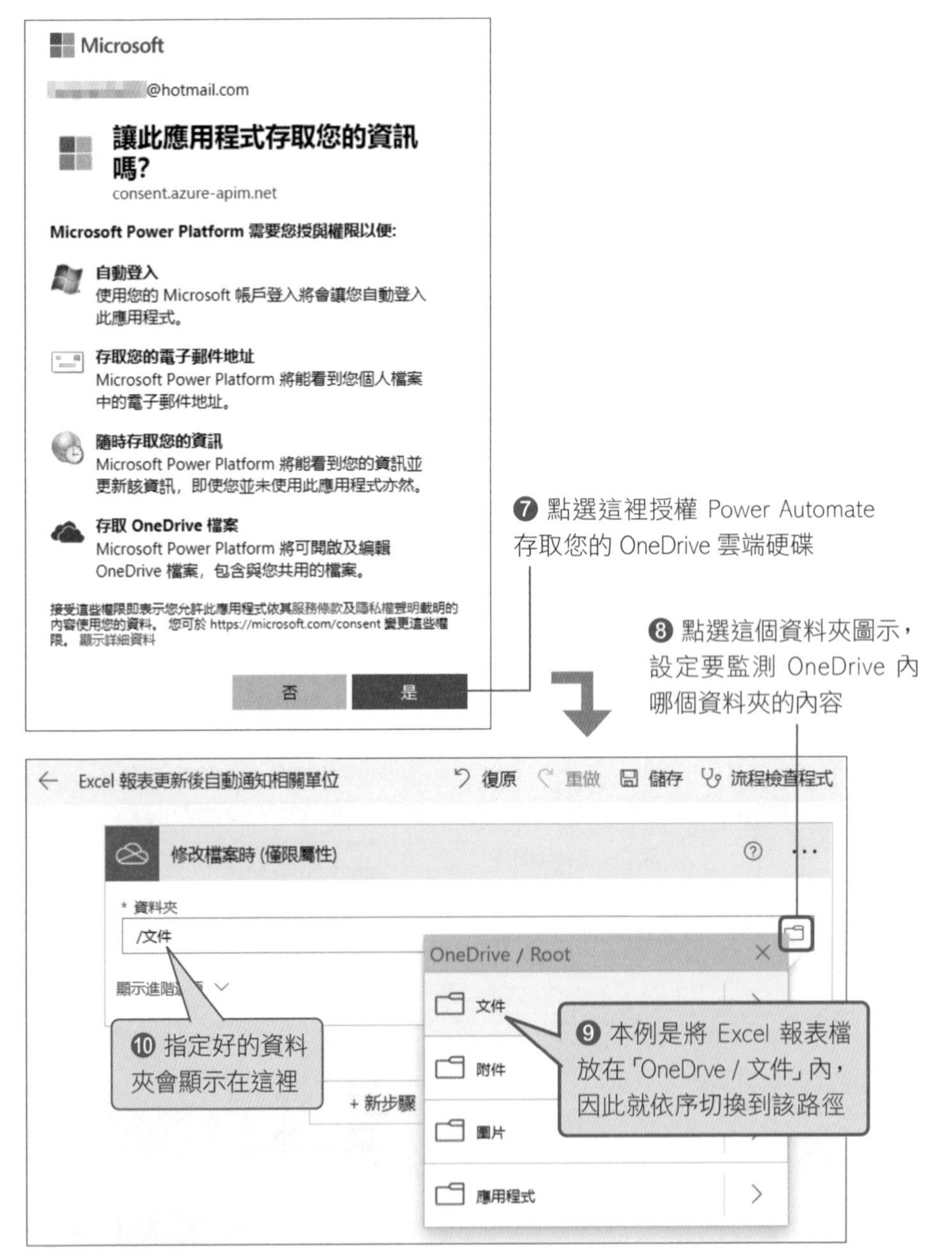

以上操作就設定好自動化流程的觸發條件了，本例的條件是「**當 OneDrive 文件資料夾內的檔案被修改 (儲存) 時…**」。

設計自動化雲端流程 (2/2) - 條件觸發後，自動寄發郵件通知

接著我們來設計「當條件觸發時，要自動執行什麼動作」，本例是希望自動寄發郵件通知給相關單位，來看看怎麼操作：

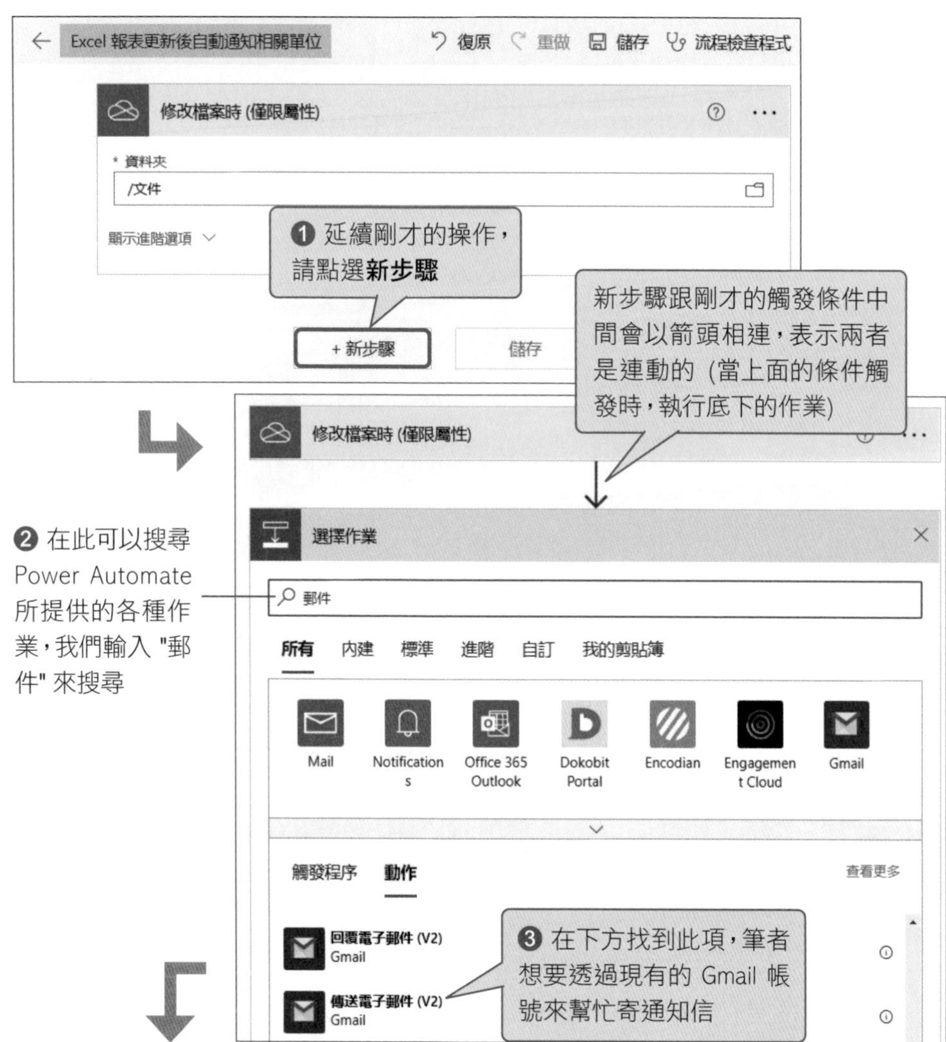

Tip

雖然 Power Automate 是微軟提供的服務，但不是非得用微軟的信箱來寄信，用外部的 Gmail 也行，算是滿方便的！

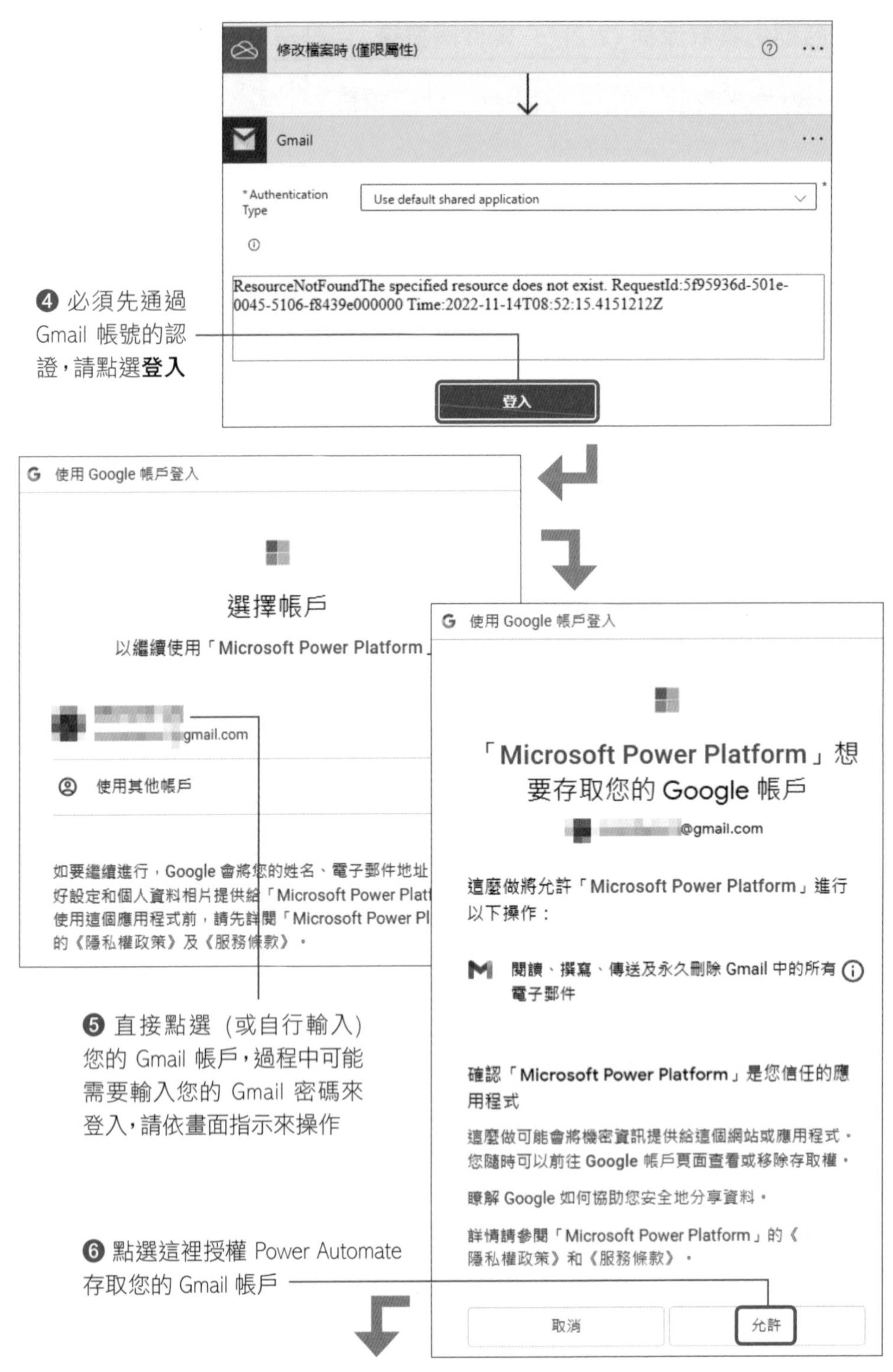
修改檔案時 (僅限屬性)
Gmail
* Authentication Type
Use default shared application
ResourceNotFoundThe specified resource does not exist. RequestId:5f95936d-501e-0045-5106-f8439e000000 Time:2022-11-14T08:52:15.4151212Z
登入
❹ 必須先通過 Gmail 帳號的認證，請點選**登入**
使用 Google 帳戶登入
選擇帳戶
以繼續使用「Microsoft Power Platform」
gmail.com
使用其他帳戶
如要繼續進行，Google 會將您的姓名、電子郵件地址
好設定和個人資料相片提供給「Microsoft Power Platf
使用這個應用程式前，請先詳閱「Microsoft Power Pl
的《隱私權政策》及《服務條款》。
❺ 直接點選 (或自行輸入) 您的 Gmail 帳戶，過程中可能需要輸入您的 Gmail 密碼來登入，請依畫面指示來操作
使用 Google 帳戶登入
「Microsoft Power Platform」想要存取您的 Google 帳戶
@gmail.com
這麼做將允許「Microsoft Power Platform」進行以下操作：
閱讀、撰寫、傳送及永久刪除 Gmail 中的所有電子郵件
確認「Microsoft Power Platform」是您信任的應用程式
這麼做可能會將機密資訊提供給這個網站或應用程式。
您隨時可以前往 Google 帳戶頁面查看或移除存取權。
瞭解 Google 如何協助您安全地分享資料。
詳情請參閱「Microsoft Power Platform」的《隱私權政策》和《服務條款》。
取消
允許
❻ 點選這裡授權 Power Automate 存取您的 Gmail 帳戶

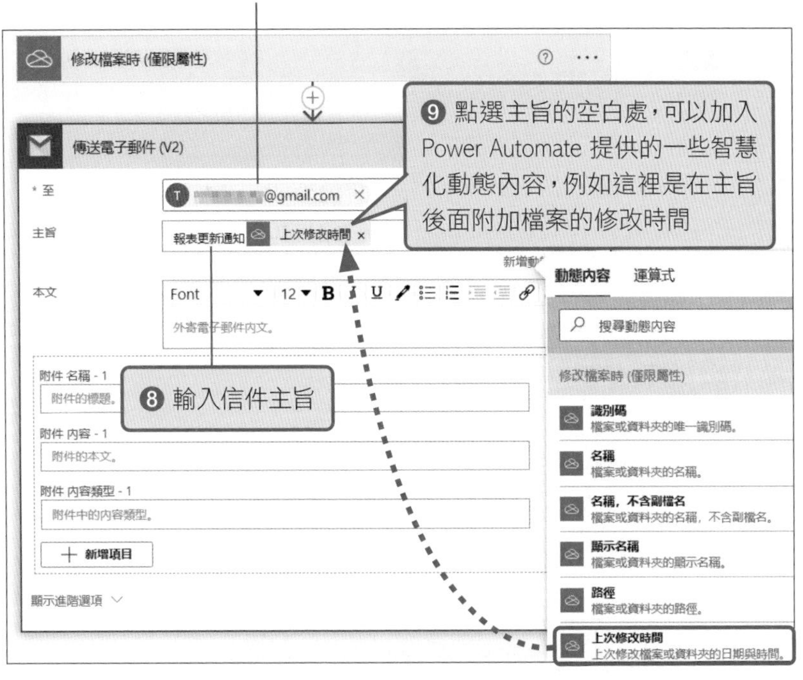

❼ 接著來設計通知信的內容，這裡輸入您想發通知信給誰，任何 Email 都可以
修改檔案時 (僅限屬性)
傳送電子郵件 (V2)
至
@gmail.com
主旨
報表更新通知
上次修改時間
本文
Font
外寄電子郵件內文。
附件 名稱 - 1
附件的標題。
附件 內容 - 1
附件的本文。
附件 內容類型 - 1
附件中的內容類型。
新增項目
顯示進階選項
❽ 輸入信件主旨
❾ 點選主旨的空白處，可以加入 Power Automate 提供的一些智慧化動態內容，例如這裡是在主旨後面附加檔案的修改時間
動態內容
運算式
搜尋動態內容
修改檔案時 (僅限屬性)
識別碼
檔案或資料夾的唯一識別碼。
名稱
檔案或資料夾的名稱。
名稱，不含副檔名
檔案或資料夾的名稱，不含副檔名。
顯示名稱
檔案或資料夾的顯示名稱。
路徑
檔案或資料夾的路徑。
上次修改時間
上次修改檔案或資料夾的日期與時間。

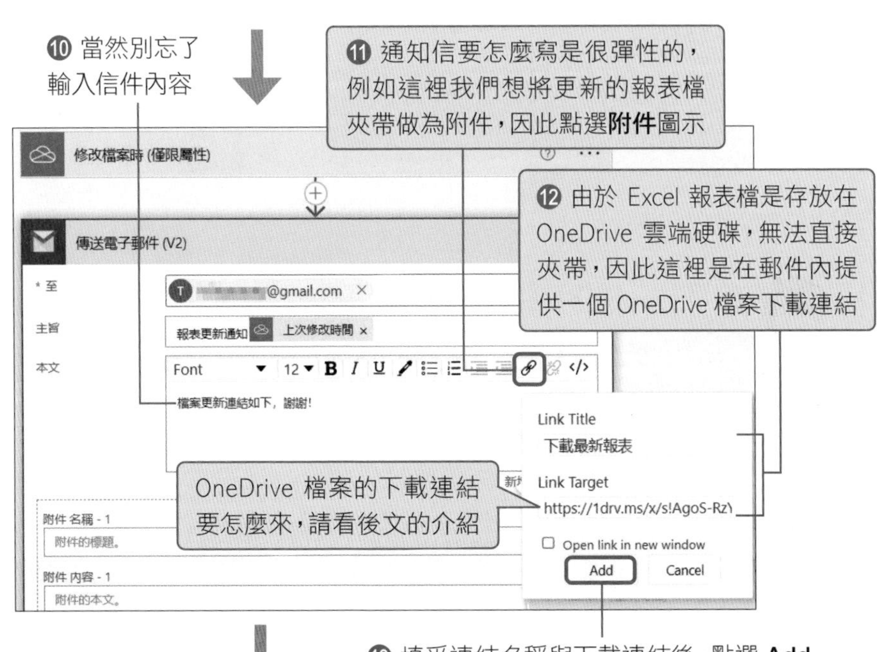

❿ 當然別忘了輸入信件內容
⓫ 通知信要怎麼寫是很彈性的，例如這裡我們想將更新的報表檔夾帶做為附件，因此點選附件圖示
⓬ 由於 Excel 報表檔是存放在 OneDrive 雲端硬碟，無法直接夾帶，因此這裡是在郵件內提供一個 OneDrive 檔案下載連結
修改檔案時 (僅限屬性)
傳送電子郵件 (V2)
至
@gmail.com
主旨
報表更新通知
上次修改時間
本文
Font
檔案更新連結如下，謝謝!
Link Title
下載最新報表
Link Target
https://1drv.ms/x/s!AgoS-Rz
Open link in new window
Add
Cancel
OneDrive 檔案的下載連結要怎麼來，請看後文的介紹
附件 名稱 - 1
附件的標題。
附件 內容 - 1
附件的本文。
⓭ 填妥連結名稱與下載連結後，點選 Add

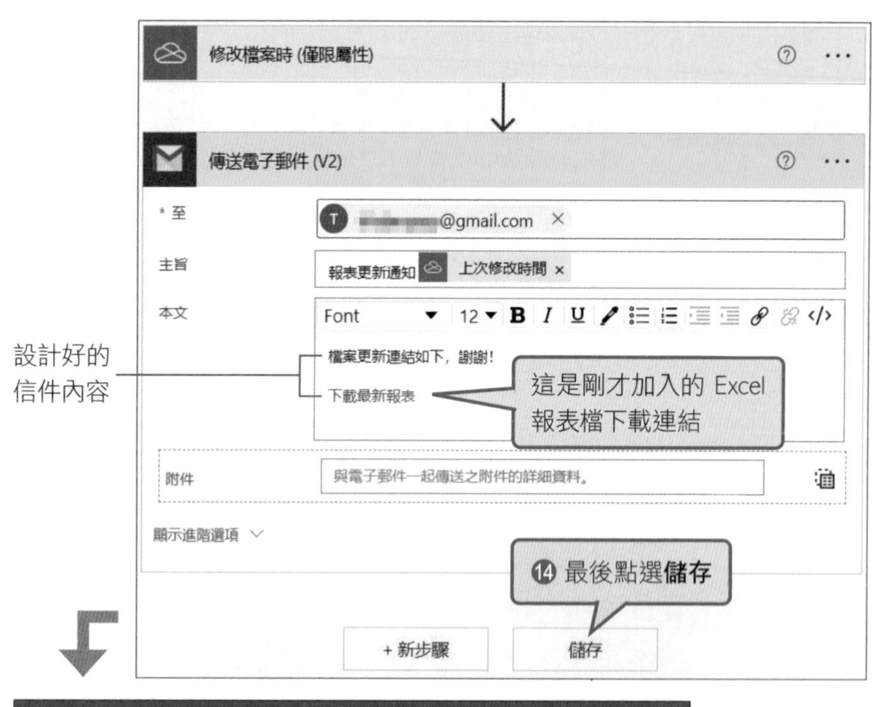

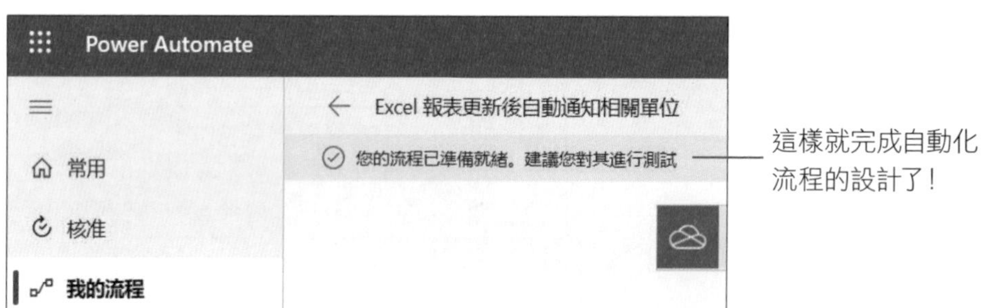

技巧補充

如何將 OneDrive 內的 Excel 報表檔分享出去 (取得下載連結)？

假如你需要讓其他人存取您 OneDrive 中的資料，只要利用 "共用" 功能就可以了，這可以產生一個連結，讓其他人存取您指定的檔案或資料夾，這個方法比起用電子郵件的附件來寄送檔案要方便多了，而且還不用擔心附件太大，超出對方電子郵件信箱的限制！

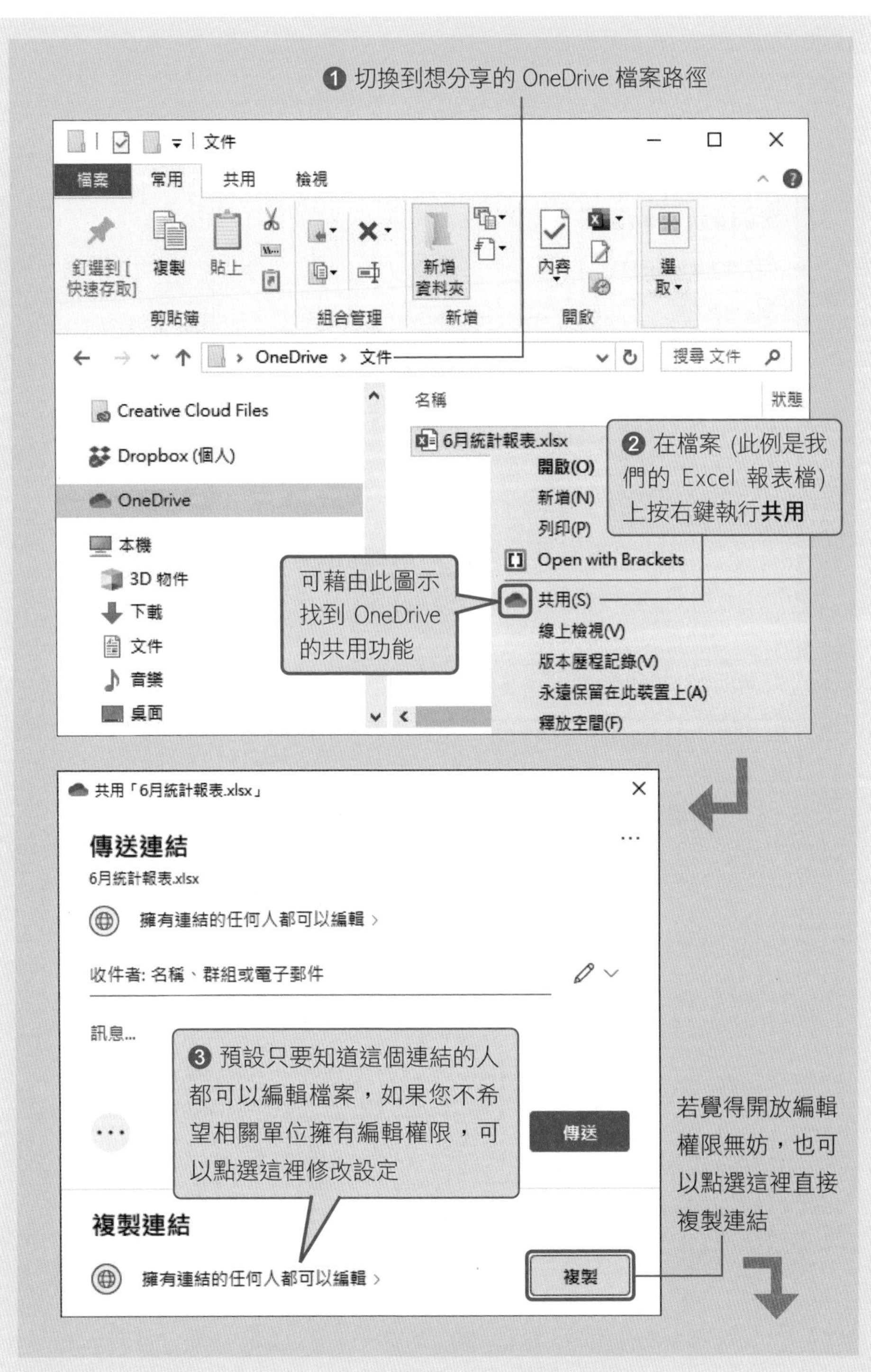
❶ 切換到想分享的 OneDrive 檔案路徑
文件
檔案 常用 共用 檢視
釘選到[快速存取] 複製 貼上 剪貼簿 組合管理 新增資料夾 新增 內容 開啟 選取
OneDrive › 文件
搜尋 文件
Creative Cloud Files
Dropbox (個人)
OneDrive
本機
3D 物件
下載
文件
音樂
桌面
名稱
狀態
6月統計報表.xlsx
開啟(O)
新增(N)
列印(P)
Open with Brackets
共用(S)
線上檢視(V)
版本歷程記錄(V)
永遠保留在此裝置上(A)
釋放空間(F)
❷ 在檔案 (此例是我們的 Excel 報表檔) 上按右鍵執行共用
可藉由此圖示找到 OneDrive 的共用功能
共用「6月統計報表.xlsx」
傳送連結
6月統計報表.xlsx
擁有連結的任何人都可以編輯 ›
收件者: 名稱、群組或電子郵件
訊息...
❸ 預設只要知道這個連結的人都可以編輯檔案，如果您不希望相關單位擁有編輯權限，可以點選這裡修改設定
傳送
複製連結
擁有連結的任何人都可以編輯 ›
複製
若覺得開放編輯權限無妨，也可以點選這裡直接複製連結

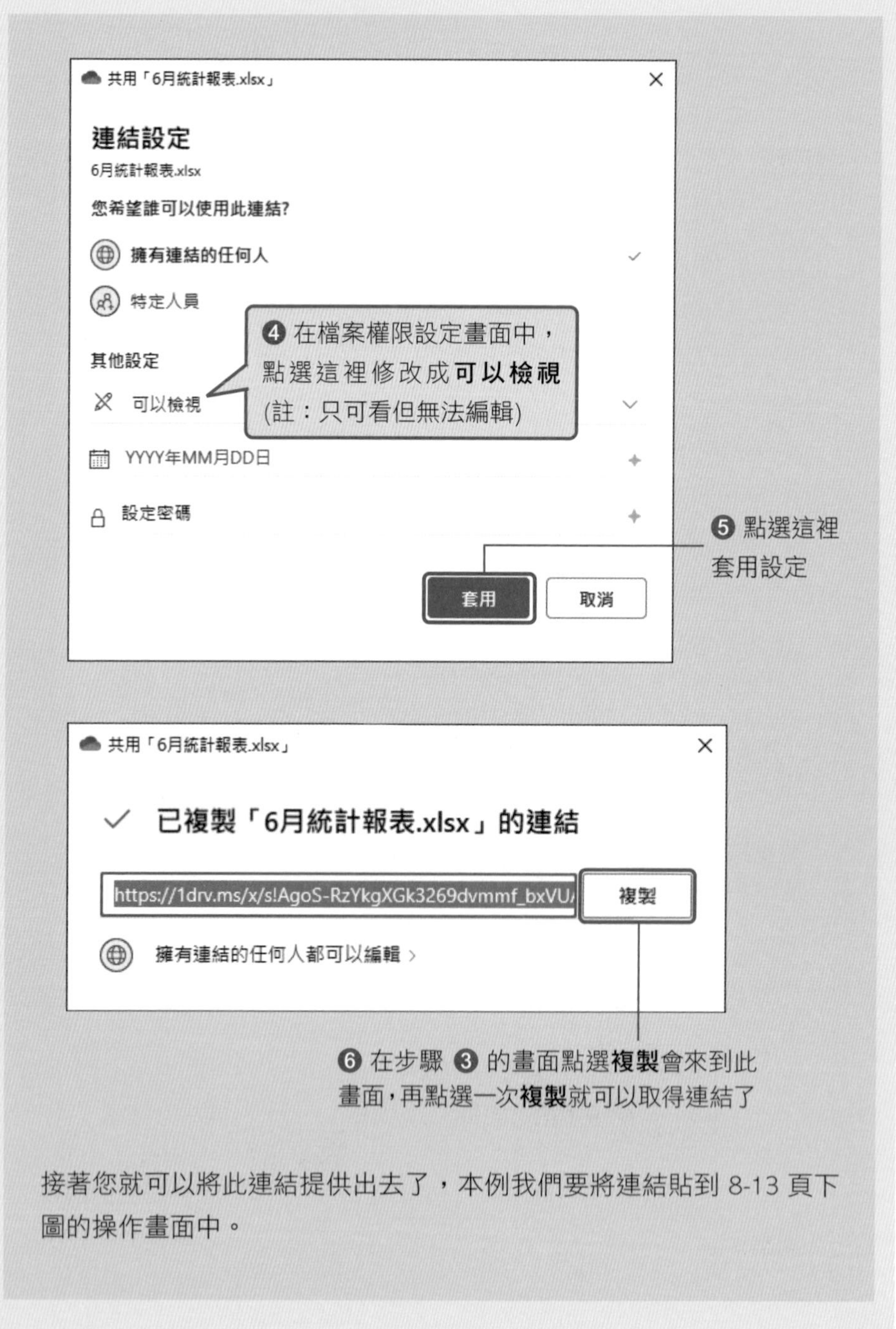

接著您就可以將此連結提供出去了，本例我們要將連結貼到 8-13 頁下圖的操作畫面中。

確認自動化流程是否正常運作

step 01 設計好自動化流程後，您可以做個測試，隨意修改 OneDrive 內的 Excel 報表檔內容，看看先前在流程中所指定的信箱會不會收到更新通知：

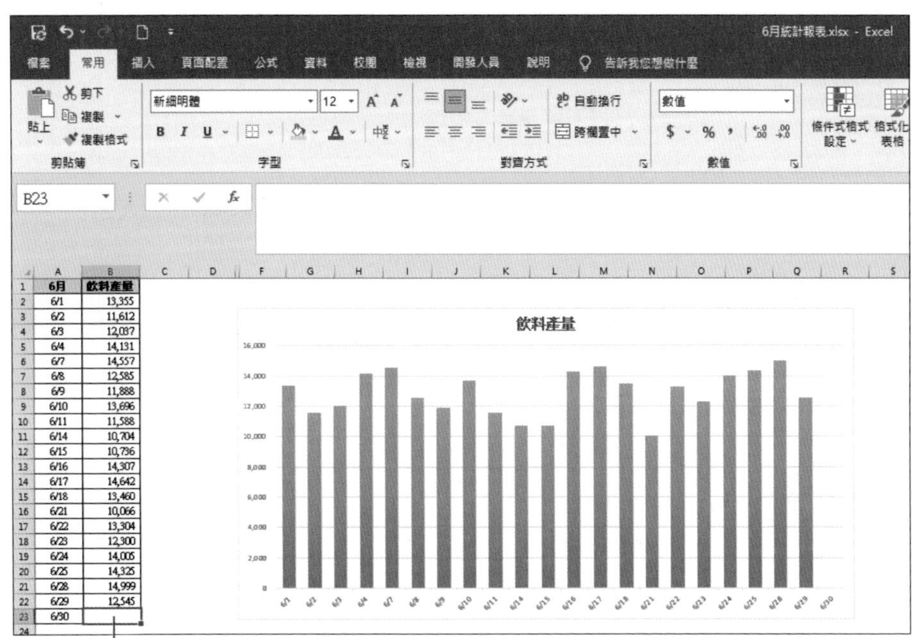

❶ 假設負責定時更新報表的您修改了內容 (修改後別忘了儲存檔案)

❷ 過沒多久，相關單位 (前面您在 Power Automate 內所指定的信箱) 就會收到更新通知了！

❺ 他們若需要下載保存，只要點選這裡執行**另存新檔 / 下載複本**就可以把報表檔下載回電腦了

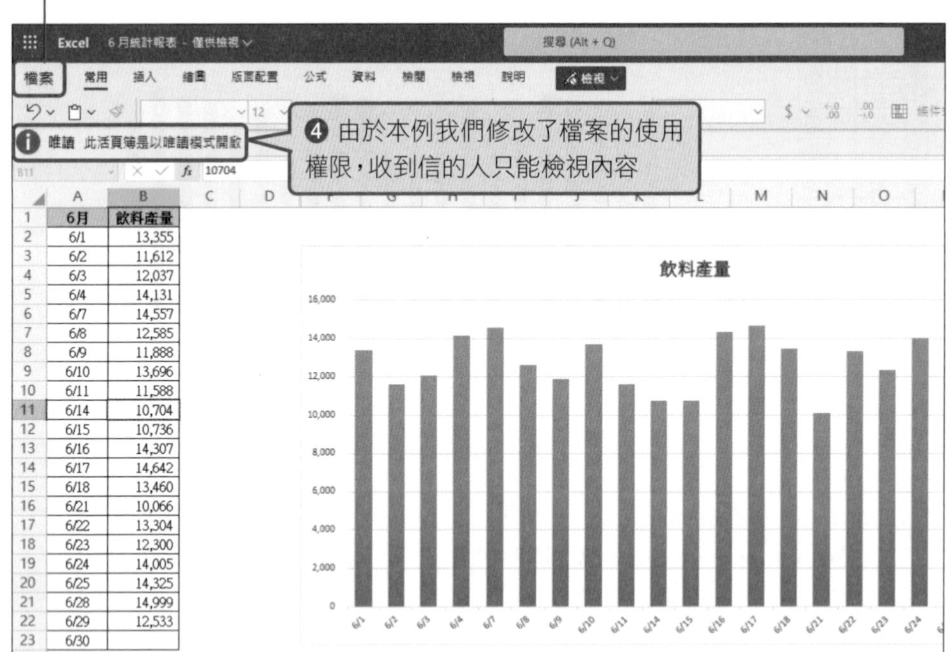

Tip

依筆者實際測試 (註：即修改檔案後，測試看看指定的對象有沒有收到通知信)，當一次都設定妥當，Power Automate 的自動化通知有時候很即時，有時候會需要等個 5～10 分鐘才會啟動自動通知機制。

step 02 若您在操作時，發現自動化機制遲遲沒有運作，可別傻傻枯等，可以回到 Power Automate 檢查看看是否哪裡的設定出了問題：

> **Tip**
> 依筆者經驗，有時候明明設定都正確，但自動化流程就是沒有運作，可以點選下圖的**修改** 圖示，之後什麼都不用做，重新點選**儲存**後，再測試看看。

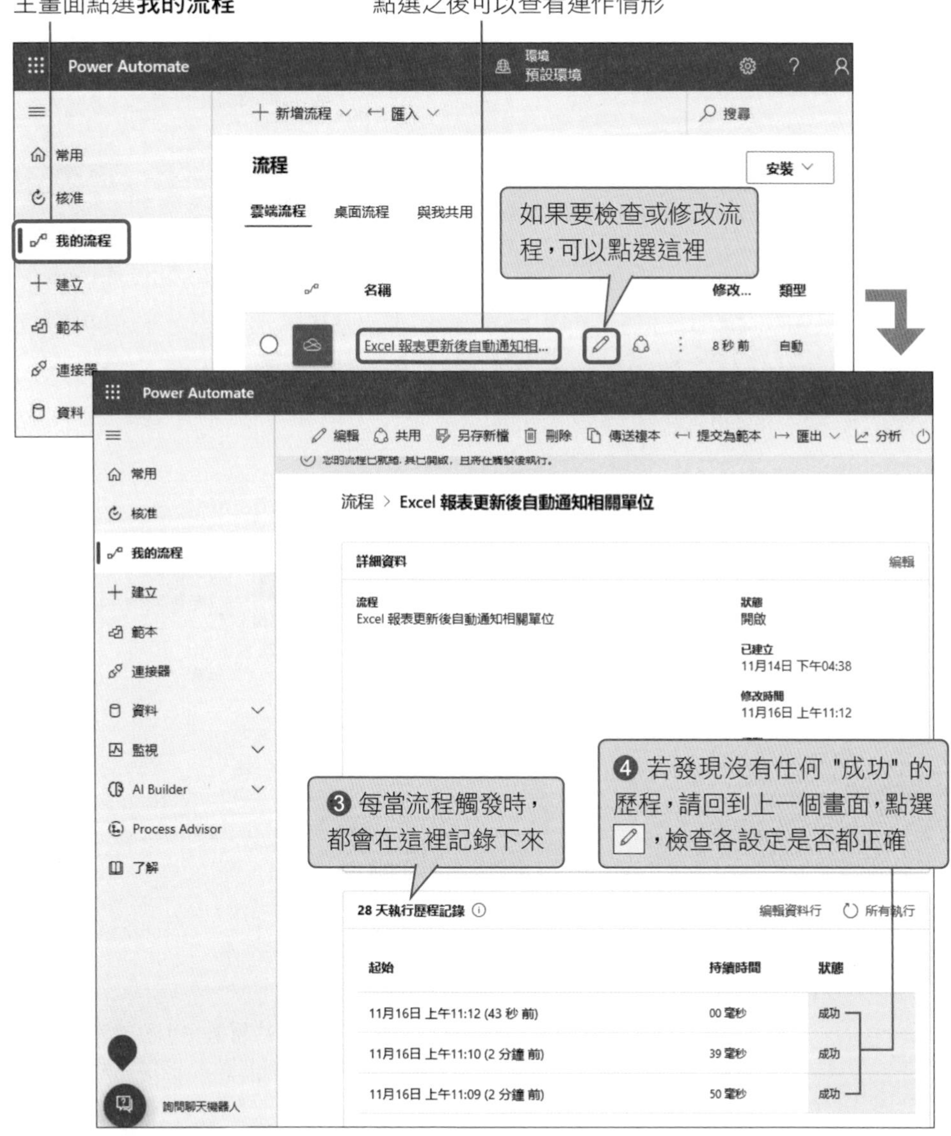

8-2 快速套用範本 - 檔案新增到 OneDrive 共用資料夾時發送通知

前一節提到，除了自己設計流程外，Power Automate 內建豐富的自動化範本，可以協助您輕鬆地將工作流程自動化，這些範本也等於提供您一些自動化的「點子」，您可以盡情選用，甚至可以選定一個範本，再參考前一節介紹的步驟來微調，打造符合自己所需的自動化流程。底下就來看這些現成的範本該如何使用。

建立 OneDrive 共用區

操作前先看一下本節的範例，首先，我們打算將 OneDrive 內的某個資料夾設為 "共用"，讓相關同事可以上傳檔案到這個共用資料夾，然後再打造一個「**當同事將各自負責的報表檔上傳到 OneDrive 共用區時，就發通知到您的手機**」的自動通知機制。

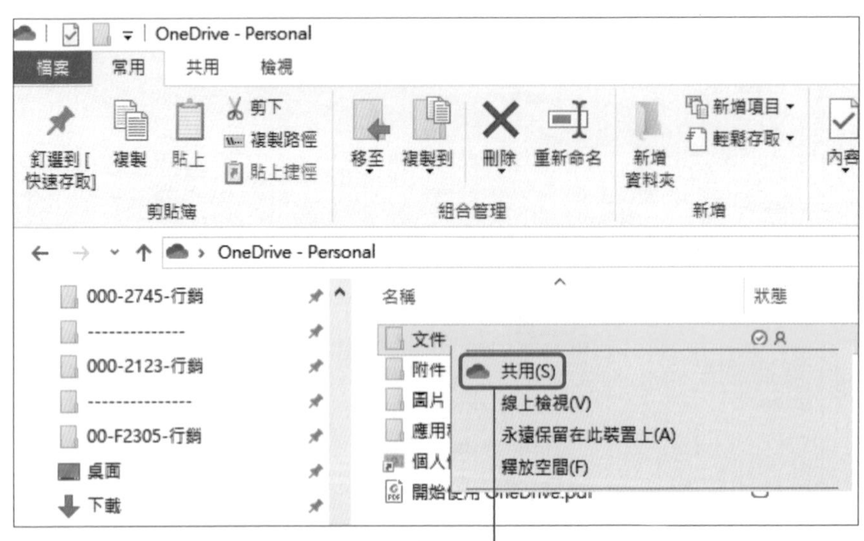

在某個您想跟別人共用的資料夾上按右鍵，執行**共用**命令，然後參考 8-14 頁「技巧補充」的說明建立一個共用連結，將此連結提供給所有共用者即可

套用 Power Automate 提供的自動化範本

有了這個 OneDrive 共用區，接著就來看如何使用 Power Automate 上的範本完成我們的需求：

❷ 可以在搜尋框以關鍵字尋找範本，此例輸入 "新檔案"

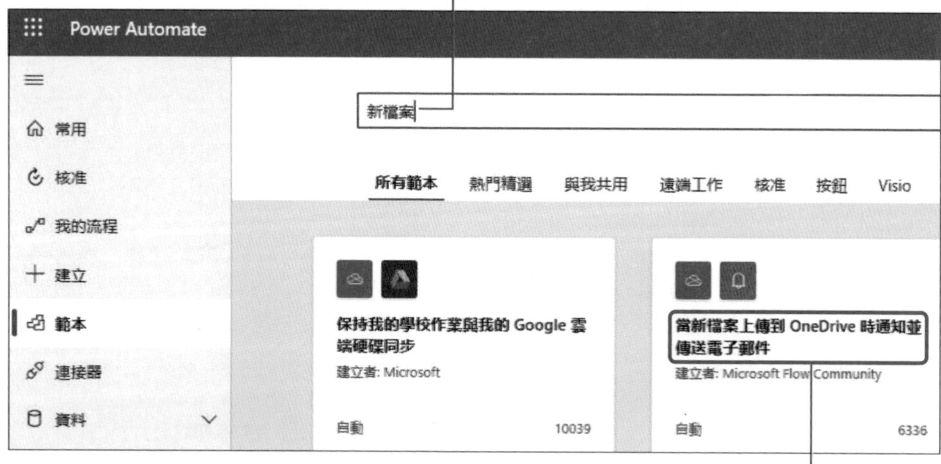

❸ 本例要使用的是這個範本，請點選它

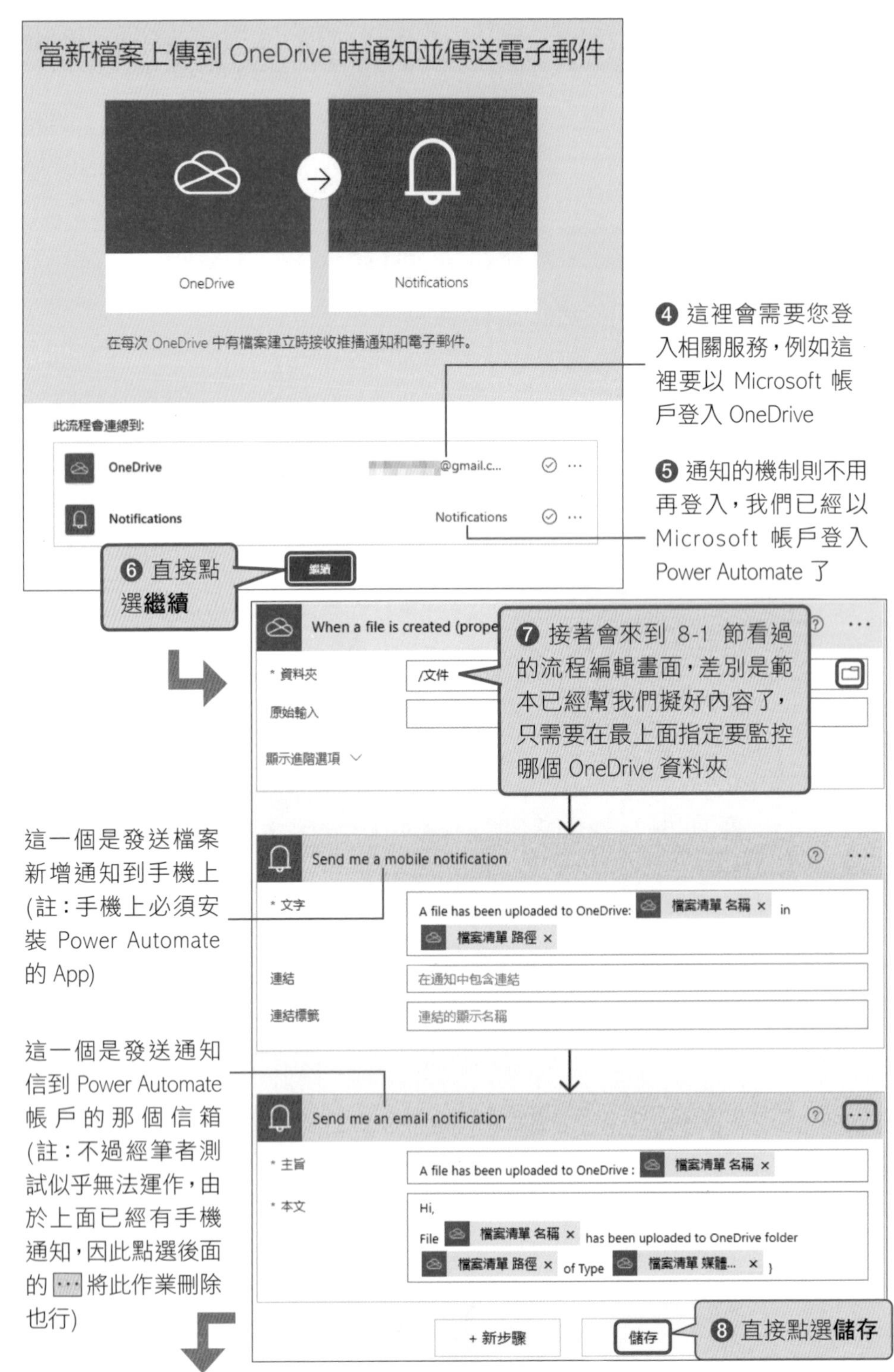
當新檔案上傳到 OneDrive 時通知並傳送電子郵件
OneDrive
Notifications
在每次 OneDrive 中有檔案建立時接收推播通知和電子郵件。
此流程會連線到:
OneDrive
@gmail.c...
Notifications
Notifications
❹ 這裡會需要您登入相關服務，例如這裡要以 Microsoft 帳戶登入 OneDrive
❺ 通知的機制則不用再登入，我們已經以 Microsoft 帳戶登入 Power Automate 了
❻ 直接點選**繼續**
When a file is created (prope
* 資料夾
/文件
原始輸入
顯示進階選項
❼ 接著會來到 8-1 節看過的流程編輯畫面，差別是範本已經幫我們擬好內容了，只需要在最上面指定要監控哪個 OneDrive 資料夾
這一個是發送檔案新增通知到手機上(註：手機上必須安裝 Power Automate 的 App)
Send me a mobile notification
* 文字
A file has been uploaded to OneDrive: 檔案清單 名稱 in 檔案清單 路徑
連結
在通知中包含連結
連結標籤
連結的顯示名稱
這一個是發送通知信到 Power Automate 帳戶的那個信箱(註：不過經筆者測試似乎無法運作，由於上面已經有手機通知，因此點選後面的 ··· 將此作業刪除也行)
Send me an email notification
* 主旨
A file has been uploaded to OneDrive : 檔案清單 名稱
* 本文
Hi,
File 檔案清單 名稱 has been uploaded to OneDrive folder 檔案清單 路徑 of Type 檔案清單 媒體...)
+ 新步驟
儲存
❽ 直接點選**儲存**

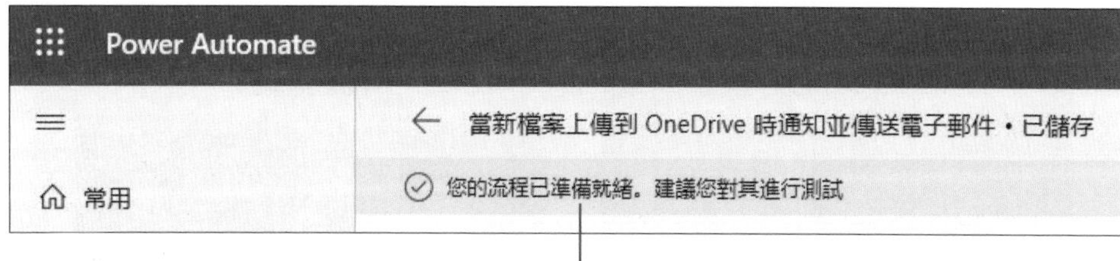

❾ 設定完成

確認自動化流程是否正常運作

套用範本後，同樣可以做個測試，本例是在設為共用的 OneDrive 資料夾內新增一些檔案，看看手機上會不會收到通知：

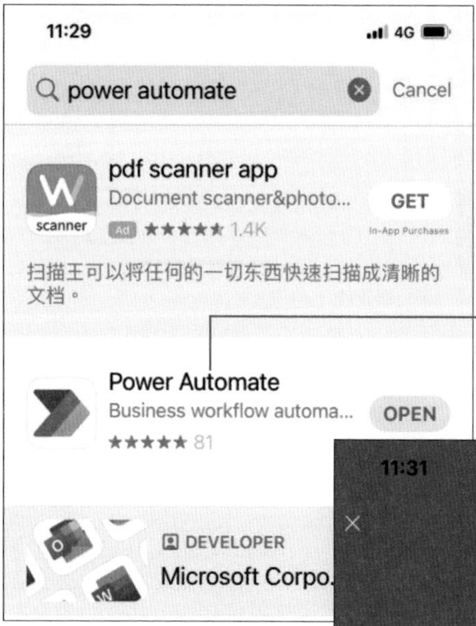

❶ 開始測試前記得先在手機上安裝好 Power Automate 的 App，這樣該手機才會收到通知

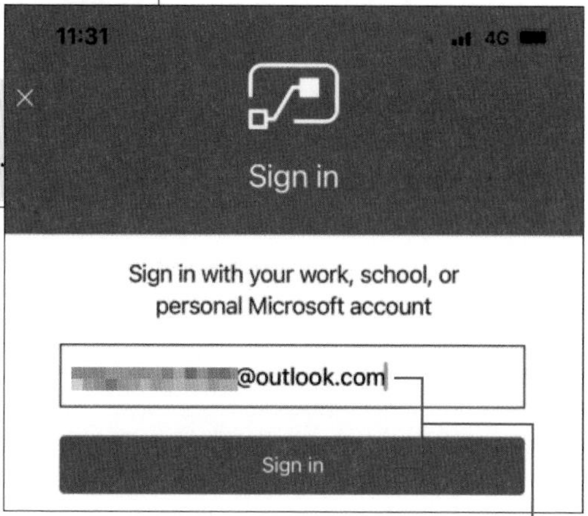

❷ 用您的 Microsoft 帳戶登入 Power Automate App

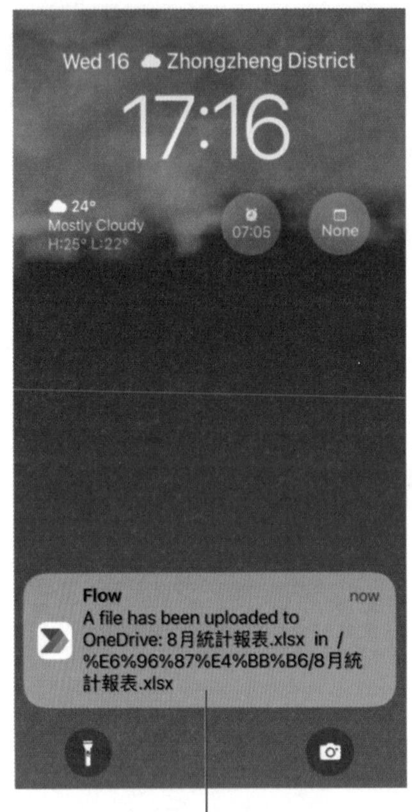

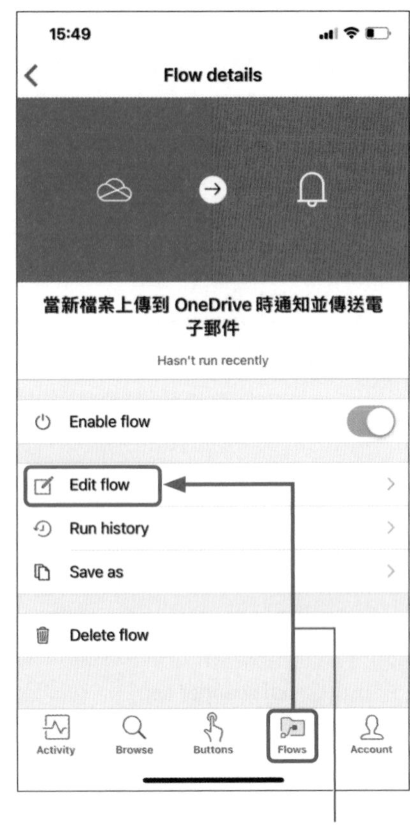

❸ 若設定都沒問題，爾後有檔案上傳到共用區，您的手機上就會收到通知訊息了

Power Automate App 裡面也可以直接修改流程，跟網站上是連動的，操作也一樣，有興趣可以使用看看

CHAPTER 9

快速完成繁雜的例行檔案操作工作

前一章我們學會用 **Power Automate** 雲端服務設計出全自動化流程，需要注意的是，這是都是仰賴各種雲端服務的協同運作，然而在辦公室的例行工作上，相信許多人不見得有在用雲端服務，反而是 Word、Excel、企業資訊系統等單機的作業會比較多。很棒的是，Power Automate 中也有提供打造單機作業自動化的服務，稱為 **Power Automate Desktop** (微軟將其稱為 **Power Automate 桌面流程服務**)。Power Automate Desktop 是一套安裝在電腦上的工具，可以跟瀏覽器、Word、Excel 等應用程式互動，能夠控制其操作，如此便可打造應用程式的自動化流程。

Power Automate Desktop 能夠做的事包括：

- 可以把桌面應用程式和網頁應用程式的操作自動化，例如自動開啟 Excel、自動複製資料、自動關閉 Excel 存檔。
- 自動操作 LINE，傳送指定的訊息及檔案。
- 類似 Excel 錄製巨集，可以使用錄製功能自動記錄桌面上的操作。

簡單說，有了 Power Automate Desktop，當遇到一些雖然簡單、但實在很常重複做的機械化工作時，就可以試著通通自動化！

9-1 在電腦上安裝 Power Automate Desktop

Power Automate Desktop 在 Windows 10 系統上可以免費使用，Windows 11 中甚至已經內建，不需要安裝就可以使用。若您的電腦上還沒有，我們先帶您進行安裝，並在網頁瀏覽器上安裝相關擴充套件 (才可以操控瀏覽器)，安裝好後，使用前一章申請好的 Microsoft 帳戶就可以登入使用。

安裝 Power Automate Desktop

進入 https://flow.microsoft.com/zh-tw/desktop/ 網頁並按下**免費開始**。

找到 Download the Power Automate installer… 的連結後，點擊就可以取得 Power Automate Desktop 的安裝檔。

Install Power Automate using the MSI installer

1. Download the Power Automate installer Save the file to your desktop or Downloads folder.
2. Run the **Setup.Microsoft.PowerAutomate.exe** file.
3. Follow the instructions in the **Power Automate for desktop setup** installer.
4. Make your selections for each feature:
   - **Power Automate for desktop** is the app you use to build, edit, and run desktop flows.
   - **Machine-runtime app** allows you to connect your machine to the Power Automate cloud an harness the full power of robotic process automation (RPA). Learn more about machine man

開啟安裝畫面後，按**下一步**，之後依畫面指示，都以預設值完成安裝即可。

安裝擴充功能 (用於操控網頁瀏覽器)

安裝好 Power Automate Desktop 後，也需要在瀏覽器中啟用擴充功能，後續才可以使用 Power Automate Desktop 打造瀏覽器相關的自動化流程。

step 01 在出現的畫面中，依您慣用的瀏覽器，點擊擴充功能的安裝連結。

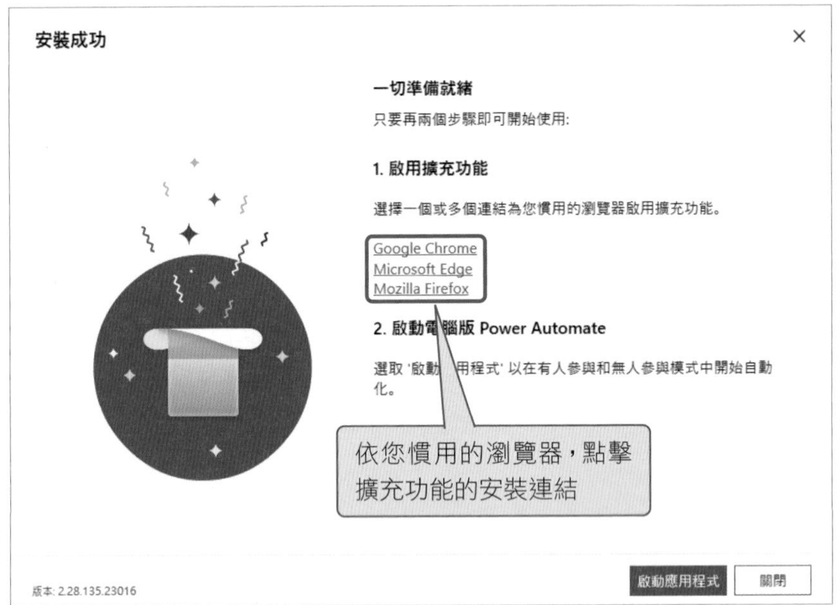

step 02 同樣地，依畫面指示就可以輕鬆安裝好瀏覽器的擴充功能，如下圖是 Microsoft Edge 瀏覽器的安裝完成畫面。其他瀏覽器也是類似的安裝方式，此處就不贅述。

開啟 Power Automate Desktop 並登入帳戶

相關的安裝工作都完成後，接著就可以開啟 Power Automate Desktop，登入 Microsoft 帳戶開始使用。

step 01 在**開始**工具列中點選 Power Automate 來開啟該工具。若需頻繁使用，也可以在桌面上建立捷徑。

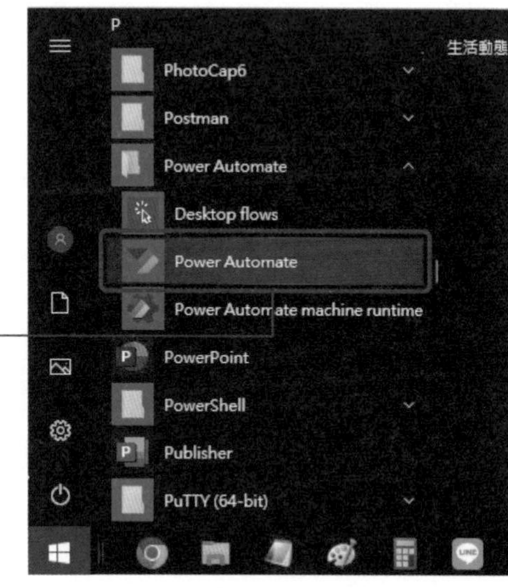

點擊 Power Automate

step 02 進入起始畫面後，輸入 Microsoft 的帳戶及密碼進行登入。

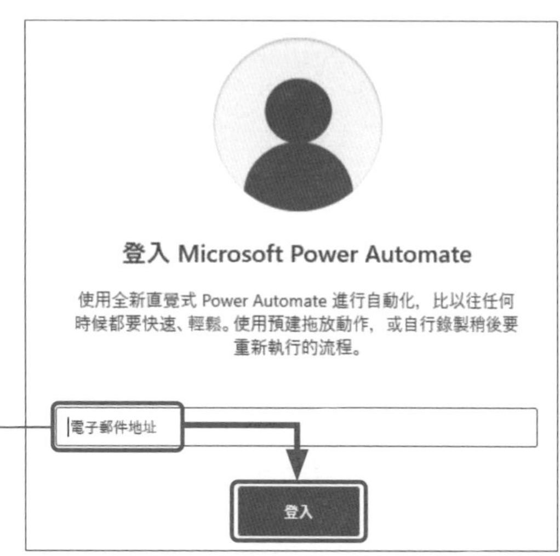

輸入 Microsoft 的電子郵件帳號，並在後續畫面輸入密碼完成登入

step 03 登入完成後，最後會來到 Power Automate Desktop 的主畫面，只要點擊上方的**新流程**，就可以開始設計桌面應用程式或網頁操作的自動化流程。

Tip

我們一直提到「**流程**」，在 Power Automate Desktop 上，流程是由一個一個「**動作**」組合而成的。假設我們想設計一個「1開啟 Excel」→「2執行 Excel 巨集」→「3關閉 Excel」的自動化流程，1→2→3 這 3 個連續動作所串起來的就是一個流程。

當然，流程的「順序」也很重要，不能設錯，不能把 1→2→3 設計成 2→1→3，Excel 還沒開啟前就要執行當中的巨集當然是行不通的，此時流程的運作就會出錯。

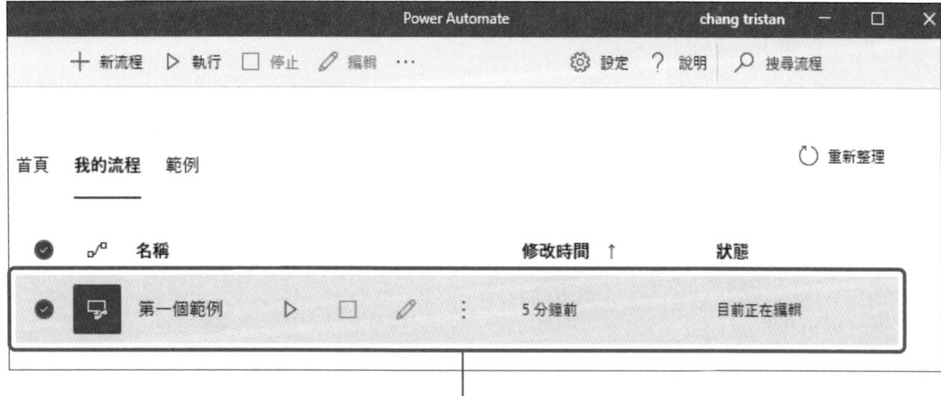

❹ 新的空白流程新增完成

step 04 新增一個空白流程後，稍待一會兒，會自動顯示**流程設計工具**，此工具由多個區塊組成，這裡就是我們設計每個流程的地方。

動作窗格　設計窗格　變數 / UI 元素 / 影像窗格

流程設計工具是編輯流程的所在地，設計過程中您可以隨時執行「**檔案 / 儲存**」來保存結果，若關閉此視窗後，也可以從 Power Automate Desktop 的主畫面重新開啟流程來編輯：

在主畫面點擊**編輯**圖示即可再次啟動流程設計工具

認識流程設計工具的介面

流程設計工具主要分成三大區塊：

動作窗格

這裡是我們設計自動化流程的素材來源，前面提到，在 Power Automate Desktop 中，每一個流程都是由多個「**動作**」所組成，每一個動作會根據其功能做好分類。您也可以透過上方的搜尋欄位尋找想要的動作。

可以在搜尋欄位輸入關鍵字快速找到動作

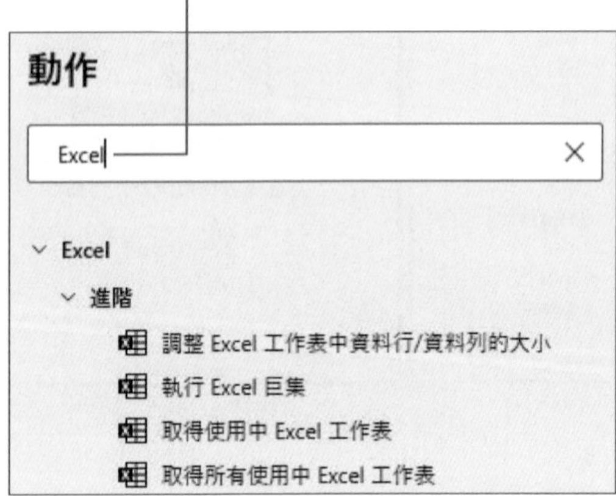

設計窗格

設計窗格是編排流程的地方，只要將動作拖曳到設計窗格、或是在動作上直接點擊兩下，就可以快速將其加入到窗格中。拖曳一個動作時，可以選擇放置到已存在動作的上方或下方，以決定各動作的執行順序。所有已加入的動作都會顯示在設計窗格供您編排、設計。

變數 / UI 元素 / 影像窗格

最右側這一區，是用來管理流程中的各種變數及元件的地方。在設計自動化流程中，會經常需要到這裡檢查擷取到的資料內容是否正確 (例如流程是否有幫我們正確抓到 Excel 表格的內容)，或者有沒有操控到正確的元件 (例如我們想在指定的網頁欄位自動輸入文字)，多做檢查才可避免流程出問題。

Tip

變數簡單來說是在自動化流程中用來儲存或傳遞資料，比如當流程自動開啟 Excel 並複製資料後，這些資料就會被存放在變數中，方便做篩選、刪除等運用，下一小節我們實作第一個 Power Automate Desktop 範例時您會更清楚變數的用途。至於 UI 元素及影像，本章後續小節範例遇到時再來介紹。

9-2 自動批次修改檔名

這一節我們就開始設計第一個自動化流程，這裡舉一個「自動批次修改檔名」的例子，帶您熟悉重要的**變數**概念以及幾個經常會用到的動作。

如右圖所示，很多資訊系統的 Excel 報表輸出下載是固定檔名，累積很多時，不太容易看出檔案的差異，為此可以建立一個流程來自動批次修改檔名。雖然批次修改檔名的工具不少，但做好一個自動化流程，以後遇到類似情況時，就可以利用流程一鍵快速完成，不用再花多餘的時間人工操作。

旗標出版業績報表 (1).xlsx
旗標出版業績報表 (2).xlsx
旗標出版業績報表 (3).xlsx
旗標出版業績報表 (4).xlsx
旗標出版業績報表 (5).xlsx
旗標出版業績報表 (6).xlsx
旗標出版業績報表 (7).xlsx
旗標出版業績報表 (8).xlsx
旗標出版業績報表 (11).xlsx
旗標出版業績報表 (30).xlsx

▲ 檔名難以看出差異，我們打算自動在檔名加上最近修改的日期，若是想批次修改檔名中的某些字，也可以一併做到

啟動流程設計工具建立第一個動作

首先請依前一小節的說明，建立一個新的流程，底下帶您逐步打造**自動更名**的流程。

step 01 在最左邊的動作搜尋欄位中，輸入 "資料夾"，就會出現相關的動作。這裡要用「**取得資料夾中的檔案**」這個動作來找到準備更名的檔案。請將此動作拖曳到中間的設計窗格 (或是點擊兩下該動作也可以)。

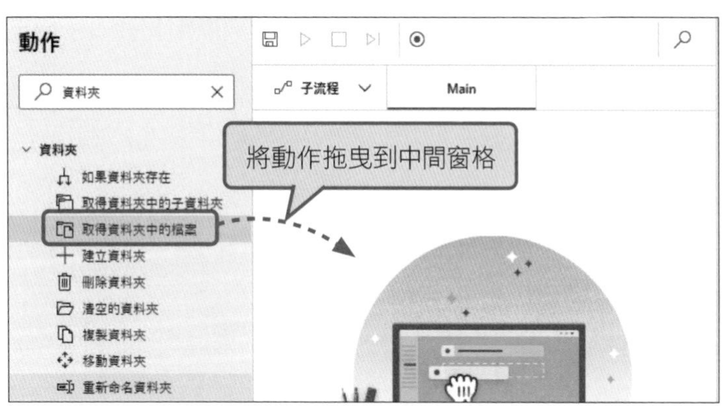

step 02 新增動作後，會自動跳出此動作的設定視窗，一個動作該如何設定、並讓各動作協同運作，這就是流程的設計重點。本例「**取得資料夾中的檔案**」動作要設定的內容很簡單，就是指定我們想更名的那些檔案放在哪裡。

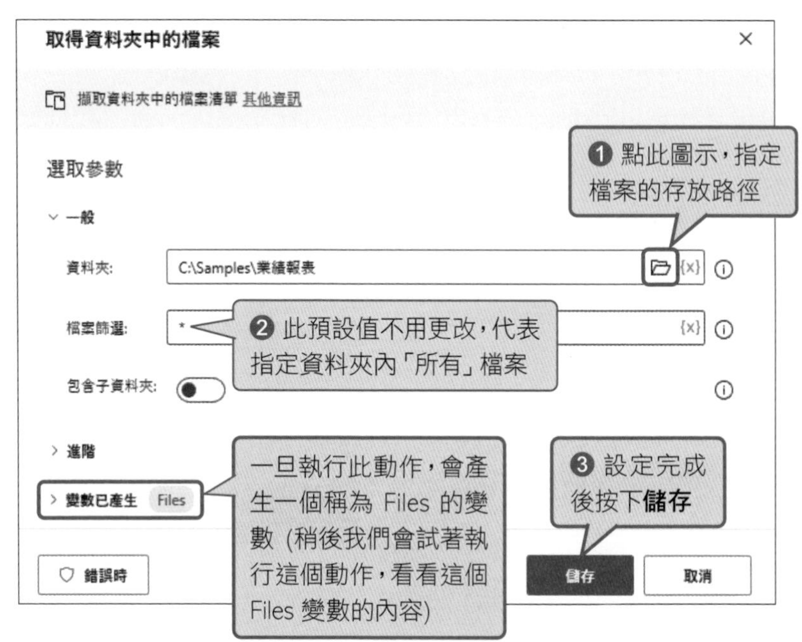

Tip

Files 這個變數名稱是自動產生的，您也可以雙按來更名，這裡維持預設值。

Tip

儲存後若想再次編輯此動作，回到設計窗格後，點擊此動作兩下即可再次編輯。

step 03 目前我們在流程中加入了第 1 個動作，我們來執行這個流程看看。

點擊 ▷ 的圖示就可以執行流程

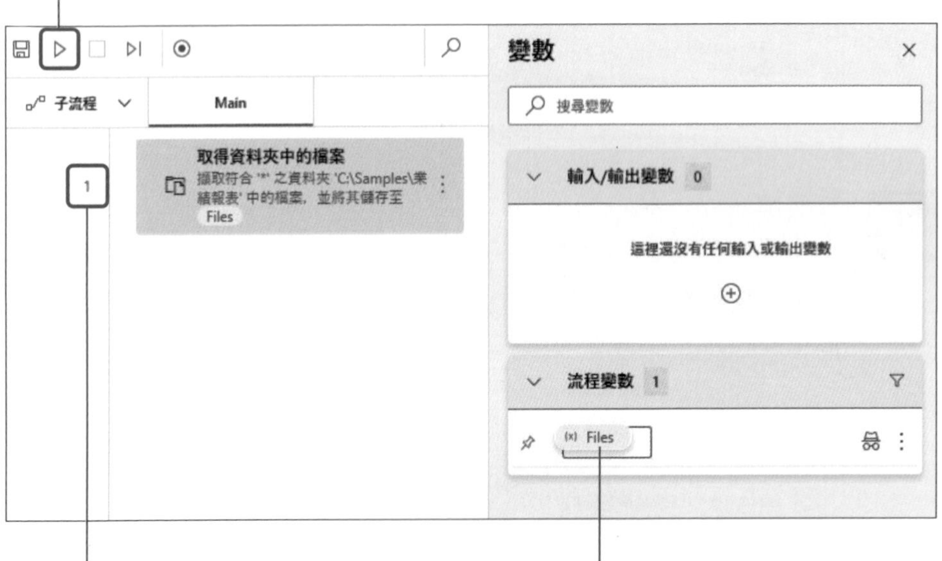

目前流程中只有一個動作，若有多個動作，會依這裡顯示的數字編號，一個一個依序執行

這是剛才編號 1 動作所產生的 Files 變數，目前還沒執行所以還是空的，可以留意待會執行後會有什麼變化

step 04 執行動作後，最底下的狀態列會依序顯示 "狀態：正在剖析..." → "狀態：正在執行..." 讓您了解執行的進度。本例目前只有一個動作，執行流程後馬上就會完成。

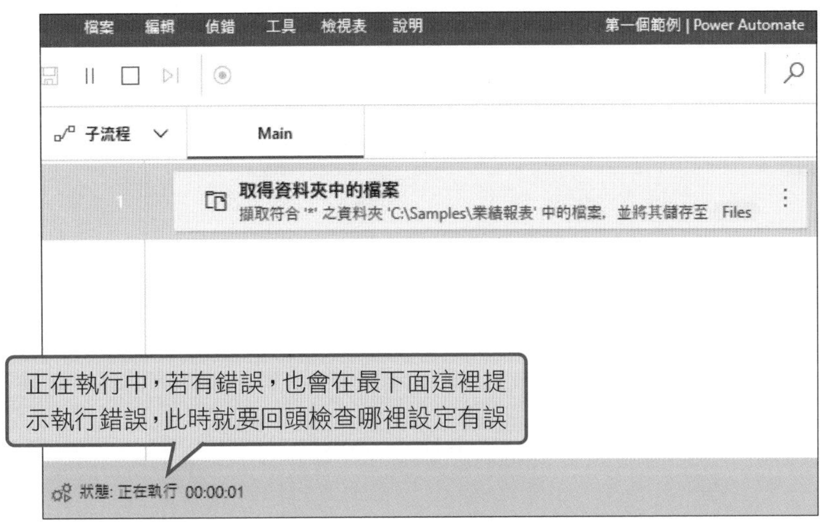

step 05 執行完成後，我們可以查看 Files 變數中的資訊，看看剛才編號 1 這個動作幫我們完成什麼事。

認識變數的資料型別及屬性

變數就像一個儲存資料或數值的箱子，前面「取得資料夾中的檔案」這個動作執行後，就會將資料夾中的檔案資訊通通存入 Files 這個變數中，就可以在需要的時候拿來運用。

前面這個查看變數內容的操作，在設計流程中會經常用到，除了要確認各動作有沒有發揮作用，當您想要使用變數中的資料之前，也最好先確認內容對不對。

此外，針對我們用動作所擷取到的資料，有兩個概念得稍微了解一下，那就是**資料類別**及**屬性**。

● 變數的資料型別

上頁最底下那張圖可看到，Files 變數旁邊顯示著 "清單檔案" (白話來說就是檔案列表)，我們將其稱為 Files 變數的**「資料型別** (Data Type)」，變數所代表的值可能是數字、文字、日期、清單…等各種型別的資料，當您日後使用變數設計一些進階的範例，就得區分清楚每一個變數是屬於什麼資料型別，例如想做運算時，我們不能將數字和文字一起做加法運算，得先通通轉換成數字的型別。而操作 Power Automate Desktop 時，畫面上也會經常看到某某變數值的資料型別供您確認。

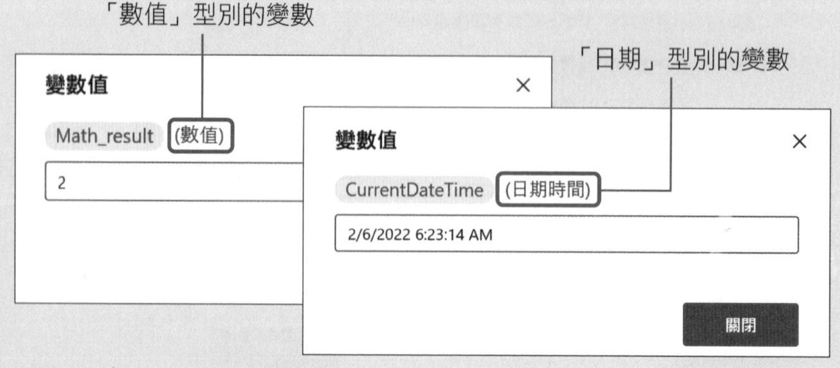

●變數的屬性

請先點擊 9-13 頁 Files 變數中，每個檔案最後面的「**其他**」，本例來說我們的目的只在修改檔案的檔名，不過在執行完編號 1「取得資料夾中的檔案」這個動作後，所取得的不只是檔名，連同檔案儲存位置、建立日期、檔案大小…等資訊都一應俱全 (就像您在某檔案上按右鍵查看「內容」所看到的那些資訊)。

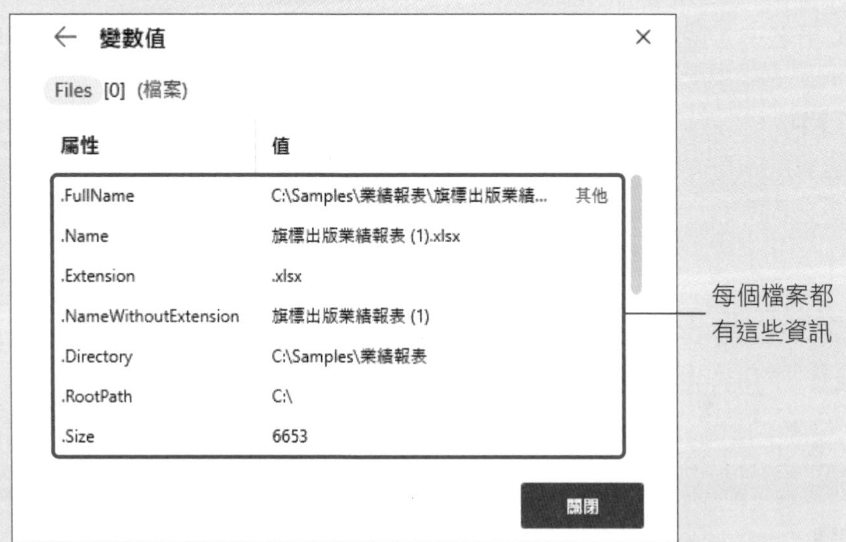

以上這些都是一個檔案的附加資訊，在 Power Automate Desktop 中，將它們統稱為「檔案」這個資料型別的**屬性**，例如上圖所看到的，檔案這種資料型別有「.FullName (全名)」、「.Name (名稱)」、「.Extension (副檔名)」…、「.Direcctory (所存放的資料夾路徑)」等屬性。

了解一個變數有哪些屬性後，日後若有需要，可以用「**變數名稱.屬性**」來取得各種屬性的值，例如可以用 Files**.FullName** 來取得檔案的**全名**；或者用 Files**.Direcctory** 來取得**檔案的存放路徑**。「變數名稱.屬性」中的 . 句點您可以想成是「的」，所以「變數名稱.XX屬性」就是「變數名稱的XX屬性」。關於屬性的概念，您大概了解以上這些就夠了。

建立「For each」動作幫我們逐一走訪檔案

本例資料夾內有不少檔案要更名，在 Power Automate Desktop 中，進行重複性作業經用會用的就是**迴圈**動作。迴圈可以幫我們不斷重複執行一些動作，直到達到指定的條件就停止。

目前 Files 變數的內容是一串檔案的清單，我們可以在流程中使用「**For each**」這個迴圈動作，做「**第 1 個檔案更名、第 2 個檔案更名、第 3 個檔案更名…、最後一個檔案更名**」的一連串操作。

Tip

在程式用語中，這稱為**走訪**，一一讀取出來做指定的操作 (如此處我們打算更名)，就稱為**走訪**。

step 01 在動作窗格找到「**迴圈 / For each**」動作，拖曳到設計窗格後，如下設定這個動作。

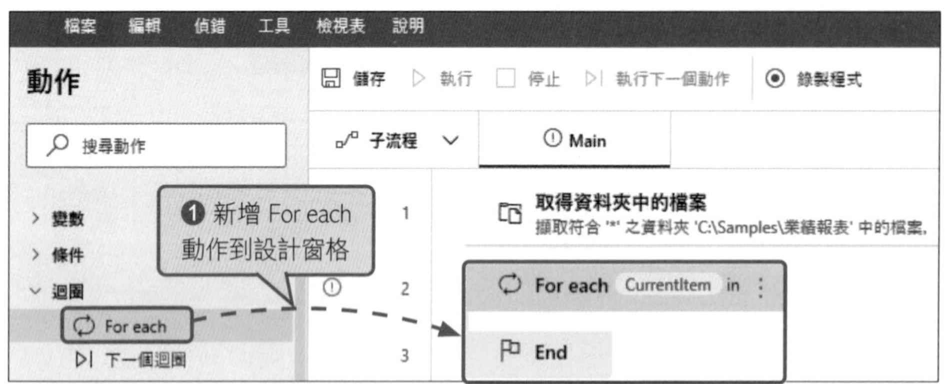

Tip

提醒：一定要拉曳到編號 1 動作的**下方**，因為是要接續操作編號 1 所產生的 Files 變數，若放到編號 1 動作的上面，還沒有產生 Files 變數就執行此動作就不對了。

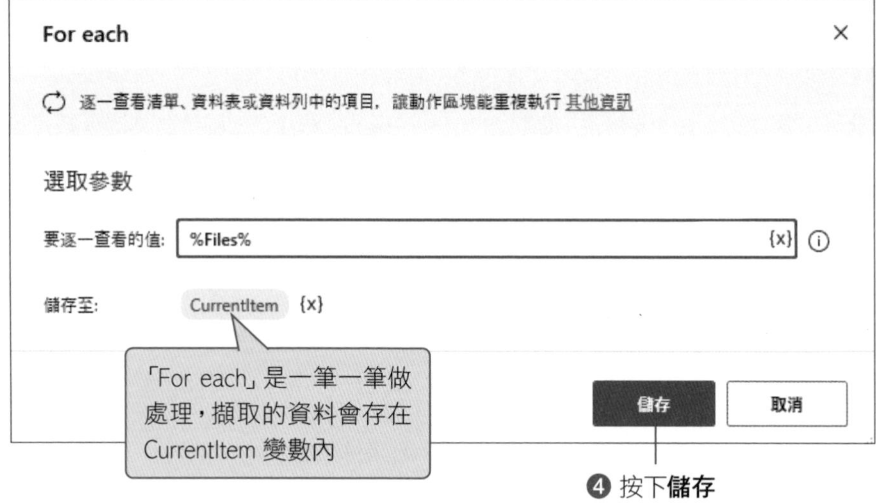

Tip

每個動作執行後，若會產生資料，這些資料就會再存入新產生的變數內。例如上圖是讀取 Files 變數之後，將運作後產生的資料存入新的 CurrentItem 變數。

step 02 下圖為「For each」動作新增完的流程，您可以再次按下 ▷ 鈕執行看看，現在已經有編號 1～編號 3 三個動作 (編號 2、3 是一組的)，按下 ▷ 後，就會依序執行這三個動作。

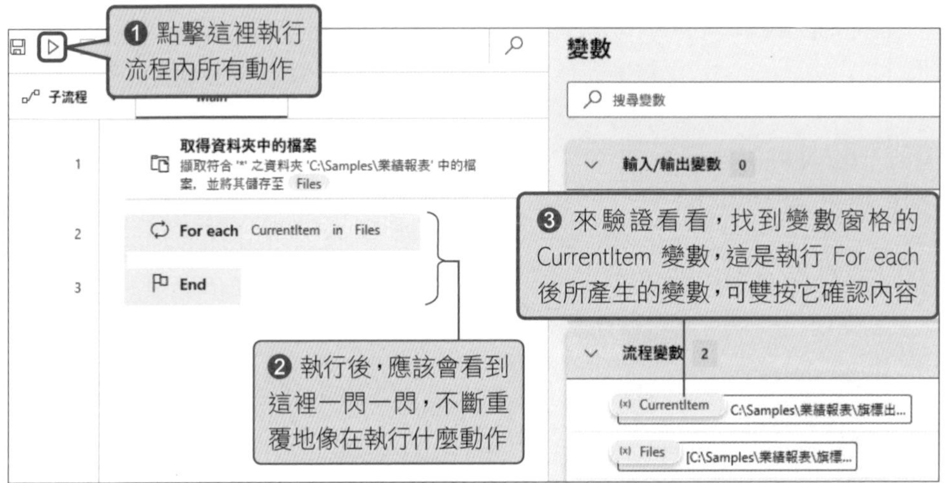

step 03 經 For each 動作所擷取到的 CurrentItem 變數內容如下圖。雖然我們目前還沒指定要重覆做什麼事，但其實 For each 已經幫我們走訪 (就是「巡」) 一遍所有檔案了。

這裡可知道 CurrentItem 變數是「檔案」的型別 (For each 每巡到一個檔案，就將該檔案的屬性全儲存到 CurrentItem 變數)

本範例「最後」一個走訪到的檔案是編號 (8) 的報表檔，因此查看變數內容時，所看到的就是編號 (8) 的檔案資訊

變數值

CurrentItem (檔案)

屬性	值
.FullName	C:\Samples\業績報表\旗標出版業績報表 (8).xlsx
.Name	旗標出版業績報表 (8).xlsx
.Extension	.xlsx
.NameWithoutExtension	旗標出版業績報表 (8)
.Directory	C:\Samples\業績報表

Tip

「執行XX動作 → 查看XX動作所產生的○○變數內容」，這是用 Power Automate Desktop 設計流程時的基本動作喔！初接觸時，請不厭其煩地做確認，可以知道流程目前幫我們完成什麼事情。

在 For each 動作中加入重新命名的動作

最後我們指定 For each 在走訪每一個檔案時，替檔案更名。

step 01 搜尋「**重新命名檔案**」這個動作，將其拖曳到 For each 跟 End 的中間。請注意不可拖曳到 End 的後面，因為我們是要在 For each 走訪檔案時一個一個替檔案做更名。

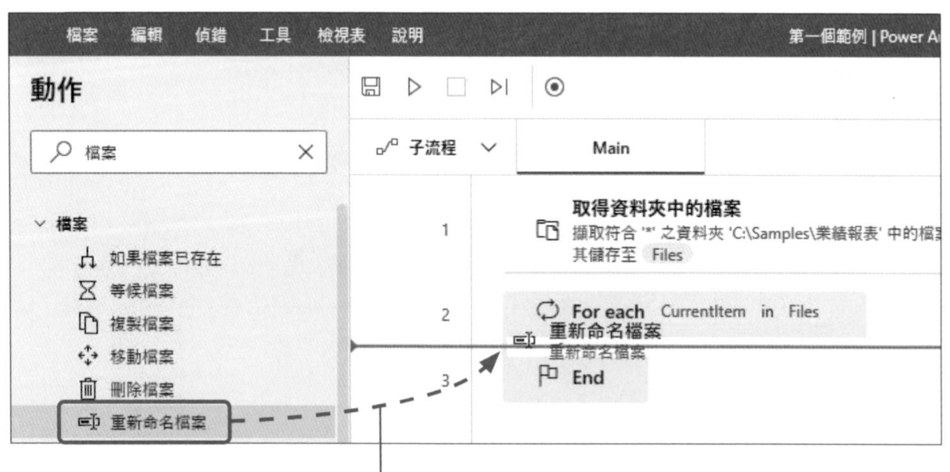

拖曳動作到 For each 跟 End 的中間

step 02 接著如下設定「**重新命名檔案**」這個動作。

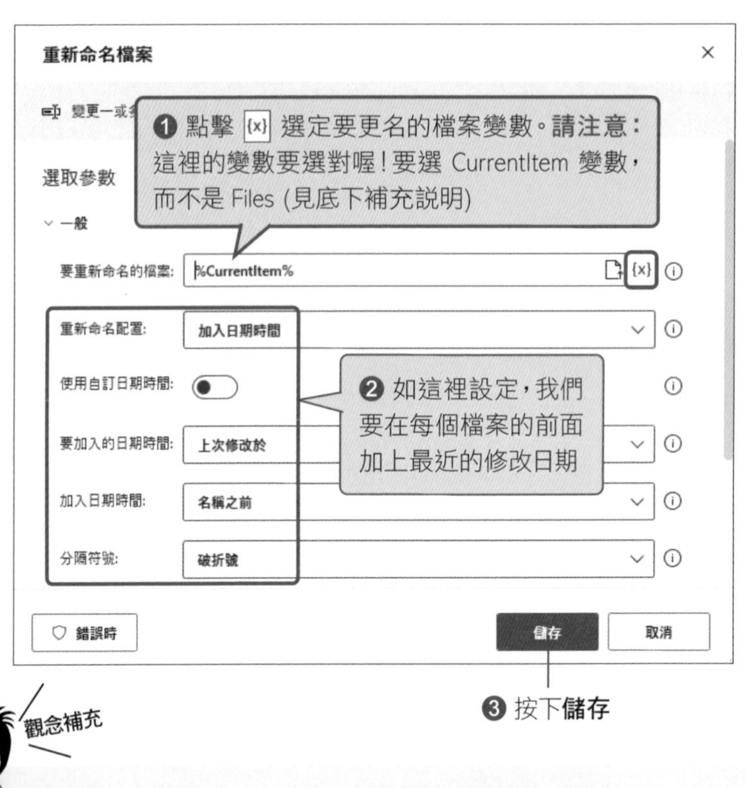

觀念補充

關於「重新命名檔案」動作所操作的變數

這裡「For each + 重新命名檔案」動作的執行邏輯是：

For each 走訪 Files 內第 **1** 個檔案後，存入 CurrentItem 變數
→ 替 CurrentItem (第 **1** 個檔案) 更名

For each 走訪 Files 內第 **2** 個檔案，存入 CurrentItem 變數
→ 替 CurrentItem (第 **2** 個檔案) 更名

…依此類推

所以，上圖步驟 ❶ 的變數，必須選 For each 走訪「後」的 CurrentItem 變數，而不是走訪「前」的 Files 變數。

step 03 接著可以按 ▷ 執行這個流程，看看資料夾內的各檔案是否自動被更名了。由於這是我們第一個範例，在執行之前我們再繼續加入一個更名的動作，帶您更熟悉指定變數的概念。

❶ 首先，從這裡知道，各檔案第一次更名後的資料，是存放在 RenamedFiles 變數內

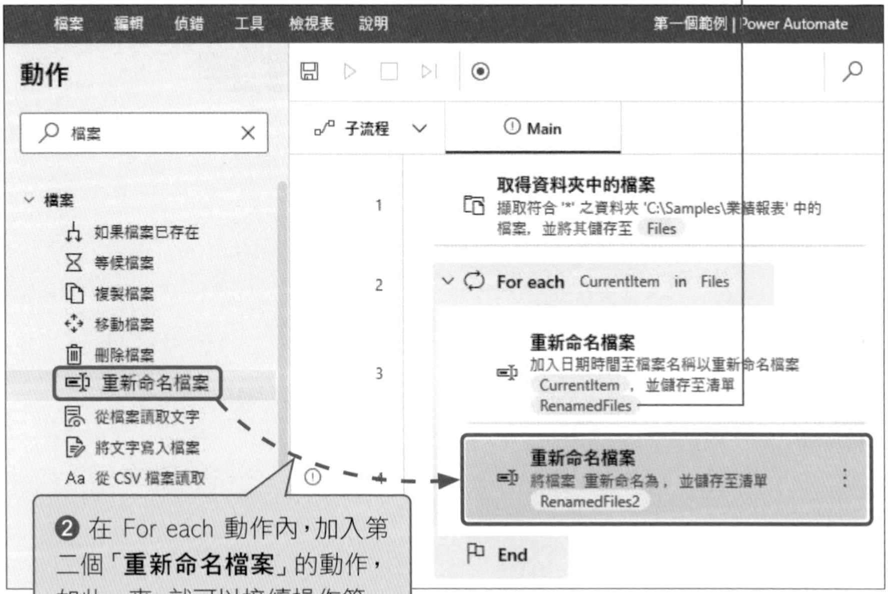

❷ 在 For each 動作內，加入第二個「**重新命名檔案**」的動作，如此一來，就可以接續操作第一次更名後的 RenamedFiles 變數

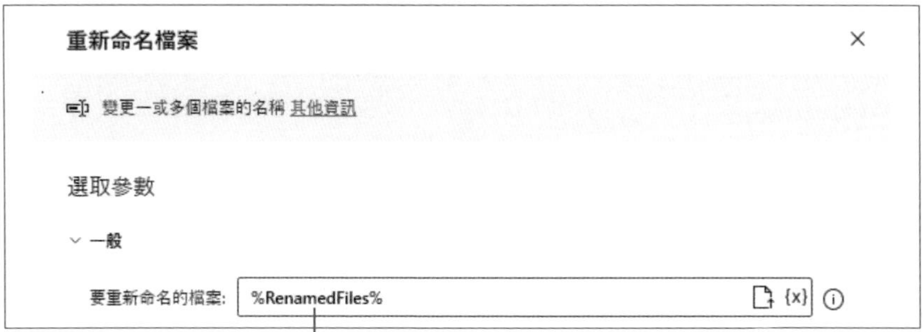

❸ 針對第二個「**重新命名檔案**」的動作設定，最重要的是這裡的變數要選對，要選定第一次更名後所產生的 RenamedFiles 變數

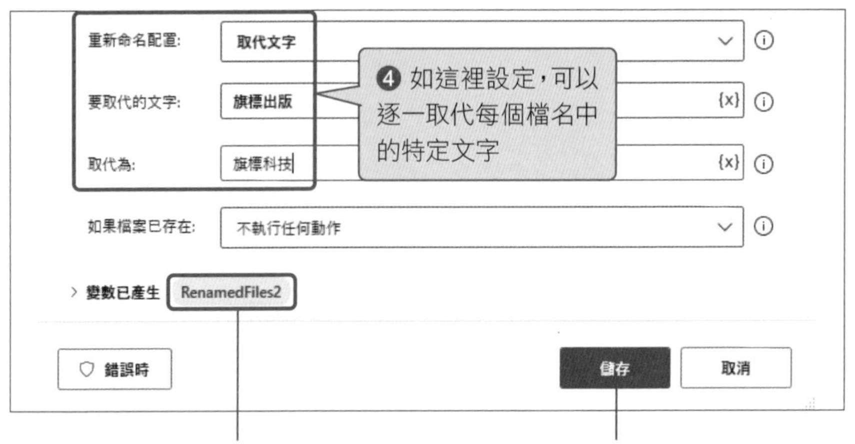

For each 內連續兩次的「重新命名檔案」動作

加入第二個更名的動作後，這裡「For each + 連續兩次重新命名檔案」的執行邏輯就會變成：

For each 走訪 Files 內第 **1** 個檔案後，存入 CurrentItem 變數
→ 替 CurrentItem (第 **1** 個檔案) 更名，存入 RenameFiles 變數
→ 替 RenameFiles (第 **1** 個檔案) 再做更名，存入 RenameFiles2 變數

For each 走訪 Files 內第 **2** 個檔案後，存入 CurrentItem 變數
→ 替 CurrentItem (第 **2** 個檔案) 更名，存入 RenameFiles 變數
→ 替 RenameFiles (第 **2** 個檔案) 再做更名，存入 RenameFiles2 變數

…依此類推

step 04 最後，就可以點擊 ▷ 圖示，感受一下 Power Automate Desktop 批次自動更名的方便囉！

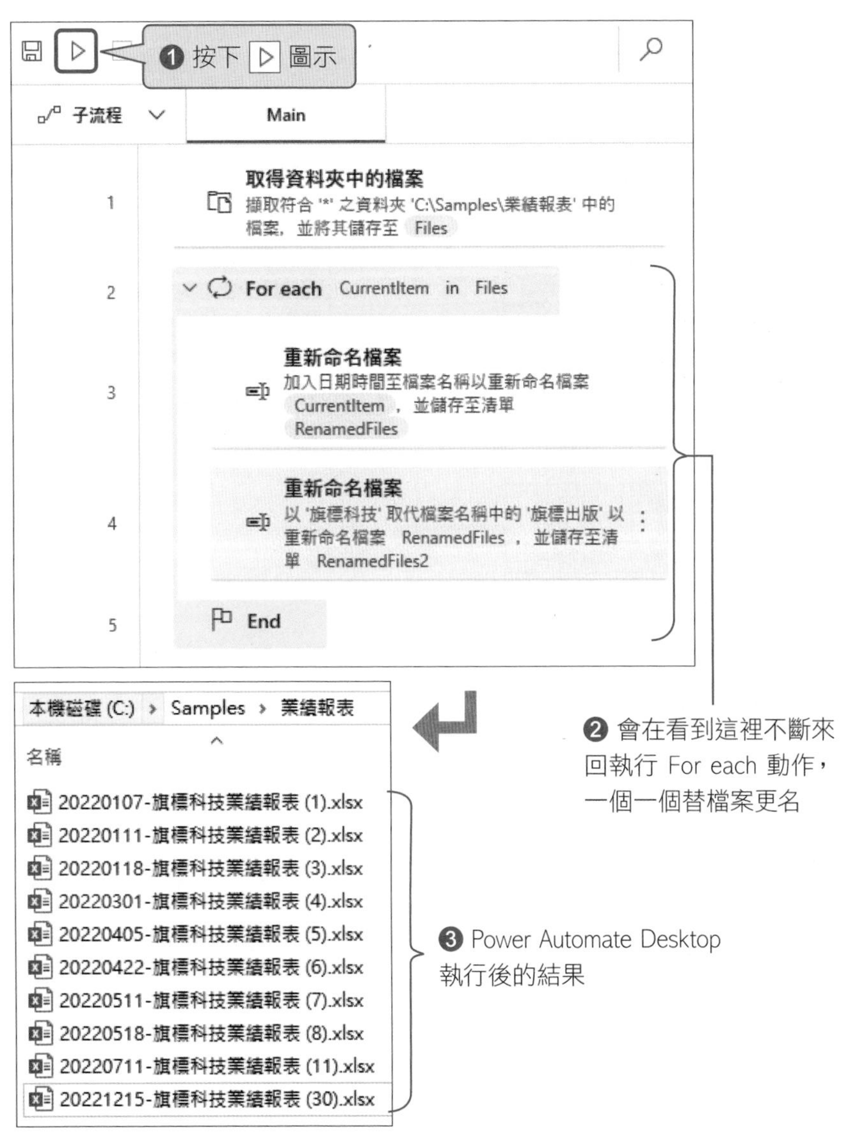

Tip

這一節我們利用連續兩次「**重新命名檔案**」的動作，帶您熟悉「查看動作執行後的變數內容」、「操作動作時要指定到對的變數」，這些都攸關一個個動作能否發揮各自的用途，串成一個成功的自動化流程。

9-3 跨 Excel 工作表自動複製資料

說到應用程式的操作，平常的 Excel 工作當然也能用 Power Automate Desktop 試著自動化。這一節我們就以常見的**「將資料從工作表 A 複製工作表 B」**為例，說明如何用 Power Automate Desktop 將這個工作完全自動化。

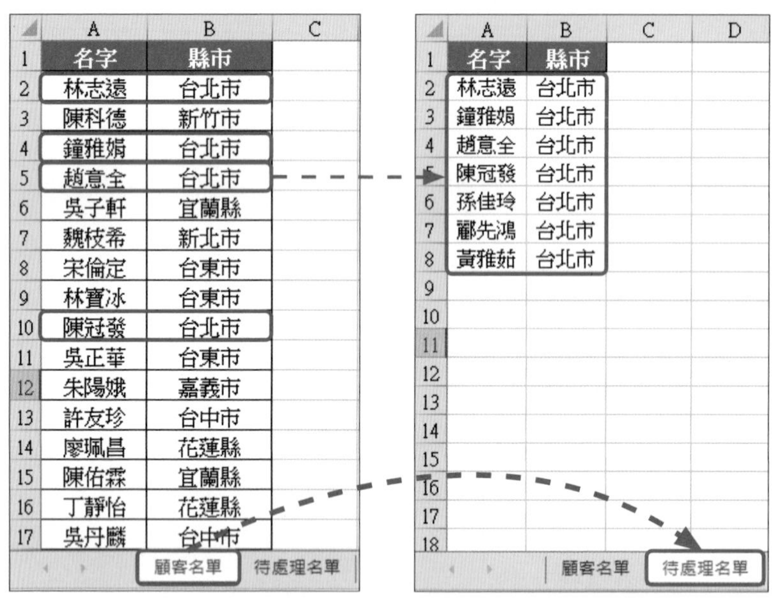

	A	B	C
1	名字	縣市	
2	林志遠	台北市	
3	陳科德	新竹市	
4	鐘雅娟	台北市	
5	趙意全	台北市	
6	吳子軒	宜蘭縣	
7	魏枝希	新北市	
8	宋倫定	台東市	
9	林寶冰	台東市	
10	陳冠發	台北市	
11	吳正華	台東市	
12	朱陽娥	嘉義市	
13	許友珍	台中市	
14	廖珮昌	花蓮縣	
15	陳佑霖	宜蘭縣	
16	丁靜怡	花蓮縣	
17	吳丹麟	台中市	

	A	B	C	D
1	名字	縣市		
2	林志遠	台北市		
3	鐘雅娟	台北市		
4	趙意全	台北市		
5	陳冠發	台北市		
6	孫佳玲	台北市		
7	酈先鴻	台北市		
8	黃雅茹	台北市		

▲ 從「顧客名單」工作表篩選 "台北市" 的名單，貼到 "待處理名單" 工作表

本範例雖然不複雜，用 Excel 的篩選功能後、再簡單複製貼上就能輕鬆完成，不過這類工作要是得經常做、或者量很多的話，複製來複製去還是會累又容易出錯，設計一個流程來自動做不但省時又萬無一失。請利用這個例子熟悉 Power Automate Desktop 當中的各種 Excel 動作吧，萬一遇到更複雜的情況，可以用這個範例為起點試著修改看看。

範例流程說明

為了將上述作業自動化，我們規劃了以下動作來串成一個流程，先大致瀏覽一下：

❶ 自動讀取「顧客名單.xlsx」的資料。

❷ 自動切換到「顧客名單」工作表。

❸ 將名字、縣市欄位的資料自動擷取下來，存入變數。

❹ 自動切換到「待處理名單」工作表。

❺ 自動篩選出縣市為 "台北市" 的顧客名單。

❻ 將篩選出來的資料自動寫入「待處理名單」工作表。

❼ 自動存檔、關檔。

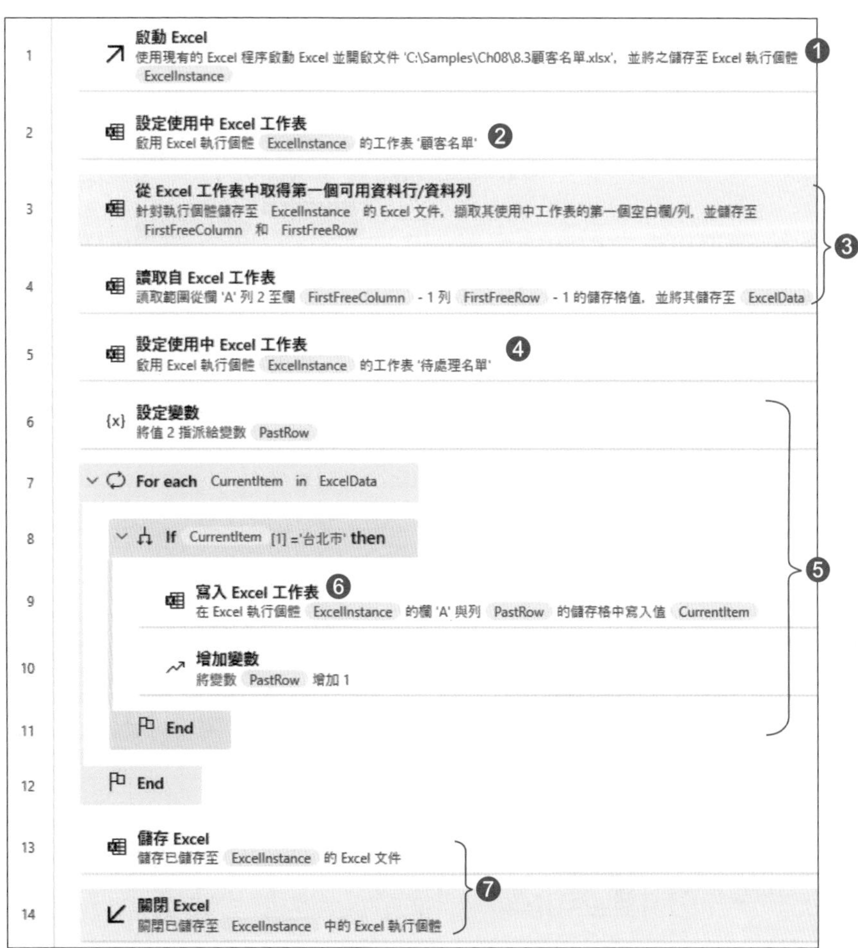

底下就一一來看吧！

❶ 自動讀取「顧客名單.xlsx」的資料

step 01 第一步，我們要 Power Automate Desktop 幫我們自動開啟 Excel，請找到「**Excel / 啟動 Excel**」動作，拖曳到設計窗格。

step 02 我們可以指定要開新檔案或是開啟舊檔。由於我們要使用範例檔案，所以這裡選擇**並開啟後續文件** (意思就是開啟舊檔)，接著找到範例檔的路徑，這個動作執行後將產生名為 ExcelInstance 的變數。

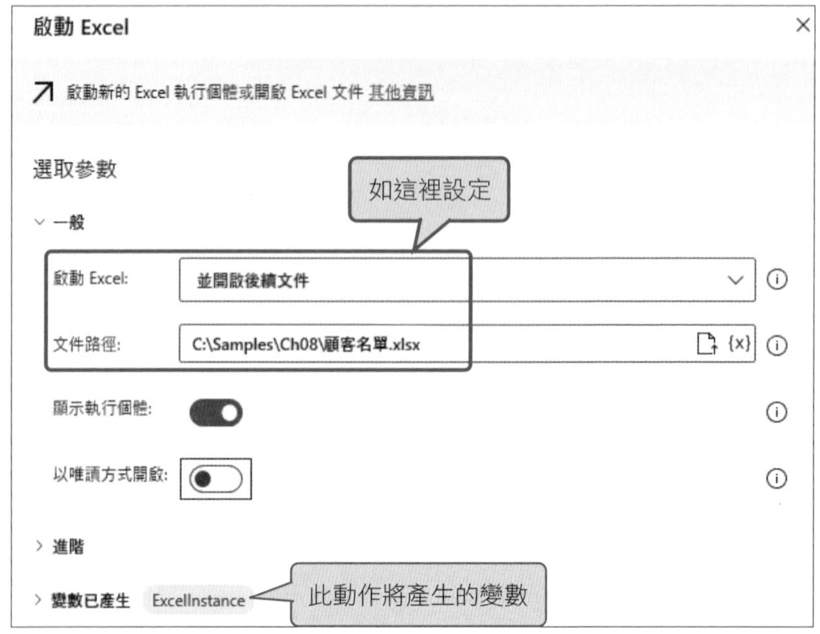

Tip

這裡產生的 ExcelInstance 變數是一種稱為**執行個體 (Instance)** 的資料型別，這是程式用語，有這個變數就能定位所要操作的 Excel 視窗，如果電腦上同時開了兩個 Excel 視窗，就會同時存在**執行個體 1** 與**執行個體 2**，每個執行個體會有獨一無二的 ID 號碼，用 ID 區分清楚即可精準控制所要操作的視窗。

本例我們所有複製、貼上的操作都是在同一個 Excel 視窗進行，因此只會產生 ExcelInstance 這一個執行個體而已，之後凡需要指定執行個體時，都指定這個 ExcelInstance 變數來操作即可。

❷ 自動切換到「顧客名單」工作表

開啟 Excel 檔案後，接著要切換到想操作的工作表，Power Automate Desktop 裡面相對應的是「**設定使用中 Excel 工作表**」動作。

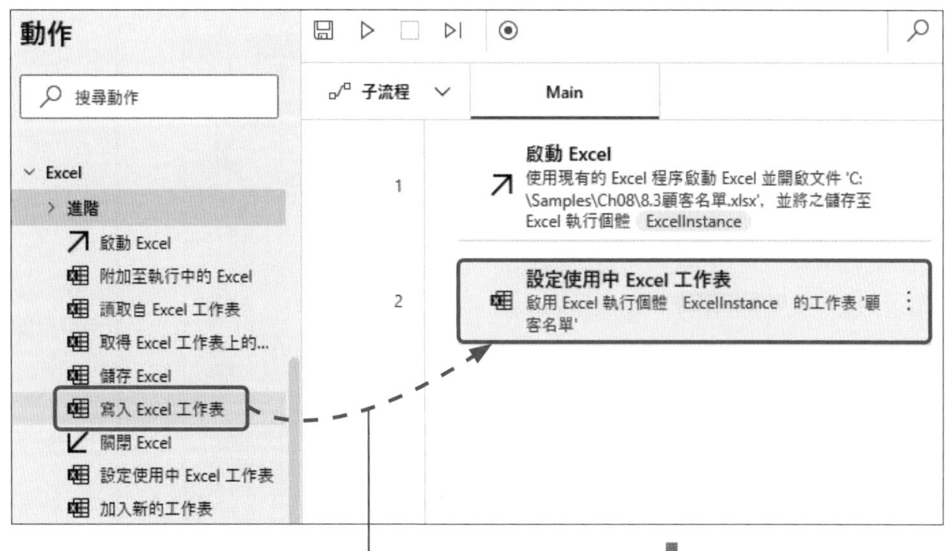

❶ 加入「**設定使用中 Excel 工作表**」動作

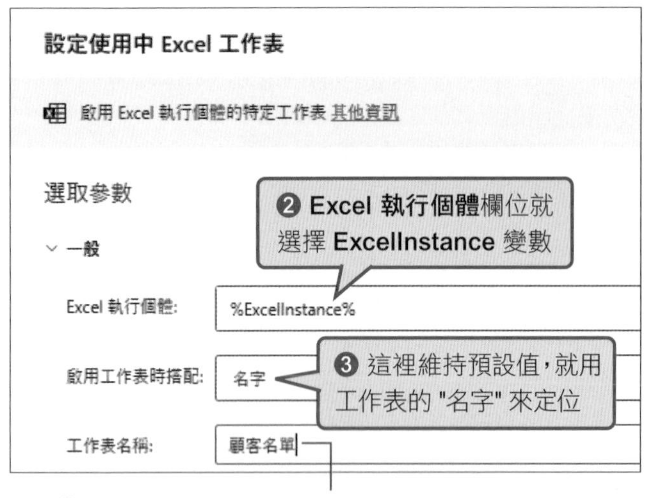

Tip

以上模擬的，就是「滑鼠點擊 "顧客名單" 工作表」這項操作。

❸ 將名字、縣市欄位的資料自動擷取下來，存入變數

接下來要將 "顧客名單" 工作表內的資料擷取下來，例如擷取 A2:B26 的範圍。當然，在這個範例中，我們已經知道儲存格的範圍，待會擷取時就直接設定這個範圍也行，但在設計流程時，我們會希望流程能「智慧」一點，例如實務上可能無法事先知道資料的範圍，那時該如何指定資料範圍？很簡單，我們可以**「第一個可用欄」**與**「第一個可用列」**這兩個動作倒推回去來確定，"可用" 的意思就是空白的，「第一個可用欄」**左邊**的那一欄、「第一個可用列」**上面**那一列就是資料的盡頭，用這個方法倒推，即使以後工作表內容變動，Power Automate Desktop 的設定也不用更改，能夠正確選定資料。

step 01 首先，加入「**從 Excel 工作表中取得第一個可用資料行(欄) / 資料列**」這個動作。

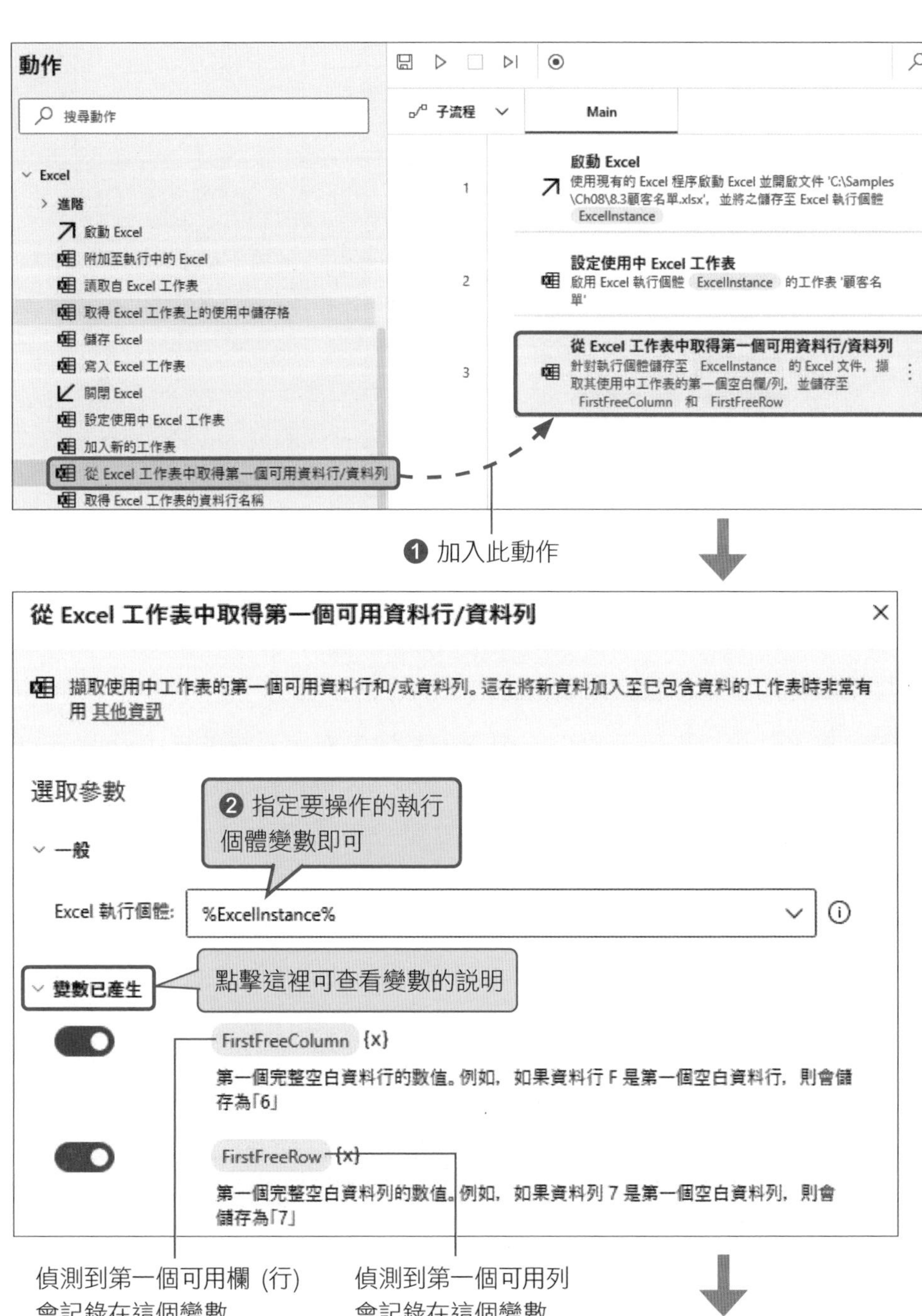

Tip

本例若執行「**從 Excel 工作表中取得第一個可用資料行(欄) / 資料列**」動作，擷取到的 FirstFreeColumn 變數值(第一個可用欄)會是 3 (代表 C 欄，A=1, B=2, C=3….)；而 FirstFreeRow 變數值 (第一個可用列) 會是 27 (代表第 27 列)。

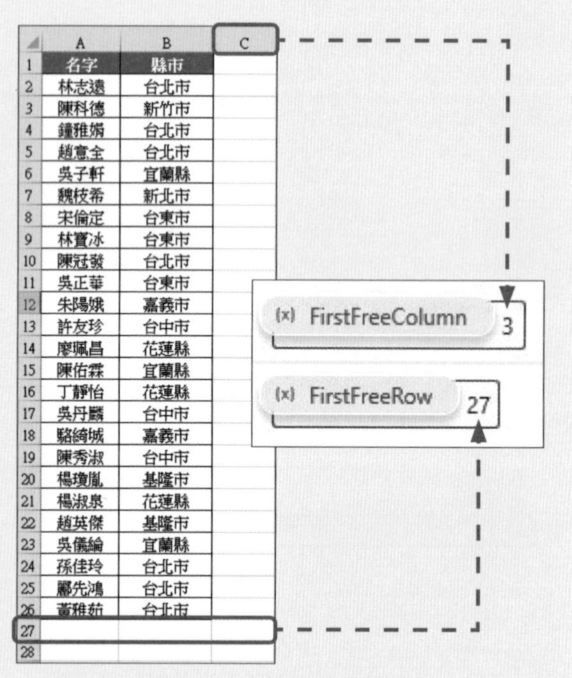

step 02 接著就可以指定儲存格的範圍，我們先加入「**讀取自 Excel 工作表**」的動作，並指定資料的範圍。

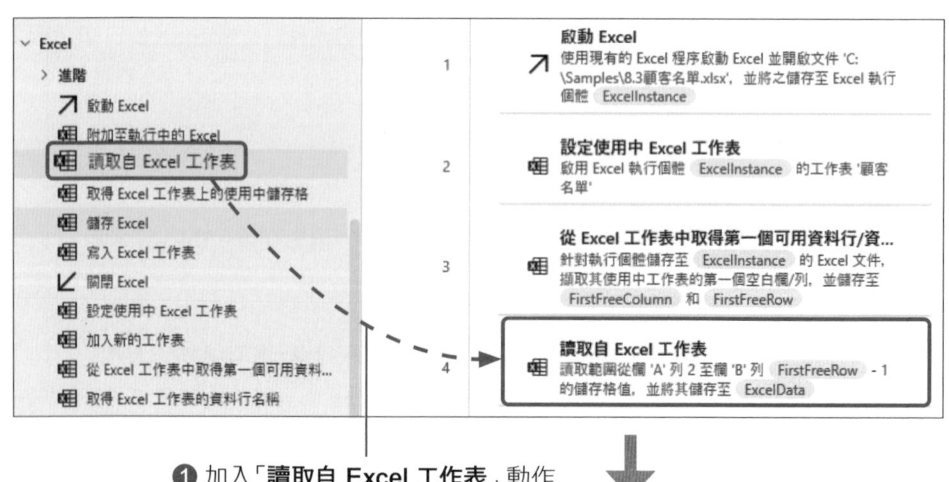

❶ 加入「**讀取自 Excel 工作表**」動作

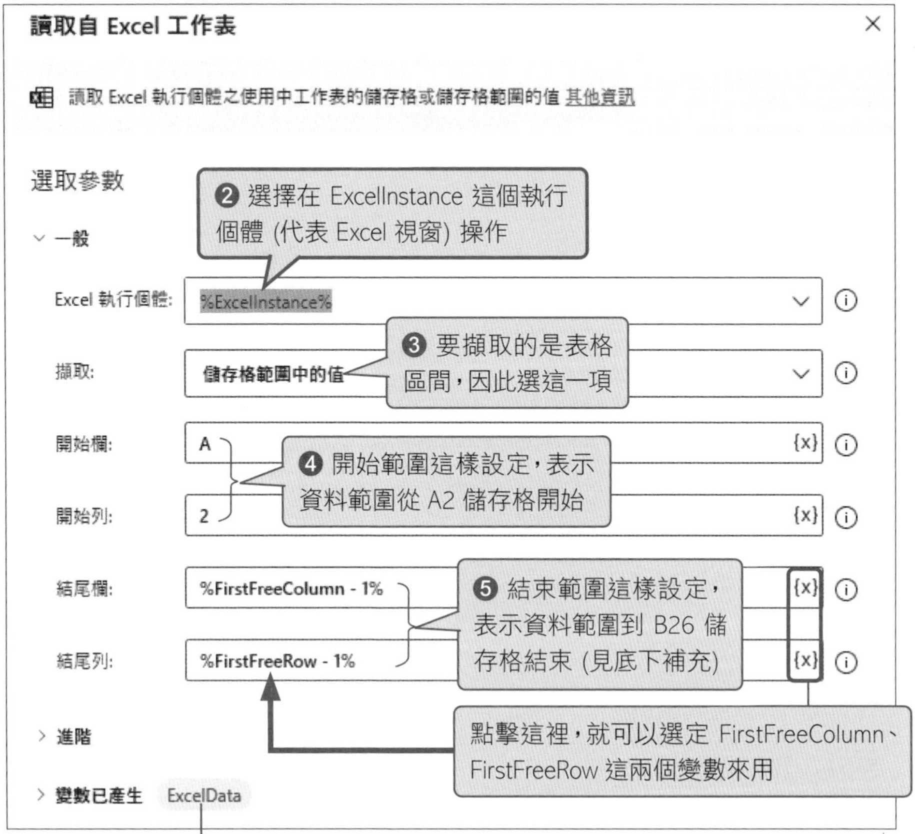

讀取自 Excel 工作表

讀取 Excel 執行個體之使用中工作表的儲存格或儲存格範圍的值 其他資訊

選取參數

一般

Excel 執行個體: %ExcelInstance%

擷取: 儲存格範圍中的值

開始欄: A

開始列: 2

結尾欄: %FirstFreeColumn - 1%

結尾列: %FirstFreeRow - 1%

進階

變數已產生 ExcelData

❷ 選擇在 ExcelInstance 這個執行個體 (代表 Excel 視窗) 操作

❸ 要擷取的是表格區間，因此選這一項

❹ 開始範圍這樣設定，表示資料範圍從 A2 儲存格開始

❺ 結束範圍這樣設定，表示資料範圍到 B26 儲存格結束 (見底下補充)

點擊這裡，就可以選定 FirstFreeColumn、FirstFreeRow 這兩個變數來用

❻ 擷取到的儲存格範圍會存在 ExcelData 變數內

Tip

前面提到，若事先不知道資料到哪一欄、哪一列結束，可以用變數彈性的寫，上圖的**結尾欄**、**結尾列**就用到了變數的技巧，也進一步用變數來做運算：

- 本例 **%FirstFreeColumn–1%** 就表示 3 - 1 = 2，因為 FirstFreeColumn 的值為 C (C欄是第一個可用的空白欄)，會當作 3，向左減一欄後，等於 2，也就是 B 這一欄。
- 本例 **%FirstFreeRow–1%** 就表示 27 - 1 = 26，因為 FirstFreeRow 的值為 27 (第 27 列是第一個可用的空白列)，往上減一列後，等於 26，也就是 26 這一列。

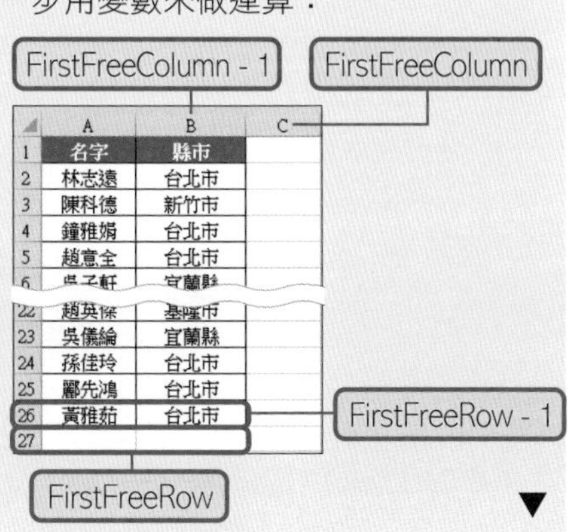

▼

眼尖的讀者應該有看到變數的左右兩邊加上了 % 符號，在 Power Automate Desktop 中，習慣以左右兩邊加上 % 符號來表示變數，如 %FirstFreeRow% 變數、%FirstFreeRow% 變數，本書內文在描述變數時，大部分的情況下我們會省略這個 % 符號，但若是像上圖一樣出現在欄位中，則務必不能省略，不然會不知道它是變數。

此外，用兩個 % 包圍起來，也可以建立運算的式子，例如 %1+1% 也就是 %2%，上圖的 %FirstFreeColumn - 1%、%FirstFreeRow - 1% 就用了這個技巧。

step 03 到目前為止，您可以執行看看流程，確認擷取範圍時所產生的 ExcelData 變數，是否確實擷取到資料。

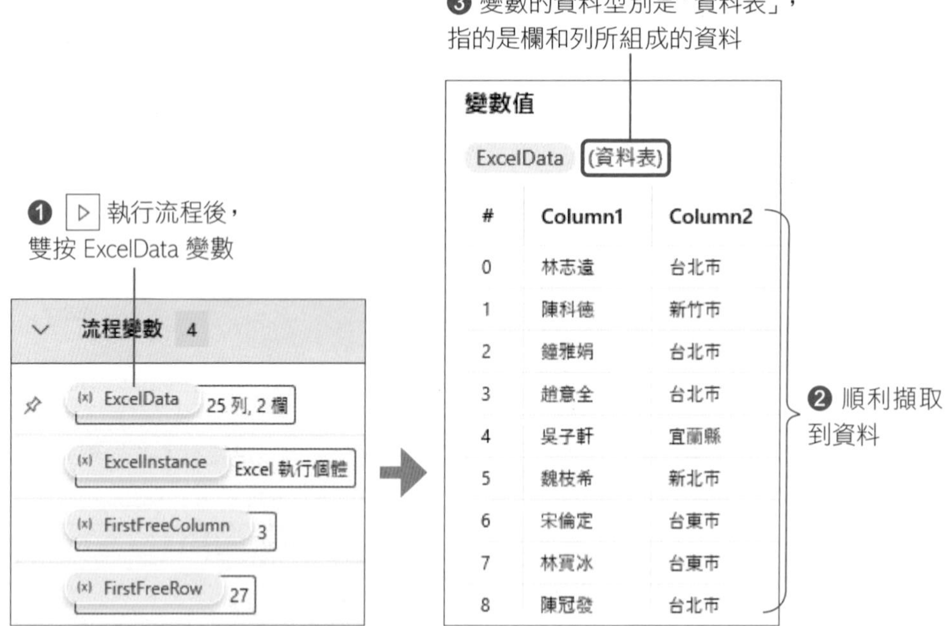

❹ 自動切換到「顧客名單」工作表

擷取完 Excel 的資料並以 ExcelData 變數儲存後，就相當於複製好資料，接著就要模擬滑鼠點擊另一個 "待處理名單" 工作表，準備貼上資料。

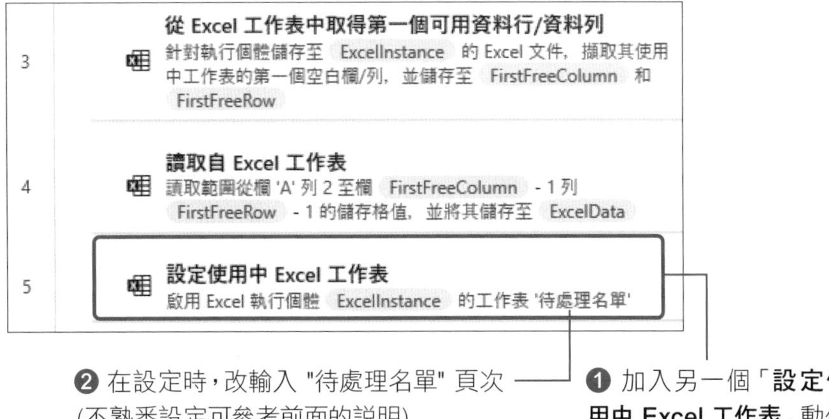

❺ 自動篩選出縣市為 "台北市" 的顧客名單

目前 ExcelData 變數內的資料是所有縣市的顧客名單，必須先篩選出縣市欄位為 "台北市" 的那幾筆，再貼到新的工作表。

底下我們再度用 9-2 節介紹的「**For each**」動作，一一走訪 ExcelData 的每一列，並在 For each 內設定一個條件，只有縣市為 "台北市" 的那一筆資料才會做後續處理，這樣就完成名單的篩選。最後，將篩選過的變數寫入新工作表，工作就大致完成了。

step 01 首先我們加入「For each」動作來走訪 ExcelData 變數的每一列。

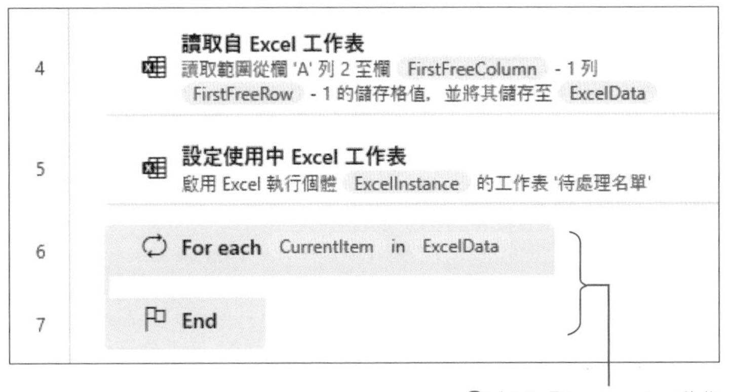

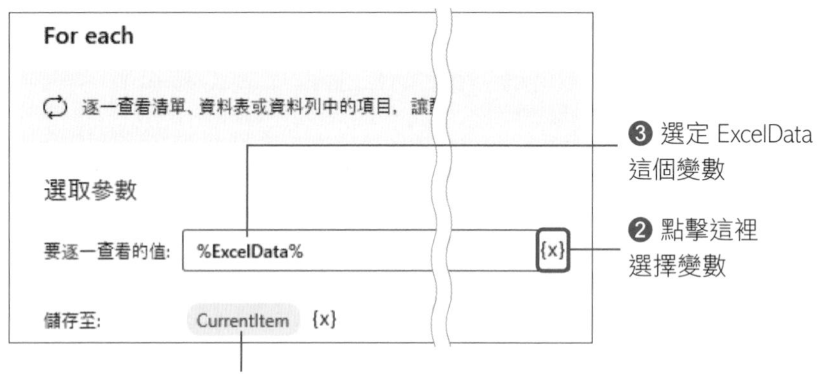

step 02 要如何篩選上圖的 CurrentItem 的變數，只找出縣市為 "台北市" 的名單呢？這裡介紹「**If**」這個動作。在公司工作時，我們會根據各種條件來決定或變更工作進行的方式，譬如工作完成時就報告上司，這時候的條件就是「工作是否完成」。而本例的條件就是「**CurrentItem 變數中縣市那一欄是否為 "台北市"**」，若是，那一列資料才「符合資格」進行我們接下來所指定的動作。

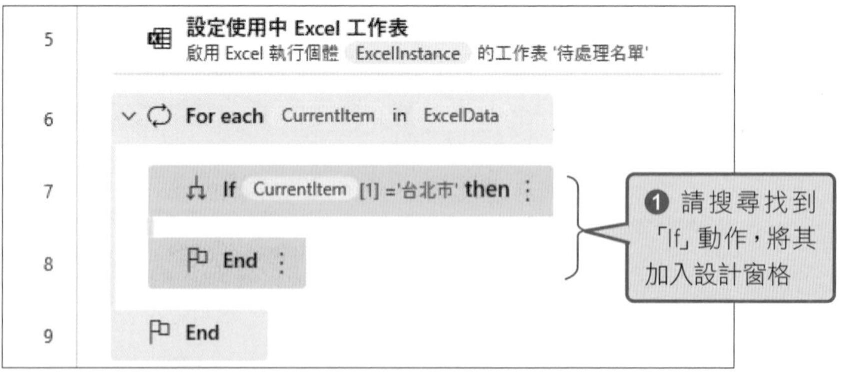

Tip

請確認 If 要拖曳包在 For each / End 的裡面！因為這裡的做法是，每走訪第 1 筆、做 If 判斷、走訪第 2 筆、做 If 判斷…依此類推，也就是「做 If 判斷」是在 For each 走訪過程中進行的。

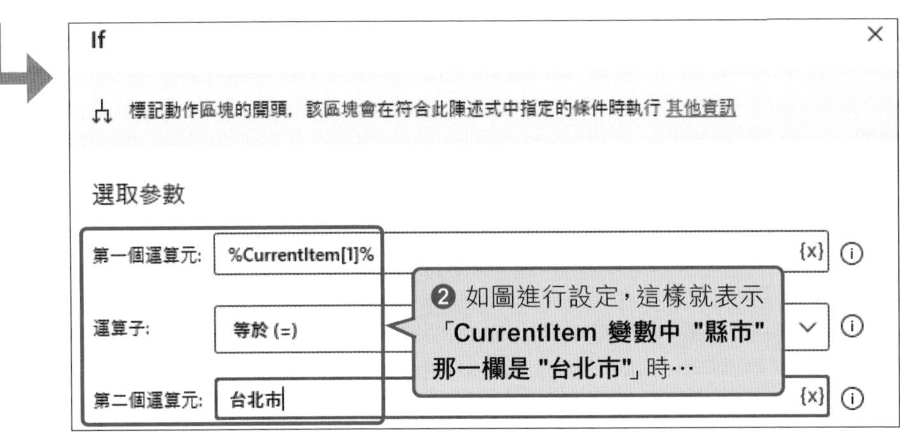

%CurrentItem[1]% 的意思

請特別留意上圖第一個欄位 **%CurrentItem[1]%** 的設定，是要先按 {x} 選定 %CurrentItem% 變數後，再手動輸入 [1]，但 %CurrentItem[1]% 是什麼意思呢？直接看右圖就明白了：

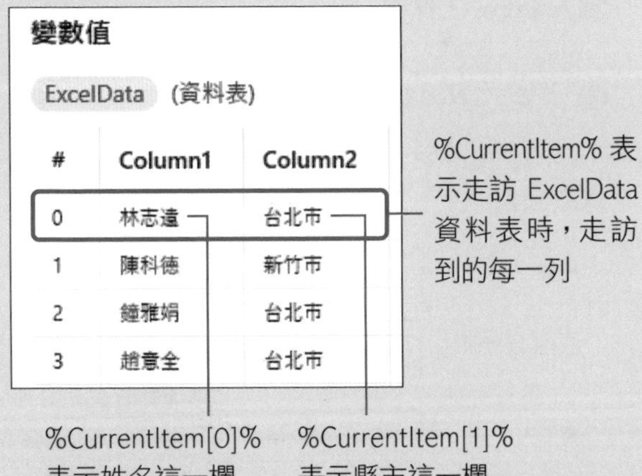

相信讀者有注意到，Power Automate Desktop 對於欄、列的順序是從 0 起算的，這裡的 CurrentItem[0] 就表示第 0 欄 (姓名那一欄)、CurrentItem[1] 表示第 1 欄 (縣市那一欄)，**「從 0 起算」**是程式語言普遍的做法，這一點請務必牢記！

❻ 將篩選出來的資料自動寫入新工作表

step 01 針對篩選出來、符合條件的那些列，我們要設計的動作是將一列一列寫入 Excel 工作表內。這裡要用到「**寫入 Excel 工作表**」動作。

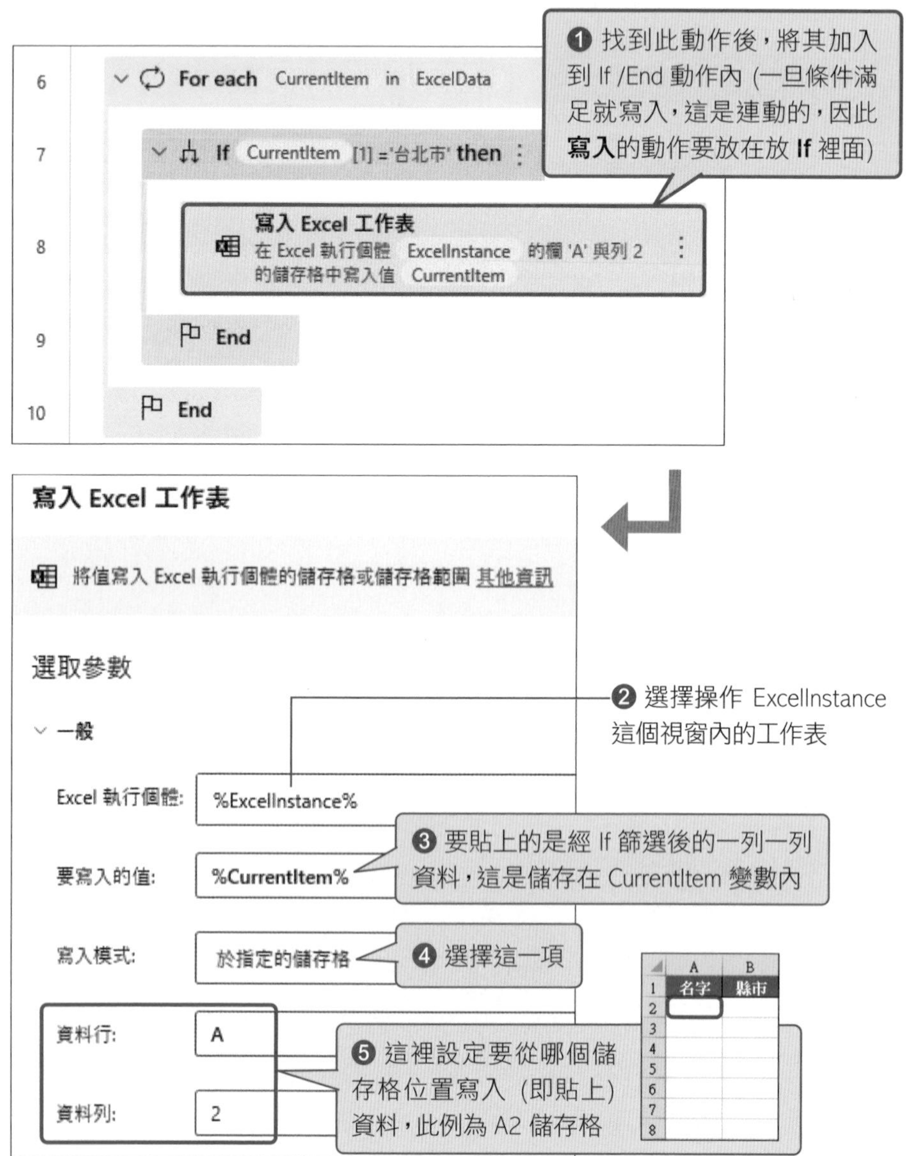

step 02 上圖看起來沒有問題，但這裡要解決一個問題，假設在 A2 那一列貼上資料後，我們會希望 Power Automate Desktop 幫我們把列數繼續「+1」，也就是往下一列 A3 空白列貼上資料；然後再繼續「+1」，往下一列 A4 空白列貼上資料…。想要做到這種彈性的設計，最好的幫手就是「變數」了。我們可以先產生一個 PastRow 變數 (名稱可自訂)，設初始值為 2 (表示第 2 列)，接著，當 For each 每走訪一列並寫入資料結束後，便讓 PastRow 變數的值 +1 (表示到 A3 這一列去)，這樣的設計就等同於「**貼完一筆資料，就把游標移到下一列空白列，準備繼續貼上資料**」。

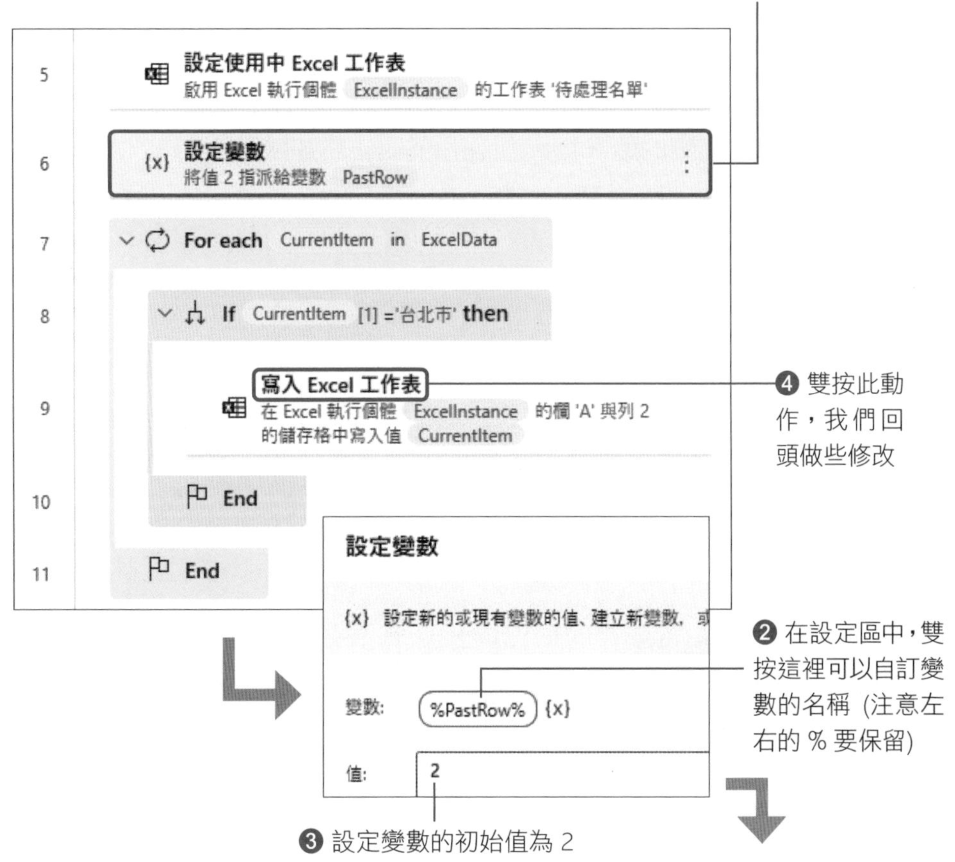

step 03 最後，我們來設計「當 For each 每走訪 + 寫入一列資料結束後，便讓PastRow 變數的值 +1」，所使用的是**「增加變數」**動作 (這邊的中文名稱容易誤解，其實不是要多加一個變數，而是變數值的加減)。

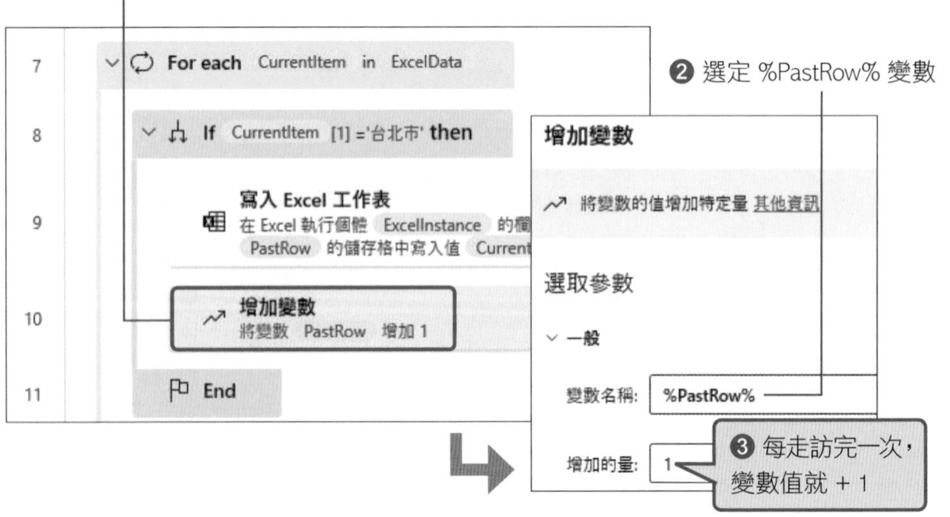

❼ 自動存檔、關檔

完成資料的寫入後，自動化任務就大功告成，最後可以再設計自動存檔、自動關檔等動作。

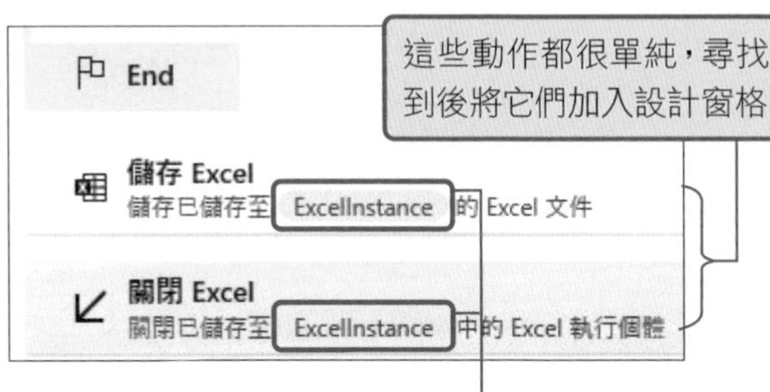

Tip

自動關檔的動作建議在確認之前的流程都正常運作時，最後再加入，否則執行後每次都自動關閉檔案，不太好測試資料究竟有沒有寫入成功。

確認流程是否正確運作

到此我們的流程就設計好了，您可以試著執行流程看看：

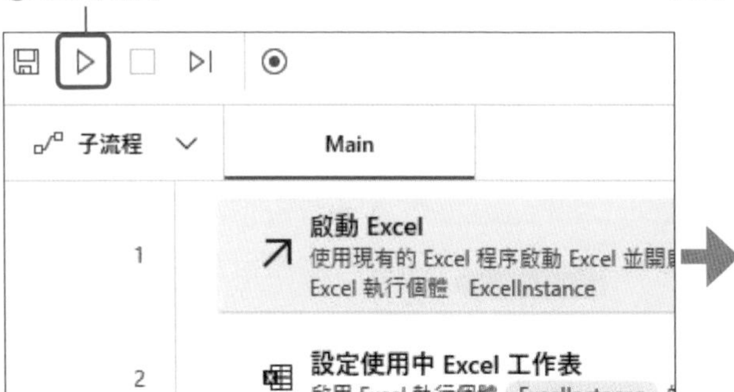

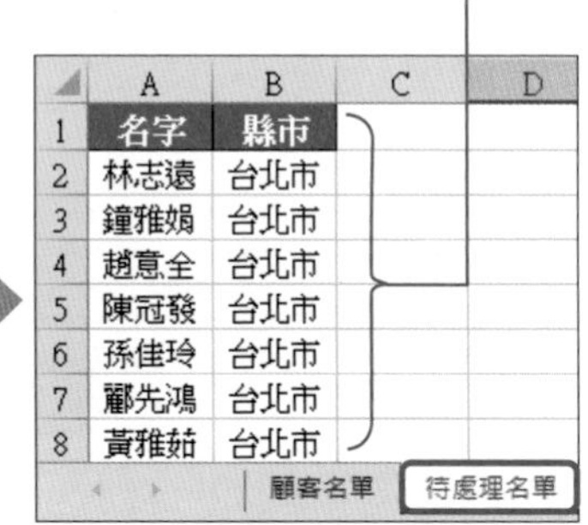

Tip

這是本書第一個用 Power Automate Desktop 自動操作 Excel 的範例，看起來要做的事沒多複雜，不過初接觸時，可能會被各動作產生的眾聚多變數搞暈，為此最有效的做法就是多去查看每個動作執行後所產生的變數，確認其資料型別是什麼？是大範圍的資料表 (如本例的 ExcelData 變數)，還是一整個資料列 (如本例每次走訪的產生的 CurrentItem 變數)，多熟悉變數內容才知道用該選擇什麼樣的動作來操作它們。▼

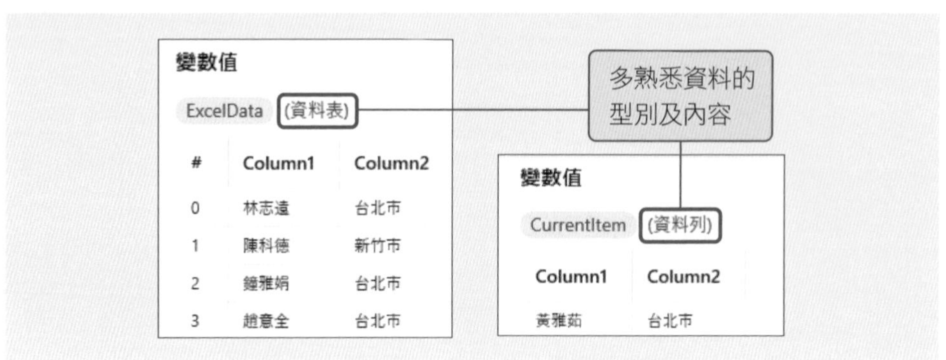

9-4 定期更新庫存資料，產生訂單報表

透過前一節熟悉 Power Automate Desktop 如何操作 Excel 後，本節再追加一個自動化操作 Excel 來完成庫存管理工作的例子。這一次來試試跨兩個 Excel 檔案的操作。

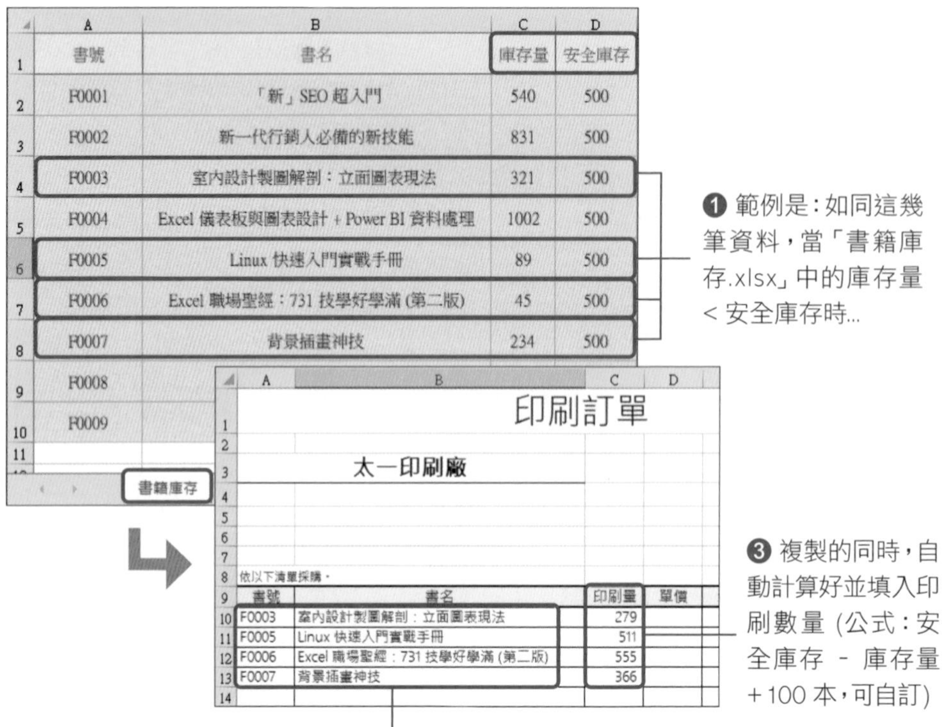

範例流程說明

為了將上述作業自動化，規劃了以下動作來串成一個流程：

❶ 自動開啟「書籍庫存.xlsx」，將庫存資料擷取下來，並存入變數。

❷ 自動在變數中篩選出庫存量不足的產品，將書籍資料寫入「印刷訂單.xlsx」。

❸ 自動將「印刷訂單.xlsx」另存新檔，檔名上自動加入今天日期。

大部分用到的動作在 9-3 節都介紹過，差別只在是跨 Excel 檔來複製資料，因此流程中會存在兩個不同的 Excel 執行個體，以指定要操作的 Excel 視窗。底下為您解說流程中幾個關鍵動作的設定。

❶ 自動開啟「書籍庫存.xlsx」，將庫存資料擷取下來，並存入變數

第一步，要 Power Automate Desktop 幫我們自動開啟「書籍庫存.xlsx」，並將工作表內的資料擷取下來，並存入 ExcelData 變數。

❷ 自動在變數中篩選出庫存量不足的產品，將書籍資料寫入「印刷訂單.xlsx」

接著使用「**For each**」動作，一一走訪 ExcelData 的每一列，並用「**If**」設定條件，只有 "庫存量 < 安全庫存" 的產品才會被寫入「印刷訂單.xlsx」檔案。

step 01 庫存資料擷取後，就關閉「庫存資料.xlsx」檔案 (即 ExcelInstance 執行個體)，接著開啟「印刷訂單.xlsx」時，會產生另一個 ExcelInstance2 執行個體，資料的寫入都是在 ExcelInstance2 上操作。

不同執行個體表示不同的 Excel 檔案視窗

step 02 接著就是將 ExcelData 變數當中，符合條件的資料寫入 ExcelInstance2 (即「印刷訂單.xlsx」) 內。

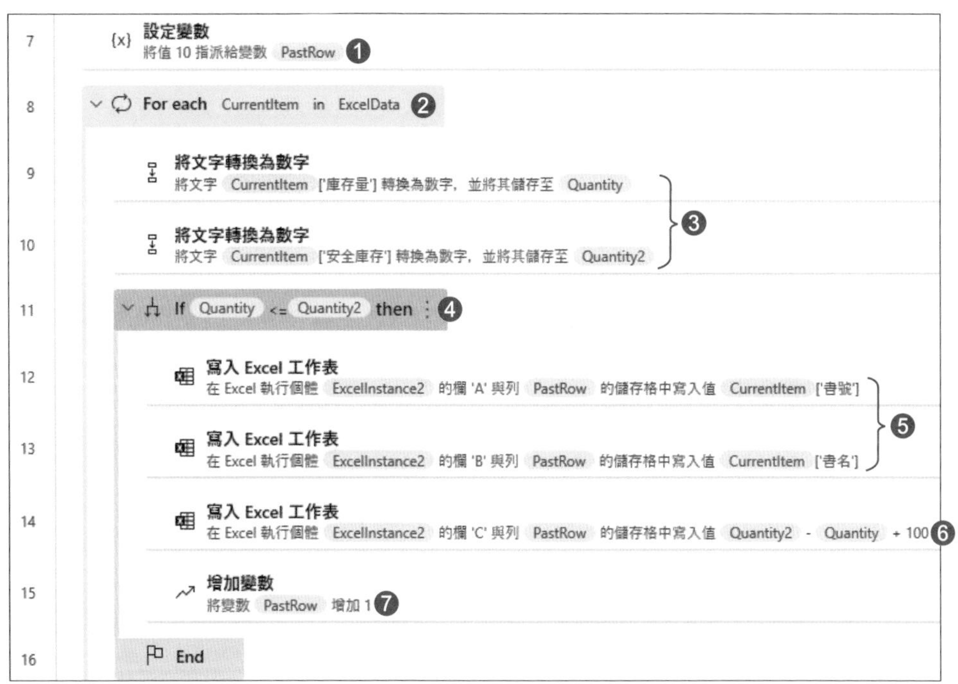

❶ 設定 PastRow 變數 = 10，第一次寫入資料時指定第 10 列 (見編號12~14 的動作)

❷ 走訪擷取下來的 ExcelData 變數 (即庫存資料)

❸ 為了計算庫存量與安全存量的差異，將兩個欄位的數值記錄下來各自存入變數，並轉換成數值 (原本為文字型別，必須轉換為數字才能比較大小)

❹ 用「If」設定條件，只寫入 "庫存量 < 安全庫存" 的產品

❺ 走訪第一筆時，在 A10、B10 儲存寫入符合條件的產品書號及書名

❻ 也在 C10 儲存格寫入該產品的印刷數量 (公式：安全庫存 － 庫存量 + 100 本)

❼ 每走訪一筆，最後將 PastRow 變數值 +1，讓下一筆資料繼續寫入 A11、B11、C11 儲存格…依此類推

❸ 自動將「印刷訂單.xlsx」另存新檔，檔名上自動加入今天日期

接著做自動另存新檔的設定，我們要在檔名上自動加入今天日期，做法如下。

step 01 首先用到「**取得目前日期與時間**」這個動作，用法很簡單，下圖唯一要注意的是此動作產生的 CurrnetDataTime 是 "日期" 的資料型別，接著必須轉換成 "文字" 型別，才能夠寫入檔案內：

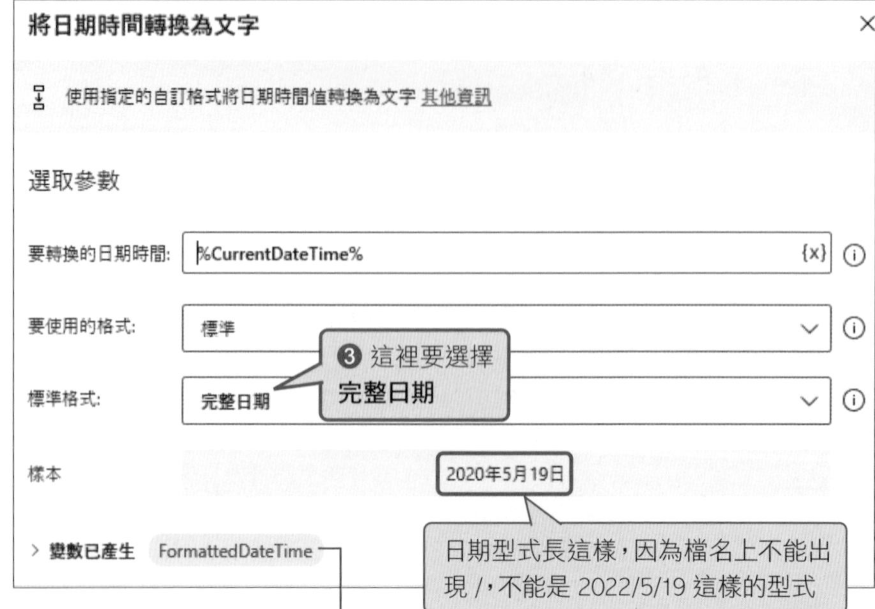

step 02 最後加入「**關閉 Excel**」動作，設定時首先是指定 ExcelInstance2 執行個體，並設定另存新檔，指定我們要的檔名：

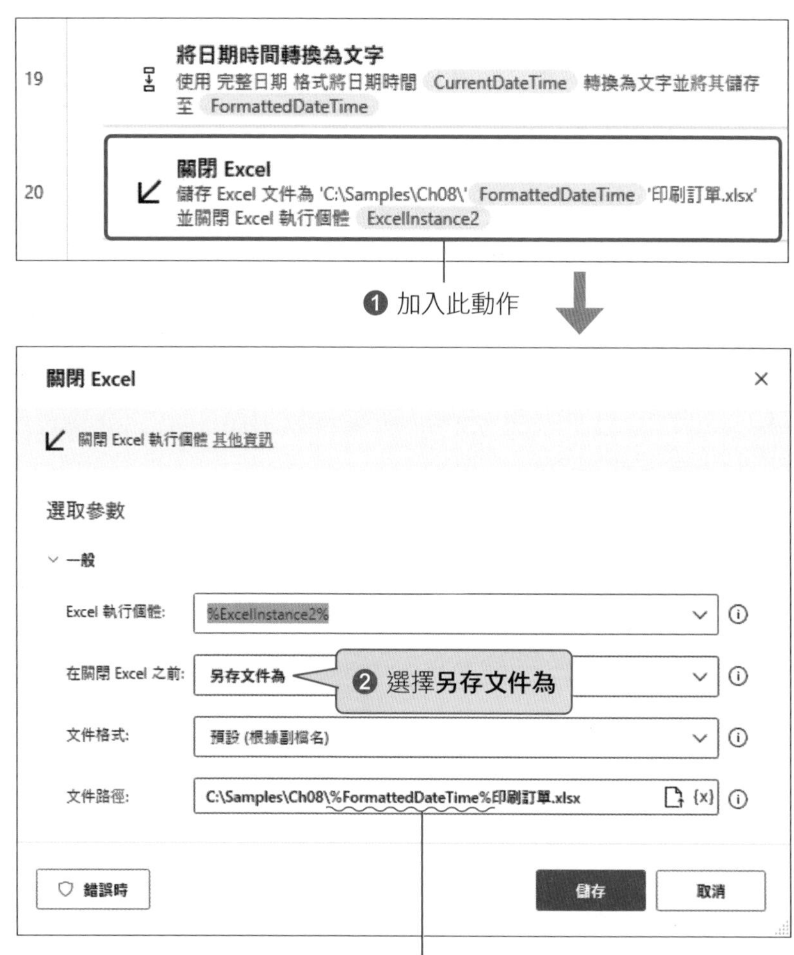

❸ 檔案名稱內加入已經轉換為文字的 %FormattedDateTime% (注意！%不可省略)，如此一來，檔案名稱就會是「20XX年X月X日印刷訂單.xlsx」

流程執行後，檢查存檔的路徑是否有「20XX年X月X日採購單.xlsx」的檔案。有的話請開啟檔案進行確認，若填入的內容都正確的話就表示流程完成了。

本機磁碟 (C:) › Samples › Ch09

名稱

backup
01-書籍庫存.xlsx
02-印刷訂單.xlsx
2023年2月16日印刷訂單.xlsx
2023年2月17日印刷訂單.xlsx

	A	B	C	D	E
1		印刷訂單			
2					
3		太一印刷廠			
4					
5					
6					
7					
8	依以下清單採購。				
9	書號	書名	印刷量	單價	金額
10	F0003	室內設計製圖解剖：立面圖表現法	279		
11	F0005	Linux 快速入門實戰手冊	511		
12	F0006	Excel 職場聖經：731 技學好學滿 (第二版)	555		
13	F0007	背景插畫神技	366		
14					
15					
16					
17					
18					
19				合計金額	0

9-5 自動將訂單、報表發送到指定的 LINE 群組

除了 Excel 外，也可以用 Power Automate Desktop 幫我們自動操作電腦上常會用到的應用程式，例如工作上經常會用到的 LINE。延續前一節的範例，假設我們手邊已經有了訂單檔案，就可以設計一個「**自動傳到指定 LINE 群組**」的流程，打造自動發送訂單的機制。

範例流程說明

先大致了解這個流程會採用的動作，如下：

❶ 自動點擊已開啟的 LINE 視窗。

❷ 自動切換到 LINE 的聊天頁次。

❸ 自動搜尋要傳送的群組聊天室名稱，並雙按開啟。

❹ 自動點擊聊天視窗的夾檔圖示，並輸入檔案路徑。

❺ 確認傳送。

整體流程不複雜，基本上就是將人為操作 LINE 的動作一個個拆解，改用 Power Automate Desktop 來幫我們做。以上這些動作會用到之前沒介紹過的 **UI 元素**來指定操作對象，UI 元素簡單說就是出現在視窗畫面上的各個元件，像 LINE 視窗上的「搜尋欄位」、「夾檔圖示」、「傳送鈕」…等等都是 UI 元素。

❶ 自動點擊已開啟的 LINE 視窗

設計「自動操作 LINE」的流程之前，請讀者先自行啟動 LINE 電腦版，我們這個流程的第一步會在自動幫我們在眾多 Windows 視窗中找到並點擊 LINE 視窗。

請先自行啟動 LINE 電腦版，這樣才方便測試後續各個動作

step 01 首先，找到「**設定視窗狀態**」動作，我們先設定在一般的視窗狀態下 (非最大化、也非最小化視窗) 來操作 LINE：

❶ 搜尋找到此動作後，將其加入設計窗格

1 設定視窗狀態
將具有 'LINE' 標題和 類別的視窗狀態設定為 已還原

設定視窗狀態
還原、最大化或最小化特定視窗 其他資訊
選取參數
❷ 選擇此項，利用標題列名稱來選定 LINE 視窗
❸ 點擊這裡，就可以看到目前系統中開啟的視窗標題
尋找視窗模式: 透過標題和/或類別
視窗標題: {x}
視窗類別:
8.6 | Power Automate
LINE
F2036_ch08.docx - Word
New 132 - FastStone 編輯器
錯誤時
儲存
取消
❹ 點擊 LINE
❺ 儲存設定

step 02 接著找到「**焦點視窗**」動作，此動作就相當於點擊並開啟視窗：

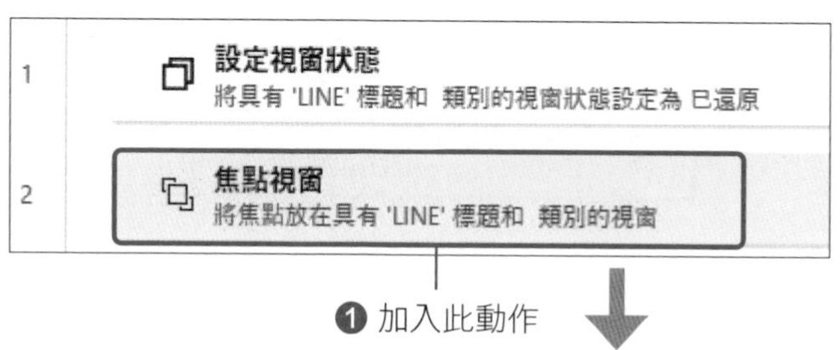

焦點視窗

啟動特定視窗並移至前景 其他資訊

選取參數

尋找視窗模式: 透過標題和/或類別

視窗標題: LINE

視窗類別:

❷ 此動作的設定跟前一個都一樣

Tip

每一個動作設計好後，請先試著執行看看有沒有生效，以上兩個動作執行後應該會自動點擊 LINE 視窗，準備進行後續操作。

❷ 自動切換到 LINE 的聊天頁次

接著要讓 Power Automate Desktop 自動切換到 LINE 的**聊天**頁次。

step 01 首先加入「**按視窗中的按鈕**」動作，以指定視窗中的任何按鈕。

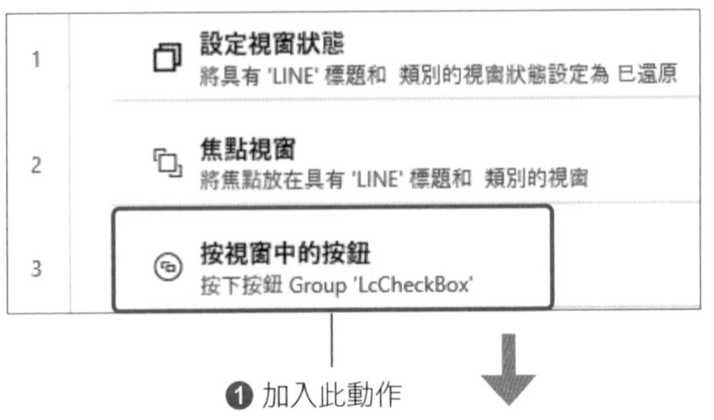

❶ 加入此動作

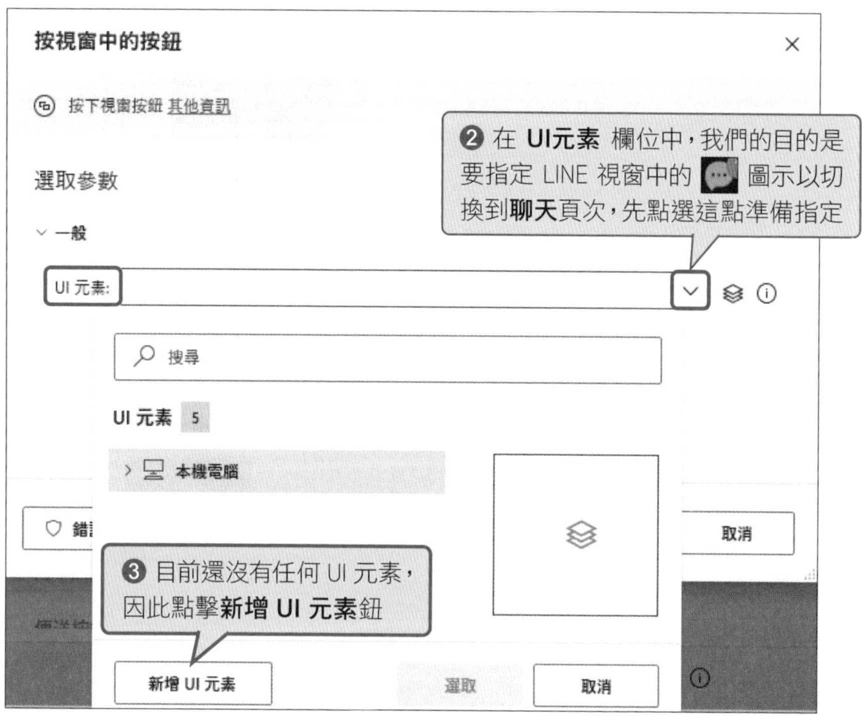

step 02 接著會出現「UI 元素選擇器」視窗，此時滑鼠停留在任何 UI 元素時，周圍就會出現紅色方框：

❶ 選定您想要的 UI 元素後，按 Ctrl 鍵的同時按下滑鼠左鍵，就可以新增該處的 UI 元素

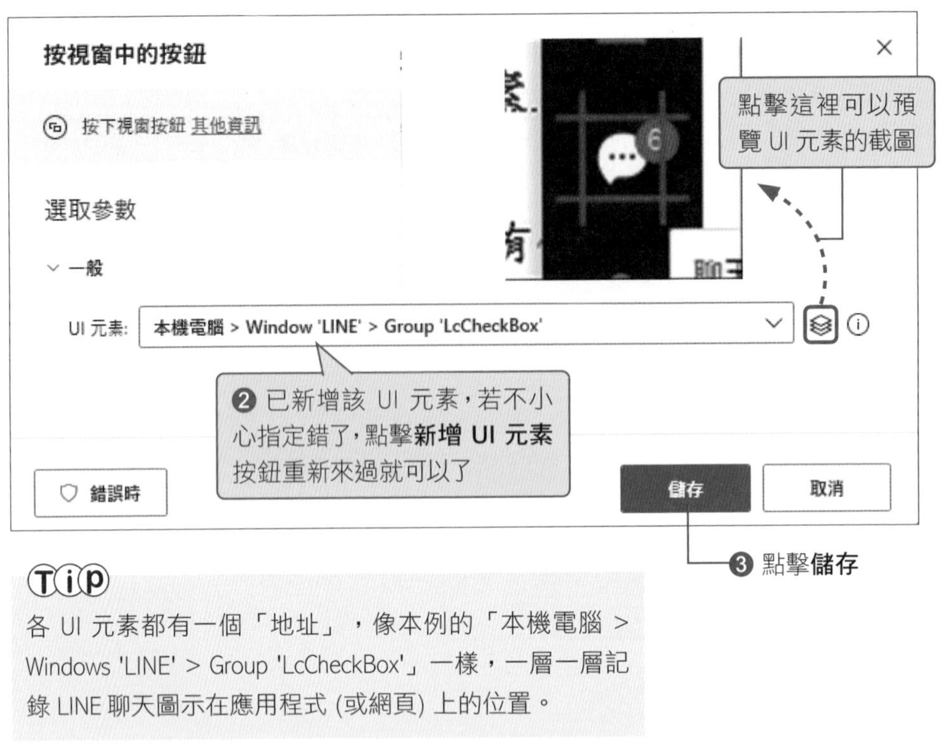

Tip

各 UI 元素都有一個「地址」，像本例的「本機電腦 > Windows 'LINE' > Group 'LcCheckBox'」一樣，一層一層記錄 LINE 聊天圖示在應用程式 (或網頁) 上的位置。

❸ 自動搜尋要傳送的群組聊天室名稱，並雙按開啟

自動開啟**聊天**頁次後，接著要開啟指定的 LINE 聊天室，由於聊天室的位置可能有所變動，這裡的做法是輸入聊天室名稱來搜尋，然後雙按開啟找到的聊天室：

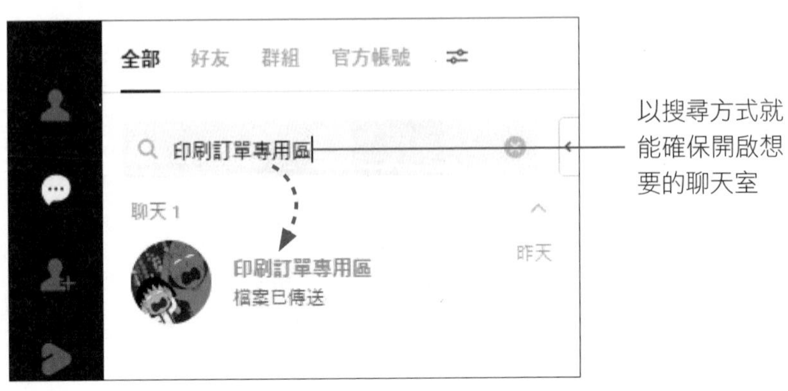

首先加入「**填入視窗中的文字欄位**」動作，這個動作除了可以指定 LINE 搜尋框這個 UI 元素外，還能設定要自動輸入什麼字。

❷ 照前面介紹的新增 UI 元素方法，以 Ctrl + 左鍵選定 LINE 的搜尋框

全部 好友 群組 官方帳號
Edit
搜尋聊天和訊息
專區 (202)
我想打籃球啊

填入視窗中的文字欄位

用指定文字填入視窗中的文字方塊 其他資訊

選取參數

一般

文字方塊: 本機電腦 > Window 'LINE' > Edit 'LcTextField'

要填入的文字: 以文字、變數或運算式的形式輸入 {x}

印刷訂單專用區

進階

錯誤時　　儲存　　取消

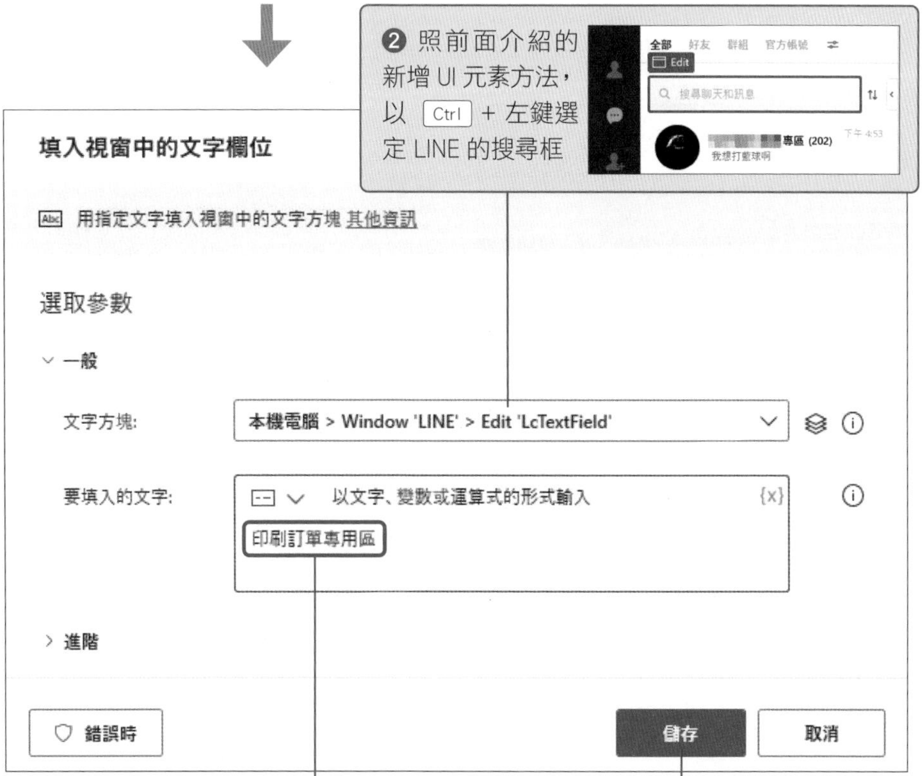

❸ 在此輸入要搜尋的聊天室名稱

❹ 設定後點擊**儲存**

step 02 找到聊天室後，要如何自動雙按它呢？再度使用「**按視窗中的按鈕**」動作，將聊天室的 UI 元素記錄下來：

Tip

這裡除了使用「按視窗中的按鈕」來開啟聊天室外，還可以使用另一個「移動滑鼠至影像」動作，此動作是將畫面上的區域截圖並記錄下來，接著就可以自動移動滑鼠到截圖的區域，並執行雙按的動作。如果您之後打算設計「傳給多個聊天室」的流程，由於搜尋出的聊天室每一項都是 List Item (見上圖)，可能會無法區分不同的聊天室，此時就可以試著改用「移動滑鼠至影像」動作來點擊搜尋到的聊天室。

❹ 自動點擊聊天視窗的夾檔圖示，並輸入檔案路徑

確認一下目前為止的流程，我們已經模擬好自動開啟指定的 LINE 聊天室，最後只要再利用剛才介紹的「**按視窗中的按鈕**」動作 (用來自動點擊聊天室視窗的 📎 **夾檔**圖示)，以及「**填入視窗中的文字欄位**」動作 (用來自動輸入訂單檔案的路徑)，流程就大致完成了。

Tip

請注意，上面這個動作模擬的是 LINE 所有聊天視窗是在同一個視窗內進行的情況，而不是以個別視窗開啟，後續在執行流程時，請如下圖確認聊天視窗是「展開」的，否則在自動選定夾檔的圖示時，可能會因為位置差異而失敗：

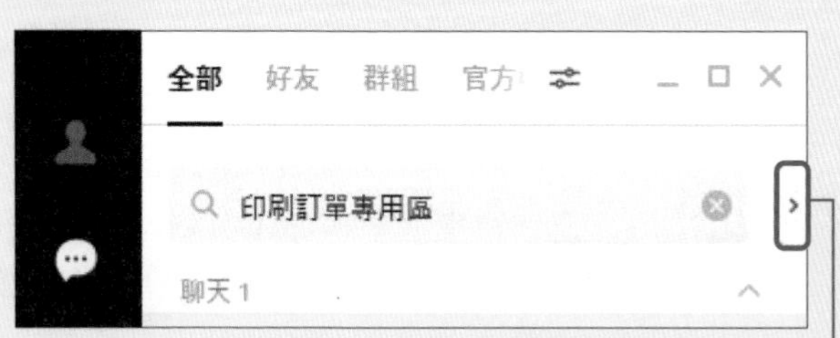

在 LINE 聊天視窗中，點擊這裡可以展開視窗 (所有聊天視窗是在同一個視窗內進行)

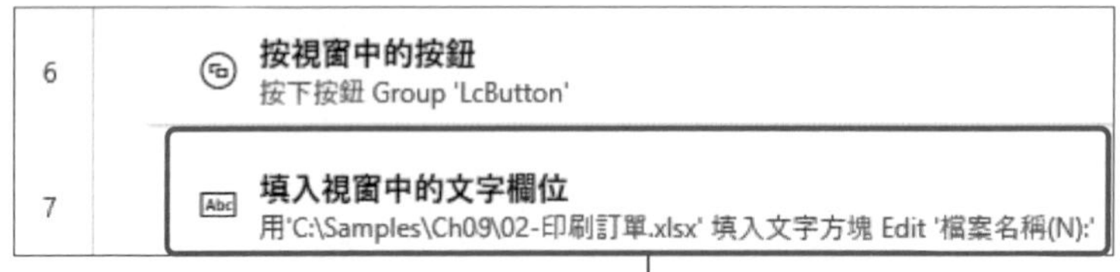

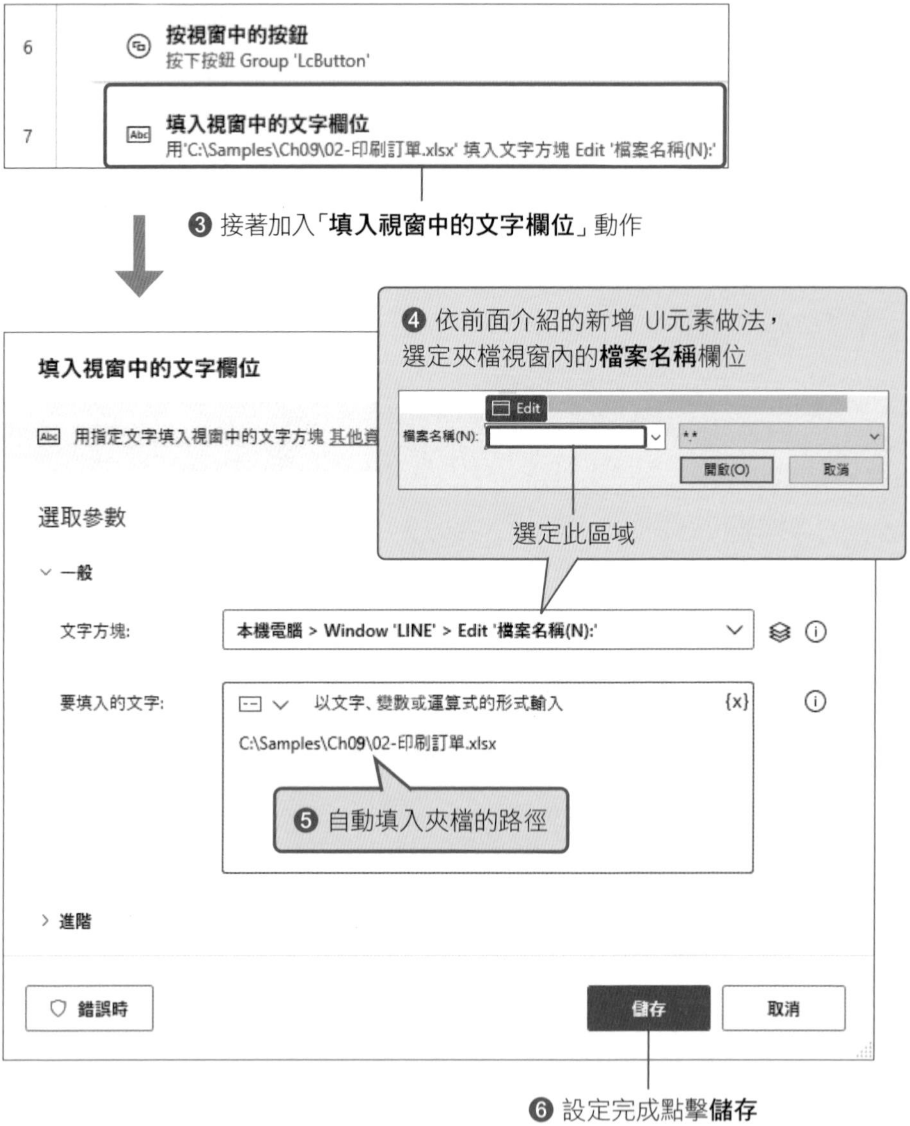
6
按視窗中的按鈕
按下按鈕 Group 'LcButton'
7
填入視窗中的文字欄位
用'C:\Samples\Ch09\02-印刷訂單.xlsx' 填入文字方塊 Edit '檔案名稱(N):'
❸ 接著加入「填入視窗中的文字欄位」動作
❹ 依前面介紹的新增 UI元素做法，選定夾檔視窗內的檔案名稱欄位
Edit
檔案名稱(N):
開啟(O)
取消
選定此區域
填入視窗中的文字欄位
用指定文字填入視窗中的文字方塊 其他資
選取參數
一般
文字方塊:
本機電腦 > Window 'LINE' > Edit '檔案名稱(N):'
要填入的文字:
以文字、變數或運算式的形式輸入
{x}
C:\Samples\Ch09\02-印刷訂單.xlsx
❺ 自動填入夾檔的路徑
進階
錯誤時
儲存
取消
❻ 設定完成點擊儲存

Tip

若檔案的名稱不是固定的，上圖將檔案路徑寫死的方法就不適用，此時就得進一步思考如何選到特定檔名的檔案，為求簡便，這裡的自動化例子是傳送固定路徑下「固定檔名」的檔案，

❺ 確認傳送

流程接近尾聲，最後只要使用「**傳送按鍵**」模擬出按下 Enter 鍵的動作，就可以發送夾檔，我們的自動化流程就完成了：

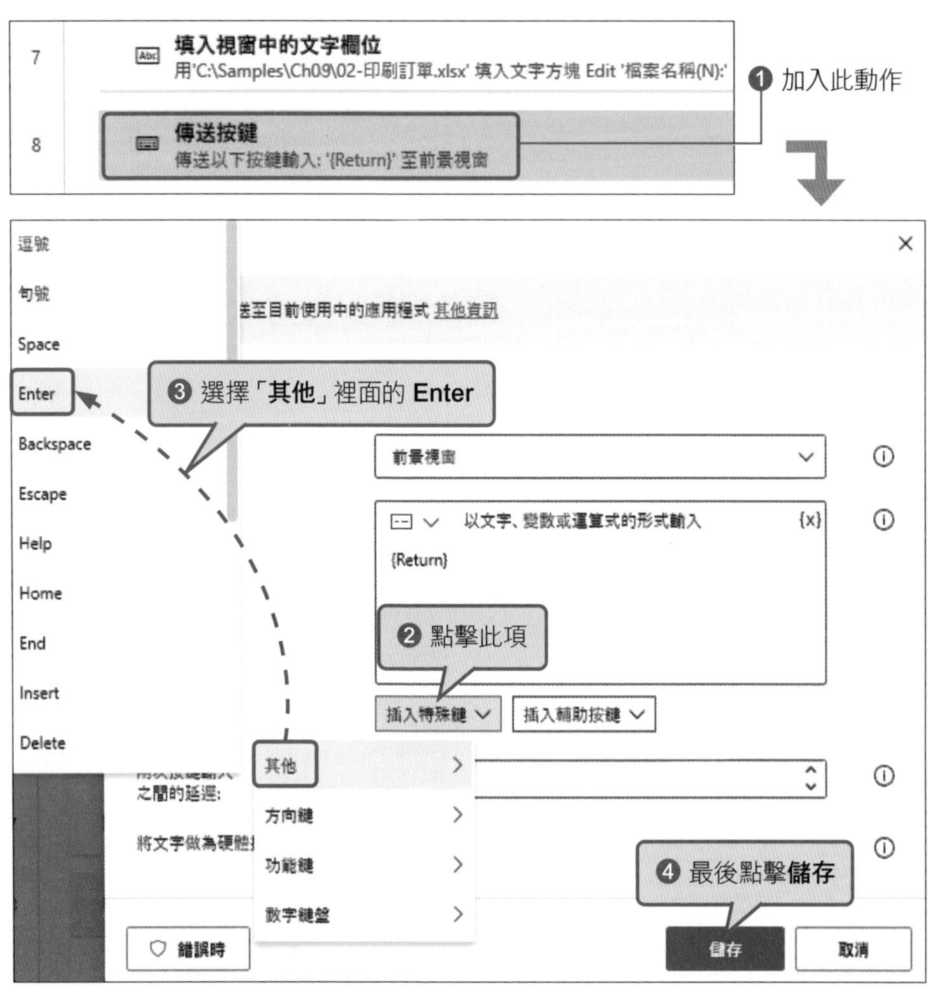

最後，請執行流程看看是否OK，再次強調，設計流程的過程中，請多按下 ▷ 來做測試，確保流程當中每個動作都是沒問題的，若有些動作卡卡的，或是有時成功有時不成功，就得思考是否哪裡還有微調的空間，這也是設計自動化流程免不了的修鍊喔！

MEMO

CHAPTER 10

瀏覽器的自動化操作 -
自動抓取資料、自動登入…

在日常工作中許多操作都和網站息息相關，例如：每週固定時間從某網站複製資料，再貼到 Excel 做後續應用，或者經常性填寫網站上表單，這些都涉及網頁瀏覽器的操作。Power Automate Desktop 也提供許多模擬人工操作網頁的動作，可以幫我們自動點擊網站連結、自動抓取網頁資料、自動登入網站…等，減少手動操作的時間。這一章就來介紹如何用 Power Automate Desktop 來模擬各種瀏覽器的操作。

10-1 自動擷取網站資料到 Excel - 以 Apple Podcasts 排行榜為例

本節就以「從網頁抓取資料」為例，設計一個簡單的自動化流程，這種從網頁中擷取特定內容或表格資料的動作，也稱為網路爬蟲，其目的就是為了免除不斷手工複製貼上…複製貼上的麻煩，一鍵就可以將網頁上的資料統統匯整到手。

本範例會擷取網頁表格中的文字及圖片網址，然後自動存入 Excel 檔

	A	B	C	D	E	F
1	1	謝孟恭	Gooaye 股癌	https://files.soundon.fm/160138084		
2	2	ssyingwen	時事英文 English News	https://d3t3ozftmdmh3i.cloudfront.i		
3	3	Bailingguo	百靈果 News	https://storage.buzzsprout.com/vari		
4	4	Kevin	Kevin 英文不難	https://files.soundon.fm/160047988		
5	5	好味小姐	好味小姐開束縛我還你原形	https://files.soundon.fm/159424092		
6	6	蔡阿嘎	蔡阿嘎543	https://files.soundon.fm/165649355		
7	7	大人學	大人的Small Talk	https://files.soundon.fm/160446324		

▲ Apple Podcasts 網站：https://chartable.com/charts/itunes/tw-all-podcasts-podcasts

範例流程說明

Power Automate Desktop 內提供了方便的擷取網頁資料功能，三兩下就可以將網頁資料擷取到手，先大致瀏覽一下會用到的流程：

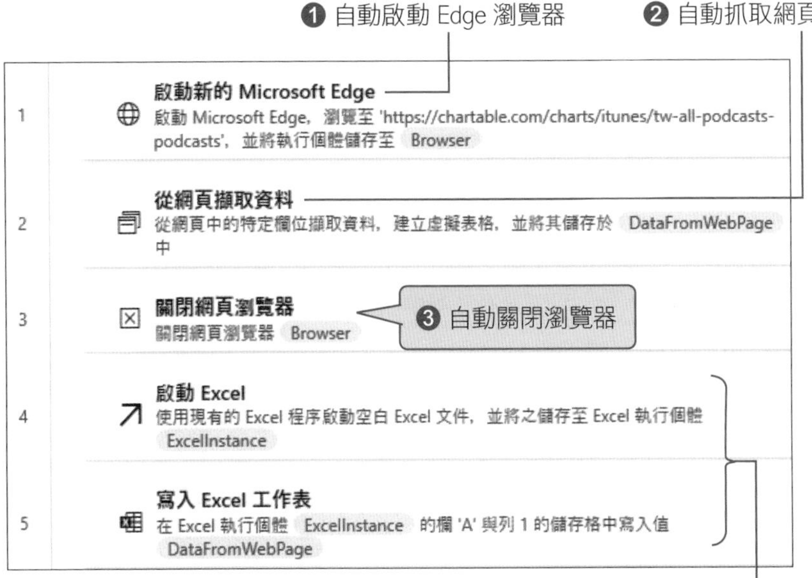

❶ 自動啟動 Edge 瀏覽器

Tip

開始打造瀏覽器的自動化流程之前，請先確認已經在第 8 章安裝 Power Automate Desktop 時，一併安裝好瀏覽器的擴充程式，若不確定是否已安裝，可以在 Power Automate Desktop 的**工具**選單中，找到**瀏覽器延伸模組**功能，再選取您想操作的瀏覽器來確認並安裝。

step 01 開始來設計流程，首先找到「**啟動新的 Edge 瀏覽器**」動作，將其加入設計窗格內，這個動作可以幫我們自動打開瀏覽器 (註：在此以 Edge 瀏覽器來示範，依筆者測試 Chrome 瀏覽器有時會無法呼叫，供讀者參考。)

❷ 自動抓取網頁資料

接著就是重頭戲，自動抓網頁上的資料，Power Automate Desktop 提供「**從網頁擷取資料**」動作，可以幫我們輕鬆做到。

step 01 首先搜尋找到「**從網頁擷取資料**」動作，將其加入設計窗格中。

step 02 開啟該動作的設定視窗後，先不用做任何設定，直接點擊瀏覽器上您想擷取的網頁，此時會自動跳出**即時網頁助手**，在網頁助手模式下，我們可以儘情測試要抓取的網頁範圍，並即時預覽結果。

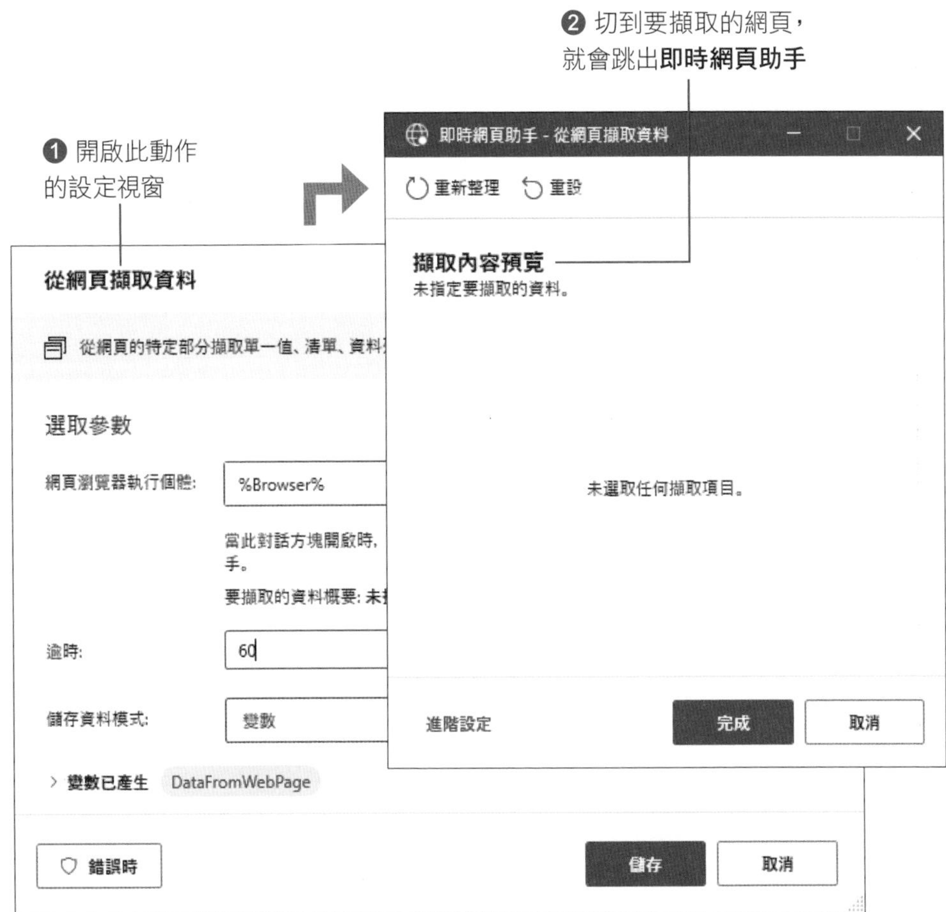

step 03 即時網頁助手模式下的操作很直覺，基本上您想要抓網頁內什麼資料，就在該資料上按右鈕，選取**擷取元素值 >文字…** (或可抓圖片網址的 src 等其他屬性) 功能，然後回到即時網頁助手預覽看看對不對，若錯了，可按上方的**重設**鈕重新抓取。

本例我們要抓的是 1~100 名的 Podcast 排行榜清單，即時網頁助手的操作示範如下：

❶ 在要擷取的起點 (本例為「左上」那一個格) 按右鈕選取**擷取元素值** > **文字…**

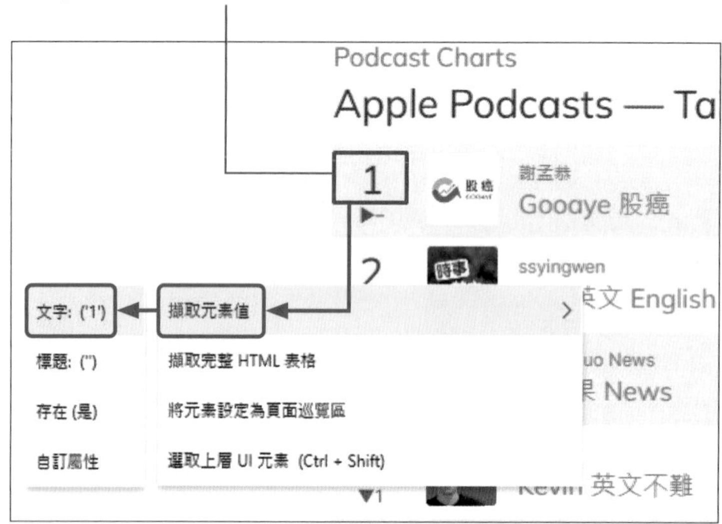

❷ 在左上格的「下一格」做同樣的操作

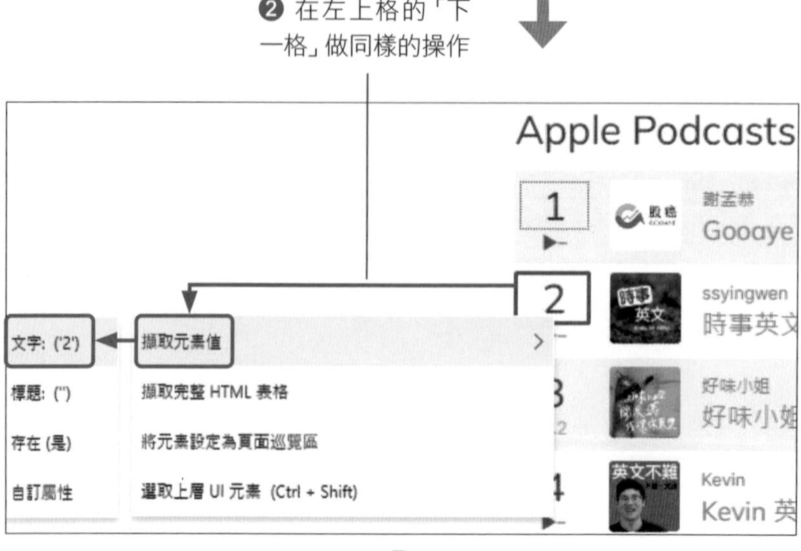

❸ 這樣助手就知道是要擷取該整欄 (仔細看整欄的周圍都有綠色虛線，表示整欄都選到了)

若錯了，可隨時點擊**重設**鈕重新抓取

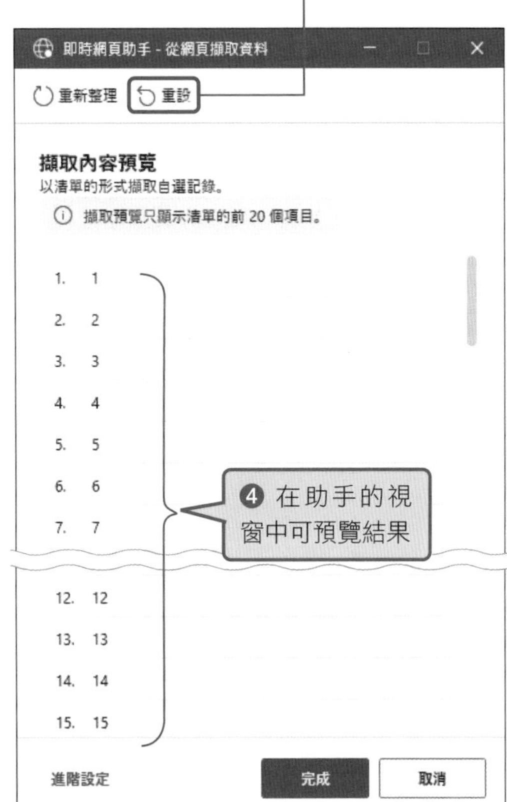

❹ 在助手的視窗中可預覽結果

❺ 本例在圖中這 4 個紅框處做同樣操作，即可加入一整個網頁表格的資料

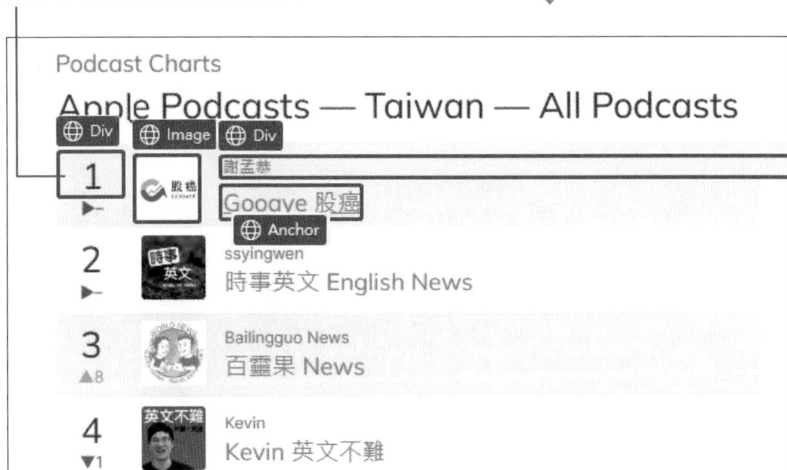

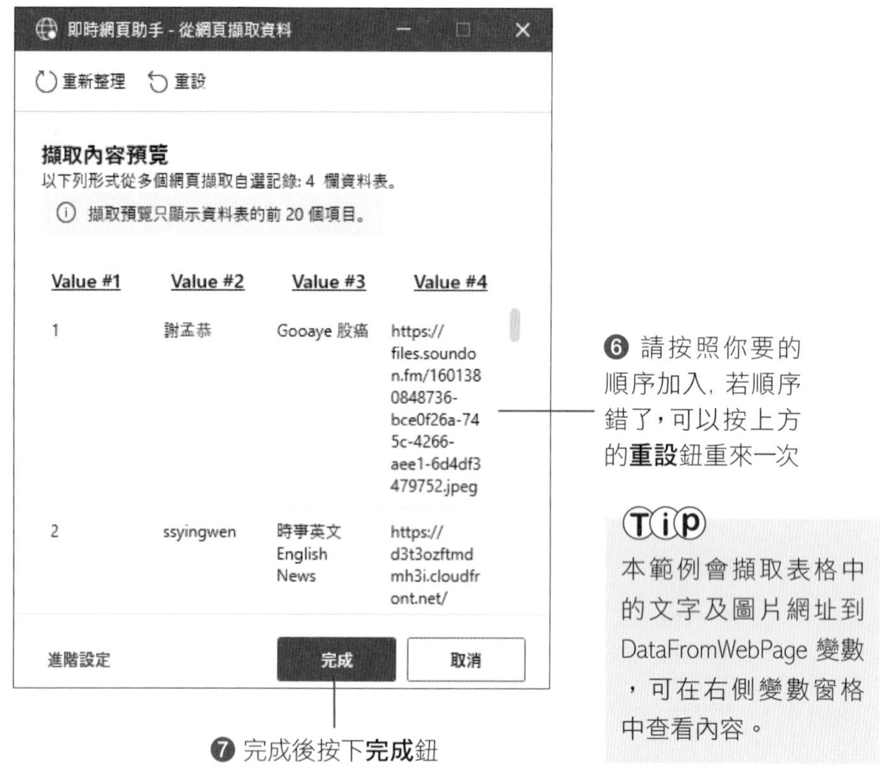

Tip

本範例會擷取表格中的文字及圖片網址到 DataFromWebPage 變數，可在右側變數窗格中查看內容。

❸ 自動關閉瀏覽器

將網頁資料擷取到 DataFromWebPage 變數後，就可以讓瀏覽器自動關閉，Power Automate Desktop也提供了「**關閉網頁瀏覽器**」的動作：

❹ 自動啟動 Excel 並寫入資料

後續資料的運用就跟瀏覽器沒關係了，而是涉及自動操作 Excel 的環節，下圖示範的是接續開啟 Excel，並貼上 DataFromWebPage 變數內的網頁資料：

加入這兩個動作，首先自動開啟 Excel，接著以 A1 儲存格為起始點，寫入網頁資料

Tip

針對這兩個 Excel 動作的操作如果還不熟悉，可以參考前一章的介紹，如果在寫入資料前，您想針對 DataFromWebPage 變數內的網頁資料做篩選，可以活用前一章提到的「For each」、「If」等動作來處理喔！

10-2 跨頁面抓取資料 - 以 MOMO 熱銷排行榜為例

前一節我們示範的是單一網頁的資料，實務上我們想要擷取的資料可能必須點擊網頁中的連結，前往不同網頁才能看到。

本例 3 種排行處在不同的連結內，來試試先自動按上方的排行種類，然後再擷取該類排行的資料

▲ MOMO 熱銷榜網站：https://m.momoshop.com.tw/ranking.momo

範例流程說明

本範例會自動擷取 3 種排行的資料下來，分別存入 Web (網路熱銷)、Buy (看看買熱銷)、Book (暢銷書熱銷) 等 3 個變數。擷取網頁資料的方法與前一節介紹的都一樣，差別在於要先控制 Power Automate Desktop 自動點擊上方的熱銷種類連結，然後再擷取資料：

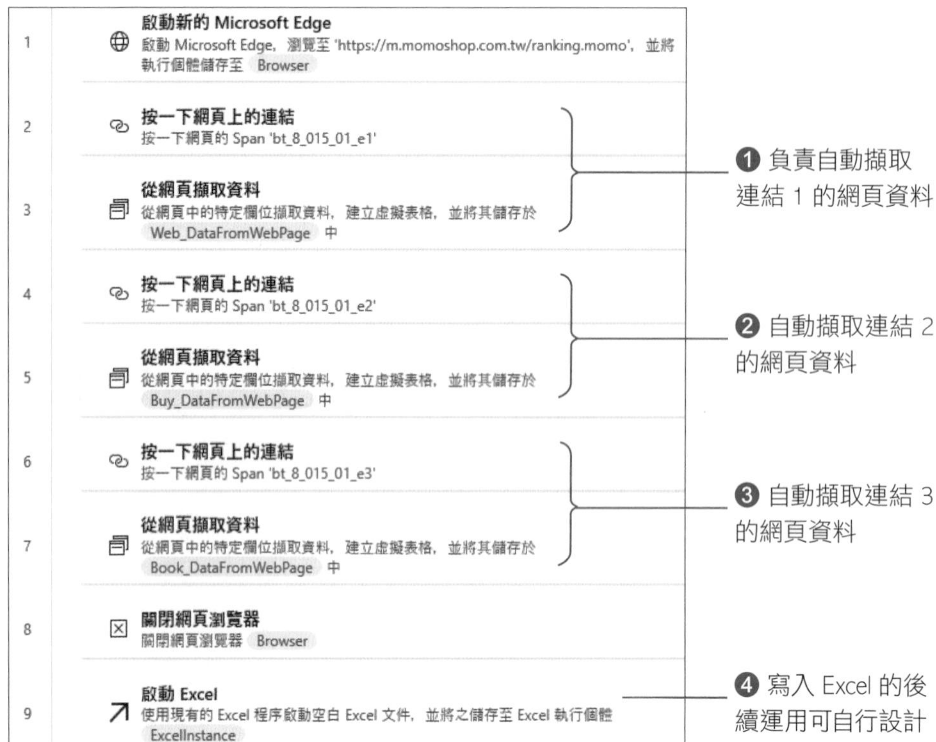

❶ 負責自動擷取連結 1 的網頁資料

❷ 自動擷取連結 2 的網頁資料

❸ 自動擷取連結 3 的網頁資料

❹ 寫入 Excel 的後續運用可自行設計

❶ 依序擷取各連結的網頁資料

這個流程的思路很簡單，總共會有 3 組「自動點擊網頁的連結，再用**從網頁擷取資料**動作擷取資料」的動作。

step 01 首先加入自動開啟瀏覽器的動作，接著搜尋找到「**按一下網頁上的連結**」動作後，也加入設計窗格中，它可以幫我們自動點連網頁連結。

step 02 「**按一下網頁上的連結**」動作的關鍵操作就是 9-5 節介紹過的「新增 UI 元素」，因為網頁上的各元件也都被視為 UI 元素。只要選定連結，運作上就沒什麼問題。

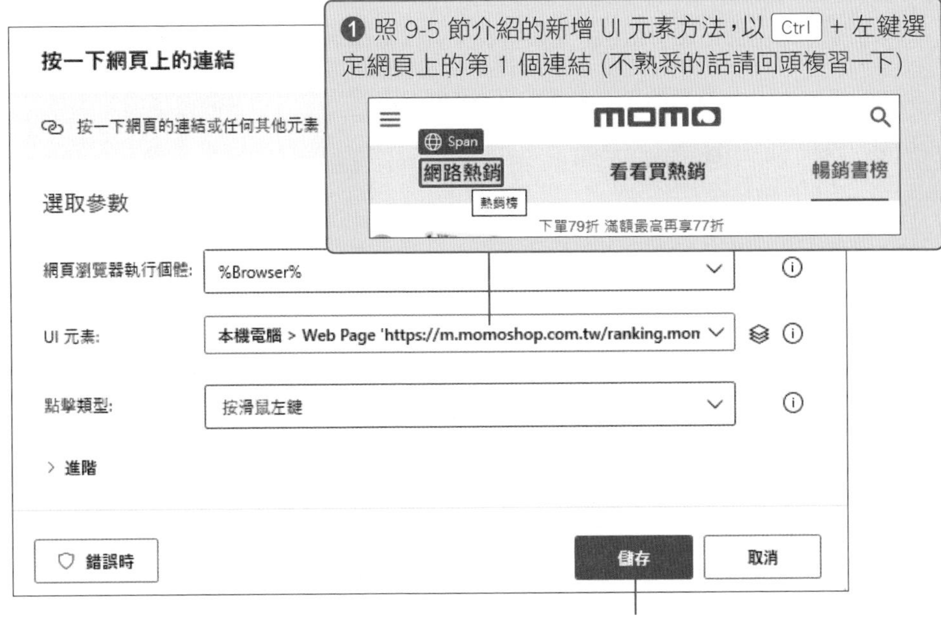

step 03 目前已經模擬好自動點擊連結，切換到了目標網頁，接著用前一節學到的「**從網頁擷取資料**」動作，在**即時網頁助手**模式下一一擷取想要的資料即可。

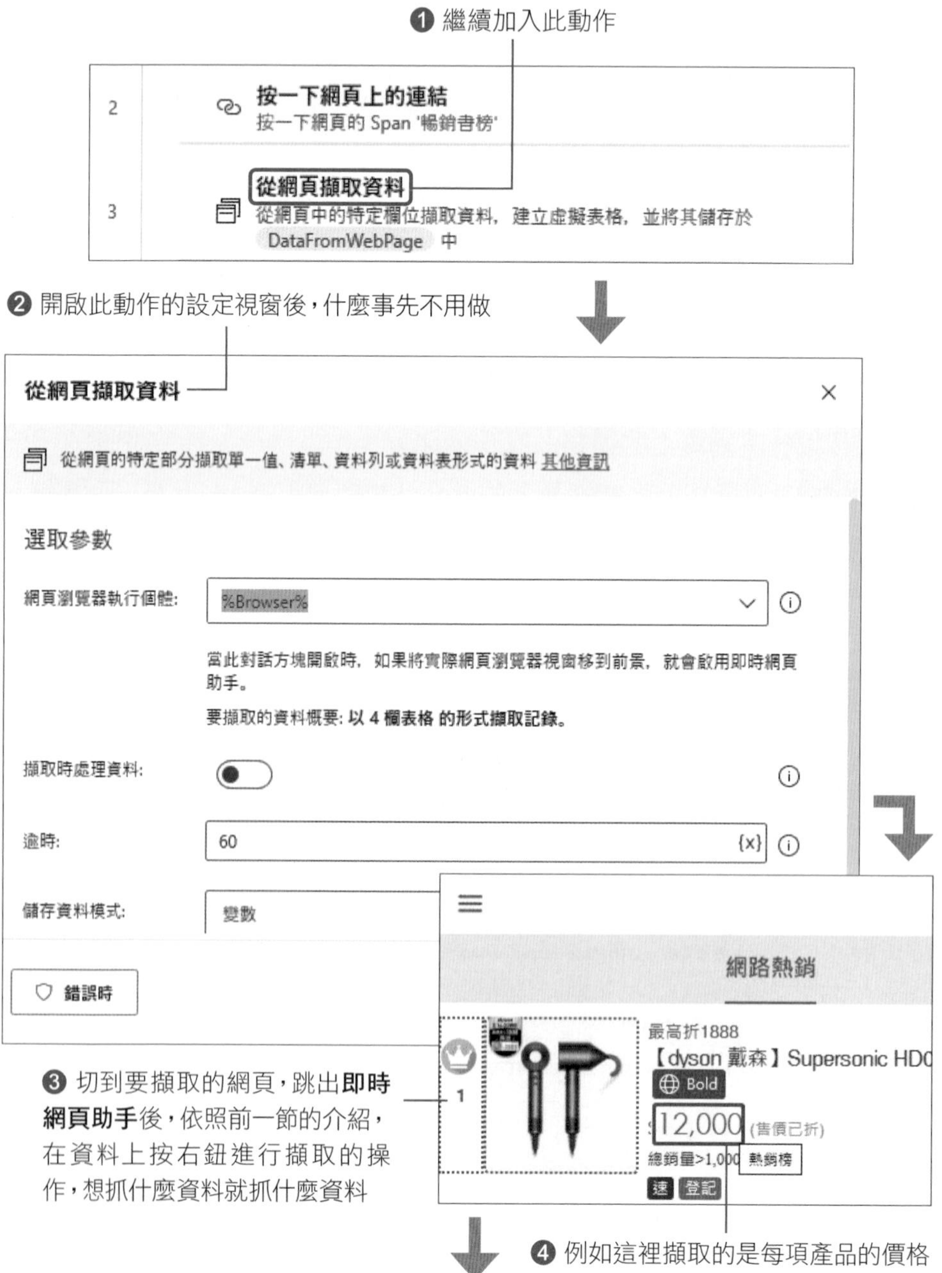

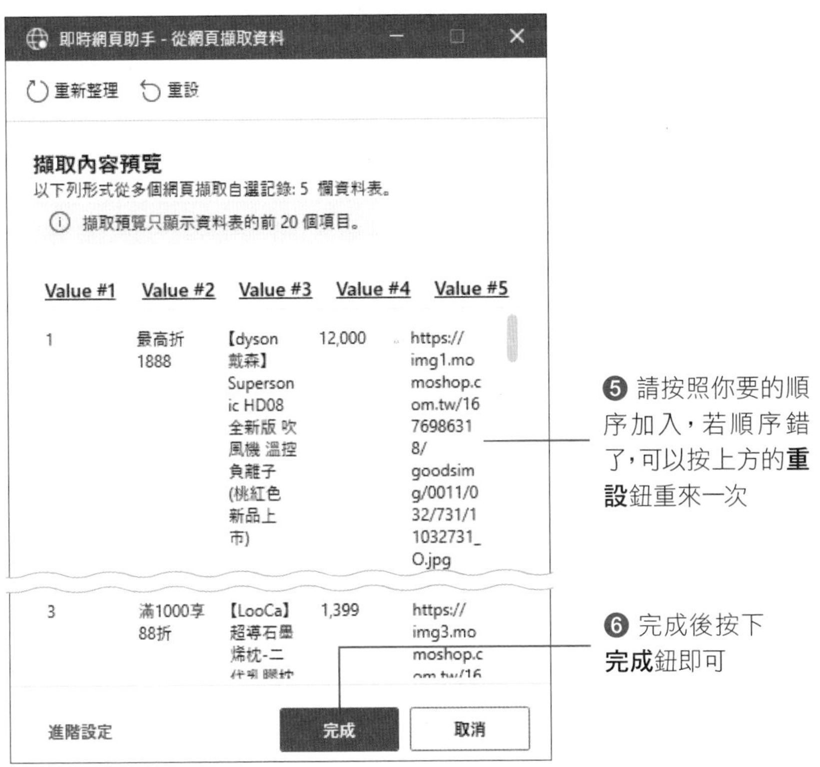

step 04 完成第 1 個連結的資料擷取後，其他兩個連結的資料只要比照辦理即可。

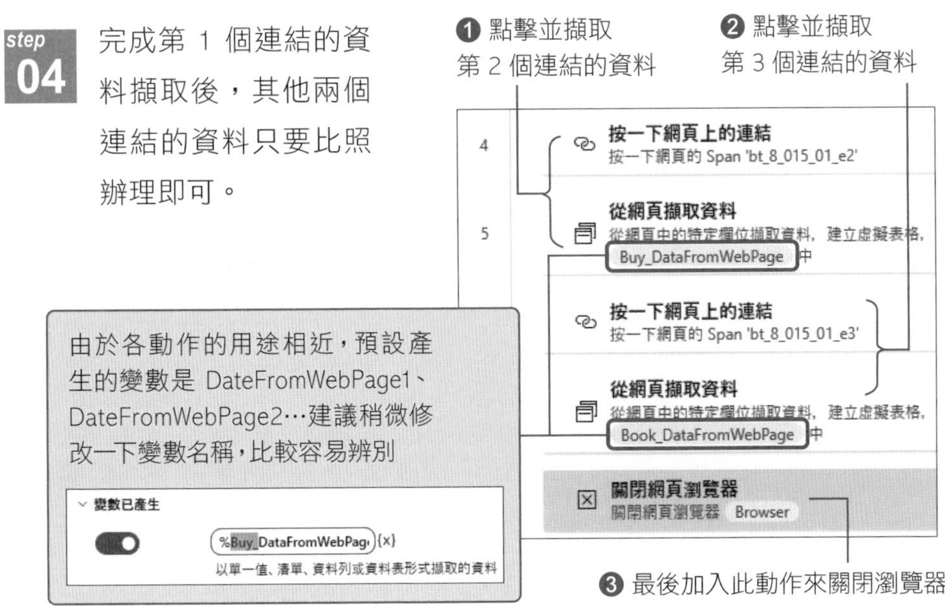

❷ 將資料寫入 Excel 做後續運用

將 3 個連結的暢銷排名資料都存入變數後，下圖示範的是接續自動開啟 Excel，並自動新增工作表，一一將各連結的資料貼到工作表內：

step 01 首先，將連結 1 的資料自動寫入 Excel 工作表，這些動作相信您已經很熟悉了。

用這兩個動作把第 1 個連結 (Book 變數) 的資料寫入 Excel 的 A1 儲存格

8	**關閉網頁瀏覽器** 關閉網頁瀏覽器 Browser
9	**啟動 Excel** 使用現有的 Excel 程序啟動空白 Excel 文件，並將之儲存至 Excel 執行個體 ExcelInstance
10	**寫入 Excel 工作表** 在 Excel 執行個體 ExcelInstance 的欄 'A' 與列 1 的儲存格中寫入值 Book_DataFromWebPage

step 02 由於啟動 Excel 新檔時，預設只會有一個工作表，因此在寫入第 2 個連結的資料前，用了「**加入新的工作表**」這個動作先新增一個空白工作表，才有辦法寫入連結 2 的資料。

❶ 搜尋找到此動作後，將其加入設計窗格內

❷ 接著加入此動作，模擬滑鼠點擊此工作表做切換

11	**加入新的工作表** 將名稱 '工作表2' 的新工作表加入執行個體 ExcelInstance 的 Excel 文件
12	**設定使用中 Excel 工作表** 啟用 Excel 執行個體 ExcelInstance 的工作表 '工作表2'
13	**寫入 Excel 工作表** 在 Excel 執行個體 ExcelInstance 的欄 'A' 與列 1 的儲存格中寫入值 Buy_DataFromWebPage

❸ 寫入連結 2 的資料

連結 3 的資料只要比照辦理，一樣在寫入資料前，先新增空白的工作表即可，在此就不贅述了。

10-3 一鍵自動登入網站

如果想抓取的資料是必須先登入網站才能瀏覽，事先的登入環節也可以設計自動化流程來完成喔！

要完成自動登入其實不難，關鍵的動作依舊是利用「新增 UI 元素」指定網頁內希望自動按下 (或輸入) 的區域，剩下的就是選用適合的動作一個個接續完成就可以了。例如底下列舉一個自動登入的簡單流程供您參考：

上述動作的關鍵工作都是指定網頁上的 UI 元素，相信歷經前面範例的練習，這些都難不倒您了：

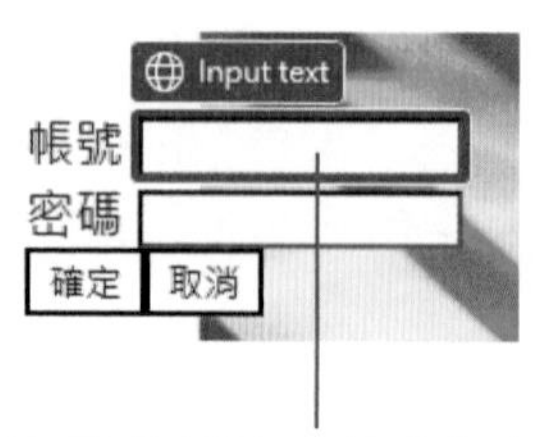

例如這是編號 2 的動作中，新增 UI 元素時去選取帳號輸入框

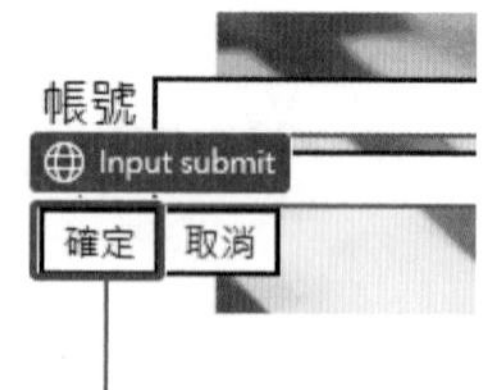

例如這是編號 5 的動作中，新增 UI 元素時去選取**確定**鈕

遇到需登入才能抓取網頁資料的情況，就可以把這些流程加入到擷取網頁資料的動作前面。當然，有些網頁的登入步驟可能沒這麼單純，要輸入的資料不只帳號、密碼，甚至是多階段驗證，這些只要見招拆招嘗試加入其他動作即可，流程的設計邏輯都是一樣的！

加入「等待網頁讀取完成」動作更萬無一失

在網頁中處理登入程序時可能會遇到一個問題，就是載入頁面的過程可能需要一些時間處理，若立刻接上其他 Power Automate Desktop 的動作，可能會因資料還沒有出現而發生錯誤。此時可以設計一個「等待」的動作，確保流程執行更加穩定不容易出錯。像本例是操作網頁，就可以在按下登入後，加入一個「**等待網頁內容**」的動作：

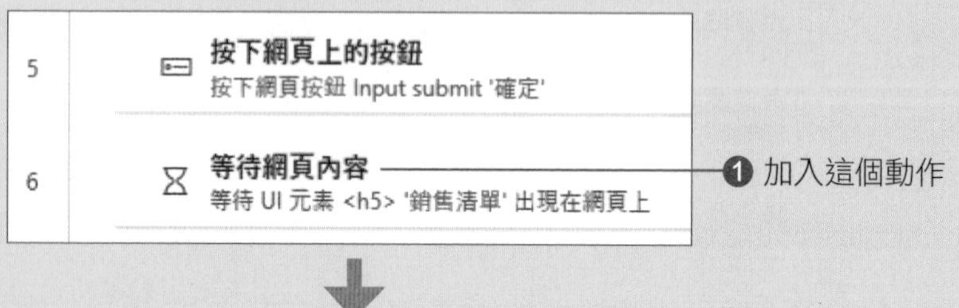

❷ 這個動作的概念很簡單，在 **UI 元素**欄位中指定好網頁內容後，要等到網頁上顯示此元素，才會繼續執行流程中的下一個動作，這樣一來擷取資料就更萬無一失了

例如等網頁上出現此內容後，才開始執行下一個動作

MEMO